建筑与市政工程施工现场八大员岗位读本

施 工 员

本书编委会　编

中国建筑工业出版社

图书在版编目(CIP)数据

施工员/本书编委会编 .—北京：中国建筑工业出版社，2014.8

（建筑与市政工程施工现场八大员岗位读本）

ISBN 978-7-112-16893-4

Ⅰ.①施… Ⅱ.①本… Ⅲ.①建筑工程-工程施工-岗位培训-自学参考资料　Ⅳ.①TU7

中国版本图书馆 CIP 数据核字(2014)第 104840 号

本书根据《建筑与市政工程施工现场专业人员职业标准》（JGJ/T 250—2011）、《建筑桩基技术规范》（JGJ 94—2008）、《砌体结构工程施工质量验收规范》（GB 50203—2011）、《混凝土结构工程施工规范》（GB 50666—2011）、《钢结构工程施工规范》（GB 50755—2012）、《屋面工程质量验收规范》（GB 50207—2012）、《屋面工程技术规范》（GB 50345—2012）、《地下防水工程质量验收规范》（GB 50208—2011）、《地下工程防水技术规范》（GB 50108—2008）等相关规范和标准编写而成。共分为 4 章，包括：绪论、施工组织设计及专项施工方案的编制、施工技术以及施工现场管理。本书可作为施工企业、培训机构对广大施工人员考证的培训教材，同时也可供施工人员自学使用或当做工作中的工具书使用。

*　　*　　*

本书配有教学课件，如有需要请发送邮件至 289052980＠qq. com 索取。

责任编辑：武晓涛　张　磊
责任设计：董建平
责任校对：陈晶晶　张　颖

建筑与市政工程施工现场八大员岗位读本

施工员

本书编委会　编

*

中国建筑工业出版社出版、发行(北京西郊百万庄)
各地新华书店、建筑书店经销
北京红光制版公司制版
廊坊市海涛印刷有限公司印刷

*

开本：787×1092毫米　1/16　印张：20　字数：495 千字
2014 年 12 月第一版　　2015 年 10 月第二次印刷
定价：**44. 00 元**
ISBN 978-7-112-16893-4
(25498)

编　委　会

主　编　周天华

副主编　张静晓

参　编（按姓氏笔画排序）

前　言

　　土建施工员是具备土木建筑专业知识，深入土木施工现场，为施工队提供技术支持，并对工程质量进行复核监督的基层技术组织管理人员。为了更好地贯彻实施国家最新颁布的《建筑与市政工程施工现场专业人员职业标准》（JGJ/T 250—2011），提高土建施工员专业技术水平，加强科学施工与工程管理，确保工程质量和安全生产，我们组织建筑行业的专家学者，结合实践经验精心编写了此书。

　　本书是根据《建筑与市政工程施工现场专业人员职业标准》（JGJ/T 250—2011）、《建筑桩基技术规范》（JGJ 94—2008）、《砌体结构工程施工质量验收规范》（GB 50203—2011）、《混凝土结构工程施工规范》（GB 50666—2011）、《钢结构工程施工规范》（GB 50755—2012）、《屋面工程质量验收规范》（GB 50207—2012）、《屋面工程技术规范》（GB 50345—2012）、《地下防水工程质量验收规范》（GB 50208—2011）、《地下工程防水技术规范》（GB 50108—2008）等相关规范和标准编写而成的，共分为 4 章，包括：绪论、施工组织设计及专项施工方案的编制、施工技术以及施工现场管理。本书可作为施工企业、培训机构对广大施工人员考证的培训教材，同时也可供施工人员自学使用或当做工作中的工具书使用。

　　我们希望通过本书的介绍，对施工一线各岗位的人员及广大读者均有所帮助。由于编者的经验和学识有限，加之当今我国建筑业施工水平的飞速发展，尽管编者尽心尽力，但内容难免有疏漏或未尽之处，敬请有关专家和广大读者予以批评指正。

目　录

1　绪　论

1.1　施工员的工作职责

施工员的工作职责宜符合表 1-1 的规定。

施工员的工作职责　　　　　　　　表 1-1

项次	分　类	主要工作职责
1	施工组织策划	(1) 参与施工组织管理策划 (2) 参与制定管理制度
2	施工技术管理	(3) 参与图纸会审、技术核定 (4) 负责施工作业班组的技术交底 (5) 负责组织测量放线、参与技术复核
3	施工进度成本控制	(6) 参与制定并调整施工进度计划、施工资源需求计划，编制施工作业计划 (7) 参与做好施工现场组织协调工作，合理调配生产资源；落实施工作业计划 (8) 参与现场经济技术签证、成本控制及成本核算 (9) 负责施工平面布置的动态管理
4	质量安全环境管理	(10) 参与质量、环境与职业健康安全的预控 (11) 负责施工作业的质量、环境与职业健康安全过程控制，参与隐蔽、分项、分部和单位工程的质量验收 (12) 参与质量、环境与职业健康安全问题的调查，提出整改措施并监督落实
5	施工信息资料管理	(13) 负责编写施工日志、施工记录等相关施工资料 (14) 负责汇总、整理和移交施工资料

1.2　施工员的专业要求

(1) 施工员应具备表 1-2 规定的专业技能。

施工员应具备的专业技能　　　　　　表 1-2

项次	分　类	专　业　技　能
1	施工组织策划	(1) 能够参与编制施工组织设计和专项施工方案
2	施工技术管理	(2) 能够识读施工图和其他工程设计、施工等文件 (3) 能够编写技术交底文件，并实施技术交底 (4) 能够正确使用测量仪器，进行施工测量

项次	分　类	专　业　技　能
3	施工进度成本控制	（5）能够正确划分施工区段，合理确定施工顺序 （6）能够进行资源平衡计算，参与编制施工进度计划及资源需求计划，控制调整计划 （7）能够进行工程量计算及初步的工程计价
4	质量安全环境管理	（8）能够确定施工质量控制点，参与编制质量控制文件、实施质量交底 （9）能够确定施工安全防范重点，参与编制职业健康安全与环境技术文件、实施安全和环境交底 （10）能够识别、分析、处理施工质量和危险源 （11）能够参与施工质量、职业健康安全与环境问题的调查分析
5	施工信息资料管理	（12）能够记录施工情况，编制相关工程技术资料 （13）能够利用专业软件对工程信息资料进行处理

（2）施工员应具备表 1-3 规定的专业知识。

施工员应具备的专业知识　　　　　　　　　　　　表 1-3

项次	分　类	专　业　知　识
1	通用知识	（1）熟悉国家工程建设相关法律法规 （2）熟悉工程材料的基本知识 （3）掌握施工图识读、绘制的基本知识 （4）熟悉工程施工工艺和方法 （5）熟悉工程项目管理的基本知识
2	基础知识	（6）熟悉相关专业的力学知识 （7）熟悉建筑构造、建筑结构和建筑设备的基本知识 （8）熟悉工程预算的基本知识 （9）掌握计算机和相关资料信息管理软件的应用知识 （10）熟悉施工测量的基本知识
3	岗位知识	（11）熟悉与本岗位相关的标准和管理规定 （12）掌握施工组织设计及专项施工方案的内容和编制方法 （13）掌握施工进度计划的编制方法 （14）熟悉环境与职业健康安全管理的基本知识 （15）熟悉工程质量管理的基本知识 （16）熟悉工程成本管理的基本知识 （17）了解常用施工机械机具的性能

2 施工组织设计及专项施工方案的编制

2.1 施工组织设计概述

施工组织设计是以项目为对象编制的，用以指导施工的技术、经济和管理的综合性文件。编制施工组织设计是建筑施工企业经营管理程序的需要，也是保证建筑工程施工顺利进行的前提。不同类型施工组织设计的内容各不相同，基本包括以下内容：编制依据、工程概况、施工部署、施工进度计划、施工准备与资源配置计划、主要施工方法、施工平面布置及主要施工管理计划等。

2.1.1 施工组织设计的作用和编制依据

1. 施工组织设计的作用

施工组织设计是对施工活动实行科学管理的重要手段，它具有战略部署和战术安排的双重作用。施工组织设计要从施工全局出发，结合工程本身的特点、所在地区的自然条件、技术经济条件和施工单位的技术管理水平、机械设备情况，确定经济合理的施工方案、正确的施工顺序、合理的进度安排以及资源、机械设备供应计划和施工平面图布置，根据规定的工期，以最少的资源消耗完成质量合格的工程。因此，施工组织设计的主要作用有：

（1）确定设计方案的施工可能性和经济合理性，对工程项目施工作出全局性战略部署。

（2）可使工程项目的组织者、施工人员对施工活动做到心中有数，保证施工按计划顺利地进行。

（3）为组织物资技术中心提供依据。

（4）保证及时地进行施工准备工作。

（5）为建设单位编制基本建设计划提供依据。

（6）解决建筑施工中生产和生活基地的建立问题。

2. 施工组织设计的编制依据

施工组织设计的编制应该符合国家相关规定，符合工程实际，使其更具有实践指导意义。施工组织设计的编制依据为：

（1）与工程建设有关的法律、法规，主管部门的批示文件及有关要求。如上级机关对工程的有关指示和要求，建设单位对施工的要求等。

（2）经过会审的施工图及其他设计文件。包括单位工程的全套施工图纸、图纸会审纪要及有关标准图。

（3）工程施工合同或招标投标文件。

（4）施工企业年度施工计划。如本工程开竣工日期的规定，以及与其他项目穿插施工的要求等。

（5）施工组织总设计。如本工程是整个建设项目中的一个项目，应把施工组织总设计作为编制依据。

（6）工程预算文件及有关定额。应有详细的分部分项工程量，必要时应有分层、分段、分部位的工程量，使用的预算定额和施工定额。

（7）建设单位对工程施工可能提供的条件。如供水、供电、供热的情况及可借用作为临时办公、仓库、宿舍的施工用房等。

（8）施工条件以及施工企业的生产能力、机具设备状况、技术水平等。

（9）施工现场的勘察资料。如高程、地形、地质、水文、气象、交通运输、现场障碍物等情况以及工程地质勘察报告、地形图、测量控制网。

（10）有关的规范、规程、标准及技术经济指标。如《建筑工程施工质量验收统一标准》（GB/T 50300—2013）等。

（11）有关的参考资料及施工组织设计实例。

2.1.2 施工组织设计的主要内容

施工组织设计是一个总的概念。根据编制阶段的不同，可以分为投标阶段施工组织设计（简称标前施工组织设计）和实施阶段施工组织设计（简称标后施工组织设计）。两类施工组织设计的区别见表 2-1。

标前和标后施工组织设计的区别   表 2-1

种类	服务范围	编制时间	编制者	主要特性	追求主要目标
标前施工组织设计	投标与签约	投标前	经营管理层	规划性	中标和经济效益
标后施工组织设计	施工准备至验收	签约后开工前	项目管理层	作业性	施工效率和效益

本章重点以第二种为对象进行阐述。对于第二种施工组织设计根据其作用、性质、设计阶段和编制对象不同，大致可分为施工组织总设计、单位工程施工组织设计和分部工程施工组织设计。

1. 施工组织总设计

施工组织总设计是以若干单位工程组成群体工程或特大型项目为主要对象编制的施工组织设计，对整个项目的施工过程起统筹规划、重点控制的作用。施工组织总设计一般在初步设计或扩大初步设计被批准之后，由总承包企业的总工程师负责进行编制。

（1）施工组织总设计的作用

施工组织总设计的作用包含以下五个方面：

1）确定设计方案的施工可能性和经济合理性；

2）为编制建筑安装工程计划提供依据；

3）为组织物资技术供应提供依据；

4）保证及时地进行施工准备工作；

5）解决有关建筑施工生产和生活基地的组织或发展问题。

（2）施工组织总设计的编制依据

施工组织总设计的编制依据主要有：建筑工程设计任务书及工程合同，工程项目一览表及概算造价，建筑总平面图，建筑区域平面图，房屋及构筑物平（剖）面示意图，建筑场地竖向设计，建筑场地及地区条件勘察资料，现行定额、技术规范，分期分批施工与交工时间要求，工期定额，参考数据等。

（3）施工组织总设计的主要内容

施工组织总设计的内容和编制深度视工程的规模大小、性质，建筑结构和工程复杂程度，工期要求和建设地区的自然经济条件而有所不同，但都应该突出"规划"和"控制"的特点。其主要内容包括以下几个方面：

1）建设工程概况。包括工程项目的性质、规模等构成状况；建设地区自然条件和技术经济状况；工程合同中对土建质量的要求；工程项目、施工任务的划分；结构特征、施工力量、施工条件及其他有关项目建设的情况。

2）施工总目标。根据建设项目施工合同要求的目标，确定出项目施工总目标。

3）施工管理组织。施工组织工作主要是根据合同要求和施工条件确定施工管理目标，建立健全项目管理组织机构，确定施工管理工作内容和制定施工管理工作程序、制度和考核标准等。

4）施工部署和施工方案。包括施工任务的组织分工和安排、重要单位工程的施工方案、季节性施工方案、主要工种工程的施工方法、施工工艺流程和施工机械设备及施工准备工作安排。

5）施工准备计划。包括现场测量，现场"三通一平"工作，主要材料、构件、半成品及劳动力需用计划，主要施工机具计划、大型临时设施工程，施工用水、电、路及场地平整工作的安排等。

6）施工总进度计划。根据施工部署所决定的各建筑工程的开工顺序、施工方案和施工力量，定出各主要建筑工程的施工期限，编制出进度计划，用以控制总工期及各单位工程的工期和相互搭接关系。

7）施工总平面布置。把建设地区已有的、拟建的地下或地上建筑物、构筑物、施工材料库、运输线路、现场加工场、给排水系统、供电及临时建筑物等绘制在建筑总平面图上，即为施工总平面布置图。施工总平面图有利于对建筑空间及现场平面的合理利用进行设计和布置，并对指导现场有组织、有计划地安全文明施工具有重要意义。

8）技术组织措施和技术经济指标分析。包括确保工程质量的主要技术组织措施，保证施工安全的技术组织措施，节约投资、降低成本的主要技术组织措施，新技术、新材料、新工艺的研制、实验、试用、推广，冬雨期施工技术组织措施等。施工组织总设计编制完成后，应进行技术经济指标分析比较，评估上述设计的技术经济效果，从中选择最优方案，同时可作为今后考核的依据。

2. 单位工程施工组织设计

单位工程施工组织设计是以单位（子单位）工程为主要对象编制的施工组织设计，对单位（子单位）工程施工过程起指导和制约作用。单位工程施工组织设计一般在施工图设计完成后，在拟建工程开工之前，由施工单位依据施工详图和施工组织总设计编制的。它服从于全局性的施工组织总设计。

（1）单位工程施工组织设计的编制原则

单位工程施工组织设计的编制必须遵循工程建设程序，并应符合下列原则：

1）符合施工合同或招标文件中有关工程进度、质量、安全、环境保护、造价等方面的要求。

2）积极开发、使用新技术和新工艺，推广应用新材料和新设备。

3）坚持科学的施工程序和合理的施工顺序，采用流水施工和网络计划等方法，科学配置资源，合理布置现场，采取季节性施工措施，实现均衡施工，达到合理的经济技术指标。

4）采取技术和管理措施，推广建筑节能和绿色施工。

5）与质量、环境和职业健康安全三个管理体系有效结合。

（2）单位工程施工组织设计的编制依据

1）施工合同。

2）施工组织总设计（若单位工程为群体建筑的一部分）。

3）建筑总平面图、施工图、设备布置图及设备基础施工图。

4）地质勘探报告及其他地质、水文、气象资料。

5）概（预）算文件、现行施工定额。

6）现行技术规范。

7）企业年度施工技术、生产、财务计划。

（3）单位工程施工组织设计的主要内容

单位工程施工组织设计的内容与施工组织总设计类同，但更为具体、详细。单位工程有的是群体工程中的一个组成部分，也有的是一个单独工程。若属于前者，则单位工程施工组织设计应根据施工组织总设计进行编制。其内容一般包括以下几个方面：

1）工程概况。主要包括工程性质和特点，建筑和结构特征、建设地点的特征、工程施工特征等内容。

2）施工目标。根据单位工程施工合同要求的目标，确定出项目施工目标；该目标必须满足和高于合同要求目标，并作为编制施工进度、质量和成本计划的依据。它可分为：控制工期、成本、质量等级、环境、安全（职业健康）、文明施工等指标。

3）施工组织。主要包括

① 确定施工管理组织目标。根据施工总目标，确定施工管理组织的目标，建立项目管理组织机构。

② 确定施工管理工作内容。根据施工管理目标，确定施工管理工作内容，作为确定项目组织机构和依据。通常管理工作内容具体为：施工进度控制、质量控制、成本控制、合同管理、信息管理和组织协调等。

③ 确定施工管理组织机构。主要包括：

a. 确定组织结构形式。根据项目规模、性质和复杂程度，合理确定组织结构形式，通常有：直线式、职能式、直线职能式三种组织结构形式。

b. 确定合理管理层次。施工管理层次一般设有：决策层、控制层和作业层。

c. 制定岗位职责。组织内部的岗位职务和职责必须明确，责权必须一致，并形成规章制度。

d. 选派管理人员。按照岗位职责需要，选派称职的管理人员，组成精炼高效的项目管理班子。

④ 制定施工管理工作程序、制度和考核标准。为了提高施工管理工作效率，要按照管理客观性规律，制定出管理工作程序、制度和相应考核标准，以备定期检查其落实状况。

4）施工方案和施工方法。这是施工组织设计的核心，将直接关系到施工过程的施工效率、质量、工期、安全和技术经济效果。一般包括确定合理的施工起点流向、确定合理的施工顺序、选择合理的施工方法和施工机械的选择及相应的技术组织措施等。

5）施工准备计划。作业条件的施工准备工作，要编制详细的计划，列出施工准备工作的内容，要求完成的时间和负责人等。根据施工进度计划等有关资料，编制材料需用量计划，劳动力需用量计划，构件加工及半成品需用量计划，机具需用量计划，运输量计划等。

6）施工进度计划。依据流水施工原理，编制各分部分项工程的进度计划，确定其平行搭接关系。其主要包括确定施工起点流向、划分施工段、计算工程量和机械台班量、确定各分项工程持续时间、绘制进度图表。

7）施工平面布置。单位工程施工平面图的内容与施工总平面图的内容基本一致，只是针对单位工程更详细、具体。其主要标明单位工程所需施工机械，加工场地，各种材料及构件堆放场地，临时运输道路，临时供水、供电及其他设施的布置。

8）主要技术组织措施和技术经济指标分析。技术组织措施是指在技术和组织方面对保证质量、安全、节约和文明施工所采用的方法和措施。主要包括质量技术措施、安全施工措施、降低成本措施和现场文明施工措施。施工组织设计编制完成后，应进行技术经济指标分析比较，评估上述设计的技术经济效果。

3. 分部工程施工组织设计

分部工程施工组织设计是以施工难度大、技术工艺复杂的分部分项工程或新技术项目为对象，如大体积混凝土浇筑、大型公共建筑的网架屋盖安装工程和高级装修工程等编制的施工组织设计，用来具体指导分部分项工程的施工。主要内容包括：施工方案、进度计划、技术组织措施等。

4. 施工组织总设计、单位工程施工组织设计和分部分项工程施工组织设计的关系

施工组织总设计、单位工程施工组织设计和分部分项工程施工组织设计之间有以下关系：施工组织总设计是对整个建设项目的全局性战略部署，其内容和范围比较概括；单位工程施工组织设计是在施工组织总设计的控制下，以施工组织总设计和企业施工计划为依据编制的，针对具体的单位工程，把施工组织总设计的内容具体化；分部分项工程施工组织设计是以施工组织总设计、单位工程施工组织设计和企业施工计划为依据编制的，针对具体的分部分项工程，把单位工程施工组织设计进一步具体化，它是专业工程具体的组织施工的设计。

5. 施工员与施工组织设计的关系

施工现场的施工员是施工的直接组织者，因此，其地位和作用都是非常重要的，是施工组织的要素之一。施工组织设计是指导施工准备工作和施工全过程的技术经济文件，也是施工组织要素之一。这两大施工要素能否达到密切结合，相互适应，是建筑施工能否顺利进行的关键所在。

施工组织设计的编制过程中，从酝酿时起就应让施工员充分参与，在具体编制中施工员可以充分发表自己的意见，只有所有参施人员集思广益且反复探讨而得的施工组织设计才可能是科学合理、切合实际的优秀施工组织设计。

作为施工员，对于施工组织设计应该有比较正确的认识、比较深入的学习，在此基础上才能按照施工组织设计的内容实施施工组织工作，并且通过施工过程，提高自己的专业工作能力和知识水平。总之，施工员在对施工组织设计的学习和实施上，应该把握以下几项要点：

（1）了解施工组织设计的作用。

（2）了解常规情况下，施工组织设计的分类、构成、各部分内容所要达到的目的和应该起的作用。

（3）积极参与施工组织设计的编制，主动提出自己的设想和建议，以期使施工组织设计编制得尽可能科学合理，切合实际。

（4）收到正式下发的施工组织设计之后，要认真学习，正确领会施工组织设计所定内容的含义和要求。

（5）在自己责任范围内，实施施工组织设计，结合工程进度计划，组织人员、材料、机械设备的进出场、使用、协调。

（6）实施过程中，认真做好"施工日志"和其他工作记录，为成本核算、工程结算打下基础。

2.2 施工方案的编制方法

2.2.1 施工方案的编制方法

1. 工程概况的编制

施工方案的工程概况一般比较简单，应对工程主要情况、设计简介和工程施工条件等重点内容加以简要介绍，重点说明工程的难点和施工特点。

2. 施工安排的编制

专项工程的施工安排包括专项工程的施工目标、施工顺序与施工流水段、施工重难点分析及主要管理与技术措施、工程管理组织机构与岗位职责等内容。施工安排是施工方案的核心，关系专项工程实施的成败。

工程的重点和难点的设置，主要是根据工程的重要程度，即质量特征值对整个工程质量的影响程度来确定。首先对施工对象进行全面分析、比较，以明确工程的重点和难点，然后进一步分析所设置的重点和难点在施工中可能出现的问题或造成质量安全隐患的原因，针对隐患的原因相应地提出对策，加以预防。专项施工方案的技术重点和难点设置应该包括设计、计算、详图、文字说明等。

工程管理的组织机构及岗位职责应在施工安排中确定并应符合总承包单位的要求。根据分部（分项）工程或专项工程的规模、特点、复杂程度、目标控制和总承包单位的要求设置项目管理机构，该机构各种专业人员配备齐全。完善项目管理网络，建立健全岗位责任制。

3. 施工进度计划与资源配置计划的编制

（1）施工进度计划的编制

分部（分项）工程或专项工程施工进度计划应按照施工安排，并结合总承包单位的施工进度计划进行编制。

施工进度计划可采用网络图或横道图表示，并附必要说明。

（2）施工准备与资源配置计划的编制

1）施工准备的主要内容包括：技术准备、现场准备和资金准备。

① 技术准备包括施工所需技术资料的准备、图纸深化和技术交底的要求、试验检验和测试工作计划、样板制作计划以及与相关单位的技术交接计划等。专项工程技术负责人认真查阅设计交底、图纸会审记录、变更洽商、备忘录、设计工作联系单、甲方工作联系单、监理通知等是否与已施工的项目有出入的地方，发现问题立即处理。

② 现场准备包括生产、生活等临时设施的准备以及与相关单位进行现场交接的计划等。

③ 资金准备主要是编制资金使用计划等。

2）资源配置计划的主要内容包括：劳动力配置计划和物资配置计划。

① 劳动力配置计划应根据工程施工计划要求确定工程用工量并编制专业工种劳动力计划表。

② 物资配置计划包括工程材料和设备配置计划、周转材料和施工机具配置计划以及计量、测量和检验仪器配置计划等。

4. 施工方法及工艺要求

（1）施工方法

施工方法是工程施工期间所采用的技术方案、工艺流程、组织措施、检验手段等，它直接影响施工进度、质量、安全以及工程成本。施工方法中应进行必要的技术核算，对主要分项工程（工序）明确施工工艺要求。施工方法应比施工组织总设计和单位工程施工组织设计的相关内容更细化。

（2）施工重点

专项工程施工方法应对易发生质量通病、易出现安全问题、施工难度大、技术含量高的分项工程（工序）等作出重点说明。

（3）新技术应用

对开发和使用的新技术、新工艺以及采用的新材料、新设备应做必要的试验或论证并制定计划。

对于工程中推广应用的新技术、新工艺、新材料和新设备，可以采用目前国家和地方推广的，也可以根据工程具体情况由企业创新；对于企业创新的技术和工艺，要制定理论和试验研究实施方案，并组织鉴定评价。

（4）季节性施工措施

对季节性施工应提出具体要求，并根据施工地点的实际气候特点，提出具有针对性的施工措施。

在施工过程中，还应根据气象部门的预报资料，对具体措施进行细化。

2.2.2 危险性较大工程专项施工方案的编制方法

1. 危险性较大工程专项施工方案的内容

危险性较大的分部分项工程安全专项施工方案（以下简称"专项方案"），是在编制施工组织设计的基础上，针对危险性较大的分部分项工程单独编制的安全技术措施文件。专项方案包括以下内容：

（1）工程概况：危险性较大的分部分项工程概况、施工平面布置、施工要求和技术保证条件；

（2）编制依据：相关法律、法规、规范性文件、标准、规范及图纸（国标图集）、施工组织设计等；

（3）施工计划：包括施工进度计划、材料与设备计划；

（4）施工工艺技术：技术参数、工艺流程、施工方法、检查验收等；

（5）施工安全保证措施：组织保障、技术措施、应急预案、监测监控等；

（6）劳动力计划：专职安全生产管理人员、特种作业人员等；

（7）计算书及相关图纸。

2. 危险性较大工程专项方案的编制、审核与论证

建设单位在申请领取施工许可证或办理安全监督手续时，应当提供危险性较大的分部分项工程清单和安全管理措施。施工单位、监理单位应当建立危险性较大的分部分项工程安全管理制度。

（1）专项施工方案的编制

施工单位应当在危险性较大的分部分项工程施工前编制专项施工方案，其编制步骤和方法与施工方案基本相同，只是编制内容略有区别，主要是更加强调施工安全技术、施工安全保证措施和安全管理人员及特种作业人员等要求。

对于超过一定规模的危险性较大的分部分项工程，施工单位应当组织专家组对其专项方案进行充分论证。

对于实行施工总承包的建筑工程项目，其专项施工方案应当由施工总承包单位组织编制。其中，起重机械安装拆卸工程、深基坑工程、附着式升降脚手架等专业工程实行分包的，其专项方案可由专业承包单位组织编制。

（2）专项施工方案的审核

专项方案应当由施工单位技术部门组织本单位施工技术、安全、质量等部门的专业技术人员进行审核。经审核合格的，由施工单位技术负责人签字。实行施工总承包的，专项方案应当由总承包单位技术负责人及相关专业承包单位技术负责人签字。

无需专家论证的专项方案，经施工单位审核合格后报监理单位，由项目总监理工程师审核签字。

（3）专项施工方案的论证

超过一定规模的危险性较大的分部分项工程专项方案应当由施工单位组织召开专家论证会。实行施工总承包的，由施工总承包单位组织召开专家论证会。

1）专家库的建立。各地住房和城乡建设主管部门应当按专业类别建立专家库，专家库的专业类别及专家数量应根据本地实际情况设置。专家名单应当予以公示。

专家库的专家应当具备以下基本条件：诚实守信、作风正派、学术严谨；从事专业工作 15 年以上或具有丰富的专业经验；具有高级专业技术职称。

各地住房和城乡建设主管部门应当根据本地区实际情况，制定专家资格审查办法和管理制度并建立专家诚信档案，及时更新专家库。

2）参加专家论证会的人员。主要包括：专家组成员；建设单位项目负责人或技术负责人；监理单位项目总监理工程师及相关人员；施工单位分管安全的负责人、技术负责人、项目负责人、项目技术负责人、专项方案编制人员、项目专职安全生产管理人员；勘察、设计单位项目技术负责人及相关人员。

专家组成员应当由 5 名及以上符合相关专业要求的专家组成，本项目参建各方的人员不得以专家身份参加专家论证会。

3）专家论证的主要内容。包括：专项方案内容是否完整、可行；专项方案计算书和验算依据是否符合有关标准规范；安全施工的基本条件是否满足现场实际情况。

专项方案经论证后，专家组应当提交论证报告，对论证的内容提出明确的意见，并在论证报告上签字。该报告作为专项方案修改完善的指导意见。

专项方案经论证后需作重大修改的，施工单位应当按照论证报告修改，并重新组织专家进行论证。

2.2.3　施工技术交底文件的编制方法

建筑工程施工中的技术交底，是在某一单位工程开工前，或一个分项工程施工前，由主管技术员向参与施工的人员进行的技术性交代，其目的是使施工人员对工程特点、技术质量要求、施工方法与措施等方面有一个较详细的了解，以便于科学地组织施工，避免技术质量等事故的发生。各项技术交底内容也是工程技术档案资料中不可缺少的部分。

1. 施工技术交底文件的内容

建筑工程施工技术交底文件包括以下基本内容：

（1）施工准备工作情况。包括施工条件、图纸及资源准备情况、现场准备情况等；

（2）主要施工方法。包括施工组织安排、工艺流程、关键部位的操作方法及施工中应注意的事项等；

（3）劳动力安排及施工工期。劳动力配备情况，尤其是技术工人的配置要求。施工过程持续时间与施工工期要求，工期保证措施；

（4）施工质量要求及质量保证措施；

（5）环境安全及文明施工等注意事项及安全保证措施。

2. 施工技术交底文件的编写方法

（1）施工技术交底文件的编写要求

1）施工技术交底的内容要详尽。技术人员在施工前必须深入了解设计意图，在熟悉图纸的前提下，对相应的规范、标准、图集等要有一个深入的了解，结合各专业图纸之间的对照比较，确定具体的施工工艺，然后开始编制施工技术交底文件。

技术交底的内容应能反应施工图、施工方法、安全质量等各个方面，能全面说明各类要求。技术交底应重点阐述整个施工过程的工序衔接、操作工艺方法，让工人接受交底后能依此进行操作，对较为复杂或确实无法表述清楚的部位，还应通过附图加以说明。

2）施工技术交底的针对性要强。在编写技术交底时，一定要针对工程特点、图纸说明、工艺要求、施工关键部位与环节等，做到每一分项工程施工都有各自的工艺操作要点。然后结合技术交底的范本、工艺标准要求进行编写，体现其针对性、独特性、实用性。

3）施工技术交底的表达要通俗易懂。除了文字形式的交底之外，还应结合口头交底，使一线工人能够理解。在编写施工技术交底时，一定要用工人熟悉的方式将交底意图表达出来，力求通俗易懂；将复杂、专业的标准、术语，用相应的、通俗易懂的语言传达给现场的操作工人，力求每一个工人都能明了怎么干，要求是什么，达到什么效果。

（2）编制技术交底文件的注意事项

1）技术交底文件的编写应在施工组织设计或施工方案编制以后进行，是将施工组织设计或施工方案中的有关内容纳入施工技术交底之中，因此，不能偏离施工组织设计的内容。

2）技术交底文件的编写不能完全照搬施工组织设计的内容，应根据实施工程的具体特点，综合考虑各种因素，提高质量，保证可行，便于实施。

3）凡是工程或项目交底中没有或不包括的内容，一律不得照抄规范和规定。

4）技术交底需要补充或变更时应编写补充或变更交底文件。

5）技术交底书及受交底人（班组长等）必须签字承诺。

3 施工技术

3.1 地基与基础工程

3.1.1 地基处理

1. 换填垫层

（1）垫层施工应根据不同的换填材料选择施工机械。粉质黏土、灰土垫层宜采用平碾、振动碾或羊足碾，以及蛙式夯、柴油夯；砂石垫层等宜用振动碾；粉煤灰垫层宜采用平碾、振动碾、平板振动器、蛙式夯；矿渣垫层宜采用平板振动器或平碾，也可采用振动碾。

（2）垫层的施工方法、分层铺填厚度、每层压实遍数等宜通过现场试验确定。除接触下卧软土层的垫层底部应根据施工机械设备及下卧层土质条件确定厚度外，其他垫层的分层铺填厚度宜为 200～300mm。为保证分层压实质量，应控制机械碾压速度。

（3）粉质黏土和灰土垫层土料的施工含水量宜控制在 $w_{op} \pm 2\%$ 的范围内，粉煤灰垫层的施工含水量宜控制在 $w_{op} \pm 4\%$ 的范围内。最优含水量 w_{op} 可通过击实试验确定，也可按当地经验选取。

（4）当垫层底部存在古井、古墓、洞穴、旧基础、暗塘时，应根据建筑物对不均匀沉降的控制要求予以处理，并经检验合格后，方可铺填垫层。

（5）基坑开挖时应避免坑底土层受扰动，可保留 180～220mm 厚的土层暂不挖去，待铺填垫层前再由人工挖至设计标高。严禁扰动垫层下的软弱土层，应防止软弱垫层被践踏、受冻或受水浸泡。在碎石或卵石垫层底部宜设置厚度为 150～300mm 的砂垫层或铺一层土工织物，并应防止基坑边坡塌土混入垫层中。

（6）换填垫层施工时，应采取基坑排水措施。除砂垫层宜采用水撼法施工外，其余垫层施工均不得在浸水条件下进行。工程需要时应采取降低地下水位的措施。

（7）垫层底面宜设在同一标高上，如深度不同，坑底土层应挖成阶梯或斜坡搭接，并按先深后浅的顺序进行垫层施工，搭接处应夯压密实。

（8）粉质黏土、灰土垫层及粉煤灰垫层施工，应符合下列规定：

1）粉质黏土及灰土垫层分段施工时，不得在柱基、墙角及承重窗间墙下接缝；

2）垫层上下两层的缝距不得小于 500mm，且接缝处应夯压密实；

3）灰土拌合均匀后，应当日铺填夯压；灰土夯压密实后，3d 内不得受水浸泡；

4）粉煤灰垫层铺填后，宜当日压实，每层验收后应及时铺填上层或封层，并应禁止车辆碾压通行；

5）垫层施工竣工验收合格后，应及时进行基础施工与基坑回填。

（9）土工合成材料施工，应符合下列要求：

1）下铺地基土层顶面应平整；

2）土工合成材料铺设顺序应先纵向后横向，且应把土工合成材料张拉平整、绷紧，严禁有皱折；

3）土工合成材料的连接宜采用搭接法、缝接法或胶接法，接缝强度不应低于原材料抗拉强度，端部应采用有效方法固定，防止筋材拉出；

4）应避免土工合成材料暴晒或裸露，阳光暴晒时间不应大于 8h。

2. 预压地基

（1）堆载预压

1）塑料排水带的性能指标应符合设计要求，并应在现场妥善保护，防止阳光照射、破损或污染。破损或污染的塑料排水带不得在工程工使用。

2）砂井的灌砂量，应按井孔的体积和砂在中密状态时的干密度计算，实际灌砂量不得小于计算值的 95%。

3）灌入砂袋中的砂宜用干砂，并应灌制密实。

4）塑料排水带和袋装砂井施工时，宜配置深度检测设备。

5）塑料排水带需接长时，应采用滤膜内芯带平搭接的连接方法，搭接长度宜大于 200mm。

6）塑料排水带施工所用套管应保证插入地基中的带子不扭曲。袋装砂井施工所用套管内径应大于砂井直径。

7）塑料排水带和袋装砂井施工时，平面井距偏差不应大于井径，垂直度允许偏差应为 ±1.5%，深度应满足设计要求。

8）塑料排水带和袋装砂井砂袋埋入砂垫层中的长度不应小于 500mm。

9）堆载预压加载过程中，应满足地基承载力和稳定控制要求，并应进行竖向变形、水平位移及孔隙水压力的监测，堆载预压加载速率应满足下列要求：

① 竖井地基最大竖向变形量不应超过 15mm/d；

② 天然地基最大竖向变形量不应超过 10mm/d；

③ 堆载预压边缘处水平位移不应超过 5mm/d；

④ 根据上述观测资料综合分析、判断地基的承载力和稳定性。

（2）真空预压

1）真空预压的抽气设备宜采用射流真空泵，真空泵空抽吸力不应低于 95kPa。真空泵的设置应根据地基预压面积、形状、真空泵效率和工程经验确定，每块预压区设置的真空泵不应少于两台。

2）真空管路设置应符合下列规定：

① 真空管路的连接应密封，真空管路中应设置止回阀和截门；

② 水平向分布滤水管可采用条状、梳齿状及羽毛状等形式，滤水管布置宜形成回路；

③ 滤水管应设在砂垫层中，上覆砂层厚度宜为 100~200mm；

④ 滤水管可采用钢管或塑料管，应外包尼龙纱或土工织物等滤水材料。

3）密封膜应符合下列规定：

① 密封膜应采用抗老化性能好、韧性好、抗穿刺性能强的不透气材料；

② 密封膜热合时，宜采用双热合缝的平搭接，搭接宽度应大于 15mm；

③ 密封膜宜铺设三层，膜周边可采用挖沟填膜、平铺并用黏土覆盖压边、围堰沟内及膜上覆水等方法进行密封。

4）地基土渗透性强时，应设置黏土密封墙。黏土密封墙宜采用双排搅拌桩，搅拌桩直径不宜小于 700mm；当搅拌桩深度小于 15m 时，搭接宽度不宜小于 200mm；当搅拌桩深度大于 15m 时，搭接宽度不宜小于 300mm；搅拌桩成桩搅拌应均匀，黏土密封墙的渗透系数应满足设计要求。

（3）真空和堆载联合预压

1）采用真空和堆载联合预压时，应先抽真空，当真空压力达到设计要求并稳定后，再进行堆载，并继续抽真空。

2）堆载前，应在膜上铺设编织布或无纺布等土工编织布保护层。保护层上铺设 100～300mm 厚砂垫层。

3）堆载施工时可采用轻型运输工具，不得损坏密封膜。

4）上部堆载施工时，应监测膜下真空度的变化，发现漏气应及时处理。

5）堆载加载过程中，应满足地基稳定性设计要求，对竖向变形、边缘水平位移及孔隙水压力的监测应满足下列要求：

① 地基向加固区外的侧移速率不应大于 5mm/d；

② 地基竖向变形速率不应大于 10mm/d；

③ 根据上述观察资料综合分析、判断地基的稳定性。

6）真空和堆载联合预压除满足 1）～5）规定外，尚应符合（1）和（2）的规定。

3. 压实地基和夯实地基

（1）压实地基

1）应根据使用要求、邻近结构类型和地质条件确定允许加载量和范围，并按设计要求均衡分步施加，避免大量快速集中填土。

2）填料前，应清除填土层底面以下的耕土、植被或软弱土层等。

3）压实填土施工过程中，应采取防雨、防冻措施，防止填料（粉质黏土、粉土）受雨水淋湿或冻结。

4）基槽内压实时，应先压实基槽两边，再压实中间。

5）冲击碾压法施工的冲击碾压宽度不宜小于 6m，工作面较窄时，需设置转弯车道，冲压最短直线距离不宜少于 100m，冲压边角及转弯区域应采用其他措施压实；施工时，地下水位应降低到碾压面以下 1.5m。

6）性质不同的填料，应采取水平分层、分段填筑，并分层压实；同一水平层，应采用同一填料，不得混合填筑；填方分段施工时，接头部位如不能交替填筑，应按 1：1 坡度分层留台阶；如能交替填筑，则应分层相互交替搭接，搭接长度不小于 2m；压实填土的施工缝，各层应错开搭接，在施工缝的搭接处，应适当增加压实遍数；边角及转弯区域应采取其他措施压实，以达到设计标准。

7）压实地基施工场地附近有对振动和噪声环境控制要求时，应合理安排施工工序和时间，减少噪声与振动对环境的影响，或采取挖减振沟等减振和隔振措施，并进行振动和噪声监测。

8）施工过程中，应避免扰动填土下卧的淤泥或淤泥质土层。压实填土施工结束检验合格后，应及时进行基础施工。

（2）夯实地基

1）强夯处理地基的施工，应符合下列规定：

① 强夯夯锤质量宜为 10～60t，其底面形式宜采用圆形；锤底面积宜按土的性质确定，锤底静接地压力值宜为 25～80kPa；单击夯击能高时，取高值，单击夯击能低时，取低值，对于细颗粒土宜取低值。锤的底面宜对称设置若干个上下贯通的排气孔，孔径宜为 300～400mm。

② 强夯法施工，应按下列步骤进行：

a. 清理并平整施工场地；

b. 标出第一遍夯点位置，并测量场地高程；

c. 起重机就位，夯锤置于夯点位置；

d. 测量夯前锤顶高程；

e. 将夯锤起吊到预定高度，开启脱钩装置，夯锤脱钩自由下落，放下吊钩，测量锤顶高程；若发现因坑底倾斜而造成夯锤歪斜时，应及时将坑底整平；

f. 重复步骤 e，按设计规定的夯击次数及控制标准，完成一个夯点的夯击；当夯坑过深，出现提锤困难，但无明显隆起，且尚未达到控制标准时，宜将夯坑回填至与坑顶齐平后，继续夯击；

g. 换夯点，重复步骤 c～f，完成第一遍全部夯点的夯击；

h. 用推土机将夯坑填平，并测量场地高程；

i. 在规定的间隔时间后，按上述步骤逐次完成全部夯击遍数；最后，采用低能量满夯，将场地表层松土夯实，并测量夯后场地高程。

2）强夯置换处理地基的施工应符合下列规定：

① 强夯置换夯锤底面宜采用圆柱形，夯锤底静接地压力值宜大于 80kPa。

② 强夯置换施工应按下列步骤进行：

a. 清理并平整施工场地，当表层土松软时，可铺设 1.0～2.0m 厚的砂石垫层；

b. 标出夯点位置，并测量场地高程；

c. 起重机就位，夯锤置于夯点位置；

d. 测量夯前锤顶高程；

e. 夯击并逐击记录夯坑深度；当夯坑过深，起锤困难时，应停夯，向夯坑内填料直至与坑顶齐平，记录填料数量；工序重复，直至满足设计的夯击次数及质量控制标准，完成一个墩体的夯击；当夯点周围软土挤出，影响施工时，应随时清理，并宜在夯点周围铺垫碎石后，继续施工；

f. 按照"由内而外、隔行跳打"的原则，完成全部夯点的施工；

g. 推平场地，采用低能量满夯，将场地表层松土夯实，并测量夯后场地高程；

h. 铺设垫层，分层碾压密实。

3）夯实地基宜采用带有自动脱钩装置的履带式起重机，夯锤的质量不应超过起重机械额定起重质量。履带式起重机应在臂杆端部设置辅助门架或采取其他安全措施，防止起落锤时，机架倾覆。

4) 当场地表层土软弱或地下水位较高，宜采用人工降低地下水位或铺填一定厚度的砂石材料的施工措施。施工前，宜将地下水位降低至坑底面以下 2m。施工时，坑内或场地积水应及时排除，对细颗粒土，尚应采取晾晒等措施降低含水量。当地基土的含水量低，影响处理效果时，宜采取增湿措施。

5) 施工前，应查明施工影响范围内地下构筑物和地下管线的位置，并采取必要的保护措施。

6) 当强夯施工所引起的振动和侧向挤压对邻近建构筑物产生不利影响时，应设置监测点，并采取挖隔振沟等隔振或防振措施。

7) 施工过程中的监测应符合下列规定：

① 开夯前，应检查夯锤质量和落距，以确保单击夯击能量符合设计要求。

② 在每一遍夯击前，应对夯点放线进行复核，夯完后检查夯坑位置，发现偏差或漏夯应及时纠正。

③ 按设计要求，检查每个夯点的夯击次数、每击的夯沉量、最后两击的平均夯沉量和总夯沉量、夯点施工起止时间。对强夯置换施工，尚应检查置换深度。

④ 施工过程中，应对各项施工参数及施工情况进行详细记录。

8) 夯实地基施工结束后，应根据地基土的性质及所采用的施工工艺，待土层休止期结束后，方可进行基础施工。

4. 复合地基

（1）振冲碎石桩

1) 振冲施工可根据设计荷载的大小、原土强度的高低、设计桩长等条件选用不同功率的振冲器。施工前应在现场进行试验，以确定水压、振密电流和留振时间等各自施工参数。

2) 升降振冲器的机械可用起重机、自行井架式施工平车或其他合适的设备。施工设备应配有电流、电压和留振时间自动信号仪表。

3) 振冲施工可按下列步骤进行：

① 清理平整施工场地，布置桩位；

② 施工机具就位，使振冲器对准桩位；

③ 启动供水泵和振冲器，水压宜为 200～600kPa，水量宜为 200～400L/min，将振冲器徐徐沉入土中，造孔速度宜为 0.5～2.0m/min，直至达到设计深度；记录振冲器经各深度的水压、电流和留振时间；

④ 造孔后边提升振冲器，边冲水直至孔口，再放至孔底，重复 2～3 次扩大孔径并使孔内泥浆变稀，开始填料制桩；

⑤ 大功率振冲器投料可不提出孔口，小功率振冲器下料困难时，可将振冲器提出孔口填料，每次填料厚度不宜大于 500mm；将振冲器沉入填料中进行振密制桩，当电流达到规定的密实电流值和规定的留振时间后，将振冲器提升 300～500mm；

⑥ 重复以上步骤，自下而上逐段制作桩体直至孔口，记录各段深度的填料量、最终电流值和留振时间；

⑦ 关闭振冲器和水泵。

4) 施工现场应事先开设泥水排放系统，或组织好运浆车辆将泥浆运至预先安排的存放地点，应设置沉淀池，重复使用上部清水。

5）桩体施工完毕后，应将顶部预留的松散桩体挖除，铺设垫层并压实。

6）不加填料振冲加密宜采用大功率振冲器，造孔速度宜为 8～10m/min，到达设计深度后，宜将射水量减至最小，留振至密实电流达到规定时，上提 0.5m，逐段振密直至孔口，每米振密时间约 1min。在粗砂中施工，如遇下沉困难，可在振冲器两侧增焊辅助水管，加大造孔水量，降低造孔水压。

7）振密孔施工顺序，宜沿直线逐点逐行进行。

（2）沉管砂石桩

1）砂石桩施工可采用振动沉管、锤击沉管或冲击成孔等成桩法。当用于消除粉细砂及粉土液化时，宜用振动沉管成桩法。

2）施工前应进行成桩工艺和成桩挤密试验。当成桩质量不能满足设计要求时，应调整施工参数后，重新进行试验或设计。

3）振动沉管成桩法施工，应根据沉管和挤密情况，控制填砂石量、提升高度和速度、挤压次数和时间、电机的工作电流等。

4）施工中应选用能顺利出料和有效挤压桩孔内砂石料的桩尖结构。当采用活瓣桩靴时，对砂土和粉土地基宜选用尖锥形；一次性桩尖可采用混凝土锥形桩尖。

5）锤击沉管成桩法施工可采用单管法或双管法。锤击法挤密应根据锤击能量，控制分段的填砂石量和成桩的长度。

6）砂石桩桩孔内材料填料量，应通过现场试验确定，估算时，可按设计桩孔体积乘以充盈系数确定，充盈系数可取 1.2～1.4。

7）砂石桩的施工顺序：对砂土地基宜从外围或两侧向中间进行。

8）施工时桩位偏差不应大于套管外径的 30%，套管垂直度允许偏差应为 ±1%。

9）砂石桩施工后，应将表层的松散层挖除或夯压密实，随后铺设并压实砂石垫层。

（3）水泥土搅拌桩

1）水泥土搅拌桩施工现场施工前应予以平整，清除地上和地下障碍物。

2）水泥土搅拌桩施工前，应根据设计进行工艺性试桩，数量不得少于 3 根，多轴搅拌施工不得少于 3 组。应对工艺试桩的质量进行检验，确定施工参数。

3）搅拌头翼片的枚数、宽度、与搅拌轴的垂直夹角、搅拌头的回转数、提升速度应相互匹配，干法搅拌时钻头每转一圈的提升（或下沉）量宜为 10～15mm，确保加固深度范围内土体的任何一点均能经过 20 次以上的搅拌。

4）搅拌桩施工时，停浆（灰）面应高于桩顶设计标高 500mm。在开挖基坑时，应将桩顶以上土层及桩顶施工质量较差的桩段，采用人工挖除。

5）施工中，应保持搅拌桩机底盘的水平和导向架的竖直，搅拌桩的垂直度允许偏差和桩位偏差应满足《建筑地基处理技术规范》（JGJ 79—2012）第 7.1.4 条的规定；成桩直径和桩长不得小于设计值。

6）水泥土搅拌桩施工应包括下列主要步骤：

① 搅拌机械就位、调平；

② 预搅下沉至设计加固深度；

③ 边喷浆（或粉），边搅拌提升直至预定的停浆（或灰）面；

④ 重复搅拌下沉至设计加固深度；

⑤ 根据设计要求，喷浆（或粉）或仅搅拌提升直至预定的停浆（或灰）面；

⑥ 关闭搅拌机械。

在预（复）搅下沉时，也可采用喷浆（粉）的施工工艺，确保全桩长上下至少再重复搅拌一次。对地基土进行干法咬合加固时，如复搅困难，可采用慢速搅拌，保证搅拌的均匀性。

7）水泥土搅拌湿法施工应符合下列规定：

① 施工前，应确定灰浆泵输浆量、灰浆经输浆管到达搅拌机喷浆口的时间和起吊设备提升速度等施工参数，并应根据设计要求，通过工艺性成桩试验确定施工工艺；

② 施工中所使用的水泥应过筛，制备好的浆液不得离析，泵送浆应连续进行。拌制水泥浆液的罐数、水泥和外掺剂用量以及泵送浆液的时间应记录；喷浆量及搅拌深度应采用经国家计量部门认证的监测仪器进行自动记录；

③ 搅拌机喷浆提升的速度和次数应符合施工工艺要求，并设专人进行记录；

④ 当水泥浆液到达出浆口后，应喷浆搅拌 30s，在水泥浆与桩端土充分搅拌后，再开始提升搅拌头；

⑤ 搅拌机预搅下沉时，不宜冲水，当遇到硬土层下沉太慢时，可适量冲水；

⑥ 施工过程中，如因故停浆，应将搅拌头下沉至停浆点以下 0.5m 处，待恢复供浆时，再喷浆搅拌提升；若停机超过 3h，宜先拆卸输浆管路，并妥加清洗；

⑦ 壁状加固时，相邻桩的施工时间间隔不宜超过 12h。

8）水泥土搅拌干法施工应符合下列规定：

① 喷粉施工前，应检查搅拌机械、供粉泵、送气（粉）管路、接头和阀门的密封性、可靠性，送气（粉）管路的长度不宜大于 60m；

② 搅拌头每旋转一周，提升高度不得超过 15mm；

③ 搅拌头的直径应定期复核检查，其磨耗量不得大于 10mm；

④ 当搅拌头到达设计桩底以上 1.5m 时，应开启喷粉机提前进行喷粉作业；当搅拌头提升至地面下 500mm 时，喷粉机应停止喷粉；

⑤ 成桩过程中，因故停止喷粉，应将搅拌头下沉至停灰面以下 1m 处，待恢复喷粉时，再喷粉搅拌提升。

（4）旋喷桩

1）施工前，应根据现场环境和地下埋设物的位置等情况，复核旋喷桩的设计孔位。

2）旋喷桩的施工工艺及参数应根据土质条件、加固要求，通过试验或根据工程经验确定。单管法、双管法高压水泥浆和三管法高压水的压力应大于 20MPa，流量应大于 30L/min，气流压力宜大于 0.7MPa，提升速度宜为 0.1～0.2m/min。

3）旋喷注浆，宜采用强度等级为 42.5 级的普通硅酸盐水泥，可根据需要加入适量的外加剂及掺合料。外加剂和掺合料的用量，应通过试验确定。

4）水泥浆液的水灰比宜为 0.8～1.2。

5）旋喷桩的施工工序为：机具就位、贯入喷射管、喷射注浆、拔管和冲洗等。

6）喷射孔与高压注浆泵的距离不宜大于 50m。钻孔位置的允许偏差应为 ±50mm，垂直度允许偏差应为 ±1%。

7）当喷射注浆管贯入土中，喷嘴达到设计标高时，即可喷射注浆。在喷射注浆参数达到规定值后，随即按旋喷的工艺要求，提升喷射管，由下而上旋转喷射注浆。喷射管分段提升的搭接长度不得小于100mm。

8）对需要局部扩大加固范围或提高强度的部位，可采用复喷措施。

9）在旋喷注浆过程中出现压力骤然下降、上升或冒浆异常时，应查明原因并及时采取措施。

10）旋喷注浆完毕，应迅速拔出喷射管。为防止浆液凝固收缩影响桩顶高程，可在原孔位采用冒浆回灌或第二次注浆等措施。

11）施工中应做好废泥浆处理，及时将废泥浆运出或在现场短期堆放后作土方运出。

12）施工中应严格按照施工参数和材料用量施工，用浆量和提升速度应采用自动记录装置，并做好各项施工记录。

（5）灰土挤密桩、土挤密桩

1）成孔应按设计要求、成孔设备、现场土质和周围环境等情况，选用振动沉管、锤击沉管、冲击或钻孔等方法。

2）桩顶设计标高以上的预留覆盖土层厚度，宜符合下列规定：

① 沉管成孔不宜小于0.5m；

② 冲击成孔或钻孔夯扩法成孔不宜小于1.2m。

3）成孔时，地基土宜接近最优（或塑限）含水量，当土的含水量低于12%时，宜对拟处理范围内的土层进行增湿，应在地基处理前4~6d，将需增湿的水通过一定数量和一定深度的渗水孔，均匀地浸入拟处理范围内的土层中，增湿土的加水量可按下式估算：

$$Q = v \bar{\rho}_d (w_{op} - \overline{w})k \qquad (3-1)$$

式中　Q——计算加水量（t）；

　　　v——拟加固土的总体积（m³）；

　　　$\bar{\rho}_d$——地基处理前土的平均干密度（t/m³）；

　　　w_{op}——土的最优含水量（%），通过室内击实试验求得；

　　　$\overline{w}$——地基处理前土的平均含水量（%）；

　　　k——损耗系数，可取1.05~1.10。

4）土料有机质含量不应大于5%，且不得含有冻土和膨胀土，使用时应过10~20mm筛，混合料含水量应满足最优含水量要求，允许偏差应为±2%，土料和水泥应拌合均匀。

5）成孔和孔内回填夯实应符合下列规定：

① 成孔和孔内回填夯实的施工顺序，当整片处理地基时，宜从里（或中间）向外间隔1~2孔依次进行，对大型工程，可采取分段施工；当局部处理地基时，宜从外向里间隔1~2孔依次进行；

② 向孔内填料前，孔底应夯实，并应检查桩孔的直径、深度和垂直度；

③ 桩孔的垂直度允许偏差应为±1%；

④ 孔中心距允许偏差应为桩距的±5%；

⑤ 经检验合格后，应按设计要求，向孔内分层填入筛好的素土、灰土或其他填料，

并应分层夯实至设计标高。

6) 铺设灰土垫层前，应按设计要求将桩顶标高以上的预留松动土层挖除或夯（压）密实。

7) 施工过程中，应有专人监督成孔及回填夯实的质量，并应做好施工记录；如发现地基土质与勘察资料不符，应立即停止施工，待查明情况或采取有效措施处理后，方可继续施工。

8) 雨期或冬期施工，应采取防雨或防冻措施，防止填料受雨水淋湿或冻结。

（6）夯实水泥土桩

1) 成孔应根据设计要求、成孔设备、现场土质和周围环境等，选用钻孔、洛阳铲成孔等方法。当采用人工洛阳铲成孔工艺时，处理深度不宜大于6.0m。

2) 桩顶设计标高以上的预留覆盖土层厚度不宜小于0.3m。

3) 成孔和孔内回填夯实应符合下列规定：

① 宜选用机械成孔和夯实；

② 向孔内填料前，孔底应夯实；分层夯填时，夯锤落距和填料厚度应满足夯填密实度的要求；

③ 土料有机质含量不应大于5%，且不得含有冻土和膨胀土，混合料含水量应满足最优含水量要求，允许偏差应为±2%，土料和水泥应拌合均匀；

④ 成孔经检验合格后，按设计要求，向孔内分层填入拌合好的水泥土，并应分层夯实至设计标高。

4) 铺设垫层前，应按设计要求将桩顶标高以上的预留土层挖除。垫层施工应避免扰动基底土层。

5) 施工过程中，应有专人监理成孔及回填夯实的质量，并应做好施工记录。如发现地基土质与勘察资料不符，应立即停止施工，待查明情况或采取有效措施处理后，方可继续施工。

6) 雨期或冬期施工，应采取防雨或防冻措施，防止填料受雨水淋湿或冻结。

（7）水泥粉煤灰碎石桩

1) 可选用下列施工工艺：

① 长螺旋钻孔灌注成桩：适用于地下水位以上的黏性土、粉土、素填土、中等密实以上的砂土地基；

② 长螺旋钻中心压灌成桩：适用于黏性土、粉土、砂土和素填土地基，对噪声或泥浆污染要求严格的场地可优先选用；穿越卵石夹层时应通过试验确定适用性；

③ 振动沉管灌注成桩：适用于粉土、黏性土及素填土地基；挤土造成地面隆起量大时，应采用较大桩距施工；

④ 泥浆护壁成孔灌注成桩，适用于地下水位以下的黏性土、粉土、砂土、填土、碎石土及风化岩等地基；桩长范围和桩端有承压水的土层应通过试验确定其适应性。

2) 长螺旋钻中心压灌成桩和振动沉管灌注成桩施工应符合下列规定：

① 施工前，应按设计要求在试验室进行配合比试验；施工时，按配合比配制混合料；长螺旋钻中心压灌成桩施工的坍落度宜为160～200mm，振动沉管灌注成桩施工的坍落度宜为30～50mm；振动沉管灌注成桩后桩顶浮浆厚度不宜超过200mm；

② 长螺旋钻中心压灌成桩施工钻至设计深度后，应控制提拔钻杆时间，混合料泵送量应与拔管速度相配合，不得在饱和砂土或饱和粉土层内停泵待料；沉管灌注成桩施工拔管速度宜为 1.2～1.5m/min，如遇淤泥质土，拔管速度应适当减慢；当遇有松散饱和粉土、粉细砂或淤泥质土，当桩距较小时，宜采取隔桩跳打措施；

③ 施工桩顶标高宜高出设计桩顶标高不少于 0.5m；当施工作业面高出桩顶设计标高较大时，宜增加混凝土灌注量；

④ 成桩过程中，应抽样做混合料试块，每台机械每台班不应少于一组。

3) 冬期施工时，混合料入孔温度不得低于 5℃，对桩头和桩间土应采取保温措施。

4) 清土和截桩时，应采用小型机械或人工剔除等措施，不得造成桩顶标高以下桩身断裂或桩间土扰动。

5) 褥垫层铺设宜采用静力压实法，当基础底面下桩间土的含水量较低时，也可采用动力夯实法，夯填度不应大于 0.9。

6) 泥浆护壁成孔灌注成桩和锤击、静压预制桩施工，应符合现行行业标准《建筑桩基技术规范》（JGJ 94—2008）的规定。

（8）柱锤冲扩桩

1) 宜采用直径 300～500mm、长度 2～6m、质量 2～10t 的柱状锤进行施工。

2) 起重机具可使用起重机、多功能冲扩桩机或其他专用机具设备。

3) 柱锤冲扩桩复合地基施工可按下列步骤进行：

① 清理平整施工场地，布置桩位。

② 施工机具就位，使柱锤对准桩位。

③ 柱锤冲孔：根据土质及地下水情况可分别采用下列三种成孔方式：

a. 冲击成孔：将柱锤提升一定高度，自由下落冲击土层，如此反复冲击，接近设计成孔深度时，可在孔内填少量粗骨料继续冲击，直到孔底被夯密实；

b. 填料冲击成孔：成孔时出现缩颈或塌孔时，可分次填入碎砖和生石灰块，边冲击边将填料挤入孔壁及孔底，当孔底接近设计成孔深度时，夯入部分碎砖挤密桩端土；

c. 复打成孔：当塌孔严重难以成孔时，可提锤反复冲击至设计孔深，然后分次填入碎砖和生石灰块，待孔内生石灰吸水膨胀、桩间土性质有所改善后，再进行二次冲击复打成孔。

当采用上述方法仍难以成孔时，也可以采用套管成孔，即用柱锤边冲孔边将套管压入土中，直至桩底设计标高。

④ 成桩：用料斗或运料车将拌合好的填料分层填入桩孔夯实。当采用套管成孔时，边分层填料夯实，边将套管拔出。锤的质量、锤长、落距、分层填料量、分层夯填度、夯击次数和总填料量等，应根据试验或按当地经验确定。每个桩孔应夯填至桩顶设计标高以上至少 0.5m，其上部桩孔宜用原地基土夯封。

⑤ 施工机具移位，重复上述步骤进行下一根桩施工。

4) 成孔和填料夯实的施工顺序，宜间隔跳打。

（9）多桩型复合地基

1) 对处理可液化土层的多桩型复合地基，应先施工处理液化的增强体。

2) 对消除或部分消除湿陷性黄土地基，应先施工处理湿陷性的增强体。

3）应降低或减小后施工增强体对已施工增强体的质量和承载力的影响。

5. 注浆加固

（1）水泥为主剂的注浆

1）施工场地应预先平整，并沿钻孔位置开挖沟槽和集水坑。

2）注浆施工时，宜采用自动流量和压力记录仪，并应及时进行数据整理分析。

3）注浆孔的孔径宜为 70～110mm，垂直度允许偏差应为 ±1%。

4）花管注浆法施工可按下列步骤进行：

① 钻机与注浆设备就位。

② 钻孔或采用振动法将花管置入土层。

③ 当采用钻孔法时，应从钻杆内注入封闭泥浆，然后插入孔径为 50mm 的金属花管。

④ 待封闭泥浆凝固后，移动花管自下而上或自上而下进行注浆。

5）压密注浆施工可按下列步骤进行：

① 钻机与注浆设备就位。

② 钻机或采用振动法将金属注浆管压入土层。

③ 当采用钻孔法时，应从钻杆内注入封闭泥浆，然后插入孔径为 50mm 的金属注浆管。

④ 待封闭泥浆凝固后，捅去注浆管的活络堵头，提升注浆管自下而上或自上而下进行注浆。

6）浆液黏度应为 80～90s，封闭泥浆 7d 后 70.7mm×70.7mm×70.7mm 立方体试块的抗压强度应为 0.3～0.5MPa。

7）浆液宜用普通硅酸盐水泥。注浆时可部分掺用粉煤灰，掺入量可为水泥重量的 20%～50%。根据工程需要，可在浆液拌制时加入速凝剂、减水剂和防析水剂。

8）注浆用水 pH 不得小于 4。

9）水泥浆的水灰比可取 0.6～2.0，常用的水灰比为 1.0。

10）注浆的流量可取 7～10L/min，对充填型注浆，流量不宜大于 20L/min。

11）当用花管注浆和带有活堵头的金属管注浆时，每次上拔或下钻高度宜为 0.5m。

12）浆体应经过搅拌机充分搅拌均匀后，方可压注，注浆过程中应不停缓慢搅拌，搅拌时间应小于浆液初凝时间。浆液在泵送前应经过筛网过滤。

13）水温不得超过 30～35℃；盛浆桶和注浆管路在注浆体静止状态不得暴露于阳光下，防止浆液凝固；在当日平均温度低于 5℃ 或最低温度低于 −3℃ 的条件下注浆时，应采取措施防止浆液冻结。

14）应采用跳孔间隔注浆，且先外围后中间的注浆顺序。当地下水流速较大时，应从水头高的一端开始注浆。

15）对渗透系数相同的土层，应先注浆封顶，后由下而上进行注浆，防止浆液上冒。如土层的渗透系数随深度而增大，则应自下而上注浆。对互层地层，应先对渗透性或孔隙率大的地层进行注浆。

16）当既有建筑地基进行注浆加固时，应对既有建筑及其邻近建筑、地下管线和地面的沉降、倾斜、位移和裂缝进行监测。并应采用多孔间隔注浆和缩短浆液凝固时间等措施，减少既有建筑基础因注浆而产生的附加沉降。

（2）硅化浆液注浆

1）压力灌浆溶液的施工步骤应符合下列规定：

① 向土中打入灌注管和灌注溶液，应自基础底面标高起向下分层进行，达到设计深度后，应将管拔出，清洗干净方可继续使用。

② 加固既有建筑物地基时，应先采用沿基础侧向先外排，后内排的施工顺序。

③ 灌注溶液的压力值由小逐渐增大，最大压力不宜超过 200kPa。

2）溶液自渗的施工步骤，应符合下列规定：

① 在基础侧向，将设计布置的灌注孔分批或全部打入或钻至设计深度。

② 将配好的硅酸钠溶液满注灌注孔，溶液面宜高出基础底面标高 0.50m，使溶液自行渗入土中。

③ 在溶液自渗过程中，每隔 2～3h，向孔内添加一次溶液，防止孔内溶液渗干。

3）待溶液量全部注入土中后，注浆孔宜用体积比为 2：8 灰土分层回填夯实。

（3）碱液注浆

1）灌注孔可用洛阳铲、螺旋钻成孔或用带有尖端的钢管打入土中成孔，孔径宜为 60～100mm，孔中应填入粒径为 20～40mm 的石子到注液管下端标高处，再将内径 20mm 的注液管插入孔中，管底以上 300mm 高度内应填入粒径为 2～5mm 的石子，上部宜用体积比为 2：8 灰土填入夯实。

2）碱液可用固体烧碱或液体烧碱配制，每加固 $1m^3$ 黄土宜用氢氧化钠溶液 35～45kg。碱液浓度不应低于 90g/L；双液加固时，氯化钙溶液的浓度为 50～80g/L。

3）配溶液时，应先放水，而后徐徐放入碱块或浓碱液。溶液加碱量可按下列公式计算：

① 采用固体烧碱配制每 $1m^3$ 浓度为 M 的碱液时，每 $1m^3$ 水中的加碱量应符合下式规定：

$$G_s = \frac{1000M}{P} \qquad (3-2)$$

式中　G_s——每 $1m^3$ 碱液中投入的固体烧碱量（g）；

　　　M——配制碱液的浓度（g/L）；

　　　P——固体烧碱中，NaOH 含量的百分数（%）。

② 采用液体烧碱配制每 $1m^3$ 浓度为 M 的碱液时，投入的液体烧碱量体积 V_1 和加水量 V_2 应符合下列公式规定：

$$V_1 = 1000\frac{M}{d_N N} \qquad (3-3)$$

$$V_2 = 1000\left(1 - \frac{M}{d_N N}\right) \qquad (3-4)$$

式中　V_1——液体烧碱体积（L）；

　　　V_2——加水的体积（L）；

　　　d_N——液体烧碱的相对密度；

　　　N——液体烧碱的质量分数。

4）应将桶内碱液加热到 90℃以上方能进行灌注，灌注过程中，桶内溶液温度不应低于 80℃。

5）灌注碱液的速度，宜为 2～5L/min。

6）碱液加固施工，应合理安排灌注顺序和控制灌注速率。宜采用隔 1～2 孔灌注，分段施工，相邻两孔灌注的间隔时间不宜少于 3d，同时灌注的两孔间距不应小于 3m。

7）当采用双液加固时，应先灌注氢氧化钠溶液，待间隔 8～12h 后，再灌注氯化钙溶液，氯化钙溶液用量宜为氢氧化钠溶液用量的 1/2～1/4。

3.1.2 桩基础工程

1. 灌注桩施工

（1）泥浆护壁成孔灌注桩

1）泥浆的制备和处理

① 除能自行造浆的黏性土层外，均应制备泥浆。泥浆制备应选用高塑性黏土或膨润土。泥浆应根据施工机械、工艺及穿越土层情况进行配合比设计。

② 泥浆护壁应符合下列规定：

a. 施工期间护筒内的泥浆面应高出地下水位 1.0m 以上，在受水位涨落影响时，泥浆面应高出最高水位 1.5m 以上。

b. 在清孔过程中，应不断置换泥浆，直至灌注水下混凝土。

c. 灌注混凝土前，孔底 500mm 以内的泥浆相对密度应小于 1.25；含砂率不得大于 8%；黏度不得大于 28s。

d. 在容易产生泥浆渗漏的土层中应采取维持孔壁稳定的措施。

③ 废弃的浆、渣应进行处理，不得污染环境。

2）正、反循环钻孔灌注桩的施工

① 对孔深较大的端承型桩和粗粒土层中的摩擦型桩，宜采用反循环工艺成孔或清孔，也可根据土层情况采用正循环钻进，反循环清孔。

② 泥浆护壁成孔时，宜采用孔口护筒，护筒设置应符合下列规定：

a. 护筒埋设应准确、稳定，护筒中心与桩位中心的偏差不得大于 50mm。

b. 护筒可用 4～8mm 厚钢板制作，其内径应大于钻头直径 100mm，上部宜开设 1～2 个溢浆孔。

c. 护筒的埋设深度：在黏性土中不宜小于 1.0m；在砂土中不宜小于 1.5m。护筒下端外侧应采用黏土填实，其高度尚应满足孔内泥浆面高度的要求。

d. 受水位涨落影响或水下施工的钻孔灌注桩，护筒应加高加深，必要时应打入不透水层。

③ 当在软土层中钻进时，应根据泥浆补给情况控制钻进速度；在硬层或岩层中的钻进速度应以钻机不发生跳动为准。

④ 钻机设置的导向装置应符合下列规定：

a. 潜水钻的钻头上应有不小于 $3d$ 长度的导向装置。

b. 利用钻杆加压的正循环回转钻机，在钻具中应加设扶正器。

⑤ 如在钻进过程中发生斜孔、塌孔和护筒周围冒浆、失稳等现象时，应停钻，待采

取相应措施后再进行钻进。

⑥ 钻孔达到设计深度，灌注混凝土之前，孔底沉渣厚度指标应符合下列规定：

a. 对端承型桩，不应大于 50mm。

b. 对摩擦型桩，不应大于 100mm。

c. 对抗拔、抗水平力桩，不应大于 200mm。

3）冲击成孔灌注桩的施工

① 在钻头锥顶和提升钢丝绳之间应设置保证钻头自动转向的装置。

② 冲孔桩孔口护筒，其内径应大于钻头直径 200mm，护筒应按 2）中②设置。

③ 泥浆的制备、使用和处理应符合 1）的规定。

④ 冲击成孔质量控制应符合下列规定：

a. 开孔时，应低锤密击，当表土为淤泥、细砂等软弱土层时，可加入黏土块夹小片石反复冲击造壁，孔内泥浆面应保持稳定。

b. 在各种不同的土层、岩层中成孔时，可按照表 3-1 的操作要点进行。

冲击成孔操作要点 表 3-1

项　目	操 作 要 点
在护筒刃脚以下 2m 范围内	小冲程 1m 左右，泥浆相对密度 1.2～1.5，软弱土层投入黏土块夹小片石
黏性土层	中、小冲程 1～2m，泵入清水或稀泥浆，经常清除钻头上的泥块
粉砂或中粗砂层	中冲程 2～3m，泥浆相对密度 1.2～1.5，投入黏土块，勤冲、勤掏渣
砂卵石层	中、高冲程 3～4m，泥浆相对密度 1.3 左右，勤掏渣
软弱土层或塌孔回填重钻	小冲程反复冲击，加黏土块夹小片石，泥浆相对密度 1.3～1.5

注：1. 土层不好时提高泥浆相对密度或加黏土块。

　　2. 防黏钻可投入碎砖石。

c. 进入基岩后，先采用大冲程、低频率冲击，当发现成孔偏移时，应回填片石至偏孔上方 300～500mm 处，然后重新冲孔。

d. 当遇到孤石时，可预爆或采用高低冲程交替冲击，将大孤石击碎或挤入孔壁。

e. 应采取有效的技术措施防止扰动孔壁、塌孔、扩孔、卡钻和掉钻及泥浆流失等事故。

f. 每钻进 4～5m 应验孔一次，在更换钻头前或容易缩孔处，均应验孔。

g. 进入基岩后，非桩端持力层每钻进 300～500mm 和桩端持力层每钻进 100～300m时，应清孔取样一次，并应做记录。

⑤ 排渣可采用泥浆循环或抽渣筒等方法，当采用抽渣筒排渣时，应及时补给泥浆。

⑥ 冲孔中遇到斜孔、弯孔、梅花孔、塌孔及护筒周围冒浆、失稳等情况时，应停止施工，采取措施后方可继续施工。

⑦ 大直径桩孔可分级成孔，第一级成孔直径应为设计桩径的 0.6～0.8 倍。

⑧ 清孔宜按下列规定进行：

a. 不易塌孔的桩孔，可采用空气吸泥清孔。

b. 稳定性差的孔壁应采用泥浆循环或抽渣筒排渣，清孔后灌注混凝土之前的泥浆指标应按 1）中①执行。

c. 清孔时，孔内泥浆应符合 1）中②的规定。

d. 灌注混凝土前，孔底沉渣允许厚度应符合 2）中⑥的规定。

4）旋挖成孔灌注桩的施工

① 旋挖钻成孔灌注桩应根据不同的地层情况及地下水位埋深，采用干作业成孔和泥浆护壁成孔工艺。干作业成孔工艺可按（4）执行。

② 泥浆护壁旋挖钻机成孔应配备成孔和清孔用泥浆及泥浆池（箱），在容易产生泥浆渗漏的土层中可采取提高泥浆相对密度，掺入锯末、增黏剂提高泥浆黏度等维持孔壁稳定的措施。

③ 泥浆制备的能力应大于钻孔时的泥浆需求量，每台套钻机的泥浆储备量小应少于单桩体积。

④ 旋挖钻机施工时，应保证机械稳定、安全作业，必要时可在场地铺设能保证其安全行走和操作的钢板或垫层（路基板）。

⑤ 每根桩均应安设钢护筒，护筒应满足 2）中②的规定。

⑥ 成孔前和每次提出钻斗时，应检查钻斗和钻杆连接销子、钻斗门连接销子以及钢丝绳的状况，并应清除钻斗上的渣土。

⑦ 旋挖钻机成孔应采用跳挖方式，钻斗倒出的土距桩孔口的最小距离应大于 6m，并应及时清除。应根据钻进速度同步补充泥浆，保持所需的泥浆面高度不变。

⑧ 钻孔达到设计深度时，应采用清孔钻头进行清孔，并应满足 1）中②和③的要求。孔底沉渣厚度控制指标应符合 2）中⑥的规定。

5）水下混凝土的灌注

① 钢筋笼吊装完毕后，应安置导管或气泵管二次清孔，并应进行孔位、孔径、垂直度、孔深、沉渣厚度等检验，合格后应立即灌注混凝土。

② 水下灌注的混凝土应符合下列规定：

a. 水下灌注混凝土必须具备良好的和易性，配合比应通过试验确定；坍落度宜为 180～220mm；水泥用量不应少于 $360kg/m^3$（当掺入粉煤灰时水泥用量可不受此限）。

b. 水下灌注混凝土的含砂率宜为 40%～50%，并宜选用中粗砂；粗骨料的最大粒径应小于 40mm，并应满足《建筑桩基技术规范》（JGJ 94—2008）第 6.2.6 条的要求。

c. 水下灌注混凝土宜掺外外加剂。

③ 导管的构造和使用应符合下列规定：

a. 导管壁厚不宜小于 3mm，直径宜为 200～250mm；直径制作偏差不应超过 2mm，导管的分节长度可视工艺要求确定，底管长度不宜小于 4m，接头宜采用双螺纹方扣快速接头。

b. 导管使用前应试拼装、试压，试水压力可取为 0.6～1.0MPa。

c. 每次灌注后应对导管内外进行清洗。

④ 使用的隔水栓应有良好的隔水性能，并应保证顺利排出；隔水栓宜采用球胆或与桩身混凝土强度等级相同的细石混凝土制作。

⑤ 灌注水下混凝土的质量控制应满足下列要求：

a. 开始灌注混凝土时，导管底部至孔底的距离宜为 300～500mm。

b. 应有足够的混凝土储备量，导管一次埋入混凝土灌注面以下不应少于 0.8m。

c. 导管埋入混凝土深度宜为 2～6m。严禁将导管提出混凝土灌注面，并应控制提拔导管速度，还应有专人测量导管埋深及管内外混凝土灌注面的高差，填写水下混凝土灌注记录。

d. 灌注水下混凝土必须连续施工，每根桩的灌注时间应按初盘混凝土的初凝时间控制，对灌注过程中的故障应记录备案。

e. 应控制最后一次灌注量，超灌高度宜为 0.8～1.0m。凿除泛浆后必须保证暴露的桩顶混凝土强度达到设计等级。

（2）长螺旋钻孔压灌桩

1）当需要穿越老黏土、厚层砂土、碎石土以及塑性指数大于 25 的黏土时，应进行试钻。

2）钻机定位后，应进行复检，钻头与桩位点偏差不得大于 20mm，开孔时下钻速度应缓慢；钻进过程中，不宜反转或提升钻杆。

3）钻进过程中，当遇到卡钻、钻机摇晃、偏斜或发生异常声响时，应立即停钻，查明原因，采取相应措施后方可继续作业。

4）根据桩身混凝土的设计强度等级，应通过试验确定混凝土配合比；混凝土坍落度宜为 180～220mm；粗骨料可采用卵石或碎石，最大粒径不宜大于 30mm；可掺加粉煤灰或外加剂。

5）混凝土泵型号应根据桩径选择，混凝土输送泵管布置宜减少弯道，混凝土泵与钻机的距离不宜超过 60m。

6）桩身混凝土的泵送压灌应连续进行，当钻机移位时，混凝土泵料斗内的混凝土应连续搅拌，泵送混凝土时，料斗内混凝土的高度不得低于 100mm。

7）混凝土输送泵管宜保持水平，当长距离泵送时，泵管下面应垫实。

8）当气温高于 30℃时，宜在输送泵管上覆盖隔热材料，每隔一段时间应洒水降温。

9）钻至设计标高后，应先泵入混凝土并停顿 10～20s，再缓慢提升钻杆。提钻速度应根据土层情况确定，且应与混凝土泵送量相匹配，保证管内有一定高度的混凝土。

10）在地下水位以下的砂土层中钻进时，钻杆底部活门应有防止进水的措施，压灌混凝土应连续进行。

11）压灌桩的充盈系数宜为 1.0～1.2。桩顶混凝土超灌高度不宜小于 0.3～0.5m。

12）成桩后，应及时清除钻杆及泵管内残留混凝土。长时间停置时，应采用清水将钻杆、泵管、混凝土泵清洗干净。

13）混凝土压灌结束后，应立即将钢筋笼插至设计深度。钢筋笼插设宜采用专用插筋器。

（3）沉管灌注桩和内夯沉管灌注桩

1）锤击沉管灌注桩施工

① 锤击沉管灌注桩施工应根据土质情况和荷载要求，分别选用单打法、复打法或反插法。

② 锤击沉管灌注桩施工应符合下列规定：

a. 群桩基础的基桩施工，应根据土质、布桩情况，采取消减负面挤土效应的技术措

28

施，确保成桩质量。

b. 桩管、混凝土预制桩尖或钢桩尖的加工质量和埋设位置应与设计相符，桩管与桩尖的接触应有良好的密封性。

③ 灌注混凝土和拔管的操作控制应符合下列规定：

a. 沉管至设计标高后，应立即检查和处理桩管内的进泥、进水和吞桩尖等情况，并立即灌注混凝土。

b. 当桩身配置局部长度钢筋笼时，第一次灌注混凝土应先灌至笼底标高，然后放置钢筋笼，再灌至桩顶标高。第一次拔管高度应以能容纳第二次灌入的混凝土量为限。在拔管过程中应采用测锤或浮标检测混凝土面的下降情况。

c. 拔管速度应保持均匀，对一般土层拔管速度宜为 1m/min，在软弱土层和软硬土层交界处拔管速度宜控制在 0.3～0.8m/min。

d. 采用倒打拔管的打击次数，单动汽锤不得少于 50 次/min，自由落锤小落距轻击不得少于 40 次/min；在管底未拔至桩顶设计标高之前，倒打和轻击不得中断。

④ 混凝土的充盈系数不得小于 1.0；对于充盈系数小于 1.0 的桩，应全长复打，对可能造成断桩和缩颈桩的情形，应进行局部复打。成桩后的桩身混凝土顶面应高于桩顶设计标高 500mm 以内。全长复打时，桩管入土深度宜接近原桩长，局部复打应超过断桩或缩颈区 1m 以上。

⑤ 全长复打桩施工时应符合下列规定：

a. 第一次灌注混凝土应达到自然地面。

b. 拔管过程中应及时清除粘在管壁上和散落在地面上的混凝土。

c. 初打与复打的桩轴线应重合。

d. 复打施工必须在第一次灌注的混凝土初凝之前完成。

⑥ 混凝土的坍落度宜为 80～100mm。

2）振动、振动冲击沉管灌注桩施工

① 振动、振动冲击沉管灌注桩应根据土质情况和荷载要求，分别选用单打法、复打法、反插法等。单打法可用于含水量较小的土层，且宜采用预制桩尖；反插法及复打法可用于饱和土层。

② 振动、振动冲击沉管灌注桩单打法施工的质量控制应符合下列规定：

a. 必须严格控制最后 30s 的电流、电压值，其值按设计要求或根据试桩和当地经验确定。

b. 桩管内灌满混凝土后，应先振动 5～10s，再开始拔管，应边振边拔，每拔出 0.5～1.0m，停拔，振动 5～10s；如此反复，直至桩管全部拔出。

c. 在一般土层内，拔管速度宜为 1.2～1.5m/min，用活瓣桩尖时宜慢，用预制桩尖时可适当加快；在软弱土层中宜控制在 0.6～0.8m/min。

③ 振动、振动冲击沉管灌注桩反插法施工的质量控制应符合下列规定：

a. 桩管灌满混凝土后，先振动再拔管，每次拔管高度 0.5～1.0m，反插深度 0.3～0.5m；在拔管过程中，应分段添加混凝土，保持管内混凝土面始终不低于地表面或高于地下水位 1.0～1.5m 以上，拔管速度应小于 0.5m/min。

b. 在距桩尖处 1.5m 范围内，宜多次反插以扩大桩端部断面。

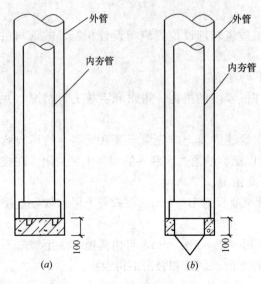

图 3-1 内外管及管塞

(a) 平底内夯管；(b) 锥底内夯管

c. 穿过淤泥夹层时，应减慢拔管速度，并减少拔管高度和反插深度，在流动性淤泥中不宜使用反插法。

④ 振动、振动冲击沉管灌注桩复打法的施工要求可按 1) 中④和⑤执行。

3）内夯沉管灌注桩施工

① 当采用外管与内夯管结合锤击沉管进行夯压、扩底、扩径时，内夯管应比外管短 100mm，内夯管底端可采用闭口平底或闭口锥底（见图 3-1）。

② 外管封底可采用干硬性混凝土、无水混凝土配料，经夯击形成阻水、阻泥管塞，其高度可为 100mm。当内、外管间不会发生间隙涌水、涌泥时，亦可不采用上述封底措施。

③ 桩端夯扩头平均直径可按下列公式估算：

一次夯扩

$$D_1 = d_0 \sqrt{\frac{H_1 + h_1 - C_1}{h_1}} \qquad (3-5)$$

二次夯扩

$$D_2 = d_0 \sqrt{\frac{H_1 + H_2 + h_2 - C_1 - C_2}{h_2}} \qquad (3-6)$$

式中　D_1、D_2——第一次、第二次夯扩扩头平均直径（m）；

d_0——外管直径（m）；

H_1、H_2——第一次、第二次夯扩工序中，外管内灌注混凝土面从桩底算起的高度（m）；

h_1、h_2——第一次、第二次夯扩工序中，外管从桩底算起的上拔高度（m），分别可取 $H_1/2$，$H_2/2$；

C_1、C_2——第一次、第二次夯扩工序中，内外管同步下沉到离桩底的距离，均可取为 0.2m（见图 3-2）。

④ 桩身混凝土宜分段灌注；拔管时内夯管和桩锤应施压于外管中的混凝土顶面，边压边拔。

⑤ 施工前宜进行试成桩，并应详细记录混凝土的分次灌注量、外管上拔高度、内管夯击次数、双管同步沉入深度，并应检查外管的封底情况，有无进水、涌泥等，经核定后可作为施工控制依据。

（4）干作业成孔灌注桩

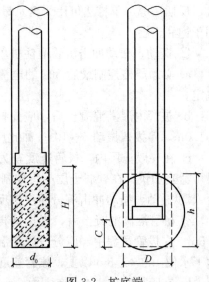

图 3-2　扩底端

1) 钻孔（扩底）灌注桩施工

① 钻孔时应符合下列规定：

a. 钻杆应保持垂直稳固，位置准确，防止因钻杆晃动引起扩大孔径。

b. 钻进速度应根据电流值变化，及时进行调整。

c. 钻进过程中，应随时清理孔口积土，遇到地下水、塌孔、缩孔等异常情况时，应及时处理。

② 钻孔扩底桩施工，直孔部分应按①、③、④规定执行，扩底部位尚应符合下列规定：

a. 应根据电流值或油压值，调节扩孔刀片削土量，防止出现超负荷现象。

b. 扩底直径和孔底的虚土厚度应符合设计要求。

③ 成孔达到设计深度后，孔口应予保护，应按表 3-2 规定验收，并应做好记录。

灌注桩成孔施工允许偏差 表 3-2

成孔方法		桩径允许偏差（mm）	垂直度允许偏差（%）	桩位允许偏差（mm）	
				1～3 根桩、条形桩基沿垂直轴线方向和群桩基础中的边桩	条形桩基沿轴线方向和群桩基础的中间桩
泥浆护壁钻、挖、冲孔桩	$d \leqslant 1000mm$	±50	1	$d/6$ 且不大于 100	$d/4$ 且不大于 150
	$d > 1000mm$	±50		$100+0.01H$	$150+0.01H$
锤击（振动）沉管振动冲击沉管成桩	$d \leqslant 500mm$	-20	1	70	150
	$d > 500mm$			100	150
螺旋钻、机动洛阳铲干作业成孔		-20	1	70	150
人工挖孔桩	现浇混凝土护壁	±50	0.5	50	150
	长钢套管护壁	±50	1	100	200

注：1. 桩径允许偏差的负值是指个别断面。

2. H 为施工现场地面标高与桩顶设计标高的距离；d 为设计桩径。

④ 灌注混凝土前，应在孔口安放护孔漏斗，然后放置钢筋笼，并应再次测量孔内虚土厚度。扩底桩灌注混凝土时，第一次应灌到扩底部位的顶面，随即振捣密实；浇筑桩顶以下 5m 范围内混凝土时，应随浇筑随振捣，每次浇筑高度不得大于 1.5m。

2) 人工挖孔灌注桩施工

① 人工挖孔桩的孔径（不含护壁）不得小于 0.8m，且不宜大于 2.5m；孔深不宜大于 30m。当桩净距小于 2.5m 时，应采用间隔开挖。相邻排桩跳挖的最小施工净距不得小于 4.5m。

② 人工挖孔桩混凝土护壁的厚度不应小于 100mm，混凝土强度等级不应低于桩身混凝土强度等级，并应振捣密实；护壁应配置直径不小于 8mm 的构造钢筋，竖向筋应上下搭接或拉接。

③ 人工挖孔桩施工应采取下列安全措施：

a. 孔内必须设置应急软爬梯供人员上下；使用的电葫芦、吊笼等应安全可靠，并配有自动卡紧保险装置，不得使用麻绳和尼龙绳吊挂或脚踏井壁凸缘上下；电葫芦宜用按钮式开关,使用前必须检验其安全起吊能力。

b. 每日开工前必须检测井下的有毒、有害气体,并应有相应的安全防范措施;当桩孔开挖深度超过 10m 时,应有专门向井下送风的设备,风量不宜少于 25L/s。

c. 孔口四周必须设置护栏,护栏高度宜为 0.8m。

d. 挖出的土石方应及时运离孔口,不得堆放在孔口周边 1m 范围内,机动车辆的通行不得对井壁的安全造成影响。

e. 施工现场的一切电源、电路的安装和拆除必须遵守现行行业标准《施工现场临时用电安全技术规范》(JGJ 46—2005)的规定。

④ 开孔前,桩位应准确定位放样,在桩位外设置定位基准桩,安装护壁模板必须用桩中心点校正模板位置,并应由专人负责。

⑤ 第一节井圈护壁应符合下列规定:

a. 井圈中心线与设计轴线的偏差不得大于 20mm。

b. 井圈顶面应比场地高出 100~150mm,壁厚应比下面井壁厚度增加 100~150mm。

⑥ 修筑井圈护壁应符合下列规定:

a. 护壁的厚度、拉接钢筋、配筋、混凝土强度等级均应符合设计要求。

b. 上下节护壁的搭接长度不得小于 50mm。

c. 每节护壁均应在当日连续施工完毕。

d. 护壁混凝土必须保证振捣密实,应根据土层渗水情况使用速凝剂。

e. 护壁模板的拆除应在灌注混凝土 24h 之后。

f. 发现护壁有蜂窝、漏水现象时,应及时补强。

g. 同一水平面上的井圈任意直径的极差不得大于 50mm。

⑦ 当遇有局部或厚度不大于 1.5m 的流动性淤泥和可能出现涌土涌砂时,护壁施工可按下列办法处理:

a. 将每节护壁的高度减小到 300~500mm,并随挖、随验、随灌注混凝土。

b. 采用钢护筒或有效的降水措施。

⑧ 挖至设计标高后,应清除护壁上的泥土和孔底残渣、积水,并应进行隐蔽工程验收。验收合格后,应立即封底和灌注桩身混凝土。

⑨ 灌注桩身混凝土时,混凝土必须通过溜槽;当落距超过 3m 时,应采用串筒,串筒末端距孔底高度不宜大于 2m,也可采用导管泵送;混凝土宜采用插入式振捣器振实。

⑩ 当渗水量过大时,应采取场地截水、降水或水下灌注混凝土等有效措施。严禁在桩孔中边抽水边外挖,同时不得灌注相邻桩。

(5) 灌注桩后注浆

1) 灌注桩后注浆工法可用于各类钻、挖、冲孔灌注桩及地下连续墙的沉渣(虚土)、泥皮和桩底、桩侧一定范围土体的加固。

2) 后注浆装置的设置应符合下列规定:

① 后注浆导管应采用钢管,且应与钢筋笼加劲筋绑扎固定或焊接。

② 桩端后注浆导管及注浆阀数量宜根据桩径大小设置:对于直径不大于 1200mm 的桩,宜沿钢筋笼圆周对称设置 2 根;对于直径大于 1200mm 且小于等于 2500mm 的桩,宜对称设置 3 根。

③ 对于桩长超过 15m 且承载力增幅要求较高者，宜采用桩端桩侧复式注浆；桩侧后注浆管阀设置数量应综合地层情况、桩长和承载力增幅要求等因素确定，可在离桩底 5～15m 以上、桩顶 8m 以下，每隔 6～12m 设置一道桩侧注浆阀，当有粗粒土时，宜将注浆阀设置于粗粒土层下部，对于干作业成孔灌注桩宜设于粗粒土层中部。

④ 对于非通长配筋桩，下部应有不少于 2 根与注浆管等长的主筋组成的钢筋笼通底。

⑤ 钢筋笼应沉放到底，不得悬吊，下笼受阻时不得撞笼、墩笼、扭笼。

3）后注浆阀应具备下列性能：

① 注浆阀应能承受 1MPa 以上静水压力；注浆阀外部保护层应能抵抗砂石等硬质物的刮撞而不致使注浆阀受损。

② 注浆阀应具备逆止功能。

4）浆液配比、终止注浆压力、流量、注浆量等参数设计应符合下列规定：

① 浆液的水灰比应根据土的饱和度、渗透性确定，对于饱和土，水灰比宜为 0.15～0.65；对于非饱和土，水灰比宜为 0.7～0.9（松散碎石土、砂砾宜为 0.5～0.6）；低水灰比浆液宜掺入减水剂。

② 桩端注浆终止注浆压力应根据土层性质及注浆点深度确定，对于风化岩、非饱和黏性土及粉土，注浆压力宜为 3～10MPa；对于饱和土层注浆压力宜为 1.2～4MPa，软土宜取低值，密实黏性土宜取高值。

③ 注浆流量不宜超过 75L/min。

④ 单桩注浆量的设计应根据桩径、桩长、桩端桩侧土层性质、单桩承载力增幅及是否复式注浆等因素确定，可按下式估算：

$$G_c = \alpha_p d + \alpha_s n d \tag{3-7}$$

式中　α_p、α_s ——分别为桩端、桩侧注浆量经验系数，$\alpha_p = 1.5～1.8$，$\alpha_s = 0.5～0.7$；对于卵、砾石、中粗砂取较高值；

　　　　n ——桩侧注浆断面数；

　　　　d ——基桩设计直径（m）；

　　　　G_c ——注浆量，以水泥质量计（t）。

对独立单桩、桩距大于 $6d$ 的群桩和群桩初始注浆的数根基桩的注浆量应按上述估算值乘以 1.2 的系数。

⑤ 后注浆作业开始前，宜进行注浆试验，优化并最终确定注浆参数。

5）后注浆作业起始时间、顺序和速率应符合下列规定：

① 注浆作业宜于成桩 2d 后开始，不宜迟于成桩 30d 后。

② 注浆作业与成孔作业点的距离不宜小于 8～10m。

③ 对于饱和土中的复式注浆顺序宜先桩侧后桩端；对于非饱和土宜先桩端后桩侧；多断面桩侧注浆应先上后下；桩侧桩端注浆间隔时间不宜少于 2h。

④ 桩端注浆应对同一根桩的各注浆导管依次实施等量注浆。

⑤ 对于桩群注浆宜先外围、后内部。

6）当满足下列条件之一时可终止注浆：

① 注浆总量和注浆压力均达到设计要求。

② 注浆总量已达到设计值的 75%，且注浆压力超过设计值。

7）当注浆压力长时间低于正常值或地面出现冒浆或周围桩孔串浆，应改为间歇注浆，间歇时间宜为 30～60min，或调低浆液水灰比。

8）后注浆施工过程中，应经常对后注浆的各项工艺参数进行检查，发现异常应采取相应处理措施。当注浆量等主要参数达不到设计值时，应根据工程具体情况采取相应措施。

9）后注浆桩基工程质量检查和验收应符合下列要求：

① 后注浆施工完成后应提供水泥材质检验报告、压力表检定证书、试注浆记录、设计工艺参数、后注浆作业记录、特殊情况处理记录等资料。

② 在桩身混凝土强度达到设计要求的条件下，承载力检验应在注浆完成 20d 后进行，浆液中掺入早强剂时可于注浆完成 15d 后进行。

2. 混凝土预制桩与钢桩施工

（1）混凝土预制桩的制作

1）混凝土预制桩可在施工现场预制，预制场地必须平整、坚实。

2）制桩模板宜采用钢模板，模板应平整并具有足够刚度，尺寸应准确。

3）钢筋骨架的主筋连接宜采用对焊和电弧焊，当钢筋直径不小于 20mm 时，宜采用机械接头连接。主筋接头配置在同一截面内的数量，应符合下列规定：

① 当采用对焊或电弧焊时，对于受拉钢筋，不得超过 50%。

② 相邻两根主筋接头截面的距离应大于 $35d_g$（d_g 为主筋直径），并不应小于 500mm。

③ 必须符合现行行业标准《钢筋焊接及验收规程》（JGJ 18—2012）和《钢筋机械连接技术规程》（JGJ 107—2010）的规定。

4）预制桩钢筋骨架的允许偏差应符合表 3-3 的规定。

预制桩钢筋骨架的允许偏差 表 3-3

项次	项 目	允许偏差（mm）
1	主筋间距	±5
2	桩尖中心线	10
3	箍筋间距或螺旋筋的螺距	±20
4	吊环沿纵轴线方向	±20
5	吊环沿垂直于纵轴线方向	±20
6	吊环露出桩表面的高度	±10
7	主筋距桩顶距离	±5
8	桩顶钢筋网片位置	±10
9	多节桩桩顶预埋件位置	±3

5）确定桩的单节长度时应符合下列规定：

① 满足桩架的有效高度、制作场地条件、运输与装卸能力。

② 避免在桩尖接近或处于硬持力层中时接桩。

6）浇注混凝土预制桩时，宜从桩顶开始灌筑，并应防止另一端的砂浆积聚过多。

7）锤击预制桩的骨料粒径宜为 5～40mm。

8）锤击预制桩应在强度与龄期均达到要求后，方可锤击。

9）重叠法制作预制桩时，应符合下列规定：

① 桩与邻桩及底模之间的接触面不得粘连。

② 上层桩或邻桩的浇筑，必须在下层桩或邻桩的混凝土达到设计强度的30％以上时，方可进行。

③ 桩的重叠层数不应超过4层。

10）混凝土预制桩的表面应平整、密实，制作允许偏差应符合表3-4的规定。

混凝土预制桩制作允许偏差   表3-4

桩 型	项 目	允许偏差（mm）
钢筋混凝土实心桩	横截面边长	±5
	桩顶对角线之差	≤5
	保护层厚度	±5
	桩身弯曲矢高	不大于1‰桩长且不大于20
	桩尖偏心	≤10
	桩端面倾斜	≤0.005
	桩节长度	±20
钢筋混凝土管桩	直径	±5
	长度	±0.5％桩长
	管壁厚度	-5
	保护层厚度	+10，-5
	桩身弯曲（度）矢高	1‰桩长
	桩尖偏心	≤10
	桩头板平整度	≤2
	桩头板偏心	≤2

11）《建筑桩基技术规范》（JGJ 94—2008）未作规定的预应力混凝土桩的其他要求及离心混凝土强度等级评定方法，应符合国家现行标准《先张法预应力混凝土管桩》（GB 13476—2009）和《预应力混凝土空心方桩》（JG 197—2006）的规定。

（2）混凝土预制桩的起吊、运输和堆放

1）混凝土实心桩的吊运应符合下列规定：

① 混凝土设计强度达到70％及以上方可起吊，达到100％方可运输。

② 桩起吊时应采取相应措施，保证安全平稳，保护桩身质量。

③ 水平运输时，应做到桩身平稳放置，严禁在场地上直接拖拉桩体。

2）预应力混凝土空心桩的吊运应符合下列规定：

① 出厂前应作出厂检查，其规格、批号、制作日期应符合所属的验收批号内容。

② 在吊运过程中应轻吊轻放，避免剧烈碰撞。

③ 单节桩可采用专用吊钩勾住桩两端内壁直接进行水平起吊。

④ 运至施工现场时应进行检查验收，严禁使用质量不合格及在吊运过程中产生裂缝的桩。

3）预应力混凝土空心桩的堆放应符合下列规定：

① 堆放场地应平整坚实，最下层与地面接触的垫木应有足够的宽度和高度。堆放时桩应稳固，不得滚动。

② 应按不同规格、长度及施工流水顺序分别堆放。

③ 当场地条件许可时，宜单层堆放；当叠层堆放时，外径为 500～600mm 的桩不宜超过 4 层，外径为 300～400mm 的桩不宜超过 5 层。

④ 叠层堆放桩时，应在垂直于桩长度方向的地面上设置 2 道垫木，垫木应分别位于距桩端 1/5 桩长处；底层最外缘的桩应在垫木处用木楔塞紧。

⑤ 垫木宜选用耐压的长木枋或枕木，不得使用有棱角的金属构件。

4) 取桩应符合下列规定：

① 当桩叠层堆放超过 2 层时，应采用吊机取桩，严禁拖拉取桩。

② 三点支撑自行式打桩机不应拖拉取桩。

（3）混凝土预制桩的接桩

1) 桩的连接可采用焊接、法兰连接或机械快速连接（螺纹式、啮合式）。

2) 接桩材料应符合下列规定：

① 焊接接桩：钢钣宜采用低碳钢，焊条宜采用 E43。

② 法兰接桩：钢钣和螺栓宜采用低碳钢。

3) 采用焊接接桩应符合下列规定：

① 下节桩段的桩头宜高出地面 0.5m。

② 下节桩的桩头处宜设导向箍；接桩时上下节桩段应保持顺直，错位偏差不宜大于 2mm；接桩就位纠偏时，不得采用大锤横向敲打。

③ 桩对接前，上下端钣表面应采用铁刷子清刷干净，坡口处应刷至露出金属光泽。

④ 焊接宜在桩四周对称地进行，待上下桩节固定后拆除导向箍再分层施焊；焊接层数不得少于 2 层，第一层焊完后必须把焊渣清理干净，方可进行第二层的施焊，焊缝应连续、饱满。

⑤ 焊好后的桩接头应自然冷却后方可继续锤击，自然冷却时间不宜少于 8min；严禁采用水冷却或焊好即施打。

⑥ 雨天焊接时，应采取可靠的防雨措施。

⑦ 焊接接头的质量检查宜采用探伤检测，同一工程探伤抽样检验不得少于 3 个接头。

4) 采用机械快速螺纹接桩的操作与质量应符合下列规定：

① 接桩前应检查桩两端制作的尺寸偏差及连接件，无受损后方可起吊施工，其下节桩端宜高出地面 0.8m。

② 接桩时，卸下上下节桩两端的保护装置后，应清理接头残物，涂上润滑脂。

③ 应采用专用接头锥度对中，对准上下节桩进行旋紧连接。

④ 可采用专用链条式扳手进行旋紧（臂长 1m，卡紧后人工旋紧再用铁锤敲击板臂），锁紧后两端板尚应有 1～2mm 的间隙。

5) 采用机械啮合接头接桩的操作与质量应符合下列规定：

① 将上下接头钣清理干净，用扳手将已涂抹沥青涂料的连接销逐根旋入上节桩Ⅰ型端头钣的螺栓孔内，并用钢模板调整好连接销的方位。

② 剔除下节桩Ⅱ型端头钣连接槽内泡沫塑料保护块，在连接槽内注入沥青涂料，并

在端头钣面周边抹上宽度 20mm、厚度 3mm 的沥青涂料；当地基土、地下水含中等以上腐蚀介质时，桩端钣板面应满涂沥青涂料。

③ 将上节桩吊起，使连接销与Ⅱ型端头钣上各连接口对准，随即将连接销插入连接槽内。

④ 加压使上下节桩的桩头钣接触，完成接桩。

（4）锤击沉桩

1）沉桩前必须处理空中和地下障碍物，场地应平整，排水应畅通，并应满足打桩所需的地面承载力。

2）桩锤的选用应根据地质条件、桩型、桩的密集程度、单桩竖向承载力及现有施工条件等因素确定，也可按表 3-5 选用。

锤　重　选　择　表　　　　表 3-5

锤　型			柴油锤/t						
			D25	D35	D45	D60	D72	D80	D100
锤的动力性能	冲击部分质量/t		2.5	3.5	4.5	6.0	7.2	8.0	10.0
	总质量/t		6.5	7.2	9.6	15.0	18.0	17.0	20.0
	冲击力/kN		2000~2500	2500~4000	4000~5000	5000~7000	7000~10000	>10000	>12000
	常用冲程/m		1.8~2.3						
桩的截面尺寸	预制方桩、预应力管桩的边长或直径/mm		350~400	400~450	450~500	500~550	550~600	600 以上	600 以上
	钢管桩直径/cm		400		600	900	900~1000	900 以上	900 以上
持力层	黏性土粉土	一般进入深度/m	1.5~2.5	2.0~3.0	2.5~3.5	3.0~4.0	3.0~5.0		
		静力触探比贯入阻力 P_s 平均值/MPa	4	5	>5	>5	>5		
	砂土	一般进入深度/m	0.5~1.5	1.0~2.0	1.5~2.5	2.0~3.0	2.5~3.5	4.0~5.0	5.0~6.0
		标准贯入击数 $N_{63.5}$（未修正）	20~30	30~40	40~45	45~50	50	>50	>50
锤的常用控制贯入度/（cm/10 击）			2~3		3~5		4~8	5~10	7~12
设计单桩极限承载力/kN			800~1600	2500~4000	3000~5000	5000~7000	7000~10000	>10000	>10000

注：1. 本表仅供选锤用。

2. 本表适用于桩端进入硬土层一定深度的长度为 20~60m 的钢筋混凝土预制桩及长度为 40~60m 的钢管桩。

3）桩打入时应符合下列规定：

① 桩帽或送桩帽与桩周围的间隙应为 5~10mm。

② 锤与桩帽、桩帽与桩之间应加设硬木、麻袋、草垫等弹性衬垫。

③ 桩锤、桩帽或送桩帽应和桩身在同一中心线上。

④ 桩插入时的垂直度偏差不得超过 0.5%。

4）打桩顺序要求应符合下列规定：

① 对于密集桩群，自中间向两个方向或四周对称施打。

② 当一侧毗邻建筑物时，由毗邻建筑物处向另一方向施打。

③ 根据基础的设计标高，宜先深后浅。

④ 根据桩的规格，宜先大后小，先长后短。

5）打入桩（预制混凝土方桩、预应力混凝土空心桩、钢桩）的桩位偏差，应符合表 3-6 的规定。斜桩倾斜度的偏差不得大于倾斜角正切值的 15%（倾斜角系桩的纵向中心线与铅垂线间夹角）。

打入桩桩位的允许偏差　　　　　　　　　　　　　　　　　表 3-6

项　　目	允许偏差/mm
带有基础梁的桩：（1）垂直基础梁的中心线 　　　　　　　　（2）沿基础梁的中心线	$100+0.01H$ $150+0.01H$
桩数为 1～3 根桩基中的桩	100
桩数为 4～16 根桩基中的桩	1/2 桩径或边长
桩数大于 16 根桩基中的桩：（1）最外边的桩 　　　　　　　　　　　（2）中间桩	1/3 桩径或边长 1/2 桩径或边长

6）桩终止锤击的控制应符合下列规定：

① 当桩端位于一般土层时，应以控制桩端设计标高为主，贯入度为辅。

② 桩端达到坚硬、硬塑的黏性土、中密以上粉土、砂土、碎石类土及风化岩时，应以贯入度控制为主，桩端标高为辅。

③ 贯入度已达到设计要求而桩端标高未达到时，应继续锤击 3 阵，并按每阵 10 击的贯入度不应大于设计规定的数值确认，必要时，施工控制贯入度应通过试验确定。

7）当遇到贯入度剧变，桩身突然发生倾斜、位移或有严重回弹、桩顶或桩身出现严重裂缝、破碎等情况时，应暂停打桩，并分析原因，采取相应措施。

8）当采用射水法沉桩时，应符合下列规定：

① 射水法沉桩宜用于砂土和碎石土。

② 沉桩至最后 1～2m 时，应停止射水，并采用锤击至规定标高，终锤控制标准可按 6）有关规定执行。

9）施打大面积密集桩群时，应采取下列辅助措施：

① 对预钻孔沉桩，预钻孔孔径可比桩径（或方桩对角线）小 50～100mm，深度可根据桩距和土的密实度、渗透性确定，宜为桩长的 1/3～1/2；施工时应随钻随打；桩架宜具备钻孔锤击双重性能。

② 对饱和黏性土地基，应设置袋装砂井或塑料排水板；袋装砂井直径宜为 70～80mm，间距宜为 1.0～1.5m，深度宜为 10～12m；塑料排水板的深度、间距与袋装砂井相同。

③ 应设置隔离板桩或地下连续墙。

④ 可开挖地面防震沟，并可与其他措施结合使用，防震沟沟宽可取 0.5～0.8m，深度按土质情况决定。

⑤ 应控制打桩速率和日打桩量，24 小时内休止时间不应少于 8h。

⑥ 沉桩结束后，宜普遍实施一次复打。

⑦ 应对不少于总桩数 10% 的桩顶上涌和水平位移进行监测。

⑧ 沉桩过程中应加强邻近建筑物、地下管线等的观测、监护。

10）预应力混凝土管桩的总锤击数及最后 1.0m 沉桩锤击数应根据桩身强度和当地工程经验确定。

11）锤击沉桩送桩应符合下列规定：

① 送桩深度不宜大于 2.0m。

② 当桩顶打至接近地面需要送桩时，应测出桩的垂直度并检查桩顶质量，合格后应及时送桩。

③ 送桩的最后贯入度应参考相同条件下不送桩时的最后贯入度并修正。

④ 送桩后遗留的桩孔应立即回填或覆盖。

⑤ 当送桩深度超过 2.0m 且不大于 6.0m 时，打桩机应为三点支撑履带自行式或步履式柴油打桩机；桩帽和桩锤之间应用竖纹硬木或盘圆层叠的钢丝绳作"锤垫"，其厚度宜取 150～200mm。

12）送桩器及衬垫设置应符合下列规定：

① 送桩器宜做成圆筒形，并应有足够的强度、刚度和耐打性。送桩器长度应满足送桩深度的要求，弯曲度不得大于 1/1000。

② 送桩器上下两端面应平整，且与送桩器中心轴线相垂直。

③ 送桩器下端面应开孔，使空心桩内腔与外界连通。

④ 送桩器应与桩匹配：套筒式送桩器下端的套筒深度宜取 250～350mm，套管内径应比桩外径大 20～30mm；插销式送桩器下端的插销长度宜取 200～300mm，杆销外径应比（管）桩内径小 20～30mm，对于腔内存有余浆的管桩，不宜采用插销式送桩器。

⑤ 送桩作业时，送桩器与桩头之间应设置 1～2 层麻袋或硬纸板等衬垫。内填弹性衬垫压实后的厚度不宜小于 60mm。

13）施工现场应配备桩身垂直度观测仪器（长条水准尺或经纬仪）和观测人员，随时量测桩身的垂直度。

（5）静压沉桩

1）采用静压沉桩时，场地地基承载力不应小于压桩机接地压强的 1.2 倍，且场地应平整。

2）静力压桩宜选择液压式和绳索式压桩工艺，宜根据单节桩的长度选用顶压式液压压桩机和抱压式液压压桩机。

3）选择压桩机的参数应包括下列内容：

① 压桩机型号、桩机质量（不含配承）、最大压桩力等。

② 压桩机的外形尺寸及拖运尺寸。

③ 压桩机的最小边桩距及最大压桩力。

④ 长、短船型履靴的接地压强。

⑤ 夹持机构的形式。

⑥ 液压油缸的数量、直径，率定后的压力表读数与压桩力的对应关系。

⑦ 吊桩机构的性能及吊桩能力。

4) 压桩机的每件配重必须用量具核实，并将其质量标记在该件配重的外露表面；液压式压桩机的最大压桩力应取压桩机的机架重量和配重之和乘以 0.9。

5) 当边桩空位不能满足中置式压桩机施压条件时，宜利用压边桩机构或选用前置式液压压桩机进行压桩，但此时应估计最大压桩能力减少造成的影响。

6) 当设计要求或施工需要采用引孔法压桩时，应配备螺旋钻孔机，或在压桩机上配备专用的螺旋钻。当桩端需进入较坚硬的岩层时，应配备可入岩的钻孔桩机或冲孔桩机。

7) 最大压桩力不宜小于设计的单桩竖向极限承载力标准值，必要时可由现场试验确定。

8) 静力压桩施工的质量控制应符合下列规定：

① 第一节桩下压时垂直度偏差不应大于 0.5%。

② 宜将每根桩一次性连续压到底，且最后一节有效桩长不宜小于 5m。

③ 抱压力不应大于桩身允许侧向压力的 1.1 倍。

④ 对于大面积桩群，应控制日压桩量。

9) 终压条件应符合下列规定：

① 应根据现场试压桩的试验结果确定终压标准。

② 终压连续复压次数应根据桩长及地质条件等因素确定。对于入土深度大于或等于 8m 的桩，复压次数可为 2~3 次；对于入土深度小于 8m 的桩，复压次数可为 3~5 次。

③ 稳压压桩力不得小于终压力，稳定压桩的时间宜为 5~10s。

10) 压桩顺序宜根据场地工程地质条件确定，并应符合下列规定：

① 对于场地地层中局部含砂、碎石、卵石时，宜先对该区域进行压桩。

② 当持力层埋深或桩的入土深度差别较大时，宜先施压长桩后施压短桩。

11) 压桩过程中应测量桩身的垂直度。当桩身垂直度偏差大于 1% 时，应找出原因并设法纠正；当桩尖进入较硬土层后，严禁用移动机架等方法强行纠偏。

12) 出现下列情况之一时，应暂停压桩作业，并分析原因，采用相应措施：

① 压力表读数显示情况与勘察报告中的土层性质明显不符。

② 桩难以穿越硬夹层。

③ 实际桩长与设计桩长相差较大。

④ 出现异常响声，压桩机械工作状态出现异常。

⑤ 桩身出现纵向裂缝和桩头混凝土出现剥落等异常现象。

⑥ 夹持机构打滑。

⑦ 压桩机下陷。

13) 静压送桩的质量控制应符合下列规定：

① 测量桩的垂直度并检查桩头质量，合格后方可送桩，压桩、送桩作业应连续进行。

② 送桩应采用专制钢质送桩器，不得将工程桩用作送桩器。

③ 当场地上多数桩的有效桩长小于或等于 15m 或桩端持力层为风化软质岩，需要复压时，送桩深度不宜超过 1.5m。

④ 除满足③规定外，当桩的垂直度偏差小于1%，且桩的有效桩长大于15m时，静压桩送桩深度不宜超过8m。

⑤ 送桩的最大压桩力不宜超过桩身允许抱压压桩力的1.1倍。

14）引孔压桩法质量控制应符合下列规定：

① 引孔宜采用螺旋钻干作业法，引孔的垂直度偏差不宜大于0.5%。

② 引孔作业和压桩作业应连续进行，间隔时间不宜大于12h，在软土地基中不宜大于3h。

③ 引孔中有积水时，宜采用开口型桩尖。

15）当桩较密集，或地基为饱和淤泥、淤泥质土及黏性土时，应设置塑料排水板、袋装砂井消减超孔压或采取引孔等措施，并可按（4）中9）执行。在压桩施工过程中应对总桩数10%的桩设置上涌和水平偏位观测点，定时检测桩的上浮量及桩顶水平偏位值，若上涌和偏位值较大，应采取复压等措施。

16）对预制混凝土方桩、预应力混凝土空心桩、钢桩等压入桩的桩位偏差，应符合表3-6的规定。

（6）钢桩（钢管桩、H形桩及其他异形钢桩）施工

1）钢桩的制作

① 制作钢桩的材料应符合设计要求，并应有出厂合格证和试验报告。

② 现场制作钢桩应有平整的场地及挡风防雨措施。

③ 钢桩制作的允许偏差应符合表3-7的规定，钢桩的分段长度应满足（1）中5）的规定，且不宜大于15m。

钢桩制作的允许偏差   表3-7

项 目		容许偏差/mm
外径或断面尺寸	桩端部	±0.5%外径或边长
	桩身	±0.1%外径或边长
长度		>0
矢高		≤1‰桩长
端部平整度		≤2（H形桩≤1）
端部平面与桩身中心线的倾斜值		≤2

④ 用于地下水有侵蚀性的地区或腐蚀性土层的钢桩，应按设计要求作防腐处理。

2）钢桩的焊接

① 钢桩的焊接应符合下列规定：

a. 必须清除桩端部的浮锈、油污等脏物，保持干燥；下节桩顶经锤击后变形的部分应割除。

b. 上下节桩焊接时应校正垂直度，对口的间隙宜为2~3mm。

c. 焊丝（自动焊）或焊条应烘干。

d. 焊接应对称进行。

e. 应采用多层焊，钢管桩各层焊缝的接头应错开，焊渣应清除。

f. 当气温低于0℃或雨雪天及无可靠措施确保焊接质量时，不得焊接。

g. 每个接头焊接完毕，应冷却 1min 后方可锤击。

h. 焊接质量应符合国家现行标准《钢结构工程施工质量验收规范》（GB 50205—2001）规定，每个接头除应按表 3-8 规定进行外观检查外，还应按接头总数的 5% 进行超声或 2% 进行 X 射线拍片检查，对于同一工程，探伤抽样检验不得少于 3 个接头。

接桩焊缝外观允许偏差 表 3-8

项 目	允许偏差/mm
上下节桩错口：	
a. 钢管桩外径≥700mm	3
b. 钢管桩外径＜700mm	2
H 型钢桩	1
咬边深度（焊缝）	0.5
加强层高度（焊缝）	2
加强层宽度（焊缝）	3

② H 型钢桩或其他异型薄壁钢桩，接头处应加连接板，可按等强度设置。

3）钢桩的运输和堆放

钢桩的运输与堆放应符合下列规定：

① 堆放场地应平整、坚实、排水通畅。

② 桩的两端应有适当保护措施，钢管桩应设保护圈。

③ 搬运时应防止桩体撞击而造成桩端、桩体损坏或弯曲。

④ 钢桩应按规格、材质分别堆放，堆放层数：ϕ900mm 的钢桩，不宜大于 3 层；ϕ600mm 的钢桩，不宜大于 4 层；ϕ400mm 的钢桩，不宜大于 5 层；H 型钢桩不宜大于 6 层。支点设置应合理，钢桩的两侧应采用木楔塞住。

4）钢桩的沉桩

① 当钢桩采用锤击沉桩时，可按（4）有关条文实施；当采用静压沉桩时，可按（5）有关条文实施。

② 对敞口钢管桩，当锤击沉桩有困难时，可在管内取土助沉。

③ 锤击 H 型钢桩时，锤重不宜大于 4.5t 级（柴油锤），且在锤击过程中桩架前应有横向约束装置。

④ 当持力层较硬时，H 型钢桩不宜送桩。

⑤ 当地表层遇有大块石、混凝土块等回填物时，应在插入 H 型钢桩前进行触探，并应清除桩位上的障碍物。

3. 承台施工

（1）基坑开挖和回填

1）桩基承台施工顺序宜先深后浅。

2）当承台埋置较深时，应对邻近建筑物及市政设施采取必要的保护措施，在施工期间应进行监测。

3）基坑开挖前应对边坡支护形式、降水措施、挖土方案、运土路线及堆土位置编制施工方案，若桩基施工引起超孔隙水压力，宜待超孔隙水压力大部分消散后开挖。

4）当地下水位较高需降水时，可根据周围环境情况采用内降水或外降水措施。

5）挖土应均衡分层进行，对流塑状软土的基坑开挖，高差不应超过1m。

6）挖出的土方不得堆置在基坑附近。

7）机械挖土时必须确保基坑内的桩体不受损坏。

8）基坑开挖结束后，应在基坑底做出排水盲沟及集水井，如有降水设施仍应维持运转。

9）在承台和地下室外墙与基坑侧壁间隙回填土前，应排除积水，清除虚土和建筑垃圾，填土应按设计要求选料，分层夯实，对称进行。

（2）钢筋和混凝土施工

1）绑扎钢筋前应将灌注桩桩头浮浆部分和预制桩桩顶锤击面破碎部分去除，桩体及其主筋埋入承台的长度应符合设计要求；钢管桩尚应加焊桩顶连接件；并应按设计施作桩头和垫层防水。

2）承台混凝土应一次浇筑完成，混凝土入槽宜采用平铺法。对大体积混凝土施工，应采取有效措施防止温度应力引起裂缝。

3.1.3 土方工程

1. 土方开挖

土方工程的施工过程主要包括：土方开挖、运输、填筑与压实等，应尽量采用机械施工，以加快施工速度。常用的施工机械有：推土机、铲运机、装载机、单斗挖土机等。土方工程施工前通常需完成以下准备工作：施工现场准备，土方工程的测量放线和编制施工组织设计等；有时还需完成以下辅助工作，如基坑、沟槽的边坡保护、土壁的支撑、降低地下水位等。

（1）土方边坡

土方开挖过程中及开挖完毕后，基坑（槽）边坡土体由于自重产生的下滑力在土体中产生剪应力，该剪应力主要靠土体的内摩阻力和内聚力平衡，一旦土体中力的体系失去平衡，边坡就会塌方。

为了避免不同土质的物理性能、开挖深度、土的含水率对边坡土壁的稳定性产生影响而塌方，在土方开挖时将坑、槽挖成上口大、下口小的形状，依靠土的自稳性能保持土壁的相对稳定。

土方边坡用边坡坡度和边坡系数表示，两者互为倒数，工程中常以$1:m$表示放坡。边坡坡度是以土方挖土深度H与边坡底宽B之比表示，如图3-3所示。即：

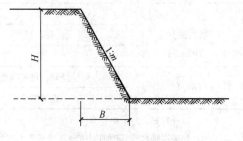

$$土方边坡坡度 = \frac{H}{B} = \frac{1}{m} \qquad (3-8)$$

式中 $m = \dfrac{B}{H}$ 称为边坡系数。

图3-3 边坡坡度示意图

土方边坡的大小主要与土质、开挖深度、开挖方法、边坡留置时间的长短、坡顶荷载状况、降排水情况及气候条件等有关。根据各层土质及土体所受到的压力，边坡可做成直线形、折线形或阶梯形，以减少土方量。当土质均匀、湿度正常，地下水位低于基坑（槽）或管沟底面标高，且敞露时间不长时，挖方边坡可做成直立壁不加支撑，但深度不宜超过下列规定：

① 密实、中密的砂土和碎石类土（充填物为砂土）：1.0m。

② 硬塑、可塑的粉土及粉质黏土：1.25m。

③ 硬塑、可塑的黏土和碎石类土（充填物为黏性土）：1.5m。

④ 坚硬的黏土：2m。

挖方深度超过上述规定时，应考虑放坡或做成直立壁加支撑。

当土的湿度、土质及其他地质条件较好且地下水位低于基坑（槽）或管沟底面标高时，挖方深度在 5m 以内可放坡开挖不加支撑者，其边坡的最陡坡度经验值应符合表 3-9 规定。

挖方深度在 5m 以内不加支撑的边坡的最陡坡度　　　　　　　　　　表 3-9

土的类别	边坡坡度（高∶宽）		
	坡顶无荷载	坡顶有静载	坡顶有动载
中密的砂土	1∶1.00	1∶1.25	1∶1.50
中密的碎石类土（充填物为砂土）	1∶0.75	1∶1.00	1∶1.25
硬塑的粉土	1∶0.67	1∶0.75	1∶1.00
中密的碎石类土（充填物为黏土）	1∶0.50	1∶0.67	1∶0.75
硬塑的粉质黏土、黏土	1∶0.33	1∶0.50	1∶0.67
老黄土	1∶0.10	1∶0.25	1∶0.33
软土（经井点降水后）	1∶1.00	—	—

注：静载指堆土或材料等；动载指机械挖土或汽车运输作业等。静载或动载距挖方边缘的距离应保证边坡和直立壁的稳定；堆土或材料应距挖方边缘 0.8m 以外，高度不超过 1.5m。

永久性挖方边坡应按设计要求放坡。对使用时间较长的临时性挖方边坡坡度，根据现行规范，其边坡的挖方深度及边坡的最陡坡度应符合表 3-10 规定。

临时性挖方边坡值　　　　　　　　　　表 3-10

土 的 类 别		边坡值（高∶宽）
砂土（不包括细砂、粉砂）		1∶1.25～1∶1.50
一般性黏土	硬	1∶0.75～1∶1.00
	硬、塑	1∶1.00～1∶1.25
	软	1∶1.50 或更缓
碎石类土	充填坚硬、硬塑黏性土	1∶0.50～1∶1.00
	充填砂土	1∶1.00～1∶1.50

注：1. 设计有要求时，应符合设计标准。

　　2. 如采用降水或其他加固措施，可不受本表限制，但应计算复核。

　　3. 开挖深度，对软土不应超过 4m，对硬土不应超过 8m。

（2）土壁支撑

土壁支撑是土方施工中的重要工作。应根据工程特点、地质条件、现有的施工技术水平、施工机械设备等合理选择支护方案，保证施工质量和安全。土壁支撑有较多的方式。

1）横撑式支撑。当开挖较窄的沟槽时多采用横撑式支撑，即采用横竖楞木、横竖挡土板、工具式横撑等直接进行支撑。横撑式支撑可分为水平挡土板和垂直挡土板两种，如图3-4所示。这种支撑形式施工较为方便，但支撑深度不宜太大。

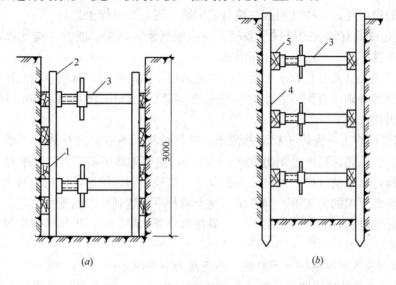

图 3-4 横撑式支撑

（a）断续式水平挡土板支撑；（b）垂直挡土板支撑

1—水平挡土板；2—竖楞木；3—工具式横撑；4—竖直挡土板；5—横楞木

采用横撑式支撑时，应随挖随撑，支撑牢固。施工中应经常检查，如有松动、变形等现象时，应及时加固或更换。支撑的拆除应按回填顺序依次进行，多层支撑应自下而上逐层拆除，随拆随填。拆除支撑时，应防止附近建筑物和构筑物等产生下沉和破坏，必要时应采取妥善的保护措施。

2）桩墙式支撑。桩墙式支撑中有许多的支撑方式，如：钢板桩、预制钢筋混凝土板桩等连续式排桩，预制钢筋混凝土桩、人工挖孔灌注桩、钻孔灌注桩、沉管灌注桩、H型钢桩、工字型钢桩等分离式排桩，地下连续墙、有加劲钢筋的水泥土支护墙等。

3）重力式支撑。通过加固基坑周边的土形成一定厚度的重力式墙，达到挡土的目的。如：水泥粉喷桩、深层搅拌水泥支护结构、高压旋喷帷幕墙、化学注浆防渗挡土墙等。

4）土钉、喷锚支护。土钉、喷锚支护是一种利用加固后的原位土体来维护基坑边坡稳定的支护方法。一般由土钉（锚杆）、钢丝网喷射混凝土面板和加固后的原位土体三部分组成。

（3）基坑（槽）开挖

基坑（槽）开挖有人工开挖和机械开挖两种方式，对于大型基坑应优先考虑选用机械化施工，以减轻繁重的体力劳动，加快施工进度。开挖基坑（槽）应按规定的尺寸合理确定开挖顺序和分层开挖深度，连续地进行施工，尽快地完成。

1）开挖基坑（槽）时，应符合下列规定：

① 由于土方开挖施工要求标高、断面准确，土体应有足够的强度和稳定性，因此在

开挖过程中要随时注意检查。

② 挖出的土除预留一部分用作回填外，在场地内不得任意堆放，应把多余的土运到弃土地区，以免妨碍施工。为防止坑壁滑坍，根据土质情况及坑（槽）深度，在坑顶两边一定距离（一般为 0.8m）内不得堆放弃土，在此距离外堆土高度不得超过 1.5m，否则，应验算边坡的稳定性，在柱基周围、墙基或围墙一侧，不得堆土过高。

③ 在坑边放置有动载的机械设备时，也应根据验算结果，放置在离开坑边较远距离处，如地质条件不好，还应采取加固措施。

为防止基底土（尤其是软土）受到浸水或其他原因的扰动，基坑（槽）挖好后，应立即做垫层或浇筑基础，否则，挖土时应在基底标高以上保留 150～300mm 厚的土层，待基础施工时再挖去。

④ 如用机械挖土，为防止扰动基底土，破坏结构，不应直接挖到坑（槽）底，应根据机械种类，在基底标高以上留出 200～300mm，待基础施工前用人工铲平修整。

挖土不得挖至基坑（槽）的设计标高以下，如果个别处超挖，应用与基土相同的土料填补，并夯实到要求的密实度。如果用当地土填补不能达到要求的密实度时，应用碎石类土填补，并仔细夯实到要求的密实度。如果在重要部位超挖时，可用低强度等级的混凝土填补。

2）在软土地区开挖基坑（槽）时，尚应符合下列规定：

① 施工前必须做好场地排水和降低地下水位的工作，地下水位应降低至开挖面或基底 500mm 以下后，再开挖。降水工作应持续到设计允许停止或回填完毕。

② 软土开挖时，宜选用对道路压强较小的施工机械，当场地土不能满足机械行走要求时，可采用铺设工具式路基箱板等措施。

③ 开挖边坡坡度不宜大于 1∶1.5。当遇淤泥和淤泥质土时，边坡坡度应根据实际情况适当减小；对淤泥和淤泥质土层厚度大于 1m 且有工程桩的土层进行开挖时，应进行土体稳定性验算。

④ 当淤泥、淤泥质土层厚度大于 1m 时，宜采用斜面分层开挖，分层厚度不宜大于 1m。

⑤ 当土方暂停开挖时，挖方边坡应及时修整，清除边坡上工程桩桩间土，施工机械与物资不得靠近边坡停放。

⑥ 相邻基坑（槽）和管沟开挖时，宜按先深后浅或同时进行的施工顺序，并应及时施工垫层、基础；当基坑（槽）内含有局部深坑时，宜对深坑部分采取加固措施。

⑦ 土方开挖应遵循先支后挖、均衡分层、对称开挖的原则进行。

⑧ 在密集群桩上开挖时，应在工程桩完成后，间隔一段时间再进行土方施工，桩顶以上 300mm 以内应采取人工开挖。在密集群桩附近开挖基坑（槽）时，应采取措施，防止桩基位移。

（4）深基坑开挖

深基坑一般采用"分层开挖，先撑后挖"的开挖原则。基坑深度较大时，应分层开挖，以防开挖面的坡度过陡，引起土体位移，坑底面隆起，桩基侧移等异常现象发生。深基坑一般都采用支护结构以减小挖土面积，防止边坡塌方。深基坑开挖注意事项主要包括：

1）在挖土和支撑过程中，对支撑系统的稳定性要有专人检查、观测，并做好记录。发生异常，应立即查清原因，采取针对性技术措施。

2）开挖过程中，对支护墙体出现的水土流失现象应及时进行封堵，同时留出泄水通道，严防地面大量沉陷、支护结构失稳等灾害性事故的发生。

3）严格限制坑顶周围堆土等超载，适当限制与隔离坑顶周围振动荷载作用。

4）开挖过程中，应定时检查井点降水深度。

5）应做好机械上下基坑坡道部位的支护。严禁在挖土过程中，碰撞支护结构体系和工程桩，严禁损坏防渗帷幕。基坑挖土时，将挖土机械、车辆的通道布置、挖土的顺序及周围堆土位置安排等列为对周围环境的影响因素进行综合考虑。

6）深基坑开挖过程中，随着土的挖除，下层土因逐渐卸载而有可能回弹，尤其在基坑挖至设计标高后，如搁置时间过久，回弹更为显著。对深基坑开挖后的土体回弹，应有适当的估计，如在勘察阶段，土样的压缩试验中应补充卸荷弹性试验等。还可以采取结构措施，在基底设置桩基等，或事先对结构下部土质进行深层地基加固。施工中减少基坑弹性隆起的一个有效方法是把土体中有效应力的改变降低到最少。具体方法有加速建造主体结构，或逐步利用基础的重量来代替被挖去土体的重量，或采用逆筑法施工（先施工主体，再施工基础）。

7）基坑（槽）开挖后应及时组织地基验槽，并迅速进行垫层施工，防止暴晒和雨水浸刷，使基坑（槽）的原状结构被破坏。

2. 土方回填

（1）土方回填的要求

1）对回填土料的选择

填料应符合设计要求，不同填料不应混填。设计无要求时，应符合下列规定：

① 不同土类应分别经过击实试验测定填料的最大干密度和最佳含水量，填料含水量与最佳含水量的偏差控制在±2%范围内。

② 草皮土和有机质含量大于8%的土，不应用于有压实要求的回填区域。

③ 淤泥和淤泥质土不宜作为填料，在软土或沼泽地区，经过处理且符合压实要求后，可用于回填次要部位或无压实要求的区域。

④ 碎石类土或爆破石渣，可用于表层以下回填，可采用碾压法或强夯法施工。采用分层碾压时，厚度应根据压实机具通过试验确定，一般不宜超过500mm，其最大粒径不得超过每层厚度的3/4；采用强夯法施工时，填筑厚度和最大粒径应根据强夯夯击能量大小和施工条件通过试验确定，为了保证填料的均匀性，粒径一般不宜大于1m，大块填料不应集中，且不宜填在分段接头处或回填与山坡连接处。

⑤ 两种透水性不同的填料分层填筑时，上层宜填透水性较小的填料。

⑥ 填料为黏性土时，回填前应检验其含水量是否在控制范围内，当含水量偏高，可采用翻松晾晒或均匀掺入干土或生石灰等措施；当含水量偏低，可采用预先洒水湿润。

2）对回填基底的处理

回填基底的处理，应符合设计要求。设计无要求时，应符合下列规定：

① 基底上的树墩及主根应拔除，排干水田、水库、鱼塘等的积水，对软土进行处理。

② 设计标高500mm以内的草皮、垃圾及软土应清除。

③ 坡度大于 1：5 时，应将基底挖成台阶，台阶面内倾，台阶高宽比为 1：2，台阶高度不大于 1m。

④ 当坡面有渗水时，应设置盲沟将渗水引出填筑体外。

3）土方回填施工要求

① 土方回填前，应根据设计要求和不同质量等级标准来确定施工工艺和方法。土方回填时，应先低处后高处，逐层填筑。

② 土方回填应填筑压实，且压实系数应满足设计要求。当采用分层回填时，应在下层的压实系数经试验合格后，才能进行上层施工。

③ 碾压机械压实回填时，一般先静压后振动或先轻后重，并控制行驶速度，平碾和振动碾不宜超过 2km/h，羊角碾不宜超过 3km/h。

④ 每次碾压，机具应从两侧向中央进行，主轮应重叠 150mm 以上。

⑤ 对有排水沟、电缆沟、涵洞、挡土墙等结构的区域进行回填时，可用小型机具或人工分层夯实。填料宜使用砂土、砂砾石、碎石等，不宜用黏土回填。在挡土墙泄水孔附近应按设计做好滤水层和排水盲沟。

⑥ 施工中应防止出现翻浆或弹簧土现象，特别是雨期施工时，应集中力量分段回填碾压，还应加强临时排水设施，回填面应保持一定的流水坡度，避免积水。对于局部翻浆或弹簧土可以采取换填或翻松晾晒等方法处理。在地下水位较高的区域施工时，应设置盲沟疏干地下水。

（2）填土压实的方法

填土压实方法有碾压、夯实和振动压实三种。

1）碾压法是靠机械的滚轮在土表面反复滚压，靠机械自重将土压实。碾压机械有光面碾（压路机）、羊足碾和气胎碾。还可利用运土机械进行碾压。碾压机械压实填方时，行驶速度不宜过快，一般平碾控制在 2km/h，羊足碾控制在 3km/h，否则会影响压实效果。

用碾压法压实填土时，铺土应均匀一致，碾压遍数要一样，碾压方向以从填土区的两边逐渐压向中心，每次碾压应有 150～200mm 的重叠。

2）夯实法是利用夯锤的冲击来达到密实基土的目的。夯实法分人工夯实和机械夯实两种。夯实机械有夯锤、内燃夯土机和蛙式打夯机。人工夯土用的工具有木夯、石夯等。

夯实法的优点是，可以夯实较厚的土层。采用重型夯土机（如 1t 以上的重锤）时，其夯实厚度可达 1～1.5m。但对木夯、石夯或蛙式打夯机等夯土工具，其夯实厚度则较小，一般均在 200mm 以内。

3）振动压实法是将重锤放在土层的表面或内部，借助于振动设备使重锤振动，土壤颗粒发生相对位移即达到紧密状态。此法用于振实非黏性土效果较好。

（3）填土压实的影响因素

填土压实的影响因素较多，主要有压实功、土的含水量以及每层铺土厚度。

1）压实功的影响。填土压实后的密度与压实机械在其上所施加的功有一定的关系。土的密度与压实功的关系如图 3-5 所示。当土的含

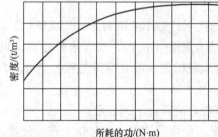

图 3-5 土的密度与压实功的关系示意图

水量一定，在开始压实时，土的密度急剧增加，待到接近土的最大密度时，压实功虽然增加许多，但土的密度变化甚小。实际施工中，对不同的土应根据选择的压实机械和密实度要求选择合理的压实遍数，如：对于砂土只需碾压或夯击 2～3 遍，对于粉土只需 3～4 遍，对于粉质黏土或黏土只需 5～6 遍。此外，松土不宜用重型碾压机械直接滚压，否则土层有强烈起伏现象，效率不高。如果先用轻碾压实，再用重碾压实就会取得较好效果。

2）含水量的影响。在同一压实功条件下，填土的含水量对压实质量有直接影响。较为干燥的土，由于土颗粒之间的摩阻力较大，因而不易压实。当含水量超过一定限度时，土颗粒之间孔隙由水填充而呈饱和状态，也不能压实。当土的含水量适当时，水起了润滑作用，土颗粒之间的摩阻力减少，压实效果最好。各种土壤都有其最佳含水量。土在这种含水量的条件下，使用同样的压实功进行压实，所得到的密度最大（见图 3-6），各种土的最佳含水量和最大干密度可参考表 3-11。

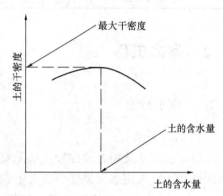

图 3-6　土的干密度与含水量的关系示意图

土的最佳含水量和最大干密度参考表　　　　　　表 3-11

土 的 种 类	变 动 范 围	
	最佳含水量（重量比％）	最大干密度/（g/cm³）
砂土	8～12	1.80～1.88
黏土	19～23	1.58～1.70
粉质黏土	12～15	1.85～1.95
粉土	16～22	1.61～1.80

注：1. 表中土的最大密度应根据现场实际达到的数字为准。

　　2. 一般性的回填可不作此项测定。

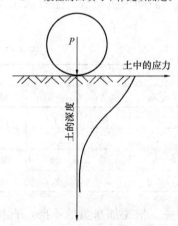

图 3-7　压实作用沿深度
的变化示意图

工地简单检验黏性土含水量的方法一般是以手握成团落地开花为适宜。为了保证填土在压实过程中处于最佳含水量状态，当土过湿时应予翻松晾干，也可掺入同类型土或吸水性土料，过干时，则应预先洒水润湿。

3）铺土厚度的影响。土在压实功的作用下，土壤内的应力随深度增加而逐渐减小（见图 3-7），其影响深度与压实机械、土的性质和含水量等有关。铺土厚度应小于压实机械压土时的作用深度。最优的铺土厚度应能使土方压实而机械的功耗费最少，可按照表 3-12 选用。在表中规定的压实遍数范围内，轻型压实机械取大值，重型的则取小值。

填方每层的铺土厚度和压实遍数参考表　　　　　表 3-12

压实机具	分层厚度/mm	每层压实遍数
平碾	250～300	6～8
振动压实机	250～350	3～4
柴油打夯机	200～250	3～4
人工打夯	＜200	3～4

3.2 砌体工程

3.2.1 砌筑砂浆

1. 材料要求

（1）水泥宜选用普通硅酸盐水泥或矿渣硅酸盐水泥，不宜选用强度等级太高的水泥：水泥砂浆不宜选用水泥强度等级大于 32.5 级的水泥，混合砂浆选用水泥强度等级不宜大于 42.5 级的水泥。对不同厂家、品种、强度等级的水泥应分别储存，不得混合使用。

水泥进入施工现场应有出厂质量保证书，且品种和强度等级应符合设计要求。对进场的水泥质量应按有关规定进行复检，经试验鉴定合格后方可使用，出厂日期超过 3 个月的水泥（快硬硅酸盐水泥超过 1 个月）应进行复检，复检达不到质量标准不得使用。严禁使用安定性不合格的水泥。

（2）砂

砖砌体、砌块砌体及料石砌体用的砂浆宜用中砂，砌毛石用的砂浆宜用粗砂，并应过筛，不得含有草根、土块、石块等杂物。砂应进行抽样检验并符合国家现行标准《普通混凝土用砂、石质量及检验方法标准》JGJ 52—2006 的要求。采用细砂的地区，砂的允许含泥量可经试验后确定。

（3）石灰

1）石灰岩经煅烧分解，放出二氧化碳气体，得到的产品即为生石灰。生石灰主要技术指标应符合表 3-13 的规定。

生石灰的主要技术指标表　　　　　表 3-13

项　　目		钙质生石灰			镁质生石灰		
		优等品	一等品	合格品	优等品	一等品	合格品
（CaO＋MgO）含量（％）	≥	90	85	80	85	80	75
未消化残渣含量（5mm 圆孔筛余）（％）	≤	5	10	15	5	10	15
CO_2（％）	≤	5	7	9	6	8	10
产浆量/（L/kg）	≥	2.8	2.3	2.0	2.8	2.3	2.0

2）熟化后的石灰称为熟石灰，其成分以氢氧化钙为主。根据加水量的不同，石灰可被熟化成粉状的消石灰、浆状的石灰膏和液体状态的石灰乳。消石灰粉的主要技术指标，应符合表 3-14 的规定。

消石灰粉的主要技术指标表 表 3-14

项 目		钙质消石灰粉			镁质消石灰粉			白云石消石灰粉		
		优等品	一等品	合格品	优等品	一等品	合格品	优等品	一等品	合格品
(CaO+MgO) 含量（%） ≥		70	65	60	65	60	55	65	60	55
游离水（%）		0.4～2	0.4～2	0.4～2	0.4～2	0.4～2	0.4～2	0.4～2	0.4～2	0.4～2
体积安定性		合格	合格	—	合格	合格	—	合格	合格	—
细度	0.9mm 筛筛余（%） ≤	0	0	0.5	0	0	0.5	0	0	0.5
	0.125mm 筛筛余（%） ≤	3	10	15	3	10	15	3	10	15

3）生石灰熟化成石灰膏时，应用孔洞不大于 3mm×3mm 的网过滤，熟化时间不得少于 7d；对于磨细生石灰粉，其熟化时间不得少于 1d。沉淀池中贮存的石灰膏，应防止干燥、冻结和污染。严禁使用脱水硬化的石灰膏。

（4）黏土膏

采用黏土或亚黏土制备黏土膏时，宜用搅拌机加水搅拌，通过孔径不大于 3mm×3mm 的网过筛。用比色法鉴定黏土中的有机物含量时应浅于标准色。

（5）粉煤灰

粉煤灰品质等级用 3 级即可。砂浆中的粉煤灰取代水泥率不宜超过 40%，砂浆中的粉煤灰取代石灰膏率不宜超过 50%。

（6）有机塑化剂

有机塑化剂应符合相应的有关标准和产品说明书的要求。当对其质量有怀疑时，应经试验检验合格后，方可使用。

（7）水

宜采用饮用水。当采用其他来源水时，水质必须符合《混凝土用水标准》（JGJ 63—2006）的规定。

（8）外加剂

引气剂、早强剂、缓凝剂及防冻剂应符合国家质量标准或施工合同确定的标准，并应具有法定检测机构出具的该产品砌体强度型式检验报告，还应经砂浆性能试验合格后方可使用。其掺量应通过试验确定。

2. 砂浆的配制与使用

（1）砂浆配料要求

1）水泥、有机塑化剂和冬期施工中掺用的氯盐等的配料准确度（允许偏差）应控制在 ±2% 以内；砂、水及石灰膏、电石膏、黏土膏、粉煤灰、磨细生石灰粉等的配料准确度应控制在 ±5% 以内。

2）砂浆所用细骨料主要为天然砂，它应符合混凝土用砂的技术要求。由于砂浆层较薄，对砂子最大粒径应有限制。用于毛石砌体砂浆，砂子最大粒径应小于砂浆层厚度的 1/5～1/4；用于砖砌体的砂浆，宜用中砂，其最大粒径不大于 2.5mm；光滑表面的抹灰及勾缝砂浆，宜选用细砂，其最大粒径不宜大于 1.2mm。当砂浆强度等级大于或等于 M5 时，砂的含泥量不应超过 5%；强度等级为 M5 以下的砂浆，砂的含泥量不应超过 10%。若用煤渣做骨料，应选用燃烧完全且有害杂质含量少的煤渣，以免影响砂浆质量。

3）石灰膏、黏土膏和电石膏的用量，宜按稠度为（120±5）mm 计量。现场施工当石灰膏稠度与试配时不一致时，可按表 3-15 换算。

石灰膏不同稠度时的换算系数

表 3-15

石灰膏稠度/mm	120	110	100	90	80	70	60	50	40	30
换算系数	1.00	0.99	0.97	0.95	0.93	0.92	0.90	0.88	0.87	0.86

4）为使砂浆具有良好的保水性，应掺入无机或有机塑化剂，不应采取增加水泥用量的方法。

5）水泥混合砂浆中掺入有机塑化剂时，无机掺加料的用量最多可减少一半。

6）水泥砂浆中掺入有机塑化剂时，应考虑砌体抗压强度较水泥混合砂浆砌体降低 10% 的不利影响。

7）水泥黏土砂浆中，不得掺入有机塑化剂。

8）在冬季砌筑工程中使用氯化钠、氯化钙时，应先将氯化钠、氯化钙溶解于水中后投入搅拌。

（2）砂浆拌制及使用

1）砌筑砂浆应采用机械搅拌，搅拌时间自投料完起算应符合下列规定：

① 水泥砂浆和水泥混合砂浆不得少于 120s。

② 水泥粉煤灰砂浆和掺用外加剂的砂浆不得少于 180s。

③ 掺增塑剂的砂浆，其搅拌方式、搅拌时间应符合现行行业标准《砌筑砂浆增塑剂》（JG/T 164—2004）的有关规定。

④ 干混砂浆及加气混凝土砌块专用砂浆宜按掺用外加剂的砂浆确定搅拌时间或按产品说明书采用。

2）配制砌筑砂浆时，各组分材料应采用重量计量，水泥及各种外加剂配料的允许偏差为 ±2%；砂、粉煤灰、石灰膏等配料的允许偏差为 ±5%。

3）拌制水泥砂浆，应先将砂与水泥干拌均匀，再加水拌合均匀。

4）拌制水泥混合砂浆，应先将砂与水泥干拌均匀，再加掺加料（石灰膏、黏土膏）和水拌合均匀。

5）拌制水泥粉煤灰砂浆，应先将水泥、粉煤灰、砂干拌均匀，再加水拌合均匀。

6）掺用外加剂时，应先将外加剂按规定浓度溶于水中，在拌合水投入时投入外加剂溶液，外加剂不得直接投入拌制的砂浆中。

7）砂浆拌成后和使用时，均应盛入贮灰器中。如砂浆出现泌水现象，应在砌筑前再次拌合。

8）现场拌制的砂浆应随拌随用，拌制的砂浆应在 3h 内使用完毕；当施工期间最高气温超过 30℃ 时，应在 2h 内使用完毕。预拌砂浆及蒸压加气混凝土砌块专用砂浆的使用时间应按照厂方提供的说明书确定。

3.2.2 砖砌体工程

1. 施工准备工作

（1）施工需用材料包括淋石灰膏、淋黏土膏、筛砂、木砖或锚固件，支过梁模板、油毛毡、钢筋砖过梁及直槎所需的拉结钢筋等；需用施工工具包括运砖车、运灰车、大小灰槽、水桶、靠尺、水平尺、百格网、线坠、小白线等，均应在砌筑前准备好。

（2）砖要按规定及时进场，按砖的外观、几何尺寸、强度等级进行验收，并应检查出厂合格证。在常温情况下，黏土砖应在砌筑前 1～2d 浇水湿润，以免砌筑时由于砖吸收砂浆中的大量水分，降低砂浆流动性，砌筑困难，使砂浆的黏结强度受到影响。但也要注意不能将砖浇得过湿，以水浸入砖内深度 10～15mm 为宜。过湿或者过干都会影响施工速度和施工质量。如果由于天气酷热，砖面水分蒸发快，操作时揉压困难，也可在脚手架上进行二次浇水。

（3）砌筑房屋墙体时，应事先准备好皮数杆。皮数杆上应划出主要部位的标高，如：防潮层、窗台、门口过梁、凹凸线脚、挑檐、梁垫、楼板位置和预埋件以及砖的行数。砖的行数应按砖的实际厚度和水平灰缝的允许厚度来确定。水平灰缝和立缝一般为 10mm，不应小于 8mm，也不应大于 12mm。

（4）墙体砌筑前将基础顶面的泥土、灰砂、杂物等清扫干净后，在皮数杆上拉线检查基础顶面标高。如基础顶面高低不平，高低差小于 5cm 时，应打片砖铺 M10 水泥砂浆找平；高低差大于 5cm 时，应用强度等级在 C10 以上的细石混凝土找平。然后按龙门板上给定的轴线及图纸上标注的墙体尺寸，在基础顶面上用墨线弹出墙的宽度线和轴线。

（5）砌筑前，必须按施工组织设计所确定的垂直和水平运输方案，组织机械进场和做好机械的架设工作。与此同时，还要准备好脚手工具，搭设好搅拌棚，安设好搅拌机等。

2. 砌砖的技术要求

（1）砖基础

砖基础砌筑前，应先检查垫层施工是否符合质量要求，然后将垫层表面的浮土及垃圾清除干净。砌基础时可依皮数杆先砌几皮转角及交接处部分的砖，然后在其间拉准线砌中间部分。如果砖基础不在同一深度，则应先由底往上砌筑。在砖基础高低台阶接头处，下台面台阶要砌一定长度（一般不小于 500mm）实砌体，砌到上面后和上面的砖一起退台，如图 3-8 所示。基础墙的防潮层，如果设计无具体要求，宜用 1:2.5 的水泥砂浆加适量的防水剂铺设，其厚度一般为 20mm。抗震设防地区的建筑物，不用油毡做基础墙的水平防潮层。

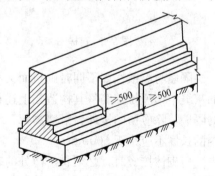

图 3-8 砖基础高低接头处砌法

（2）砖墙

1）全墙砌砖应平行砌起，砖层必须水平，砖层正确位置除用皮数杆控制外，每楼层砌完后必须校对一次水平、轴线和标高，在允许偏差范围内，其偏差值应在基础或楼板顶面调整。

2）砖墙的水平灰缝应平直，灰缝厚度一般为 10mm，不宜小于 8mm，也不宜大于 12mm。竖向灰缝应垂直对齐，对不齐而错位，称为游丁走缝，影响墙体外观质量。为保证砖块均匀受力以及使块体紧密结合，要求水平灰缝砂浆饱满，厚薄均匀。砂浆的饱满程度以砂浆饱满度表示，用百格网检查，要求饱满度达到 80% 以上。竖向灰缝应饱满，可避免透风漏雨，改善保温性能。

3）砖砌体的转角处和交接处应同时砌筑，严禁无可靠措施的内外墙分砌施工。在抗震设防烈度为8度及8度以上地区，对不能同时砌筑而又必须留置的临时间断处应砌成斜槎，普通砖砌体斜槎水平投影长度不应小于高度的2/3（见图3-9），多孔砖砌体的斜槎长高比不应小于1/2。斜槎高度不得超过一步脚手架的高度。

非抗震设防及抗震设防烈度为6度、7度地区的临时间断处，当不能留斜槎时，除转角处外，可留直槎，但直槎必须做成凸槎，且应加设拉结钢筋，拉结钢筋应符合下列规定：

① 每120mm墙厚放置1φ6拉结钢筋（120mm厚墙应放置2φ6拉结钢筋）。

② 间距沿墙高不应超过500mm，且竖向间距偏差不应超过100mm。

③ 埋入长度从留槎处算起每边均不应小于500mm，对抗震设防烈度6度、7度的地区，不应小于1000mm。

④ 末端应有90°弯钩（见图3-10）。

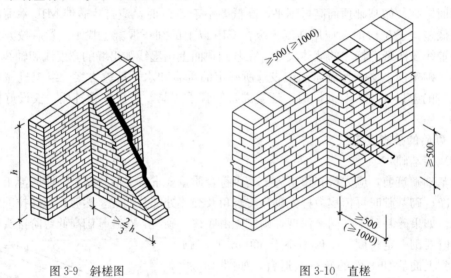

图3-9　斜槎图　　　　　　　　　　　图3-10　直槎

隔墙与墙或柱如不同时砌筑而又不留成斜槎时，可于墙或柱中引出阳槎，并于墙或柱的灰缝中预埋拉结筋（其构造与上述相同，但每道不得少于2根）。抗震设防地区建筑物的隔墙，除应留阳槎外，沿墙高每500mm配置2φ6钢筋与承重墙或柱拉结，伸入每边墙内的长度不应小于500mm。

砖砌体接槎时，必须将接槎处的表面清理干净，浇水湿润，并应填实砂浆，保持灰缝平直。

4）宽度小于1m的窗间墙，应选用整砖砌筑，半砖和破损的砖，应分散使用于墙心或受力较小部位。

5）不得在下列墙体或部位设置脚手眼：

① 120mm厚墙、清水墙、料石墙、独立柱和附墙柱。

② 过梁上与过梁成60°角的三角形范围及过梁净跨度1/2的高度范围内。

③ 宽度小于1m的窗间墙。

④ 门窗洞口两侧石砌体 300mm，其他砌体 200mm 范围内；转角处石砌体 600mm，其他砌体 450mm 范围内。

⑤ 梁或梁垫下及其左右各 500mm 的范围内。

⑥ 设计不允许设置脚手眼的部位。

⑦ 轻质墙体。

⑧ 夹心复合墙外叶墙。

6）在墙上留置临时施工洞口，其侧边离交接处墙面不应小于 500mm，洞口净宽度不应超过 1m。抗震设防烈度为 9 度地区的建筑物的临时施工洞口位置，应会同设计单位确定。临时施工洞口应做好补砌。

7）240mm 厚承重墙的每层墙的最上一皮砖，砖砌体的阶台水平面上及挑出层，应整砖丁砌；隔墙与填充墙的顶面与上层结构的接触处，宜用侧砖或立砖斜砌挤紧。

8）设有钢筋混凝土构造柱的抗震多层砖混结构房屋，应先绑扎构造柱钢筋，然后砌砖墙，最后浇筑混凝土。墙与柱应沿高度方向每 500mm 设 2φ6 钢筋（一砖墙），每边伸入墙内的长度不应少于 1m；构造柱应与圈梁连接；砖墙应砌成马牙搓，每一个马牙搓沿高度方向的尺寸不超过 300mm 或五皮砖高，马牙搓从每层柱脚开始，应先退后进，进退相差 1/4 砖，如图 3-11 所示。该层构造柱混凝土浇完之后，才能进行上一层的施工。

9）砖砌体相邻工作段的高度差，不得超过楼层的高度，也不宜大于 4m。工作段的分段位置宜设在伸缩缝、沉降缝、防震缝或门窗洞口处。砌体临时间断处的高度差不得超过一步脚手架的高度。

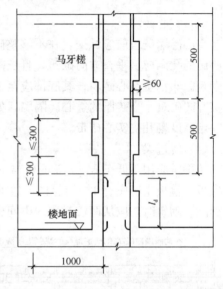

图 3-11　构造柱拉结钢筋布置及马牙搓示意图

10）砖墙每天砌筑高度以不超过 1.8m 为宜，雨天施工时，每天砌筑高度不宜超过 1.2m。

11）尚未施工楼面或屋面的墙或柱，其抗风允许自由高度不得超过表 3-16 的规定。如超过表中限值时，必须采用临时支撑等有效措施。

墙、柱的允许自由高度（m）　　　　　　　　　　　　　表 3-16

墙（柱）厚/mm	砌体密度＞1600（kg/m³）			砌体密度 1300～1600（kg/m³）		
	风载/（kN/m²）			风载/（kN/m²）		
	0.3（约 7 级风）	0.4（约 8 级风）	0.5（约 9 级风）	0.3（约 7 级风）	0.4（约 8 级风）	0.5（约 9 级风）
190	—	—	—	1.4	1.1	0.7
240	2.8	2.1	1.4	2.2	1.7	1.1
370	5.2	3.9	2.6	4.2	3.2	2.1

墙（柱）厚/mm	砌体密度＞1600（kg/m³）			砌体密度1300～1600（kg/m³）		
	风载/（kN/m²）			风载/（kN/m²）		
	0.3 （约7级风）	0.4 （约8级风）	0.5 （约9级风）	0.3 （约7级风）	0.4 （约8级风）	0.5 （约9级风）
490	8.6	6.5	4.3	7.0	5.2	3.5
620	14.0	10.5	7.0	11.4	8.6	5.7

注：1. 本表适用于施工处相对标高 H 在 10m 范围的情况。如 10m＜H≤15m，15m＜H≤20m 时，表中的允许自由高度应分别乘以 0.9、0.8 的系数；如 H＞20m 时，应通过抗倾覆验算确定其允许自由高度。

2. 当所砌筑的墙有横墙或其他结构与其连接，而且间距小于表中相应墙、柱的允许自由高度的 2 倍时，砌筑高度可不受本表的限制。

3. 当砌体密度小于 1300kg/m³ 时，墙和柱的允许自由高度应另行验算确定。

（3）空心砖墙

空心砖墙砌筑前应试摆，在不够整砖处，如无半砖规格，可用普通黏土砖补砌。承重空心砖的孔洞应呈垂直方向砌筑，且长圆孔应顺墙方向。非承重空心砖的孔洞应呈水平方向砌筑。非承重空心砖墙，其底部应至少砌三皮实心砖，在门口两侧一砖长范围内，也应用实心砖砌筑。半砖厚的空心砖隔墙，如墙较高，应在墙的水平灰缝中加设 2φ8 钢筋或每隔一定高度砌几皮实心砖带。

（4）砖过梁

砖平拱应用不低于 MU7.5 的砖与不低于 M5.0 的砂浆砌筑。砌筑时，在过梁底部支设模板，模板中部应有 1‰ 的起拱。过梁底模板应待砂浆强度达到设计强度 50% 以上，方可拆除。砌筑时，应从两边对称向中间砌筑。

在此满围内L/4高的砖层提高砂浆强度等级

图 3-12　钢筋砖过梁

钢筋砖过梁其底部配置 3φ6～3φ8 钢筋，两端伸入墙内不应少于 240mm，并有 90°弯钩埋入墙的竖缝内。在过梁的作用范围内（不少于六皮砖高度或过梁跨度的 1/4 高度范围内），应用 M5.0 砂浆砌筑。砌筑前，先在模板上铺设 30mm 厚1：3水泥砂浆层，将钢筋置于砂浆层中，均匀摆开，接着逐层平砌砖层，最下一皮应丁砌，如图 3-12 所示。

3. 砖砌体的组砌形式

砖砌体的组砌要求：上下错缝，内外搭接，以保证砌体的整体性；同时组砌要有规律，少砍砖，以提高砌筑效率，节约材料。

（1）砖墙的组砌形式

1）满顺满丁。满顺满丁砌法，是一皮中全部顺砖与一皮中全部丁砖间隔砌成，上下皮间的竖缝相互错开 1/4 砖，如图 3-13（a）所示。这种砌体中无任何通缝，而且丁砖数量较多，能增强横向拉结力且砌筑效率高，多用于一砖厚墙体的砌筑。但当砖的规格参差不齐时，砖的竖缝就难以整齐。

2）三顺一丁。三顺一丁砌法是三皮中全部顺砖与一皮中全部丁砖间隔砌成。上下皮顺砖间竖缝错开 1/2 砖长，上下皮顺砖与丁砖间竖缝错开 1/4 砖长，如图 3-13（b）所示。这种砌筑方法由于顺砖较多，砌筑效率较高，便于高级工带低级工和充分将好砖用于外皮，该组砌法适用于砌一砖和一砖以上的墙体。

3）顺砌法。各皮砖全部用顺砖砌筑，上下两皮间竖缝搭接为 1/2 砖长。此种方法仅用于半砖隔断墙。

4）丁砌法。各皮砖全部用丁砖砌筑，上下皮竖缝相互错开 1/4 砖长。这种砌法一般多用于砌筑原形水塔、圆仓、烟囱等。

5）梅花丁。梅花丁又称砂包式、十字式。梅花丁砌法是每皮中丁砖与顺砖相隔，上皮丁砖中坐于下皮顺砖，上下皮间竖缝相互错开 1/4 砖长，如图 3-13（c）所示。这种砌法内外竖缝每皮都能错开，故整体性较好，灰缝整齐，而且墙面比较美观，但砌筑效率较低，宜用于砌筑清水墙，或当砖规格不一致时，采用这种砌法较好。

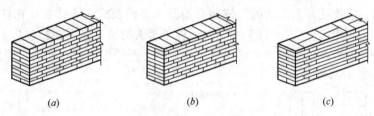

图 3-13 砖墙组砌形式

（a）满顺满丁；（b）三顺一丁；（c）梅花丁（一顺一丁）

为了使砖墙的转角处各皮间竖缝相互错开，必须在外角处砌七分头砖（即 3/4 砖长）。当采用满顺满丁组砌时，七分头的顺面方向依次砌顺砖，丁面方向依次砌丁砖，如图 3-14（a）所示。砖墙的丁字接头处，应分皮相互砌通，内角相交处竖缝应错开 1/4 砖长，并在横墙端头处加砌七分头砖，如图 3-14（b）所示。砖墙的十字接头处，应分皮相互砌通，交角处的竖缝相互错开 1/4 砖长，如图 3-14（c）所示。

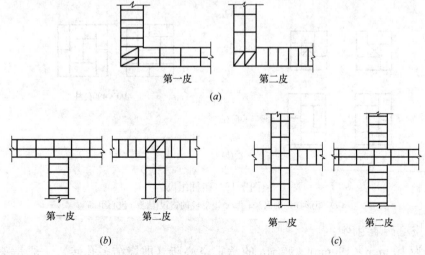

第一皮　　　第二皮

（a）

第一皮　　　第二皮　　　　　　第一皮　　　第二皮

（b）　　　　　　　　　　　　　（c）

图 3-14 砖墙交接处组砌（满顺满丁）

（a）一砖墙转角；（b）一砖墙丁字交接处；（c）一砖墙十字交接处

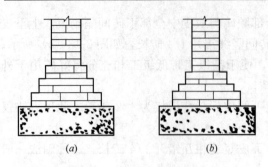

图 3-15　基础大放脚形式

(a) 等高式；(b) 不等高式

(2) 砖基础组砌

砖基础有条形基础和独立基础，基础下部扩大部分称为大放脚。大放脚有等高式和不等高式两种，如图 3-15 所示。等高式大放脚是每两皮一收，每边各收进 1/4 砖长；不等高式大放脚是两皮一收与一皮一收相间隔，每边各收进 1/4 砖长。大放脚的底宽应根据计算而定，各层大放脚的宽度应为半砖宽的整数倍。大放脚一般采用满顺满丁砌法，竖缝要错开，要注意十字及丁字接头处砖块的搭接，在这些交接处，纵横墙要隔皮砌通。大放脚的最下一皮及每层的最上面一皮应以丁砌为主。

(3) 砖柱组砌

砖柱组砌，应使柱面上下皮的竖缝相互错开 1/2 砖长或 1/4 砖长，在柱心无通天缝，少砍砖，并尽量利用二分头砖（即 1/4 砖）。柱子每天砌筑高度不能超过 2.4m，砌筑太高会由于砂浆受压缩后产生变形，可能使柱发生偏斜。严禁采用包心砌法，即先砌四周后填心的砌法，如图 3-16 所示。

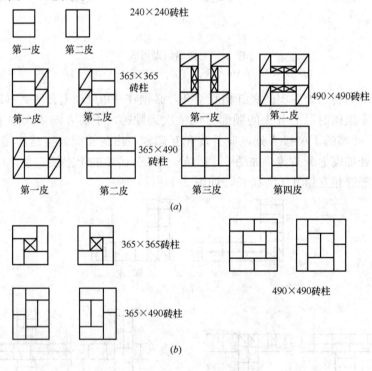

图 3-16　砖柱组砌

(a) 矩形柱正确砌法；(b) 矩形柱的错误砌法（包心组砌）

(4) 空心砖墙组砌

规格为 190mm×190mm×90mm 的承重空心砖（即烧结多孔砖）一般是整砖顺砌，其砖孔平行于墙面，上下皮竖缝相互错开 1/2 砖长（100mm）。如有半砖规格的，也可采

用每皮中整砖与半砖相隔的梅花丁砌筑形
式，如图 3-17 所示。规格为 240mm ×
115mm×90mm 的承重空心砖一般采用满
顺满丁或梅花丁砌筑形式。

非承重空心砖一般是侧砌的，上下皮
竖缝相互错开 1/2 砖长。空心砖墙的转角
及丁字交接处，应加砌半砖，使灰缝错
开。转角处半砖砌在外角上，丁字交接处
半砖砌在横墙端头，如图 3-18 所示。

图 3-17　190mm×190mm×空心砖砌筑形式
（a）整砖顺砌；（b）梅花丁砌筑

（5）砖平拱过梁组砌

砖平拱过梁用普通砖侧砌，其高度有 240mm、300mm、370mm，厚度等于墙厚。砌

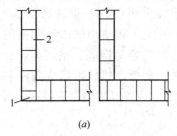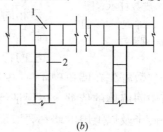

图 3-18　空心砖墙转角及丁字交接
（a）转角；（b）丁字接
1—半砖；2—整砖

筑时，在拱脚两边的墙端应砌成斜面，斜面的斜度为 1/6～1/4。侧砌砖的块数要求为单
数。灰缝为楔形缝，过梁底的灰缝宽度不应小于 5mm，过梁顶面的灰缝宽度不应大于
15mm，拱脚下面应伸入墙内 20～30mm，如图 3-19 所示。

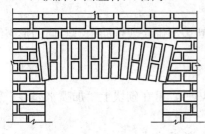

图 3-19　平拱式过梁

4. 砖砌体的施工工艺

砖砌体的施工过程有：抄平、放线、摆砖、立
皮数杆和砌砖、清理等工序。

（1）抄平

砌墙前，应在基础防潮层或楼面上定出各层标
高，并用水泥砂浆或细石混凝土找平，使各段砖墙
底部标高符合设计要求。找平时，需使上下两层外
墙之间不致出现明显的接缝。

（2）放线

根据龙门板上给定的轴线及图纸上标注的墙体尺寸，在基础顶面上用墨线弹出墙的轴
线和墙的宽度线，并分出门洞口位置线。

（3）摆砖

摆砖是指在放线的基面上按选定的组砌方式用干砖试摆，又称摆底。一般在房屋外纵
墙方向摆顺砖，在山墙方向摆丁砖，摆砖由一个大角摆到另一个大角，砖与砖间留 10mm
缝隙。摆砖的目的是为了校对所放出的墨线在门窗洞口、附墙垛等处是否符合砖的模数，
以尽可能减少砍砖，并使砌体灰缝均匀，组砌得当。

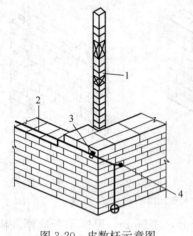

图 3-20 皮数杆示意图
1—皮数杆；2—准线；3—竹片；
4—圆铁钉

（4）立皮数杆和砌砖

皮数杆是指在其上划有每皮砖和砖缝厚度，以及门窗洞口、过梁、楼板、预埋件等标高位置的一种木制标杆，如图 3-20 所示。它是砌筑时控制砌体竖向尺寸的标志，同时还可以保证砌体的垂直度。

皮数杆一般立于房屋的四大角、内外墙交接处、楼梯间以及洞口多的地方，大约每隔 10～15m 立一根。皮数杆的设立，应由两个方向斜撑或铆钉加以固定，以保证其牢固和垂直。一般每次开始砌砖前应检查一遍皮数杆的垂直度和牢固程度。

砌砖的操作方法很多，各地的习惯、使用工具也不尽相同，一般宜采用"三一砌砖法"，即一铲灰、一块砖、一挤揉，并随手将挤出的砂浆刮去的砌筑方法。此法的特点是：灰缝容易饱满、粘结力好、墙面整洁。砌砖时，应根据皮数杆先在墙角砌 4～5 皮砖，称为盘角，然后根据皮数杆和已砌的墙角挂线，作为砌筑中间墙体的依据，以保证墙面平整。一砖厚的墙单面挂线，外墙挂外边，内墙挂一边；一砖半及以上厚的墙都要双面挂线。

（5）清理

当该层砖砌体砌筑完毕后，应进行墙面、柱面和落地灰的清理。

3.2.3 混凝土小型空心砌块砌体工程

1. 施工准备

（1）运到现场的小砌块，应分规格、分等级堆放，堆放场地必须平整，并做好排水。小砌块的堆放高度不宜超过 1.6m。

（2）对于砌筑承重墙的小砌块应进行挑选，剔出断裂小砌块或壁肋中有竖向凹形裂缝的小砌块。

（3）龄期不足 28d 及潮湿的小砌块不得进行砌筑。

（4）普通混凝土小砌块不宜浇水；当天气干燥炎热时，可在砌块上稍加喷水润湿；轻骨料混凝土小砌块可洒水，但不宜过多。

（5）清除小砌块表面污物和芯柱用小砌块孔洞底部的毛边。

（6）砌筑底层墙体前，应对基础进行检查。清除防潮层顶面上的污物。

（7）根据砌块尺寸和灰缝厚度计算皮数，制作皮数杆。皮数杆立在建筑物四角或楼梯间转角处。皮数杆间距不宜超过 15m。

（8）准备好所需的拉结钢筋或钢筋网片。

（9）根据小砌块搭接需要，准备一定数量的辅助规格的小砌块。

（10）砌筑砂浆必须搅拌均匀，随拌随用。

2. 砌块排列

（1）砌块排列时，必须根据砌块尺寸和垂直灰缝的宽度和水平灰缝的厚度计算砌块砌筑皮数和排数，以保证砌体的尺寸；砌块排列应按设计要求，从基础面开始排列，尽可能采用主规格和大规格砌块,以提高台班产量。

(2) 外墙转角处和纵横墙交接处,砌块应分皮咬槎,交错搭砌,以增加房屋的刚度和整体性。

(3) 砌块墙与后砌隔墙交接处,应沿墙高每隔 400mm 在水平灰缝内设置不少于 2φ4、横筋间距不大于 200mm 的焊接钢筋网片,钢筋网片伸入后砌隔墙内不应小于 600mm(见图 3-21)。

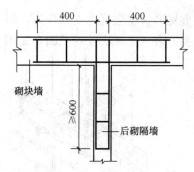

图 3-21 砌块墙与后砌隔墙
交接处钢筋网片

(4) 砌块排列应对孔错缝搭砌,搭砌长度不应小于 90mm,如果搭接错缝长度无法满足规定的要求,应采取压砌钢筋网片或设置拉结筋等措施,具体构造按设计规定。

(5) 对设计规定或施工所需要的孔洞口、管道、沟槽和预埋件等,应在砌筑时预留或预埋,不得在砌筑好的墙体上打洞、凿槽。

(6) 砌体的垂直缝应与门窗洞口的侧边线相互错开,不得同缝,错开间距应大于 150mm,且不得采用砖镶砌。

(7) 砌体水平灰缝厚度和垂直灰缝宽度一般为 10mm,但不应大于 12mm,也不应小于 8mm。

(8) 在楼地面砌筑一皮砌块时,应在芯柱位置侧面预留孔洞。为便于施工操作,预留孔洞的开口一般应朝向室内,以便清理杂物、绑扎和固定钢筋。

(9) 设有芯柱的 T 形接头砌块第一皮至第六皮排列平面,详见图 3-22。第七皮开始

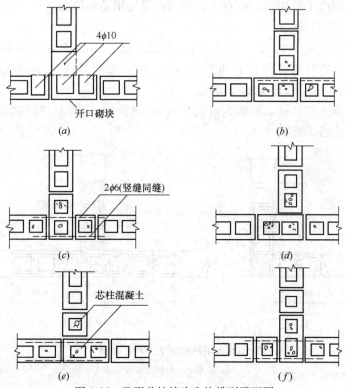

图 3-22 T 形芯柱接头砌块排列平面图
(a) 第一皮砌块;(b) 第二皮砌块;(c) 第三皮砌块;
(d) 第四皮砌块;(e) 第五皮砌块;(f) 第六皮砌块

又重复第一皮至第六皮的排列，但不用开口砌块，其排列立面详见图 3-23。设有芯柱的 L 形接头第一皮砌块排列平面，见图 3-24。

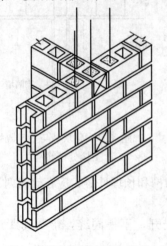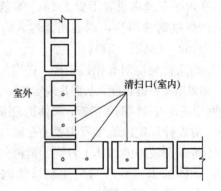

图 3-23 T 形芯柱接头砌块排列立面图　　　　图 3-24 L 形芯柱接头第一皮砌块排列平面图

3. 芯柱设置

（1）墙体宜设置芯柱的部位

1）在外墙转角、楼梯间四角的纵横墙交接处的三个孔洞，宜设置素混凝土芯柱。

2）五层及五层以上的房屋，应在上述的部位设置钢筋混凝土芯柱。

（2）芯柱的构造要求

1）芯柱截面不宜小于 120mm×120mm，宜用不低于 Cb20 的细石混凝土浇灌。

2）钢筋混凝土芯柱每孔内插竖筋不应小于 1φ10，底部应伸入室内地面以下 500mm 或与基础圈梁锚固，顶部与屋盖圈梁锚固。

3）在钢筋混凝土芯柱处，沿墙高每隔 600mm 应设 φ4 钢筋网片拉结，每边伸入墙体不小于 600mm（见图 3-25）。

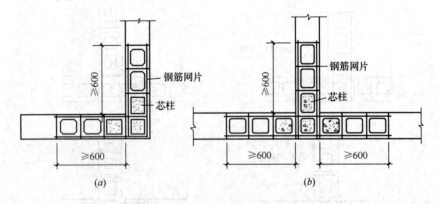

图 3-25 钢筋混凝土芯柱处拉筋
(a) 转角处；(b) 交接处

4）芯柱应沿房屋的全高贯通，并与各层圈梁整体现浇，可采用如图 3-26 所示的做法。

在 6～8 度抗震设防的建筑物中，应按芯柱位置要求设置钢筋混凝土芯柱；对医院、教学楼等横墙较少的房屋，应根据房屋增加一层的层数，按表 3-17 的要求设置芯柱。

抗震设防地区芯柱设置要求 表 3-17

建筑物层数			设 置 部 位	设 置 数 量
6度	7度	8度		
四	三	二	外墙转角、楼梯间四角，大房间外墙交接处	外墙转角灌实 3 个孔；内外墙交接处灌实 4 个孔
五	四	三		
六	五	四	外墙转角、楼梯间四角，大房间内外墙交接处，山墙与内纵墙交接处，隔开间横墙（轴线）与外纵墙交接处	
七	六	五	外墙转角、楼梯间四角，各内墙（轴线）与外墙交接处；8 度时，内纵墙与横墙（轴线）交接处和洞口两侧	外墙转角灌实 5 个孔；内外墙交接处灌实 4 个孔；内墙交接处灌实 4～5 个孔；洞口两侧灌实 1 个孔

芯柱竖向插筋应贯通墙身且与圈梁连接；插筋不应小于 $\phi12$。芯柱应伸入室外地下 500mm 或锚入浅于 500mm 基础圈梁内。芯柱混凝土应贯通楼板，当采用装配式钢筋混凝土楼板时，可采用图 3-27 的方式采取贯通措施。

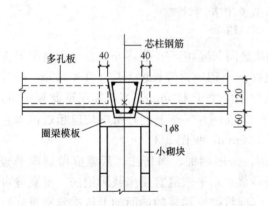

图 3-26 芯柱贯穿楼板的构造

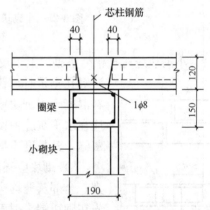

图 3-27 芯柱贯通楼板措施

抗震设防地区芯柱与墙体连接处，应设置 $\phi4$ 钢筋网片拉结，钢筋网片每边伸入墙内不宜小于 1m，且沿墙高每隔 600mm 设置。

4. 砌块砌筑

（1）组砌形式

混凝土空心小砌块墙的立面组砌形式仅有全顺一种，上、下竖向相互错开 190mm；双排小砌块墙横向竖缝也应相互错开 190mm，见图 3-28。

（2）组砌方法

混凝土空心小砌块宜采用铺灰反砌法进行砌筑。先用大铲或瓦刀在墙顶上摊铺砂浆，铺灰长度不宜超过

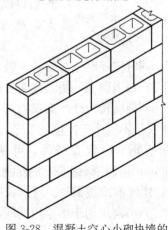

图 3-28 混凝土空心小砌块墙的立面组砌形式

800mm，再在已砌砌块的端面上刮砂浆，双手端起小砌块，并使其底面向上，摆放在砂浆层上，并与前一块挤紧，并使上下砌块的孔洞对准，挤出的砂浆随手刮去。若使用一端有凹槽的砌块时，应将有凹槽的一端接着平头的一端砌筑。

（3）组砌要点

1）小砌块砌筑应从转角或定位处开始，内外墙同时砌筑，纵横墙交错搭接。外墙转角处应使小砌块隔皮露端面；T形交接处应使横墙小砌块隔皮露端面，纵墙在交接处改砌两块辅助规格小砌块（尺寸为 290mm×190mm×190mm，一头开口），所有露端面用水泥砂浆抹平，见图 3-29。

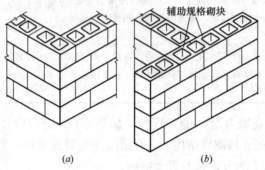

图 3-29　小砌块墙转角处及 T 字交接处砌法
（a）转角处；（b）交接处

2）小砌块应对孔错缝搭砌。上下皮小砌块竖向灰缝相互错开 190mm。个别情况当无法对孔砌筑时，普通混凝土小砌块错缝长度不应小于 90mm，轻骨料混凝土小砌块错缝长度不应小于 120mm；当不能保证此规定时，应在水平灰缝中设置 2φ4 钢筋网片，钢筋网片每端均应超过该垂直灰缝，其长度不得小于 300mm，见图 3-30。

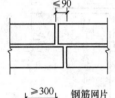

图 3-30　水平灰缝中拉结筋

3）砌块应逐块铺砌，采用满铺、满挤法。灰缝应做到横平竖直，全部灰缝均应填满砂浆。水平灰缝宜用坐浆满铺法。垂直缝可先在砌块端头铺满砂浆（即将砌块铺浆的端面朝上依次紧密排列），然后将砌块上墙挤压至要求的尺寸；也可在砌好的砌块端头刮满砂浆，然后将砌块上墙进行挤压，直至所需尺寸。

4）砌块砌筑一定要跟线，"上跟线，下跟棱，左右相邻要对平"。同时应随时进行检查，做到随砌随查随纠正，以便返工。

5）每当砌完一块，应随后进行灰缝的勾缝（原浆勾缝），勾缝深度一般为 3～5mm。

6）外墙转角处严禁留直槎，宜从两个方向同时砌筑。墙体临时间断处应砌成斜槎。斜槎长度不应小于高度的 2/3。如留斜槎有困难，除外墙转角处及抗震设防地区，墙体临时间断处不应留直槎外，可从墙面伸出 200mm 砌成阴阳槎，并沿墙高每三皮砌块（600mm）设拉结钢筋或钢筋网片，拉结钢筋用两根直径 6mm 的 HPB300 级钢筋；钢筋网片用 φ4 的冷拔钢丝。埋入长度从留槎处算起，每边均不小于 600mm，见图 3-31。

7）小砌块用于框架填充墙时，应与框架中预埋的拉结钢筋连接。当填充墙砌至顶面最后一皮，与上部结构相接处宜用实心小砌块（或在砌块孔洞中填 Cb20 混凝土）斜砌

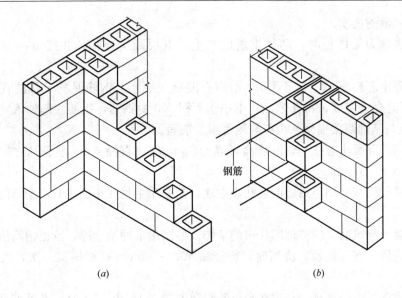

图 3-31 小砌块砌体斜槎和直槎

(a) 斜槎；(b) 直槎

挤紧。

对设计规定的洞口、管道、沟槽和预埋件等，应在砌筑时预留或预埋，严禁在砌好的墙体上打凿。在小砌块墙体中不得留水平沟槽。

8）小砌块墙体内不宜留脚手眼，如必须留设时，可用 190mm×190mm×190mm 小砌块侧砌，利用其孔洞作脚手眼，墙体完工后用 C20 混凝土填实。但在墙体下列部位不得留设脚手眼：

① 过梁上部，与过梁成 60°角的三角形及过梁跨度 1/2 范围内。

② 宽度不大于 800mm 的窗间墙。

③ 梁和梁垫下及其左右各 500mm 的范围内。

④ 门窗洞口两侧 200mm 内和墙体交接处 400mm 的范围内。

⑤ 设计规定不允许设脚手眼的部位。

9）安装预制梁、板时，必须坐浆垫平，不得干铺。当设置滑动层时，应按设计要求处理。板缝应按设计要求填实。

砌体中设置的圈梁应符合设计要求，圈梁应连续地设置在同一水平上，并形成闭合状，且应与楼板（屋面板）在同一水平面上，或紧靠楼板底（屋面板底）设置；当不能在同一水平上闭合时，应增设附加圈梁，其搭接长度应不小于圈梁距离的两倍，同时也不得小于 1m；当采用槽形砌块制作组合圈梁时，槽形砌块应采用强度等级不低于 Mb10 的砂浆砌筑。

10）对墙体表面的平整度和垂直度、灰缝的均匀程度及砂浆饱满程度等，应随时检查并校正所发现的偏差。在砌完每一楼层以后，应校核墙体的轴线尺寸和标高，在允许范围内的轴线和标高的偏差，可在楼板面上予以校正。

5. 芯柱施工

（1）当设有混凝土芯柱时，应按设计要求设置钢筋，其搭接接头长度不应小于 $40d$。

芯柱应随砌随灌随捣实。

（2）当砌体为无楼板时，芯柱钢筋应与上、下层圈梁连接，并按每一层进行连续浇筑。

（3）混凝土芯柱宜用不低于 Cb20 的细石混凝土浇灌。钢筋混凝土芯柱宜用不低于 Cb20 的细石混凝土浇灌，每孔内插入不小于 1 根 $\phi 10$ 的钢筋，钢筋底部伸入室内地面以下 500mm 或与基础圈梁锚固，顶部与屋盖圈梁锚固。

（4）在钢筋混凝土芯柱处，沿墙高每隔 600mm 应设直径 4mm 钢筋网片拉结，每边伸入墙体不小于 600mm。

（5）芯柱部位宜采用不封底的通孔小砌块，当采用半封底小砌块时，砌筑前应打掉孔洞毛边。

（6）混凝土浇筑前，应清理芯柱内的杂物及砂浆用水冲洗干净，校正钢筋位置，并绑扎或焊接固定后，方可浇筑。浇筑时，每浇灌 400～500mm 高度捣实一次，或边浇灌边捣实。

（7）芯柱混凝土的浇筑，必须在砌筑砂浆强度大于 1MPa 以上时，方可进行浇筑。同时要求芯柱混凝土的坍落度控制在 120mm 左右。

3.2.4　石砌体工程

毛料石砌体是用平毛石、乱毛石砌成的砌体。平毛石是指形状不规则，但有两个平面大致平行的石块；乱毛石是指形状不规则的石块。

1. 毛石砌体

毛石砌体有毛石墙、毛石基础。

毛石墙的厚度不应小于 200mm。

毛石基础可做成梯形或阶梯形。阶梯形毛石基础的上阶石块应至少压砌下阶石块的 1/2，相邻阶梯的毛石应相互错缝搭砌，砌法如图 3-32 所示。

毛石砌体宜分皮卧砌，各皮石块间应利用自然形状，经敲打修整使能与先砌石块基本吻合、搭砌紧密，上下错缝，内外搭砌，不得采用外面侧立石块，中间填心的砌筑方法，中间不得有铲口石（尖石倾斜向外的石块，如图 3-33（a）所示）、斧刃石（下尖上宽的三角形石块，如图 3-33（b）所示）和过桥石（仅在两端搭砌的石块，如图 3-33（c）所示）。

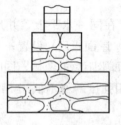

（a）　　　　（b）　　　　（c）

图 3-32　毛石基础　　　　图 3-33　铲口石、斧刃石、过桥石

（a）铲口石；（b）斧刃石；（c）过桥石

毛石砌体的灰缝厚度宜为 20～30mm，石块间不得有相互接触现象。石块间较大的空隙应先填塞砂浆后用碎石块嵌实，不得采用干填碎石块或先摆碎石块后塞砂浆的做法。

砌筑毛石基础的第一皮石块应坐浆，并将大面向下。

毛石砌体的第一皮及转角处、交接处和洞口处，应用较大的平毛石砌筑。每个楼层（包括基础）砌体的最上一皮，宜选用较大的毛石砌筑。

毛石砌体必须设置拉结石。拉结石应均匀分布，相互错开，一般每 0.7m² 墙面至少设置一块，且同皮内的中距不大于 2m。

拉结石的长度基础宽度或墙厚而确定。如基础宽度或墙厚不大于 400mm，则拉结石的长度应与基础宽度或墙厚相等；如基础宽度或墙厚大于 400mm，可用两块拉结石内外搭接，搭接长度不应小于 150mm，且其中一块长度不应小于基础宽度或墙厚的 2/3。砌筑毛石挡土墙应按分层高度砌筑，每砌 3～4 皮为一个分层高度，每个分层高度应将顶层石块砌平，两个分层高度间分层处的错缝不得小于 80mm，外露面的灰缝厚度不宜大于 40mm，砌法如图 3-34 所示。

在毛石和实心砖的组合墙中，毛石砌体与砖砌体应同时砌筑，并每隔 4～6 皮砖用 2～3 皮丁砖与毛石砌体拉结砌合，两种砌体间的空隙应填实砂浆，砌法如图 3-35 所示。

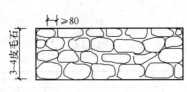

图 3-34　毛石挡土墙立面

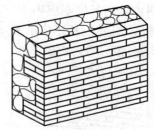

图 3-35　毛石和实心砖组合墙

毛石墙和砖墙相接的转角处和交接处应同时砌筑。

转角处应自纵墙（或横墙）每隔 4～6 皮砖高度引出不小于 120mm 与横墙（或纵墙）相接，做法如图 3-36 所示。

交接处应自纵墙每隔 4～6 皮砖高度引出不小于 120mm 与横墙相接，做法如图 3-37 所示。

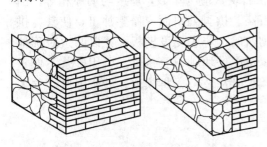

图 3-36　毛石墙和砖墙的转角处

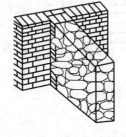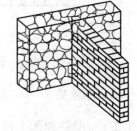

图 3-37　毛石墙和砖墙的交接处

毛石砌体每日的砌筑高度不应超过 1.2m。

2. 料石砌体

料石砌体有料石基础、料石墙和料石柱。

料石砌体是由细料石、粗料石或毛料石砌成的砌体，细料石可砌成墙和柱，粗料石、毛料石可砌成基础和墙。

料石基础可做成阶梯形，上阶料石应至少压砌下阶料石的 1/3。

料石墙的厚度不应小于 20mm。

砌筑料石砌体时，料石应放置平稳，砂浆铺设厚度应略高于规定灰缝厚度，如果同皮内全部采用顺砌，每砌两皮后，应砌一皮丁砌层；如同皮内采用丁顺组砌，丁砌石应交错设置，其中心间距不应大于 2m。砌筑料石基础的第一皮石块应用丁砌层坐浆砌筑。

料石挡土墙，当中间部分用毛石砌筑时，丁砌料石伸入毛石部分的长度不应小于 200mm。

料石砌体灰缝厚度规定如下：毛料石和粗料石的灰缝厚度不宜大于 20mm；细料石的灰缝厚度不宜大于 5mm。在料石和毛石或砖的组合墙中，料石砌体和毛石砌体或砖砌体应同时砌筑，并每隔 2～3 皮料石层用丁砌层与毛石砌体或砖砌体拉结砌合。丁砌料石的长度宜与组合墙厚度相同，砌法如图 3-38 所示。

用料石作过梁，如设计无具体规定时，厚度应为 200～450mm，净跨度不宜大于 1.2m，两端各伸入墙内长度不应小于 250mm，过梁宽度与墙厚相等，也可用双拼料石。过梁上续砌墙时，其正中石块不应小于过梁净跨度的 1/3，其两旁应砌不小于 2/3 过梁净跨度的料石，砌法如图 3-39 所示。

图 3-38　料石和砖组合墙

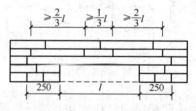

图 3-39　料石过梁

用料石作平拱，应按设计图要求加工。如设计无规定，则应加工成楔形（上宽下窄），斜度应预先设计，拱两端部的石块，在拱脚处坡度以 60° 为宜。平拱石块数应为单数，厚度与墙厚相等，高度为二皮料石高。拱脚处斜面应修整加工，使其与拱石相吻合。砌筑时，应先支设模板，并以两边对称地向中间砌筑，正中一块锁石要挤紧。所用砂浆不低于 M10，灰缝厚度宜为 5mm。拆模时，砂浆强度必须大于设计强度的 70%，砌法如图 3-40 所示。

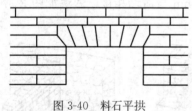

图 3-40　料石平拱

3.2.5 配筋砌体工程

1. 面层和砖组合砌体

（1）面层和砖组合砌体构造

面层和砖组合砌体有组合砖柱、组合砖垛、组合砖墙等形式（见图 3-41），由烧结普通砖砌体、混凝土或砂浆面层以及钢筋等组成。

1）烧结普通砖砌体，所用砌筑砂浆强度等级不得低于 M7.5，砖的强度等级不宜低于 MU10。

2）混凝土面层，所用混凝土强度等级宜采用 C20。混凝土面层厚度应大于 45mm。

3）砂浆面层，所用水泥砂浆强度等级不得低于 M7.5。砂浆面层厚度为 30～45mm。

竖向受力钢筋宜采用 HPB300 级钢筋，对于混凝土面层，亦可采用 HRB335 级钢筋。受力钢筋的直径不应小于 8mm。钢筋的净间距不应小于 30mm。受拉钢筋的配筋率，不应小于 0.1%。受压钢筋一侧的配筋率，对砂浆面层，不宜小于 0.1%；对混凝土面层，不宜小于 0.2%。

箍筋的直径，不宜小于 4mm 及 0.2 倍的受压钢筋直径，并不宜大于 6mm。箍筋的间距，不应大于 20 倍受压钢筋的直径及 500mm，并不应小于 120mm。

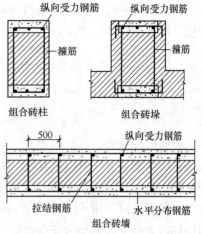

图 3-41 面层和砖组合砌体

当组合砖砌体一侧受力钢筋多于 4 根时，应设置附加箍筋或拉结钢筋。

对于组合砖墙，应采用穿通墙体的拉结钢筋作为箍筋，同时设置水平分布钢筋。水平分布钢筋竖向间距及拉结钢筋的水平间距，均不应大于 500mm。

受力钢筋的保护层厚度，不应小于表 3-18 中的规定。受力钢筋距砖砌体表面的距离，不应小于 5mm。

受力钢筋的保护层厚度　　　　　　　　　　　表 3-18

组合砖砌体	保护层厚度/mm	
	室内正常环境	露天或室内潮湿环境
组合砖墙	15	25
组合砖柱、砖垛	25	35

注：当面层为水泥砂浆时，对于组合砖柱，保护层厚度可减小 5mm。

设置在灰缝内的钢筋，应居中置于灰缝内，水平灰缝厚度应大于钢筋直径 4mm 以上。

（2）面层和砖组合砌体施工

组合砖砌体应按下列顺序施工：

1）砌筑砖砌体，同时按照箍筋或拉结钢筋的竖向间距，在水平灰缝中铺置箍筋或拉结钢筋。

2）绑扎钢筋，将纵向受力钢筋与箍筋绑牢；在组合砖墙中，将纵向受力钢筋与拉结钢筋绑牢，将水平分布钢筋与纵向受力钢筋绑牢。

3）在面层部分的外围分段支设模板，每段支模高度宜在 500mm 以内，浇水润湿模板及砖砌体面，分层浇灌混凝土或砂浆，并用捣棒捣实。

4）待面层混凝土或砂浆的强度达到其设计强度的 30% 以上，方可拆除模板，如有缺陷应及时修整。

2. 构造柱和砖组合砌体

（1）构造柱和砖组合砌体构造

构造柱和砖组合砌体仅有组合砖墙（见图3-42）。构造柱和砖组合墙由钢筋混凝土构造柱、烧结普通砖墙以及拉结钢筋等组成。

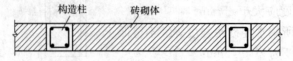

图3-42 构造柱和砖组合墙

钢筋混凝土构造柱的截面尺寸不宜小于240mm×240mm，其厚度不应小于墙厚，边柱、角柱的截面宽度宜适当加大。构造柱内竖向受力钢筋，对于中柱不宜少于4φ12；对于边柱、角柱，不宜少于4φ14。构造柱的竖向受力钢筋的直径也不宜大于16mm。其箍筋，一般部位宜采用φ6，间距200mm，楼层上下500mm范围内宜采用φ6、间距100mm。构造柱的竖向受力钢筋应在基础梁和楼层圈梁中锚固，并应符合受拉钢筋的锚固要求。构造柱的混凝土强度等级不宜低于C20。

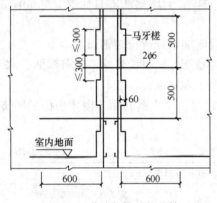

图3-43 砖墙与构造柱连接

烧结普通砖墙，所用砖的强度等级不应低于MU10，砌筑砂浆的强度等级不应低于M5。砖墙与构造柱的连接处应砌成马牙槎，每一个马牙槎的高度不宜超过300mm，并应沿墙高每隔500mm设置2φ6拉结钢筋，拉结钢筋每边伸入墙内不宜小于600mm（见图3-43）。

构造柱和砖组合墙的房屋，应在纵横墙交接处、墙端部和较大洞口的洞边设置构造柱，其间距不宜大于4m。各层洞口宜设置在对应位置，并宜上下对齐。同时，应在基础顶面、有组合墙的楼层处设置现浇钢筋混凝土圈梁。圈梁的截面高度不宜小于240mm。

（2）构造柱和砖组合砌体施工

构造柱和砖组合墙的施工程序应为先砌墙后浇混凝土构造柱。构造柱施工程序为：绑扎钢筋、砌砖墙、支模板、浇混凝土、拆模。

1）构造柱的模板可用木模板或组合钢模板。在每层砖墙及其马牙槎砌好后，应立即支设模板，模板必须与所在墙的两侧严密贴紧，支撑牢靠，防止模板缝漏浆。

2）构造柱的底部（圈梁面上）应留出2皮砖高的孔洞，以便清除模板内的杂物，清除后封闭。

3）构造柱浇灌混凝土前，必须将马牙槎部位和模板浇水湿润，将模板内的落地灰、砖渣等杂物清理干净，并在结合面处注入适量与构造柱混凝土相同的去石水泥砂浆。

4）构造柱的混凝土坍落度宜为50～70mm，石子粒径不宜大于20mm。混凝土随拌随用，拌合好的混凝土应在1.5h内浇灌完。

5）构造柱的混凝土浇灌可以分段进行，每段高度不宜大于2.0m。在施工条件较好并能确保混凝土浇灌密实时，亦可每层一次浇灌。

6）捣实构造柱混凝土时，宜用插入式混凝土振动器，应分层振捣，振动棒随振随拔，每次振捣层的厚度不应超过振捣棒长度的 1.25 倍。振捣棒应避免直接碰触砖墙，严禁通过砖墙传振。钢筋的混凝土保护层厚度宜为 20～30mm。

7）构造柱与砖墙连接的马牙槎内的混凝土必须密实饱满。

8）构造柱从基础到顶层必须垂直，对准轴线。在逐层安装模板前，必须根据构造柱轴线随时校正竖向钢筋的位置和垂直度。

3. 网状配筋砖砌体

（1）网状配筋砖砌体构造

网状配筋砖砌体有配筋砖柱、砖墙，即在烧结普通砖砌体的水平灰缝中配置钢筋网（见图 3-44）。

网状配筋砖砌体，所用烧结普通砖强度等级不应低于 MU10，砂浆强度等级不应低于 M7.5。

钢筋网可采用方格网或连弯网，方格网的钢筋直径宜采用 3～4mm，连弯网的钢筋直径不应大于 8mm。钢筋网中钢筋的间距，不应大于 120mm，且不应小于 30mm。

钢筋网在砖砌体中的竖向间距，不应大于五皮砖高，且不应大于 400mm。当采用连弯网时，网的钢筋方向应互相垂直，沿砖砌体高度交错设置，钢筋网的竖向间距取同一方向网的间距。

设置钢筋网的水平灰缝厚度，应保证钢筋上下至少各有 2mm 厚的砂浆层。

（2）网状配筋砖砌体施工

钢筋网应按设计规定制作成型。

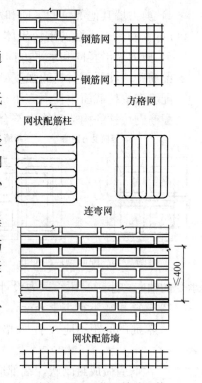

图 3-44 网状配筋砖砌体

砖砌体部分与常规方法砌筑相同。在配置钢筋网的水平灰缝中，应先铺一半厚的砂浆层，放入钢筋网后再铺一半厚砂浆层，使钢筋网居于砂浆层厚度中间。钢筋网四周应有砂浆保护层。

当用方格网时，水平灰缝厚度为 2 倍钢筋直径加 4mm；当用连弯网时，水平灰缝厚度为钢筋直径加 4mm。这样可确保钢筋上下各有 2mm 厚的砂浆保护层。

网状配筋砖砌体外表面宜用 1∶1 水泥砂浆勾缝或进行抹灰。

4. 配筋砌块砌体

（1）配筋砌块砌体构造

配筋砌块砌体有配筋砌块剪力墙、配筋砌块柱。

施工配筋小砌块砌体剪力墙，应采用专用的小砌块砌筑砂浆砌筑，专用的小砌块灌孔混凝土浇筑芯柱。

配筋砌块剪力墙，所用砌块强度等级不应低于 MU10；砌筑砂浆强度等级不应低于 M7.5；灌孔混凝土强度等级不应低于 C20。

配筋砌体剪力墙的构造配筋应符合下列规定：

1）应在墙的转角、端部和孔洞的两侧配置竖向连续的钢筋，钢筋直径不宜小于 12mm。

71

2）应在洞口的底部和顶部设置不小于 $2\phi10$ 的水平钢筋，其伸入墙内的长度不宜小于 $35d$ 和 400 mm（d 为钢筋直径）。

3）应在楼（屋）盖的所有纵横墙处设置现浇钢筋混凝土圈梁，圈梁的宽度和高度宜等于墙厚和砌块高，圈梁主筋不应少于 $4\phi10$，圈梁的混凝土强度等级不宜低于同层混凝土砌块强度等级的 2 倍，或该层灌孔混凝土的强度等级，也不应低于 C20。

4）剪力墙其他部位的竖向和水平钢筋的间距不应大于墙长、墙高之半，也不应大于 1200mm。对局部灌孔的砌块砌体，竖向钢筋的间距不应大于 600mm。

5）剪力墙沿竖向和水平方向的构造配筋率均不宜小于 0.07%。

配筋砌块柱所用材料的强度要求同配筋砌块剪力墙。

配筋砌块柱截面边长不宜小于 400mm，柱高度与柱截面短边之比不宜大于 30。

配筋砌块柱的构造配筋应符合下列规定（见图 3-45）：

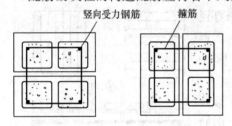

竖向受力钢筋　　　箍筋

图 3-45　配筋砌块柱配筋

1）柱的纵向钢筋的直径不宜小于 12mm，数量不少于 4 根，全部纵向受力钢筋的配筋率不宜小于 0.2%。

2）箍筋设置应根据下列情况确定：

① 当纵向受力钢筋的配筋率大于 0.25%，且柱承受的轴向力大于受压承载力设计值的 25% 时，柱应设箍筋；当配筋率小于 0.25% 时，或柱承受的轴向力小于受压承载力设计值的 25% 时，柱中可不设置箍筋。

② 箍筋直径不宜小于 6mm。

③ 箍筋的间距不应大于 16 倍纵向钢筋直径、48 倍箍筋直径及柱截面短边尺寸中较小者。

④ 箍筋应做成封闭状，端部应有弯钩。

⑤ 箍筋应设置在水平灰缝或灌孔混凝土中。

（2）配筋砌块砌体施工

配筋砌块砌体施工前，应按设计要求，将所配置钢筋加工成型，堆置于配筋部位的近旁。

砌块的砌筑应与钢筋设置互相配合。

砌块的砌筑应采用专用的小砌块砌筑砂浆和专用的小砌块灌孔混凝土。

钢筋的设置应注意以下几点：

1）钢筋的接头。

钢筋直径大于 22mm 时宜采用机械连接接头，其他直径的钢筋可采用搭接接头，并应符合下列要求：

① 钢筋的接头位置宜设置在受力较小处。

② 受拉钢筋的搭接接头长度不应小于 $1.1L_a$，受压钢筋的搭接接头长度不应小于 $0.7L_a$（L_a 为钢筋锚固长度），但不应小于 300mm。

③ 当相邻接头钢筋的间距不大于 75mm 时，其搭接长度应为 $1.2L_a$。当钢筋间的接头错开 $20d$ 时（d 为钢筋直径），搭接长度可不增加。

2）水平受力钢筋（网片）的锚固和搭接长度

① 在凹槽砌块混凝土带中钢筋的锚固长度不宜小于 $30d$，且其水平或垂直弯折段的长度不宜小于 $15d$ 和 200mm；钢筋的搭接长度不宜小于 $35d$。

② 在砌体水平灰缝中，钢筋的锚固长度不宜小于 $50d$，且其水平或垂直弯折段的长度小宜小于 $20d$ 和 150mm；钢筋的搭接长度不宜小于 $55d$。

③ 在隔皮或错缝搭接的灰缝中为 $50d+2h$（d 为灰缝受力钢筋直径，h 为水平灰缝的间距）。

3）钢筋的最小保护层厚度

① 灰缝中钢筋外露砂浆保护层不宜小于 15mm。

② 位于砌块孔槽中的钢筋保护层，在室内正常环境不宜小于 20mm，在室外或潮湿环境中不宜小于 30mm。

③ 对安全等级为一级或设计使用年限大于 50 年的配筋砌体，钢筋保护层厚度应比上述规定至少增加 5mm。

4）钢筋的弯钩。

钢筋骨架中的受力光面钢筋，应在钢筋末端作弯钩，在焊接骨架、焊接网以及受压构件中，可不作弯钩；绑扎骨架中的受力变形钢筋，在钢筋的末端可不作弯钩。弯钩应为 180°弯钩。

5）钢筋的间距

① 两平行钢筋间的净距不应小于 25mm。

② 柱和壁柱中的竖向钢筋的净距不宜小于 40mm（包括接头处钢筋间的净距）。

3.2.6 填充墙砌体工程

1. 烧结空心砖填充墙砌筑

（1）烧结空心砖填充墙施工工艺

1）墙体放线及组砌形式。砌筑前，应在砌筑位置弹出墙边线及门窗洞口边线，底部至少先砌 3 皮普通砖，门窗洞口两侧一砖范围内也应用普通砖实砌。墙体的组砌方式如图 3-46 所示。

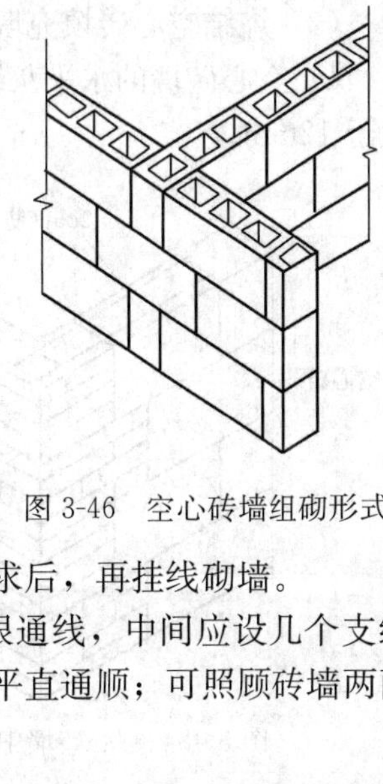

2）摆砖。按组砌方法先从转角或定位处开始向一侧排砖，内外墙应同时排砖，纵横方向交错搭接，上下皮错缝，一般搭砌长度不少于 60mm，上下皮错缝 1/2 砖长。排砖时，凡不够半砖处用普通砖补砌，半砖以上的非整砖宜用无齿锯加工制作非整砖块，不得用砍凿方法将砖打断；第一皮空心砖砌筑必须进行试摆。

3）盘角。砌砖前应先盘角，每次盘角不宜超过 3 皮砖，新盘的大角，及时进行吊、靠，如有偏差要及时修整。盘角时要仔细对照皮数杆的砖层和标高，控制好灰缝大小，使水平灰缝均匀一致。大角盘好后再复查一次，平整和垂直完全符合要求后，再挂线砌墙。

图 3-46 空心砖墙组砌形式

4）挂线。砌筑必须双面挂线，如果长墙几个人均使用一根通线，中间应设几个支线点，小线要拉紧，每层砖都要穿线看平，使水平缝均匀一致，平直通顺；可照顾砖墙两面平整，为下道工序控制抹灰厚度奠定基础。

5) 组砌。砌空心砖宜采用刮浆法。竖缝应先批砂浆后再砌筑，当孔洞呈垂直时，水平铺砂浆，应先用套板盖住孔洞，以免砂浆掉入空洞内。砌砖时砖要放平。里手高，墙面就要张；里手低，墙面就要背。砌砖一定要跟线，"上跟线，下跟棱，左右相邻要对平"。水平灰缝厚度和竖向灰缝宽度一般为 10mm，但不应小于 8mm，也不应大于 12mm。为保证清水墙面主缝垂直，不游丁走缝，当砌完一步架高时，宜每隔 2m 水平间距，在丁砖立楞位置弹两道垂直立线，可以分段控制游丁走缝。在操作过程中，要认真进行自检，如出现有偏差，应随时纠正，严禁事后砸墙。清水墙不允许有三分头，不得在上部任意变活、乱缝。砌筑砂浆应随搅拌随使用，一般水泥砂浆必须在 3h 内用完，水泥混合砂浆必须在 4h 内用完，不得使用过夜砂浆。砌清水墙应随砌、随划缝，划缝深度为 8～10mm，且深浅一致，墙面清扫干净。混水墙应随砌随将舌头灰刮尽。空心砖墙应同时砌起，不得留槎。每天砌筑高度不应超过 1.8m。

6) 木砖预埋和墙体拉结筋。墙中留洞、预埋件、管道等处应用实心砖砌筑或作成预制混凝土构件或块体；木砖预埋时应小头在外，大头在内，数量按洞口高度决定。洞口高在 1.2m 以内，每边放 2 块；洞口高 1.2～2m，每边放 3 块；洞口高 2～3m，每边放 4 块，预埋木砖的部位一般在洞口上边或下边四皮砖，中间均匀分布。木砖要提前做好防腐处理。钢门窗安装的预留孔，硬架支模、暖卫管道，均应按设计要求预留，不得事后剔凿。墙体拉结筋的位置、规格、数量、间距均应按设计要求留置，不应错放、漏放。

7) 过梁、梁垫安装。门窗过梁支承处应用实心砖砌筑；安装过梁、梁垫时，其标高、位置及型号必须准确，坐浆饱满。如坐浆厚度超过 2cm 时，要用细石混凝土铺垫，过梁安装时，两端支承点的长度应一致。

8) 构造柱。凡设有构造柱的工程，在砌砖前，先根据设计图纸将构造柱位置进行弹线，并把构造柱插筋处理顺直。砌砖墙时，与构造柱连接处砌成马牙槎，马牙槎处砌实心砖。每一个马牙槎沿高度方向的尺寸不宜超过 30cm（即二皮砖）。马牙槎应先退后进。拉结筋按设计要求放置，设计无要求时，一般沿墙高 50cm 设置 2 根 $\phi6$ 水平拉结筋，每边深入墙内不应小于 1m。

(2) 烧结空心砖填充墙施工要点

1) 空心砖墙的水平灰缝厚度及竖向灰缝宽度宜为 10mm，但不应小于 8mm，也不应大于 12mm。

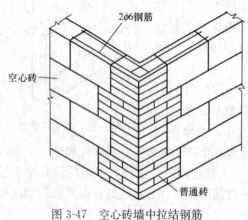

2) 空心砖墙的水平灰缝砂浆饱满度不应小于 80%，竖向灰缝不得有透明缝、暗缝、假缝。

3) 空心砖墙的端头、转角处、交接处应用烧结普通砖砌筑，并在水平灰缝中设置拉结钢筋，拉结钢筋不少于 $2\phi6$，伸入空心砖内不小于空心砖长，伸入普通砖墙内不小于 240mm；拉结钢筋竖向间距为 2 皮空心砖高（见图 3-47）。

图 3-47 空心砖墙中拉结钢筋

4) 空心砖墙中不得留设脚手眼。

5) 空心砖墙与承重砖墙相接处，应预先

在承重砖墙的水平灰缝中埋置拉结筋，此拉结筋在砌空心砖墙时置于空心砖墙的水平灰缝中，拉结筋伸入空心砖墙中长度应不小于500mm。

6）空心砖墙中不得砍砖留槽。

2. 加气混凝土砌块填充墙砌筑

（1）加气混凝土砌块砌体构造

1）加气混凝土砌块仅用作砌筑墙体，有单层墙和双层墙。单层墙是砌块侧立砌筑，墙厚等于砌块宽度。双层墙由两侧单层墙及其间拉结筋组成，两侧墙之间留75mm宽的空气层。拉结筋可采用$\phi4 \sim \phi6$钢筋扒钉（或8号铅丝），沿墙高500mm左右放一层拉结筋，其水平间距为600mm（见图3-48）。

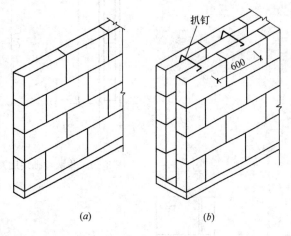

图 3-48 加气混凝土砌块墙
（a）单层墙；（b）双层墙

2）承重加气混凝土砌块墙的外墙转角处、T字交接处、十字交接处，均应在水平灰缝中设置拉结筋，拉结筋用$3\phi6$钢筋，拉结筋沿墙高1m左右放置一道，拉结筋伸入墙内不少于1m（见图3-49）。山墙部位沿墙高1m左右加$3\phi6$通长钢筋。

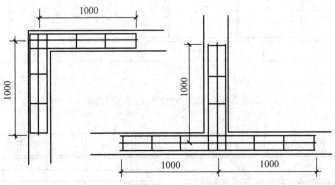

图 3-49 承重砌块墙灰缝中拉结筋

3）非承重加气混凝土砌块墙的转角处以及与承重砌块墙的交接处，也应在水平灰缝中设置拉结筋，拉结筋用$2\phi6$，伸入墙内不小于700mm（见图3-50）。

4）加气混凝土砌块墙的窗洞口下第一皮砌块下的水平灰缝内应放置$3\phi6$钢筋，钢筋两端应伸过窗洞立边500mm（见图3-51）。

5）加气混凝土砌块墙中洞口过梁，可采用配筋过梁或钢筋混凝土过梁。配筋过梁依洞口宽度大小配$2\phi8$或$3\phi8$钢筋，钢筋两端伸入墙内不小于500mm，其砂浆层厚度为30mm，钢筋混凝土过梁高度为60mm或120mm，过梁两端伸入墙内不小于250mm（见图3-52）。

（2）加气混凝土砌块填充墙施工要点

1）加气混凝土砌块砌筑时，其产品龄期应超过28d。进场后应按品种、规格分别堆

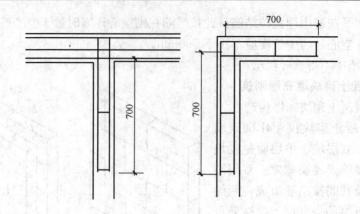

图 3-50　非承重砌块墙灰缝中拉结筋

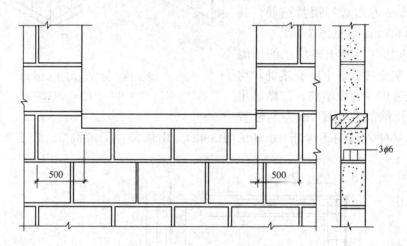

图 3-51　砌块墙窗洞口下附加筋

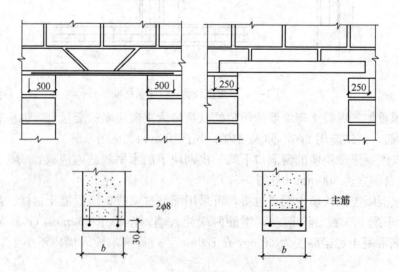

图 3-52　砌块墙中洞口过梁

放整齐。堆置高度不宜超过 2m，并应防止雨淋。砌筑时，应向砌筑面适量浇水。

2）砌筑加气混凝土砌块应采用专用工具，如铺灰铲、刀锯、手摇钻、镂槽器、平直架等。

3）砌筑加气混凝土砌块墙时，墙底部应砌烧结普通砖或多孔砖，或普通混凝土小型空心砌块，或现浇混凝土墙垫等，其高度不宜小于 200mm，

4）加气混凝土砌块应错缝搭砌，上下皮砌块的竖向灰缝至少错开 200mm。

5）加气混凝土砌块墙的转角处、T 字交接处分皮砌法见图 3-53。

6）加气混凝土砌块填充墙砌体的灰缝砂浆饱满度应符合施工规范≥80％的要求，尤其是外墙，防止因砂浆不饱满、假缝、透明缝等引起墙体渗漏、内墙的抗剪切强度不足等质量通病。

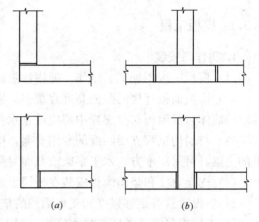

图 3-53　砌块墙转角处、交接处分皮砌法
(a) 转角处；(b) T 字交接处

7）填充墙砌至接近梁底、板底时，应留一定的空隙，待填充墙砌筑完并至少间隔 7d 后，再将其补砌挤紧，防止上部砌体因砂浆收缩而开裂。具体操作方法为：当上部空隙小于等于 20mm 时，用 1：2 水泥砂浆嵌填密实；稍大的空隙用细石混凝土镶填密实；大空隙用烧结标准砖或多孔砖宜成 60°角斜砌挤紧，但砌筑砂浆必须密实，不允许出现平砌、生摆（填充墙上部斜砌砌筑时出现的干摆或砌筑砂浆不密实形成孔洞等）等现象。

8）砌筑时，应向砌筑面适量浇水湿润，砌筑砂浆有良好的保水性，并且砌筑砂浆铺设长度不应大于 2m，避免因砂浆失水过快引起灰缝开裂。

9）砌筑过程中，应经常检查墙体的垂直平整度，并应在砂浆初凝前用小木锤或撬杠轻轻进行修正，防止因砂浆初凝造成灰缝开裂。

10）砌体施工应严格按施工规范的要求进行错缝搭砌，避免因墙体形成通缝削弱其稳定性。

11）蒸压加气混凝土砌块填充墙砌体施工过程中，严格按设计要求留设构造柱，当设计无要求时，应按墙长度每 5m 设构造柱。构造柱应置于墙的端部、墙角和 T 形交叉处。构造柱马牙槎应先退后进，进退尺寸大于 60mm，进退高度宜为砌块 1～2 层高度，且在 300mm 左右。

12）加气混凝土砌块砌体中不得留脚手眼。

13）加气混凝土砌块不应与其他块材混砌。

14）加气混凝土砌体如无切实有效措施，不得在以下部位使用：

① 建筑物室内地面标高±0.000 以下。

② 长期浸水或经常受干湿交替部位。

③ 受化学环境侵蚀，如强酸、强碱或高浓度二氧化碳等的环境。

④ 制品表面经常处于 80℃以上的高温环境。

3.3 混凝土工程

3.3.1 模板工程

1. 制作与安装

（1）模板应按图加工、制作。通用性强的模板宜制作成定型模板。

（2）模板面板背楞的截面高度宜统一。模板制作与安装时，面板拼缝应严密。有防水要求的墙体，其模板对拉螺栓中部应设止水片，止水片应与对拉螺栓环焊。

（3）与通用钢管支架匹配的专用支架，应按图加工、制作。搁置于支架顶端可调托座上的主梁，可采用木方、木工字梁或截面对称的型钢制作。

（4）支架立柱和竖向模板安装在土层上时，应符合下列规定：

1）应设置具有足够强度和支承面积的垫板。

2）土层应坚实，并应有排水措施；对湿陷性黄土、膨胀土，应有防水措施；对冻胀性土，应有防冻胀措施。

3）对软土地基，必要时可采用堆载预压的方法调整模板面板安装高度。

（5）安装模板时，应进行测量放线，并采取保证模板位置准确的定位措施。对竖向构件的模板及支架，应根据混凝土一次浇筑高度和浇筑速度，采取竖向模板抗侧移、抗浮和抗倾覆措施。对水平构件的模板及支架，应结合不同的支架和模板面板形式，采取支架间、模板间及模板与支架间的有效拉结措施。对可能承受较大风荷载的模板，应采取防风措施。

（6）对跨度不小于 4m 的梁、板，其模板施工起拱高度宜为梁、板跨度的 1/1000～3/1000。起拱不得减少构件的截面高度。

（7）采用扣件式钢管作模板支架时，支架搭设应符合下列规定：

1）模板支架搭设所采用的钢管、扣件规格，应符合设计要求；立杆纵距、立杆横距、支架步距以及构造要求，应符合专项施工方案的要求。

2）立杆纵距、立杆横距不应大于 1.5m，支架步距不应大于 2.0m；立杆纵向和横向宜设置扫地杆，纵向扫地杆距立杆底部不宜大于 200mm，横向扫地杆宜设置在纵向扫地杆的下方；立杆底部宜设置底座或垫板。

3）立杆接长除顶层步距可采用搭接外，其余各层步距接头应采用对接扣件连接，两个相邻立杆的接头不应设置在同一步距内。

4）立杆步距的上下两端应设置双向水平杆，水平杆与立杆的交错点应采用扣件连接，双向水平杆与立杆的连接扣件之间的距离不应大于 150mm。

5）支架周边应连续设置竖向剪刀撑。支架长度或宽度大于 6m 时，应设置中部纵向或横向的竖向剪刀撑，剪刀撑的间距和单幅剪刀撑的宽度均不宜大于 8m，剪刀撑与水平杆的夹角宜为 45°～60°；支架高度大于 3 倍步距时，支架顶部宜设置一道水平剪刀撑，剪刀撑应延伸至周边。

6）立杆、水平杆、剪刀撑的搭接长度，不应小于 0.8m，且不应少于 2 个扣件连接，扣件盖板边缘至杆端不应小于 100mm。

7）扣件螺栓的拧紧力矩不应小于 40N・m，且不应大于 65N・m。

8）支架立杆搭设的垂直偏差不宜大于 1/200。

（8）采用扣件式钢管作高大模板支架时，支架搭设除应符合（7）的规定外，尚应符合下列规定：

1）宜在支架立杆顶端插入可调托座，可调托座螺杆外径不应小于 36mm，螺杆插入钢管的长度不应小于 150mm，螺杆伸出钢管的长度不应大于 300mm，可调托座伸出顶层水平杆的悬臂长度不应大于 500mm。

2）立杆纵距、横距不应大于 1.2m，支架步距不应大于 1.8m。

3）立杆顶层步距内采用搭接时，搭接长度不应小于 1m，且不应少于 3 个扣件连接。

4）立杆纵向和横向应设置扫地杆，纵向扫地杆距立杆底部不宜大于 200mm。

5）宜设置中部纵向或横向的竖向剪刀撑，剪刀撑的间距不宜大于 5m；沿支架高度方向搭设的水平剪刀撑的间距不宜大于 6m。

6）立杆的搭设垂直偏差不宜大于 1/200，且不宜大于 100mm。

7）应根据周边结构的情况，采取有效的连接措施加强支架整体稳固性。

（9）采用碗扣式、盘扣式或盘销式钢管架作模板支架时，支架搭设应符合下列规定：

1）碗扣架、盘扣架或盘销架的水平杆与立柱的扣接应牢靠，不应滑脱。

2）立杆上的上、下层水平杆间距不应大于 1.8m。

3）插入立杆顶端可调托座伸出顶层水平杆的悬臂长度不应大于 650mm，螺杆插入钢管的长度不应小于 150mm，其直径应满足与钢管内径间隙不大于 6mm 的要求。架体最顶层的水平杆步距应比标准步距缩小一个节点间距。

4）立柱间应设置专用斜杆或扣件钢管斜杆加强模板支架。

（10）采用门式钢管架搭设模板支架时，应符合现行行业标准《建筑施工门式钢管脚手架安全技术规范》（JGJ 128—2010）的有关规定。当支架高度较大或荷载较大时，主立杆钢管直径不宜小于 48mm，并应设水平加强杆。

（11）支架的竖向斜撑和水平斜撑应与支架同步搭设，支架应与成型的混凝土结构拉结。钢管支架的竖向斜撑和水平斜撑的搭设，应符合国家现行有关钢管脚手架标准的规定。

（12）对现浇多层、高层混凝土结构，上、下楼层模板支架的立杆宜对准。模板及支架杆件等应分散堆放。

（13）模板安装应保证混凝土结构构件各部分形状、尺寸和相对位置准确，并应防止漏浆。

（14）模板安装应与钢筋安装配合进行，梁柱节点的模板宜在钢筋安装后安装。

（15）模板与混凝土接触面应清理干净并涂刷脱模剂，脱模剂不得污染钢筋和混凝土接槎处。

（16）后浇带的模板及支架应独立设置。

（17）固定在模板上的预埋件、预留孔和预留洞，均不得遗漏，且应安装牢固、位置准确。

2. 拆除与维护

（1）模板拆除时，可采取先支的后拆、后支的先拆，先拆非承重模板、后拆承重模板

79

的顺序，并应从上而下进行拆除。

（2）底模及支架应在混凝土强度达到设计要求后再拆除；当设计无具体要求时，同条件养护的混凝土立方体试件抗压强度应符合表 3-19 的规定。

底模拆除时的混凝土强度要求 表 3-19

构件类型	构件跨度/m	达到设计的混凝土立方体抗压强度标准值的百分率（%）
板	≤2	≥50
	>2，≤8	≥75
	>8	≥100
梁拱、壳	≤8	≥75
	>8	≥100
悬臂构件		≥100

（3）当混凝土强度能保证其表面及棱角不受损伤时，方可拆除侧模。

（4）多个楼层间连续支模的底层支架拆除时间，应根据连续支模的楼层间荷载分配和混凝土强度的增长情况确定。

（5）快拆支架体系的支架立杆间距不应大于 2m。拆模时，应保留立杆并顶托支承楼板，拆模时的混凝土强度可按表 3-19 中构件跨度为 2m 的规定确定。

（6）后张预应力混凝土结构构件，侧模宜在预应力筋张拉前拆除；底模及支架不应在结构构件建立预应力前拆除。

（7）拆下的模板及支架杆件不得抛掷，应分散堆放在指定地点，并应及时清运。

（8）模板拆除后应将其表面清理干净，对变形和损伤部位应进行修复。

3.3.2　钢筋工程

1. 钢筋加工

（1）钢筋加工前应将表面清理干净。表面有颗粒状、片状老锈或有损伤的钢筋不得使用。

（2）钢筋加工宜在常温状态下进行，加工过程中不应对钢筋进行加热。钢筋应一次弯折到位。

（3）钢筋宜采用机械设备进行调直，也可采用冷拉方法调直。当采用机械设备调直时，调直设备不应具有延伸功能。当采用冷拉方法调直时，HPB300 光圆钢筋的冷拉率不宜大于 4%；HRB335、HRB400、HRB500、HRBF335、HRBF400、HRBF500 及 RRB400 带肋钢筋的冷拉率，不宜大于 1%。钢筋调直过程中不应损伤带肋钢筋的横肋。调直后的钢筋应平直，不应有局部弯折。

（4）钢筋弯折的弯弧内直径应符合下列规定：

1）光圆钢筋，不应小于钢筋直径的 2.5 倍。

2）335MPa 级、400MPa 级带肋钢筋，不应小于钢筋直径的 4 倍。

3）500MPa 级带肋钢筋，当直径为 28mm 以下时不应小于钢筋直径的 6 倍，当直径为 28mm 及以上时不应小于钢筋直径的 7 倍。

4）位于框架结构顶层端节点处的梁上部纵向钢筋和柱外侧纵向钢筋，在节点角部弯折处，当钢筋直径为 28mm 以下时不宜小于钢筋直径的 12 倍，当钢筋直径为 28mm 及以上时不宜小于钢筋直径的 16 倍。

5）箍筋弯折处尚不应小于纵向受力钢筋直径；箍筋弯折处纵向受力钢筋为搭接钢筋或并筋时，应按钢筋实际排布情况确定箍筋弯弧内直径。

（5）纵向受力钢筋的弯折后平直段长度应符合设计要求及现行国家标准《混凝土结构设计规范》（GB 50010—2010）的有关规定。光圆钢筋末端作 180°弯钩时，弯钩的弯折后平直段长度不应小于钢筋直径的 3 倍。

（6）箍筋、拉筋的末端应按设计要求作弯钩，并应符合下列规定：

1）对一般结构构件，箍筋弯钩的弯折角度不应小于 90°，弯折后平直段长度不应小于箍筋直径的 5 倍；对有抗震设防要求或设计有专门要求的结构构件，箍筋弯钩的弯折角度不应小于 135°，弯折后平直段长度不应小于箍筋直径的 10 倍和 75mm 两者之中的较大值。

2）圆形箍筋的搭接长度不应小于其受拉锚固长度，且两末端均应作不小于 135°的弯钩，弯折后平直段长度对一般结构构件不应小于箍筋直径的 5 倍，对有抗震设防要求的结构构件不应小于箍筋直径的 10 倍和 75mm 的较大值。

3）拉筋用作梁、柱复合箍筋中单肢箍筋或梁腰筋间拉结筋时，两端弯钩的弯折角度均不应小于 135°，弯折后平直段长度应符合 1）对箍筋的有关规定；拉筋用作剪力墙、楼板等构件中拉结筋时，两端弯钩可采用一端 135°、另一端 90°，弯折后平直段长度不应小于拉筋直径的 5 倍。

（7）焊接封闭箍筋宜采用闪光对焊，也可采用气压焊或单面搭接焊，并宜采用专用设备进行焊接。焊接封闭箍筋下料长度和端头加工应按焊接工艺确定。焊接封闭箍筋的焊点设置，应符合下列规定：

1）每个箍筋的焊点数量应为 1 个，焊点宜位于多边形箍筋中的某边中部，且距箍筋弯折处的位置不宜小于 100mm。

2）矩形柱箍筋焊点宜设在柱短边，等边多边形柱箍筋焊点可设在任一边，不等边多边形柱箍筋焊点应位于不同边上。

3）梁箍筋焊点应设置在顶边或底边。

（8）当钢筋采用机械锚固措施时，钢筋锚固端的加工应符合国家现行相关标准的规定。采用钢筋锚固板时，应符合现行行业标准《钢筋锚固板应用技术规程》（JGJ 256—2011）的有关规定。

2. 钢筋连接与安装

（1）钢筋接头宜设置在受力较小处；有抗震设防要求的结构中，梁端、柱端箍筋加密区范围内不宜设置钢筋接头，且不应进行钢筋搭接。同一纵向受力钢筋不宜设置两个或两个以上接头。接头末端至钢筋弯起点的距离，不应小于钢筋直径的 10 倍。

（2）钢筋机械连接施工应符合下列规定：

1）加工钢筋接头的操作人员应经专业培训合格后上岗，钢筋接头的加工应经工艺检验合格后方可进行。

2）机械连接接头的混凝土保护层厚度宜符合现行国家标准《混凝土结构设计规范》（GB 50010—2010）中受力钢筋的混凝土保护层最小厚度规定，且不得小于 15mm。接头之间的横向净间距不宜小于25mm。

3）螺纹接头安装后应使用专用扭力扳手校核拧紧扭力矩。挤压接头压痕直径的波动范围应控制在允许波动范围内，并使用专用量规进行检验。

4）机械连接接头的适用范围、工艺要求、套筒材料及质量要求等应符合现行行业标准《钢筋机械连接技术规程》（JGJ 107—2010）的有关规定。

（3）钢筋焊接施工应符合下列规定：

1）从事钢筋焊接施工的焊工应持有钢筋焊工考试合格证，并应按照合格证规定的范围上岗操作。

2）在钢筋工程焊接施工前，参与该项工程施焊的焊工应进行现场条件下的焊接工艺试验，经试验合格后，方可进行焊接。焊接过程中，如果钢筋牌号、直径发生变更，应再次进行焊接工艺试验。工艺试验使用的材料、设备、辅料及作业条件均应与实际施工一致。

3）细晶粒热轧钢筋及直径大于28mm的普通热轧钢筋，其焊接参数应经试验确定；余热处理钢筋不宜焊接。

4）电渣压力焊只应使用于柱、墙等构件中竖向受力钢筋的连接。

5）钢筋焊接接头的适用范围、工艺要求、焊条及焊剂选择、焊接操作及质量要求等应符合现行行业标准《钢筋焊接及验收规程》（JGJ 18—2012）的有关规定。

（4）当纵向受力钢筋采用机械连接接头或焊接接头时，接头的设置应符合下列规定：

1）同一构件内的接头宜分批错开。

2）接头连接区段的长度为 $35d$，且不应小于 500mm，凡接头中点位于该连接区段长度内的接头均应属于同一连接区段（其中 d 为相互连接两根钢筋中较小直径）。

3）同一连接区段内，纵向受力钢筋接头面积百分率为该区段内有接头的纵向受力钢筋截面面积与全部纵向受力钢筋截面面积的比值；纵向受力钢筋的接头面积百分率应符合下列规定：

① 受拉接头，不宜大于 50%；受压接头，可不受限制。

② 板、墙、柱中受拉机械连接接头，可根据实际情况放宽；装配式混凝土结构构件连接处受拉接头，可根据实际情况放宽。

③ 直接承受动力荷载的结构构件中，不宜采用焊接；当采用机械连接时，不应超过 50%。

（5）当纵向受力钢筋采用绑扎搭接接头时，接头的设置应符合下列规定：

1）同一构件内的接头宜分批错开。各接头的横向净间距 s 不应小于钢筋直径，且不应小于25mm。

2）接头连接区段的长度为 1.3 倍搭接长度，凡接头中点位于该连接区段长度内的接头均应属于同一连接区段；搭接长度可取相互连接两根钢筋中较小直径计算。纵向受力钢筋的最小搭接长度应符合《混凝土结构工程施工规范》（GB 50666—2011）附录 C 的规定。

3）同一连接区段内，纵向受力钢筋接头面积百分率为该区段内有接头的纵向受力钢筋截面面积与全部纵向受力钢筋截面面积的比值（见图 3-54）；纵向受压钢筋的接头面积百分率可不受限制；纵向受拉钢筋的接头面积百分率应符合下列规定：

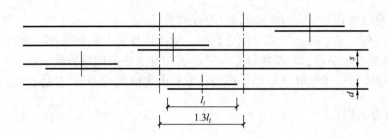

图 3-54　钢筋绑扎搭接接头连接区段及接头面积百分率

注：图中所示搭接接头同一连接区段内的搭接钢筋为两根，当各钢
筋直径相同时，接头面积百分率为 50%。

① 梁类、板类及墙类构件，不宜超过 25%；基础筏板，不宜超过 50%。

② 柱类构件，不宜超过 50%。

③ 当工程中确有必要增大接头面积百分率时，对梁类构件，不应大于 50%；对其他构件，可根据实际情况适当放宽。

(6) 在梁、柱类构件的纵向受力钢筋搭接长度范围内应按设计要求配置箍筋，并应符合下列规定：

1) 箍筋直径不应小于搭接钢筋较大直径的 25%。

2) 受拉搭接区段的箍筋间距不应大于搭接钢筋较小直径的 5 倍，且不应大于 100mm。

3) 受压搭接区段的箍筋间距不应大于搭接钢筋较小直径的 10 倍，且不应大于 200mm。

4) 当柱中纵向受力钢筋直径大于 25mm 时，应在搭接接头两个端面外 100mm 范围内各设置两个箍筋，其间距宜为 50mm。

(7) 钢筋绑扎应符合下列规定：

1) 钢筋的绑扎搭接接头应在接头中心和两端用铁丝扎牢。

2) 墙、柱、梁钢筋骨架中各竖向面钢筋网交叉点应全数绑扎；板上部钢筋网的交叉点应全数绑扎，底部钢筋网除边缘部分外可间隔交错绑扎。

3) 梁、柱的箍筋弯钩及焊接封闭箍筋的焊点应沿纵向受力钢筋方向错开设置。

4) 构造柱纵向钢筋宜与承重结构同步绑扎。

5) 梁及柱中箍筋、墙中水平分布钢筋、板中钢筋距构件边缘的起始距离宜为 50mm。

(8) 构件交接处的钢筋位置应符合设计要求。当设计无具体要求时，应保证主要受力构件和构件中主要受力方向的钢筋位置。框架节点处梁纵向受力钢筋宜放在柱纵向钢筋内侧；当主次梁底部标高相同时，次梁下部钢筋应放在主梁下部钢筋之上；剪力墙中水平分布钢筋宜放在外侧，并宜在墙端弯折锚固。

(9) 钢筋安装应采用定位件固定钢筋的位置，并宜采用专用定位件。定位件应具有足够的承载力、刚度、稳定性和耐久性。定位件的数量、间距和固定方式，应能保证钢筋的位置偏差符合国家现行有关标准的规定。混凝土框架梁、柱保护层内，不宜采用金属定位件。

(10) 钢筋安装过程中，因施工操作需要而对钢筋进行焊接时，应符合现行行业标准

《钢筋焊接及验收规程》(JGJ 18—2012)的有关规定。

(11) 采用复合箍筋时,箍筋外围应封闭。梁类构件复合箍筋内部,宜选用封闭箍筋,奇数肢也可采用单肢箍筋;柱类构件复合箍筋内部可部分采用单肢箍筋。

(12) 钢筋安装应采取防止钢筋受模板、模具内表面的脱模剂污染的措施。

3.3.3 预应力工程

1. 制作与安装

(1) 预应力筋的下料长度应经计算确定,并应采用砂轮锯或切断机等机械方法切断。预应力筋制作或安装时,不应用作接地线,并应避免焊渣或接地电火花的损伤。

(2) 无粘结预应力筋在现场搬运和铺设过程中,不应损伤其塑料护套。当出现轻微破损时,应及时采用防水胶带封闭;严重破损的不得使用。

(3) 钢绞线挤压锚具应采用配套的挤压机制作,挤压操作的油压最大值应符合使用说明书的规定。采用的摩擦衬套应沿挤压套筒全长均匀分布;挤压完成后,预应力筋外端露出挤压套筒不应少于 1mm。

(4) 钢绞线压花锚具应采用专用的压花机制作成型,梨形头尺寸和直线锚固段长度不应小于设计值。

(5) 钢丝镦头及下料长度偏差应符合下列规定:

1) 镦头的头型直径不宜小于钢丝直径的 1.5 倍,高度不宜小于钢丝直径。

2) 镦头不应出现横向裂纹。

3) 当钢丝束两端均采用镦头锚具时,同一束中各根钢丝长度的极差不应大于钢丝长度的 1/5000,且不应大于 5mm。当成组张拉长度不大于 10m 的钢丝时,同组钢丝长度的极差不得大于 2mm。

(6) 成孔管道的连接应密封,并应符合下列规定:

1) 圆形金属波纹管接长时,可采用大一规格的同波型波纹管作为接头管,接头管长度可取其内径的 3 倍,且不宜小于 200mm,两端旋入长度宜相等,且接头管两端应采用防水胶带密封。

2) 塑料波纹管接长时,可采用塑料焊接机热熔焊接或采用专用连接管。

3) 钢管连接可采用焊接连接或套筒连接。

(7) 预应力筋或成孔管道应按设计规定的形状和位置安装,并应符合下列规定:

1) 预应力筋或成孔管道应平顺,并与定位钢筋绑扎牢固。定位钢筋直径不宜小于10mm,间距不宜大于 1.2m,板中无粘结预应力筋的定位间距可适当放宽,扁形管道、塑料波纹管或预应力筋曲线曲率较大处的定位间距,宜适当缩小。

2) 凡施工时需要预先起拱的构件,预应力筋或成孔管道宜随构件同时起拱。

3) 预应力筋或成孔管道控制点竖向位置允许偏差应符合表 3-20 的规定。

预应力筋或成孔管道控制点竖向位置允许偏差 　　　　　　　　　表 3-20

构件截面高(厚)度 h/mm	h≤300	300<h≤1500	h>1500
允许偏差/mm	±5	±10	±15

(8) 预应力筋和预应力孔道的间距和保护层厚度,应符合下列规定:

1）先张法预应力筋之间的净间距，不宜小于预应力筋公称直径或等效直径的 2.5 倍和混凝土粗骨料最大粒径的 1.25 倍，且预应力钢丝、三股钢绞线和七股钢绞线分别不应小于 15mm、20mm 和 25mm。当混凝土振捣密实性有可靠保证时，净间距可放宽至粗骨料最大粒径的 1.0 倍。

2）对后张法预制构件，孔道之间的水平净间距不宜小于 50mm，且不宜小于粗骨料最大粒径的 1.25 倍；孔道至构件边缘的净间距不宜小于 30mm，且不宜小于孔道外径的 50%。

3）在现浇混凝土梁中，曲线孔道在竖直方向的净间距不应小于孔道外径，水平方向的净间距不宜小于孔道外径的 1.5 倍，且不应小于粗骨料最大粒径的 1.25 倍；从孔道外壁至构件边缘的净间距，梁底不宜小于 50mm，梁侧不宜小于 40mm；裂缝控制等级为三级的梁，从孔道外壁至构件边缘的净间距，梁底不宜小于 60mm，梁侧不宜小于 50mm。

4）预留孔道的内径宜比预应力束外径及需穿过孔道的连接器外径大 6～15mm，且孔道的截面积宜为穿入预应力束截面积的 3～4 倍。

5）当有可靠经验并能保证混凝土浇筑质量时，预应力孔道可水平并列贴紧布置，但每一并列束中的孔道数量不应超过 2 个。

6）板中单根无粘结预应力筋的水平间距不宜大于板厚的 6 倍，且不宜大于 1m；带状束的无粘结预应力筋根数不宜多于 5 根，束间距不宜大于板厚的 12 倍，且不宜大于 2.4m。

7）梁中集束布置的无粘结预应力筋，束的水平净间距不宜小于 50mm，束至构件边缘的净间距不宜小于 40mm。

（9）预应力孔道应根据工程特点设置排气孔、泌水孔及灌浆孔，排气孔可兼作泌水孔或灌浆孔，并应符合下列规定：

1）当曲线孔道波峰和波谷的高差大于 300mm 时，应在孔道波峰设置排气孔，排气孔间距不宜大于 30m。

2）当排气孔兼作泌水孔时，其外接管伸出构件顶面高度不宜小于 300mm。

（10）锚垫板、局部加强钢筋和连接器应按设计要求的位置和方向安装牢固，并应符合下列规定：

1）锚垫板的承压面应与预应力筋或孔道曲线末端的切线垂直。预应力筋曲线起始点与张拉锚固点之间的直线段最小长度应符合表 3-21 的规定。

预应力筋曲线起始点与张拉锚固点之间直线段最小长度 表 3-21

预应力筋张拉力 N/kN	N≤1500	1500＜N≤6000	N＞6000
直线段最小长度/mm	400	500	600

2）采用连接器接长预应力筋时，应全面检查连接器的所有零件，并应按产品技术手册要求操作。

3）内埋式固定端锚垫板不应重叠，锚具与锚垫板应贴紧。

（11）后张法有粘结预应力筋穿入孔道及其防护，应符合下列规定：

1）对采用蒸汽养护的预制构件，预应力筋应在蒸汽养护结束后穿入孔道。

2）预应力筋穿入孔道后至孔道灌浆的时间间隔不宜过长，当环境相对湿度大于 60%

或处于近海环境时，不宜超过14d；当环境相对湿度不大于60%时，不宜超过28d。

3）当不能满足2）的规定时，宜对预应力筋采取防锈措施。

（12）预应力筋等安装完成后，应做好成品保护工作。

（13）当采用减摩材料降低孔道摩擦阻力时，应符合下列规定：

1）减摩材料不应对预应力筋、成孔管道及混凝土产生不利影响。

2）灌浆前应将减摩材料清除干净。

2. 张拉和放张

（1）预应力筋张拉前，应进行下列准备工作：

1）计算张拉力和张拉伸长值，根据张拉设备标定结果确定油泵压力表读数。

2）根据工程需要搭设安全可靠的张拉作业平台。

3）清理锚垫板和张拉端预应力筋，检查锚垫板后混凝土的密实性。

（2）预应力筋张拉设备及压力表应定期维护和标定。张拉设备和压力表应配套标定和使用，标定期限不应超过半年。当使用过程中出现反常现象或张拉设备检修后，应重新标定。

注：1. 压力表的量程应大于张拉工作压力读值，压力表的精确度等级不应低于1.6级。

2. 标定张拉设备用的试验机或测力计的测力示值不确定度，不应大于1.0%。

3. 张拉设备标定时，千斤顶活塞的运行方向应与实际张拉工作状态一致。

（3）施加预应力时，混凝土强度应符合设计要求，且同条件养护的混凝土立方体抗压强度，应符合下列规定：

1）不应低于设计混凝土强度等级值的75%。

2）采用消除应力钢丝或钢绞线作为预应力筋的先张法构件，尚不应低于30MPa。

3）不应低于锚具供应商提供的产品技术手册要求的混凝土最低强度要求。

4）后张法预应力梁和板，现浇结构混凝土的龄期分别不宜小于7d和5d。

注：为防止混凝土早期裂缝而施加预应力时，可不受本条的限制，但应满足局部受压承载力的要求。

（4）预应力筋的张拉控制应力应符合设计及专项施工方案的要求。当施工中需要超张拉时，调整后的张拉控制应力 σ_{con} 应符合下列规定：

1）消除应力钢丝、钢绞线：

$$\sigma_{con} \leqslant 0.80 f_{ptk} \tag{3-9}$$

2）中强度预应力钢丝：

$$\sigma_{con} \leqslant 0.75 f_{ptk} \tag{3-10}$$

3）预应力螺纹钢筋：

$$\sigma_{con} \leqslant 0.90 f_{pyk} \tag{3-11}$$

式中 σ_{con}——预应力筋张拉控制应力；

        f_{ptk}——预应力筋极限强度标准值；

        f_{pyk}——预应力筋屈服强度标准值。

（5）采用应力控制方法张拉时，应校核最大张拉力下预应力筋伸长值。实测伸长值与计算伸长值的偏差应控制在±6%之内，否则应查明原因并采取措施后再张拉。必要时，宜进行现场孔道摩擦系数测定，并可根据实测结果调整张拉控制力。预应力筋张拉伸长值的计算和实测值的确定及孔道摩擦系数的测定，可分别按《混凝土结构工程施工规范》（GB 50666—2011）附录 D、附录 E 的规定执行。

（6）预应力筋的张拉顺序应符合设计要求，并应符合下列规定：

1）应根据结构受力特点、施工方便及操作安全等因素确定张拉顺序。

2）预应力筋宜按均匀、对称的原则张拉。

3）现浇预应力混凝土楼盖，宜先张拉楼板、次梁的预应力筋，后张拉主梁的预应力筋。

4）对预制屋架等平卧叠浇构件，应从上而下逐榀张拉。

（7）后张预应力筋应根据设计和专项施工方案的要求采用一端或两端张拉。采用两端张拉时，宜两端同时张拉，也可一端先张拉锚固，另一端补张拉。当设计无具体要求时，应符合下列规定：

1）有粘结预应力筋长度不大于 20m 时，可一端张拉，大于 20m 时，宜两端张拉；预应力筋为直线形时，一端张拉的长度可延长至 35m。

2）无粘结预应力筋长度不大于 40m 时，可一端张拉，大于 40m 时，宜两端张拉。

（8）后张有粘结预应力筋应整束张拉。对直线形或平行编排的有粘结预应力钢绞线束，当能确保各根钢绞线不受叠压影响时，也可逐根张拉。

（9）预应力筋张拉时，应从零拉力加载至初拉力后，量测伸长值初读数，再以均匀速率加载至张拉控制力。塑料波纹管内的预应力筋，张拉力达到张拉控制力后宜持荷 2～5min。

（10）预应力筋张拉中应避免预应力筋断裂或滑脱。当发生断裂或滑脱时，应符合下列规定：

1）对后张法预应力结构构件，断裂或滑脱的数量严禁超过同一截面预应力筋总根数的 3%，且每束钢丝或每根钢绞线不得超过一丝；对多跨双向连续板，其同一截面应按每跨计算。

2）对先张法预应力构件，在浇筑混凝土前发生断裂或滑脱的预应力筋必须更换。

（11）锚固阶段张拉端预应力筋的内缩量应符合设计要求。当设计无具体要求时，应符合表 3-22 的规定。

张拉端预应力筋的内缩量限值 表 3-22

锚具类别		内缩量限值/mm
支承式锚具（螺母锚具、镦头锚具等）	螺母缝隙	1
	每块后加垫板的缝隙	1
夹片式锚具	有顶压	5
	无顶压	6～8

（12）先张法预应力筋的放张顺序，应符合下列规定：

1）宜采取缓慢放张工艺进行逐根或整体放张。

2）对轴心受压构件，所有预应力筋宜同时放张。

3）对受弯或偏心受压的构件，应先同时放张预压应力较小区域的预应力筋，再同时放张预压应力较大区域的预应力筋。

4）当不能按 1）～3）的规定放张时，应分阶段、对称、相互交错放张。

5）放张后，预应力筋的切断顺序，宜从张拉端开始依次切向另一端。

（13）后张法预应力筋张拉锚固后，如遇特殊情况需卸锚时，应采用专门的设备和工具。

（14）预应力筋张拉或放张时，应采取有效的安全防护措施，预应力筋两端正前方不得站人或穿越。

（15）预应力筋张拉时，应对张拉力、压力表读数、张拉伸长值、锚固回缩值及异常情况处理等作出详细记录。

3. 灌浆及封锚

（1）后张法有粘结预应力筋张拉完毕并经检查合格后，应尽早进行孔道灌浆，孔道内水泥浆应饱满、密实。

（2）后张法预应力筋锚固后的外露多余长度，宜采用机械方法切割，也可采用氧—乙炔焰切割，其外露长度不宜小于预应力筋直径的 1.5 倍，且不应小于 30mm。

（3）孔道灌浆前应进行下列准备工作：

1）应确认孔道、排气兼泌水管及灌浆孔畅通；对预埋管成型孔道，可采用压缩空气清孔。

2）应采用水泥浆、水泥砂浆等材料封闭端部锚具缝隙，也可采用封锚罩封闭外露锚具。

3）采用真空灌浆工艺时，应确认孔道系统的密封性。

（4）配制水泥浆用水泥、水及外加剂除应符合国家现行有关标准的规定外，尚应符合下列规定：

1）宜采用普通硅酸盐水泥或硅酸盐水泥。

2）拌合用水和掺加的外加剂中不应含有对预应力筋或水泥有害的成分。

3）外加剂应与水泥作配合比试验并确定掺量。

（5）灌浆用水泥浆应符合下列规定：

1）采用普通灌浆工艺时，稠度宜控制在 12~20s；采用真空灌浆工艺时，稠度宜控制在 18~25s。

2）水灰比不应大于 0.45。

3）3h 自由泌水率宜为 0，且不应大于 1%，泌水应在 24h 内全部被水泥浆吸收。

4）24h 自由膨胀率，采用普通灌浆工艺时不应大于 6%，采用真空灌浆工艺时不应大于 3%。

5）水泥浆中氯离子含量不应超过水泥重量的 0.06%。

6）28d 标准养护的边长为 70.7mm 的立方体水泥浆试块抗压强度不应低于 30MPa。

7）稠度、泌水率及自由膨胀率的试验方法应符合现行国家标准《预应力孔道灌浆剂》（GB/T 25182—2010）的规定。

注：1. 一组水泥浆试块由 6 个试块组成。

2. 抗压强度为一组试块的平均值，当一组试块中抗压强度最大值或最小值与平均值相差超过 20% 时，应取中间 4 个试块强度的平均值。

（6）灌浆用水泥浆的制备及使用，应符合下列规定：

1）水泥浆宜采用高速搅拌机进行搅拌，搅拌时间不应超过 5min。

2）水泥浆使用前应经筛孔尺寸不大于 1.2mm×1.2mm 的筛网过滤。

3）搅拌后不能在短时间内灌入孔道的水泥浆，应保持缓慢搅动。

4）水泥浆应在初凝前灌入孔道，搅拌后至灌浆完毕的时间不宜超过 30min。

（7）灌浆施工应符合下列规定：

1）宜先灌注下层孔道，后灌注上层孔道。

2）灌浆应连续进行，直至排气管排除的浆体稠度与注浆孔处相同且无气泡后，再顺浆体流动方向依次封闭排气孔；全部出浆口封闭后，宜继续加压 0.5～0.7MPa，并应稳压 1～2min 后封闭灌浆口。

3）当泌水较大时，宜进行二次灌浆和对泌水孔进行重力补浆。

4）因故中途停止灌浆时，应用压力水将未灌注完孔道内已注入的水泥浆冲洗干净。

（8）真空辅助灌浆时，孔道抽真空负压宜稳定保持为 0.08～0.10MPa。

（9）孔道灌浆应填写灌浆记录。

（10）外露锚具及预应力筋应按设计要求采取可靠的保护措施。

3.3.4　混凝土制备与运输

1. 一般规定

（1）混凝土结构施工宜采用预拌混凝土。

（2）混凝土制备应符合下列规定：

1）预拌混凝土应符合现行国家标准《预拌混凝土》（GB/T 14902—2012）的有关规定。

2）现场搅拌混凝土宜采用具有自动计量装置的设备集中搅拌。

3）当不具备 1）、2）规定的条件时，应采用符合现行国家标准《混凝土搅拌机》（GB/T 9142—2000）的搅拌机进行搅拌，并应配备计量装置。

（3）混凝土运输应符合下列规定：

1）混凝土宜采用搅拌运输车运输，运输车辆应符合国家现行有关标准的规定。

2）运输过程中应保证混凝土拌合物的均匀性和工作性。

3）应采取保证连续供应的措施，并应满足现场施工的需要。

2. 原材料

（1）混凝土原材料的主要技术指标应符合《混凝土结构工程施工规范》（GB50666—2011）附录 F 和国家现行有关标准的规定。

（2）水泥的选用应符合下列规定：

1）水泥品种与强度等级应根据设计、施工要求以及工程所处环境条件确定。

2）普通混凝土宜选用通用硅酸盐水泥；有特殊需要时，也可选用其他品种水泥。

3）有抗渗、抗冻融要求的混凝土，宜选用硅酸盐水泥或普通硅酸盐水泥。

4）处于潮湿环境的混凝土结构，当使用碱活性骨料时，宜采用低碱水泥。

（3）粗骨料宜选用粒形良好、质地坚硬的洁净碎石或卵石，并应符合下列规定：

1）粗骨料最大粒径不应超过构件截面最小尺寸的 1/4，且不应超过钢筋最小净间距的 3/4；对实心混凝土板，粗骨料的最大粒径不宜超过板厚的 1/3，且不应超过 40mm。

2）粗骨料宜采用连续粒级，也可用单粒级组合成满足要求的连续粒级。

3）含泥量、泥块含量指标应符合《混凝土结构工程施工规范》（GB 50666—2011）

附录 F 的规定。

（4）细骨料宜选用级配良好、质地坚硬、颗粒洁净的天然砂或机制砂，并应符合下列规定：

1）细骨料宜选用Ⅱ区中砂。当选用Ⅰ区砂时，应提高砂率，并应保持足够的胶凝材料用量，同时应满足混凝土的工作性要求；当采用Ⅲ区砂时，宜适当降低砂率。

2）混凝土细骨料中氯离子含量，对于钢筋混凝土，按干砂的质量百分率计算不得大于 0.06%；对于预应力混凝土，按干砂的质量百分率计算不得大于 0.02%。

3）含泥量、泥块含量指标应符合《混凝土结构工程施工规范》（GB 50666—2011）附录 F 的规定。

4）海砂应符合现行行业标准《海砂混凝土应用技术规范》（JGJ 206—2010）的有关规定。

（5）强度等级为 C60 及以上的混凝土所用骨料，除应符合（3）和（4）的规定外，尚应符合下列规定：

1）粗骨料压碎指标的控制值应经试验确定。

2）粗骨料最大粒径不宜大于 25mm，针片状颗粒含量不应大于 8.0%，含泥量不应大于 0.5%，泥块含量不应大于 0.2%。

3）细骨料细度模数宜控制为 2.6～3.0，含泥量不应大于 2.0%，泥块含量不应大于 0.5%。

（6）有抗渗、抗冻融或其他特殊要求的混凝土，宜选用连续级配的粗骨料，最大粒径不宜大于 40mm，含泥量不应大于 1.0%，泥块含量不应大于 0.5%；所用细骨料含泥量不应大于 3.0%，泥块含量不应大于 1.0%。

（7）矿物掺合料的选用应根据设计、施工要求以及工程所处环境条件确定，其掺量应通过试验确定。

（8）外加剂的选用应根据设计、施工要求，混凝土原材料性能以及工程所处环境条件等因素通过试验确定，并应符合下列规定：

1）当使用碱活性骨料时，由外加剂带入的碱含量（以当量氧化钠计）不宜超过 $1.0kg/m^3$，混凝土总碱含量尚应符合现行国家标准《混凝土结构设计规范》（GB 50010—2010）的有关规定。

2）不同品种外加剂首次复合使用时，应检验混凝土外加剂的相容性。

（9）混凝土拌合及养护用水，应符合现行行业标准《混凝土用水标准》（JGJ 63—2006）的有关规定。

（10）未经处理的海水严禁用于钢筋混凝土结构和预应力混凝土结构中混凝土的拌制和养护。

（11）原材料进场后，应按种类、批次分开储存与堆放，应标识明晰，并应符合下列规定：

1）散装水泥、矿物掺合料等粉体材料，应采用散装罐分开储存；袋装水泥、矿物掺合料、外加剂等，应按品种、批次分开码垛堆放，并应采取防雨、防潮措施，高温季节应有防晒措施。

2）骨料应按品种、规格分别堆放，不得混入杂物，并应保持洁净和颗粒级配均匀。

骨料堆放场地的地面应做硬化处理，并应采取排水、防尘和防雨等措施。

3）液体外加剂应放置于阴凉干燥处，应防止日晒、污染、浸水，使用前应搅拌均匀；有离析、变色等现象时，应经检验合格后再使用。

3. 混凝土配合比

（1）混凝土配合比设计应经试验确定，并应符合下列规定：

1）应在满足混凝土强度、耐久性和工作性要求的前提下，减少水泥和水的用量。

2）当有抗冻、抗渗、抗氯离子侵蚀和化学腐蚀等耐久性要求时，尚应符合现行国家标准《混凝土结构耐久性设计规范》（GB/T 50476—2008）的有关规定。

3）应分析环境条件对施工及工程结构的影响。

4）试配所用的原材料应与施工实际使用的原材料一致。

（2）混凝土的配制强度应按下列规定计算：

1）当设计强度等级低于 C60 时，配制强度应按下式确定：

$$f_{cu,0} \geqslant f_{cu,k} + 1.645\sigma \tag{3-12}$$

式中　$f_{cu,0}$——混凝土的配制强度（MPa）；

　　　$f_{cu,k}$——混凝土立方体抗压强度标准值（MPa）；

　　　σ——混凝土强度标准差（MPa），应按 3）确定。

2）当设计强度等级不低于 C60 时，配制强度应按下式确定：

$$f_{cu,0} \geqslant 1.15 f_{cu,k} \tag{3-13}$$

（3）混凝土强度标准差应按下列规定计算确定：

1）当具有近期的同品种混凝土的强度资料时，其混凝土强度标准差 σ 应按下列公式计算：

$$\sigma = \sqrt{\frac{\sum_{i=1}^{n} f_{cu,i}^2 - n m_{fcu}^2}{n-1}} \tag{3-14}$$

式中　$f_{cu,i}$——第 i 组的试件强度（MPa）；

　　　m_{fcu}——n 组试件的强度平均值（MPa）；

　　　n——试件组数，n 值不应小于 30。

2）按 1）计算混凝土强度标准差时：强度等级不高于 C30 的混凝土，计算得到的 σ 大于等于 3.0MPa 时，应按计算结果取值；计算得到的 σ 小于 3.0MPa 时，σ 应取 3.0MPa。强度等级高于 C30 且低于 C60 的混凝土，计算得到的 σ 大于等于 4.0MPa 时，应按计算结果取值；计算得到的 σ 小于 4.0MPa 时，σ 应取 4.0MPa。

3）当没有近期的同品种混凝土强度资料时，其混凝土强度标准差 σ 可按表 3-23 取用。

混凝土强度标准差 σ 值（MPa）　　　　　　　　　　　表 3-23

混凝土强度等级	≤C20	C25～C45	C50～C55
σ	4.0	5.0	6.0

（4）混凝土的工作性指标应根据结构形式、运输方式和距离、泵送高度、浇筑和振捣方式，以及工程所处环境条件等确定。

（5）混凝土最大水胶比和最小胶凝材料用量，应符合现行行业标准《普通混凝土配合比设计规程》（JGJ 55—2011）的有关规定。

（6）当设计文件对混凝土提出耐久性指标时，应进行相关耐久性试验验证。

（7）大体积混凝土的配合比设计，应符合下列规定：

1）在保证混凝土强度及工作性要求的前提下，应控制水泥用量，宜选用中、低水化热水泥，并宜掺加粉煤灰、矿渣粉。

2）温度控制要求较高的大体积混凝土，其胶凝材料用量、品种等宜通过水化热和绝热温升试验确定。

3）宜采用高性能减水剂。

（8）混凝土配合比的试配、调整和确定，应按下列步骤进行：

1）采用工程实际使用的原材料和计算配合比进行试配。每盘混凝土试配量不应小于20L。

2）进行试拌，并调整砂率和外加剂掺量等使拌合物满足工作性要求，提出试拌配合比。

3）在试拌配合比的基础上，调整胶凝材料用量，提出不少于3个配合比进行试配。根据试件的试压强度和耐久性试验结果，选定设计配合比。

4）应对选定的设计配合比进行生产适应性调整，确定施工配合比。

5）对采用搅拌运输车运输的混凝土，当运输时间较长时，试配时应控制混凝土坍落度经时损失值。

（9）施工配合比应经技术负责人批准。在使用过程中，应根据反馈的混凝土动态质量信息对混凝土配合比及时进行调整。

（10）遇有下列情况时，应重新进行配合比设计：

1）当混凝土性能指标有变化或有其他特殊要求时。

2）当原材料品质发生显著改变时。

3）同一配合比的混凝土生产间断三个月以上时。

4. 混凝土搅拌

（1）当粗、细骨料的实际含水量发生变化时，应及时调整粗、细骨料和拌合用水的用量。

（2）混凝土搅拌时应对原材料用量准确计量，并应符合下列规定：

1）计量设备的精度应符合现行国家标准《混凝土搅拌站（楼）》（GB/T 10171—2005）的有关规定，并应定期校准。使用前设备应归零。

2）原材料的计量应按重量计，水和外加剂溶液可按体积计，其允许偏差应符合表3-24的规定。

混凝土原材料计量允许偏差（％）   表3-24

原材料品种	水泥	细骨料	粗骨料	水	矿物掺合料	外加剂
每盘计量允许偏差	±2	±3	±3	±1	±2	±1
累计计量允许偏差	±1	±2	±2	±1	±1	±1

注：1. 现场搅拌时原材料计量允许偏差应满足每盘计量允许偏差要求。

2. 累计计量允许偏差指每一运输车中各盘混凝土的每种材料累计称量的偏差，该项指标仅适用于采用计算机控制计量的搅拌站。

3. 骨料含水率应经常测定，雨、雪天施工应增加测定次数。

（3）采用分次投料搅拌方法时，应通过试验确定投料顺序、数量及分段搅拌的时间等工艺参数。矿物掺合料宜与水泥同步投料，液体外加剂宜滞后于水和水泥投料；粉状外加剂宜溶解后再投料。

（4）混凝土应搅拌均匀，宜采用强制式搅拌机搅拌。混凝土搅拌的最短时间可按表3-25采用，当能保证搅拌均匀时可适当缩短搅拌时间。搅拌强度等级C60及以上的混凝土时，搅拌时间应适当延长。

混凝土搅拌的最短时间（s）　　　　　　　　　表 3-25

混凝土坍落度/mm	搅拌机机型	搅拌机出料量/L		
		<250	250～500	>500
≤40	强制式	60	90	120
40～100	强制式	60	60	90
≥100	强制式	60		

注：1. 混凝土搅拌时间指从全部材料装入搅拌筒中起，到开始卸料时止的时间段。

2. 当掺有外加剂与矿物掺合料时，搅拌时间应适当延长。

3. 采用自落式搅拌机时，搅拌时间宜延长30s。

4. 当采用其他形式的搅拌设备时，搅拌的最短时间也可按设备说明书的规定或经试验确定。

（5）对首次使用的配合比应进行开盘鉴定，开盘鉴定应包括下列内容：

1）混凝土的原材料与配合比设计所采用原材料的一致性。

2）出机混凝土工作性与配合比设计要求的一致性。

3）混凝土强度。

4）混凝土凝结时间。

5）工程有要求时，尚应包括混凝土耐久性能等。

5. 混凝土运输

（1）采用混凝土搅拌运输车运输混凝土时，应符合下列规定：

1）接料前，搅拌运输车应排净罐内积水。

2）在运输途中及等候卸料时，应保持搅拌运输车罐体正常转速，不得停转。

3）卸料前，搅拌运输车罐体宜快速旋转搅拌20s以上后再卸料。

（2）采用搅拌运输车运输混凝土时，施工现场车辆出入口处应设置交通安全指挥人员，施工现场道路应顺畅，有条件时宜设置循环车道；危险区域应设置警戒标志；夜间施工时，应有良好的照明。

（3）采用搅拌运输车运输混凝土，当混凝土坍落度损失较大不能满足施工要求时，可在运输车罐内加入适量的与原配合比相同成分的减水剂。减水剂加入量应事先由试验确定，并应作出记录。加入减水剂后，搅拌运输车罐体应快速旋转搅拌均匀，并应达到要求的工作性能后再泵送或浇筑。

（4）当采用机动翻斗车运输混凝土时，道路应通畅，路面应平整、坚实，临时坡道或支架应牢固，铺板接头应平顺。

3.3.5 现浇结构工程

1. 一般规定

（1）混凝土浇筑前应完成下列工作：

1）隐蔽工程验收和技术复核。

2）对操作人员进行技术交底。

3）根据施工方案中的技术要求，检查并确认施工现场具备实施条件。

4）施工单位填报浇筑申请单，并经监理单位签认。

（2）混凝土拌合物入模温度不应低于5℃，且不应高于35℃。

（3）混凝土运输、输送、浇筑过程中严禁加水；混凝土运输、输送、浇筑过程中散落的混凝土严禁用于混凝土结构构件的浇筑。

（4）混凝土应布料均衡。应对模板及支架进行观察和维护，发生异常情况应及时进行处理。混凝土浇筑和振捣应采取防止模板、钢筋、钢构、预埋件及其定位件移位的措施。

2. 混凝土输送

（1）混凝土输送宜采用泵送方式。

（2）混凝土输送泵的选择及布置应符合下列规定：

1）输送泵的选型应根据工程特点、混凝土输送高度和距离、混凝土工作性确定。

2）输送泵的数量应根据混凝土浇筑量和施工条件确定，必要时应设置备用泵。

3）输送泵设置的位置应满足施工要求，场地应平整、坚实，道路应畅通。

4）输送泵的作业范围不得有阻碍物；输送泵设置位置应有防范高空坠物的设施。

（3）混凝土输送泵管与支架的设置应符合下列规定：

1）混凝土输送泵管应根据输送泵的型号、拌合物性能、总输出量、单位输出量、输送距离以及粗骨料粒径等进行选择。

2）混凝土粗骨料最大粒径不大于25mm时，可采用内径不小于125mm的输送泵管；混凝土粗骨料最大粒径不大于40mm时，可采用内径不小于150mm的输送泵管。

3）输送泵管安装连接应严密，输送泵管道转向宜平缓。

4）输送泵管应采用支架固定，支架应与结构牢固连接，输送泵管转向处支架应加密；支架应通过计算确定，设置位置的结构应进行验算，必要时应采取加固措施。

5）向上输送混凝土时，地面水平输送泵管的直管和弯管总的折算长度不宜小于竖向输送高度的20%，且不宜小于15m。

6）输送泵管倾斜或垂直向下输送混凝土，且高差大于20m时，应在倾斜或竖向管下端设置直管或弯管，直管或弯管总的折算长度不宜小于高差的1.5倍。

7）输送高度大于100m时，混凝土输送泵出料口处的输送泵管位置应设置截止阀。

8）混凝土输送泵管及其支架应经常进行检查和维护。

（4）混凝土输送布料设备的设置应符合下列规定：

1）布料设备的选择应与输送泵相匹配；布料设备的混凝土输送管内径宜与混凝土输送泵管内径相同。

2）布料设备的数量及位置应根据布料设备工作半径、施工作业面大小以及施工要求确定。

3）布料设备应安装牢固，且应采取抗倾覆措施；布料设备安装位置处的结构或专用装置应进行验算，必要时应采取加固措施。

4）应经常对布料设备的弯管壁厚进行检查，磨损较大的弯管应及时更换。

5）布料设备作业范围不得有阻碍物，并应有防范高空坠物的设施。

（5）输送混凝土的管道、容器、溜槽不应吸水、漏浆，并应保证输送通畅。输送混凝土时，应根据工程所处环境条件采取保温、隔热、防雨等措施。

（6）输送泵输送混凝土应符合下列规定：

1）应先进行泵水检查，并应湿润输送泵的料斗、活塞等直接与混凝土接触的部位；泵水检查后，应清除输送泵内积水。

2）输送混凝土前，宜先输送水泥砂浆对输送泵和输送管进行润滑，然后开始输送混凝土。

3）输送混凝土应先慢后快、逐步加速，应在系统运转顺利后再按正常速度输送。

4）输送混凝土过程中，应设置输送泵集料斗网罩，并应保证集料斗有足够的混凝土余量。

（7）吊车配备斗容器输送混凝土应符合下列规定：

1）应根据不同结构类型以及混凝土浇筑方法选择不同的斗容器。

2）斗容器的容量应根据吊车吊运能力确定。

3）运输至施工现场的混凝土宜直接装入斗容器进行输送。

4）斗容器宜在浇筑点直接布料。

（8）升降设备配备小车输送混凝土应符合下列规定：

1）升降设备和小车的配备数量、小车行走路线及卸料点位置应能满足混凝土浇筑需要。

2）运输至施工现场的混凝土宜直接装入小车进行输送，小车宜在靠近升降设备的位置进行装料。

3. 混凝土浇筑

（1）浇筑混凝土前，应清除模板内或垫层上的杂物。表面干燥的地基、垫层、模板上应洒水湿润；现场环境温度高于35℃时，宜对金属模板进行洒水降温；洒水后不得留有积水。

（2）混凝土浇筑应保证混凝土的均匀性和密实性。混凝土宜一次连续浇筑。

（3）混凝土应分层浇筑，分层厚度应符合表3-29的规定，上层混凝土应在下层混凝土初凝之前浇筑完毕。

（4）混凝土运输、输送入模的过程应保证混凝土连续浇筑，从运输到输送入模的延续时间不宜超过表3-26的规定，且不应超过表3-27的规定。掺早强型减水剂、早强剂的混凝土，以及有特殊要求的混凝土，应根据设计及施工要求，通过试验确定允许时间。

运输到输送入模的延续时间（min） 表3-26

条 件	气 温	
	≤25℃	>25℃
不掺外加剂	90	60
掺外加剂	150	120

运输、输送入模及其间歇总的时间限值（min） 表 3-27

条　件	气　温	
	≤25℃	>25℃
不掺外加剂	180	150
掺外加剂	240	210

（5）混凝土浇筑的布料点宜接近浇筑位置，应采取减少混凝土下料冲击的措施，并应符合下列规定：

1）宜先浇筑竖向结构构件，后浇筑水平结构构件。

2）浇筑区域结构平面有高差时，宜先浇筑低区部分，再浇筑高区部分。

（6）柱、墙模板内的混凝土浇筑不得发生离析，倾落高度应符合表 3-28 的规定；当不能满足要求时，应加设串筒、溜管、溜槽等装置。

柱、墙模板内混凝土浇筑倾落高度限值（m） 表 3-28

条　件	浇筑倾落高度限值
粗骨料粒径大于 25mm	≤3
粗骨料粒径小于等于 25mm	≤6

注：当有可靠措施能保证混凝土不产生离析时，混凝土倾落高度可不受本表限制。

（7）混凝土浇筑后，在混凝土初凝前和终凝前，宜分别对混凝土裸露表面进行抹面处理。

（8）柱、墙混凝土设计强度等级高于梁、板混凝土设计强度等级时，混凝土浇筑应符合下列规定：

1）柱、墙混凝土设计强度比梁、板混凝土设计强度高一个等级时，柱、墙位置梁、板高度范围内的混凝土经设计单位确认，可采用与梁、板混凝土设计强度等级相同的混凝土进行浇筑。

2）柱、墙混凝土设计强度比梁、板混凝土设计强度高两个等级及以上时，应在交界区域采取分隔措施；分隔位置应在低强度等级的构件中，且距高强度等级构件边缘不应小于 500mm。

3）宜先浇筑强度等级高的混凝土，后浇筑强度等级低的混凝土。

（9）泵送混凝土浇筑应符合下列规定：

1）宜根据结构形状及尺寸、混凝土供应、混凝土浇筑设备、场地内外条件等划分每台输送泵的浇筑区域及浇筑顺序。

2）采用输送管浇筑混凝土时，宜由远而近浇筑；采用多根输送管同时浇筑时，其浇筑速度宜保持一致。

3）润滑输送管的水泥砂浆用于湿润结构施工缝时，水泥砂浆应与混凝土浆液成分相同；接浆厚度不应大于 30mm，多余水泥砂浆应收集后运出。

4）混凝土泵送浇筑应连续进行；当混凝土不能及时供应时，应采取间歇泵送方式。

5）混凝土浇筑后，应清洗输送泵和输送管。

（10）施工缝或后浇带处浇筑混凝土，应符合下列规定：

1）结合面应为粗糙面，并应清除浮浆、松动石子、软弱混凝土层。

2）结合面处应洒水湿润，但不得有积水。

3）施工缝处已浇筑混凝土的强度不应小于 1.2MPa。

4）柱、墙水平施工缝水泥砂浆接浆层厚度不应大于 30mm，接浆层水泥砂浆应与混凝土浆液成分相同。

5）后浇带混凝土强度等级及性能应符合设计要求；当设计无具体要求时，后浇带混凝土强度等级宜比两侧混凝土提高一级，并宜采用减少收缩的技术措施。

（11）超长结构混凝土浇筑应符合下列规定：

1）可留设施工缝分仓浇筑，分仓浇筑间隔时间不应少于 7d。

2）当留设后浇带时，后浇带封闭时间不得少于 14d。

3）超长整体基础中调节沉降的后浇带，混凝土封闭时间应通过监测确定，应在差异沉降稳定后封闭后浇带。

4）后浇带的封闭时间尚应经设计单位确认。

（12）型钢混凝土结构浇筑应符合下列规定：

1）混凝土粗骨料最大粒径不应大于型钢外侧混凝土保护层厚度的 1/3，且不宜大于 25mm。

2）浇筑应有足够的下料空间，并应使混凝土充盈整个构件各部位。

3）型钢周边混凝土浇筑宜同步上升，混凝土浇筑高差不应大于 500mm。

（13）钢管混凝土结构浇筑应符合下列规定：

1）宜采用自密实混凝土浇筑。

2）混凝土应采取减少收缩的技术措施。

3）钢管截面较小时，应在钢管壁适当位置留有足够的排气孔，排气孔孔径不应小于 20mm；浇筑混凝土应加强排气孔观察，并应确认浆体流出和浇筑密实后再封堵排气孔。

4）当采用粗骨料粒径不大于 25mm 的高流态混凝土或粗骨料粒径不大于 20mm 的自密实混凝土时，混凝土最大倾落高度不宜大于 9m；倾落高度大于 9m 时，宜采用串筒、溜槽、溜管等辅助装置进行浇筑。

5）混凝土从管顶向下浇筑时应符合下列规定：

① 浇筑应有足够的下料空间，并应使混凝土充盈整个钢管。

② 输送管端内径或斗容器下料口内径应小于钢管内径，且每边应留有不小于 100mm 的间隙。

③ 应控制浇筑速度和单次下料量，并应分层浇筑至设计标高。

④ 混凝土浇筑完毕后应对管口进行临时封闭。

6）混凝土从管底顶升浇筑时应符合下列规定：

① 应在钢管底部设置进料输送管，进料输送管应设止流阀门，止流阀门可在顶升浇筑的混凝土达到终凝后拆除。

② 应合理选择混凝土顶升浇筑设备；应配备上、下方通信联络工具，并应采取可有效控制混凝土顶升或停止的措施。

③ 应控制混凝土顶升速度，并均衡浇筑至设计标高。

（14）自密实混凝土浇筑应符合下列规定：

1) 应根据结构部位、结构形状、结构配筋等确定合适的浇筑方案。

2) 自密实混凝土粗骨料最大粒径不宜大于 20mm。

3) 浇筑应能使混凝土充填到钢筋、预埋件、预埋钢构件周边及模板内各部位。

4) 自密实混凝土浇筑布料点应结合拌合物特性选择适宜的间距，必要时可通过试验确定混凝土布料点下料间距。

（15）清水混凝土结构浇筑应符合下列规定：

1) 应根据结构特点进行构件分区，同一构件分区应采用同批混凝土，并应连续浇筑。

2) 同层或同区内混凝土构件所用材料牌号、品种、规格应一致，并应保证结构外观色泽符合要求。

3) 竖向构件浇筑时应严格控制分层浇筑的间歇时间。

（16）基础大体积混凝土结构浇筑应符合下列规定：

1) 采用多条输送泵管浇筑时，输送泵管间距不宜大于 10m，并宜由远及近浇筑。

2) 采用汽车布料杆输送浇筑时，应根据布料杆工作半径确定布料点数量，各布料点浇筑速度应保持均衡。

3) 宜先浇筑深坑部分再浇筑大面积基础部分。

4) 宜采用斜面分层浇筑方法，也可采用全面分层、分块分层浇筑方法，层与层之间混凝土浇筑的间歇时间应能保证混凝土浇筑连续进行。

5) 混凝土分层浇筑应采用自然流淌形成斜坡，并应沿高度均匀上升，分层厚度不宜大于 500mm。

6) 抹面处理应符合（7）的规定，抹面次数宜适当增加。

7) 应有排除积水或混凝土泌水的有效技术措施。

（17）预应力结构混凝土浇筑应符合下列规定：

1) 应避免成孔管道破损、移位或连接处脱落，并应避免预应力筋、锚具及锚垫板等移位。

2) 预应力锚固区等配筋密集部位应采取保证混凝土浇筑密实的措施。

3) 先张法预应力混凝土构件，应在张拉后及时浇筑混凝土。

4. 混凝土振捣

（1）混凝土振捣应能使模板内各个部位混凝土密实、均匀，不应漏振、欠振、过振。

（2）混凝土振捣应采用插入式振动棒、平板振动器或附着振动器，必要时可采用人工辅助振捣。

（3）振动棒振捣混凝土应符合下列规定：

1) 应按分层浇筑厚度分别进行振捣，振动棒的前端应插入前一层混凝土中，插入深度不应小于 50mm。

2) 振动棒应垂直于混凝土表面并快插慢拔均匀振捣；当混凝土表面无明显塌陷、有水泥浆出现、不再冒气泡时，应结束该部位振捣。

3) 振动棒与模板的距离不应大于振动棒作用半径的 50%；振捣插点间距不应大于振动棒的作用半径的 1.4 倍。

（4）平板振动器振捣混凝土应符合下列规定：

1) 平板振动器振捣应覆盖振捣平面边角。

2）平板振动器移动间距应覆盖已振实部分混凝土边缘。

3）振捣倾斜表面时，应由低处向高处进行振捣。

（5）附着振动器振捣混凝土应符合下列规定：

1）附着振动器应与模板紧密连接，设置间距应通过试验确定。

2）附着振动器应根据混凝土浇筑高度和浇筑速度，依次从下往上振捣。

3）模板上同时使用多台附着振动器时，应使各振动器的频率一致，并应交错设置在相对面的模板上。

（6）混凝土分层振捣的最大厚度应符合表 3-29 的规定。

混凝土分层振捣的最大厚度

表 3-29

振捣方法	混凝土分层振捣最大厚度
振动棒	振动棒作用部分长度的 1.25 倍
平板振动器	200mm
附着振动器	根据设置方式，通过试验确定

（7）特殊部位的混凝土应采取下列加强振捣措施：

1）宽度大于 0.3m 的预留洞底部区域，应在洞口两侧进行振捣，并应适当延长振捣时间；宽度大于 0.8m 的洞口底部，应采取特殊的技术措施。

2）后浇带及施工缝边角处应加密振捣点，并应适当延长振捣时间。

3）钢筋密集区域或型钢与钢筋结合区域，应选择小型振动棒辅助振捣、加密振捣点，并应适当延长振捣时间。

4）基础大体积混凝土浇筑流淌形成的坡脚，不得漏振。

5. 混凝土养护

（1）混凝土浇筑后应及时进行保湿养护，保湿养护可采用洒水、覆盖、喷涂养护剂等方式。养护方式应根据现场条件、环境温湿度、构件特点、技术要求、施工操作等因素确定。

（2）混凝土的养护时间应符合下列规定：

1）采用硅酸盐水泥、普通硅酸盐水泥或矿渣硅酸盐水泥配制的混凝土，不应少于 7d；采用其他品种水泥时，养护时间应根据水泥性能确定。

2）采用缓凝型外加剂、大掺量矿物掺合料配制的混凝土，不应少于 14d。

3）抗渗混凝土、强度等级 C60 及以上的混凝土，不应少于 14d。

4）后浇带混凝土的养护时间不应少于 14d。

5）地下室底层墙、柱和上部结构首层墙、柱，宜适当增加养护时间。

6）大体积混凝土养护时间应根据施工方案确定。

（3）洒水养护应符合下列规定：

1）洒水养护宜在混凝土裸露表面覆盖麻袋或草帘后进行，也可采用直接洒水、蓄水等养护方式；洒水养护应保证混凝土表面处于湿润状态。

2）洒水养护用水应符合《混凝土用水标准》（JGJ63—2006）的规定。

3）当日最低温度低于 5℃时，不应采用洒水养护。

（4）覆盖养护应符合下列规定：

1) 覆盖养护宜在混凝土裸露表面覆盖塑料薄膜、塑料薄膜加麻袋、塑料薄膜加草帘进行。

2) 塑料薄膜应紧贴混凝土裸露表面，塑料薄膜内应保持有凝结水。

3) 覆盖物应严密，覆盖物的层数应按施工方案确定。

（5）喷涂养护剂养护应符合下列规定：

1) 应在混凝土裸露表面喷涂覆盖致密的养护剂进行养护。

2) 养护剂应均匀喷涂在结构构件表面，不得漏喷；养护剂应具有可靠的保湿效果，保湿效果可通过试验检验。

3) 养护剂使用方法应符合产品说明书的有关要求。

（6）基础大体积混凝土裸露表面应采用覆盖养护方式；当混凝土浇筑体表面以内 40～100mm 位置的温度与环境温度的差值小于 25℃时，可结束覆盖养护。覆盖养护结束但尚未达到养护时间要求时，可采用洒水养护方式直至养护结束。

（7）柱、墙混凝土养护方法应符合下列规定：

1) 地下室底层和上部结构首层柱、墙混凝土带模养护时间，不应少于 3d；带模养护结束后，可采用洒水养护方式继续养护，也可采用覆盖养护或喷涂养护剂养护方式继续养护。

2) 其他部位柱、墙混凝土可采用洒水养护，也可采用覆盖养护或喷涂养护剂养护。

（8）混凝土强度达到 1.2MPa 前，不得在其上踩踏、堆放物料、安装模板及支架。

（9）同条件养护试件的养护条件应与实体结构部位养护条件相同，并应妥善保管。

（10）施工现场应具备混凝土标准试件制作条件，并应设置标准试件养护室或养护箱。标准试件养护应符合国家现行有关标准的规定。

6. 混凝土施工缝与后浇带

（1）施工缝和后浇带的留设位置应在混凝土浇筑前确定。施工缝和后浇带宜留设在结构受剪力较小且便于施工的位置。受力复杂的结构构件或有防水抗渗要求的结构构件，施工缝留设位置应经设计单位确认。

（2）水平施工缝的留设位置应符合下列规定：

1) 柱、墙施工缝可留设在基础、楼层结构顶面，柱施工缝与结构上表面的距离宜为 0～100mm，墙施工缝与结构上表面的距离宜为 0～300mm。

2) 柱、墙施工缝也可留设在楼层结构底面，施工缝与结构下表面的距离宜为 0～50mm；当板下有梁托时，可留设在梁托下 0～20mm。

3) 高度较大的柱、墙、梁以及厚度较大的基础，可根据施工需要在其中部留设水平施工缝；当因施工缝留设改变受力状态而需要调整构件配筋时，应经设计单位确认。

4) 特殊结构部位留设水平施工缝应经设计单位确认。

（3）竖向施工缝和后浇带的留设位置应符合下列规定：

1) 有主次梁的楼板施工缝应留设在次梁跨度中间 1/3 范围内。

2) 单向板施工缝应留设在与跨度方向平行的任何位置。

3) 楼梯梯段施工缝宜设置在梯段板跨度端部 1/3 范围内。

4) 墙的施工缝宜设置在门洞口过梁跨中 1/3 范围内，也可留设在纵横墙交接处。

5) 后浇带留设位置应符合设计要求。

6）特殊结构部位留设竖向施工缝应经设计单位确认。

（4）设备基础施工缝留设位置应符合下列规定：

1）水平施工缝应低于地脚螺栓底端，与地脚螺栓底端的距离应大于150mm；当地脚螺栓直径小于30mm时，水平施工缝可留设在深度不小于地脚螺栓埋入混凝土部分总长度的3/4处。

2）竖向施工缝与地脚螺栓中心线的距离不应小于250mm，且不应小于螺栓直径的5倍。

（5）承受动力作用的设备基础施工缝留设位置，应符合下列规定：

1）标高不同的两个水平施工缝，其高低结合处应留设成台阶形，台阶的高宽比不应大于1.0。

2）竖向施工缝或台阶形施工缝的断面处应加插钢筋，插筋数量和规格应由设计确定。

3）施工缝的留设应经设计单位确认。

（6）施工缝、后浇带留设界面，应垂直于结构构件和纵向受力钢筋。结构构件厚度或高度较大时，施工缝或后浇带界面宜采用专用材料封挡。

（7）混凝土浇筑过程中，因特殊原因需临时设置施工缝时，施工缝留设应规整，并宜垂直于构件表面，必要时可采取增加插筋、事后修凿等技术措施。

（8）施工缝和后浇带应采取钢筋防锈或阻锈等保护措施。

7. 大体积混凝土裂缝控制

（1）大体积混凝土宜采用后期强度作为配合比设计、强度评定及验收的依据。基础混凝土，确定混凝土强度时的龄期可取为60d（56d）或90d；柱、墙混凝土强度等级不低于C80时，确定混凝土强度时的龄期可取为60d（56d）。确定混凝土强度时采用大于28d的龄期时，龄期应经设计单位确认。

（2）大体积混凝土施工配合比设计应符合3.3.4中3.（7）的规定，并应加强混凝土养护。

（3）大体积混凝土施工时，应对混凝土进行温度控制，并应符合下列规定：

1）混凝土入模温度不宜大于30℃；混凝土浇筑体最大温升值不宜大于50℃。

2）在覆盖养护或带模养护阶段，混凝土浇筑体表面以内40～100mm位置处的温度与混凝土浇筑体表面温度差值不应大于25℃；结束覆盖养护或拆模后，混凝土浇筑体表面以内40～100mm位置处的温度与环境温度差值不应大于25℃。

3）混凝土浇筑体内部相邻两个测温点的温度差值不应大于25℃。

4）混凝土降温速率不宜大于2.0℃/d；当有可靠经验时，降温速率要求可适当放宽。

（4）基础大体积混凝土测温点设置应符合下列规定：

1）宜选择具有代表性的两个交叉竖向剖面进行测温，竖向剖面交叉位置宜通过基础中部区域。

2）每个竖向剖面的周边及以内部位应设置测温点，两个竖向剖面交叉处应设置测温点；混凝土浇筑体表面测温点应设置在保温覆盖层底部或模板内侧表面，并应与两个剖面上的周边测温点位置及数量对应；环境测温点不应少于2处。

3）每个剖面的周边测温点应设置在混凝土浇筑体表面以内40～100mm位置处；每个剖面的测温点宜竖向、横向对齐；每个剖面竖向设置的测温点不应少于3处，间距不应小于 0.4m 且不宜大于 1.0m；每个剖面横向设置的测温点不应少于 4 处，间距不应小于 0.4m 且不应大于 10m。

4）对基础厚度不大于 1.6m，裂缝控制技术措施完善的工程，可不进行测温。

（5）柱、墙、梁大体积混凝土测温点设置应符合下列规定：

1）柱、墙、梁结构实体最小尺寸大于 2m，且混凝土强度等级不低于 C60 时，应进行测温。

2）宜选择沿构件纵向的两个横向剖面进行测温，每个横向剖面的周边及中部区域应设置测温点；混凝土浇筑体表面测温点应设置在模板内侧表面，并应与两个剖面上的周边测温点位置及数量对应；环境测温点不应少于 1 处。

3）每个横向剖面的周边测温点应设置在混凝土浇筑体表面以内 40～100mm 位置处；每个横向剖面的测温点宜对齐；每个剖面的测温点不应少于 2 处，间距不应小于 0.4m 且不宜大于 1.0m。

4）可根据第一次测温结果，完善温差控制技术措施，后续施工可不进行测温。

（6）大体积混凝土测温应符合下列规定：

1）宜根据每个测温点被混凝土初次覆盖时的温度确定各测点部位混凝土的入模温度。

2）浇筑体周边表面以内测温点、浇筑体表面测温点、环境测温点的测温，应与混凝土浇筑、养护过程同步进行。

3）应按测温频率要求及时提供测温报告，测温报告应包含各测温点的温度数据、温差数据、代表点位的温度变化曲线、温度变化趋势分析等内容。

4）混凝土浇筑体表面以内 40～100mm 位置的温度与环境温度的差值小于 20℃ 时，可停止测温。

（7）大体积混凝土测温频率应符合下列规定：

1）第一天至第四天，每 4h 不应少于一次。

2）第五天至第七天，每 8h 不应少于一次。

3）第七天至测温结束，每 12h 不应少于一次。

3.3.6 装配式结构工程

1. 一般规定

（1）装配式结构工程应编制专项施工方案。必要时，专业施工单位应根据设计文件进行深化设计。

（2）装配式结构正式施工前，宜选择有代表性的单元或部分进行试制作、试安装。

（3）预制构件的吊运应符合下列规定：

1）应根据预制构件形状、尺寸、重量和作业半径等要求选择吊具和起重设备，所采用的吊具和起重设备及其施工操作，应符合国家现行有关标准及产品应用技术手册的规定。

2）应采取保证起重设备的主钩位置、吊具及构件重心在竖直方向上重合的措施；吊索与构件水平夹角不宜小于 60°，不应小于 45°；吊运过程应平稳，不应有大幅度摆动，且不应长时间悬停。

3）应设专人指挥，操作人员应位于安全位置。

（4）预制构件经检查合格后，应在构件上设置可靠标识。在装配式结构的施工全过程中，应采取防止预制构件损伤或污染的措施。

（5）装配式结构施工中采用专用定型产品时，专用定型产品及施工操作应符合国家现行有关标准及产品应用技术手册的规定。

2. 施工验算

（1）装配式混凝土结构施工前，应根据设计要求和施工方案进行必要的施工验算。

（2）预制构件在脱模、吊运、运输、安装等环节的施工验算，应将构件自重标准值乘以脱模吸附系数或动力系数作为等效荷载标准值，并应符合下列规定：

1）脱模吸附系数宜取 1.5，也可根据构件和模具表面状况适当增减；复杂情况，脱模吸附系数宜根据试验确定。

2）构件吊运、运输时，动力系数宜取 1.5；构件翻转及安装过程中就位、临时固定时，动力系数可取 1.2。当有可靠经验时，动力系数可根据实际受力情况和安全要求适当增减。

（3）预制构件的施工验算应符合设计要求。当设计无具体要求时，宜符合下列规定：

1）钢筋混凝土和预应力混凝土构件正截面边缘的混凝土法向压应力，应满足下式的要求：

$$\sigma_{cc} \leqslant 0.8 f'_{ck} \tag{3-15}$$

式中　σ_{cc}——各施工环节在荷载标准组合作用下产生的构件正截面边缘混凝土法向压应力（MPa），可按毛截面计算；

　　　f'_{ck}——与各施工环节的混凝土立方体抗压强度相应的抗压强度标准值（MPa），按表 3-30 以线性内插法确定。

混凝土轴心抗压强度标准值（N/mm²）　　　　　表 3-30

强度	混凝土强度等级													
	C15	C20	C25	C30	C35	C40	C45	C50	C55	C60	C65	C70	C75	C80
f_{ck}	10.0	13.4	16.7	20.1	23.4	26.8	29.6	32.4	35.5	38.5	41.5	44.5	47.4	50.2

2）钢筋混凝土和预应力混凝土构件正截面边缘的混凝土法向拉应力，宜满足下式的要求：

$$\sigma_{ct} \leqslant 1.0 f'_{tk} \tag{3-16}$$

式中　σ_{ct}——各施工环节在荷载标准组合作用下产生的构件正截面边缘混凝土法向拉应力（MPa），可按毛截面计算；

　　　f'_{tk}——与各施工环节的混凝土立方体抗压强度相应的抗拉强度标准值（MPa）。按表 3-31 以线性内插法确定。

混凝土轴心抗拉强度标准值（N/mm²）　　　　　表 3-31

强度	混凝土强度等级													
	C15	C20	C25	C30	C35	C40	C45	C50	C55	C60	C65	C70	C75	C80
f_{tk}	1.27	1.54	1.78	2.01	2.20	2.39	2.51	2.64	2.74	2.85	2.93	2.99	3.05	3.11

3）预应力混凝土构件的端部正截面边缘的混凝土法向拉应力，可适当放松，但不应

大于 $1.2f'_{\text{tk}}$。

4）施工过程中允许出现裂缝的钢筋混凝土构件，其正截面边缘混凝土法向拉应力限值可适当放松，但开裂截面处受拉钢筋的应力，应满足下式的要求：

$$\sigma_s \leqslant 0.7 f_{yk} \tag{3-17}$$

式中　σ_s——各施工环节在荷载标准组合作用下产生的构件受拉钢筋应力，应按开裂截面计算（MPa）；

f_{yk}——受拉钢筋强度标准值（MPa）。

5）叠合式受弯构件尚应符合现行国家标准《混凝土结构设计规范》（GB 50010—2010）的有关规定。在叠合层施工阶段验算中，作用在叠合板上的施工活荷载标准值可按实际情况计算，且取值不宜小于 1.5kN/m^2。

（4）预制构件中的预埋吊件及临时支撑，宜按下式进行计算：

$$K_c S_c \leqslant R_c \tag{3-18}$$

式中　K_c——施工安全系数，可按表 3-32 的规定取值；当有可靠经验时，可根据实际情况适当增减；

S_c——施工阶段荷载标准组合作用下的效应值，施工阶段的荷载标准值按《混凝土结构工程施工规范》（GB 50666—2011）附录 A 及（3）的有关规定取值；

R_c——按材料强度标准值计算或根据试验确定的预埋吊件、临时支撑、连接件的承载力；对复杂或特殊情况，宜通过试验确定。

预埋吊件及临时支撑的施工安全系数 K_c　　　　　　　　　　表 3-32

项　　目	施工安全系数（K_c）
临时支撑	2
临时支撑的连接件预制构件中用于连接临时支撑的预埋件	3
普通预埋吊件	4
多用途的预埋吊件	5

注：对采用 HPB300 钢筋吊环形式的预埋吊件，应符合现行国家标准《混凝土结构设计规范》（GB 50010—2010）的有关规定。

3. 构件制作

（1）制作预制构件的场地应平整、坚实，并应采取排水措施。当采用台座生产预制构件时，台座表面应光滑平整，2m 长度内表面平整度不应大于 2mm，在气温变化较大的地区宜设置伸缩缝。

（2）模具应具有足够的强度、刚度和整体稳定性，并应能满足预制构件预留孔、插筋、预埋吊件及其他预埋件的定位要求。模具设计应满足预制构件质量、生产工艺、模具组装与拆卸、周转次数等要求。跨度较大的预制构件的模具应根据设计要求预设反拱。

（3）混凝土振捣除可采用插入式振动棒、平板振动器、附着振动器或人工辅助振捣外，尚可采用振动台等振捣方式。

（4）当采用平卧重叠法制作预制构件时，应在下层构件的混凝土强度达到 5.0MPa 后，再浇筑上层构件混凝土，上、下层构件之间应采取隔离措施。

（5）预制构件可根据需要选择洒水、覆盖、喷涂养护剂养护，或采用蒸汽养护、电加热养护。采用蒸汽养护时，应合理控制升温、降温速度和最高温度，构件表面宜保持

90％～100％的相对湿度。

（6）预制构件的饰面应符合设计要求。带面砖或石材饰面的预制构件宜采用反打成型法制作，也可采用后贴工艺法制作。

（7）带保温材料的预制构件宜采用水平浇筑方式成型。采用夹芯保温的预制构件，宜采用专用连接件连接内外两层混凝土，其数量和位置应符合设计要求。

（8）清水混凝土预制构件的制作应符合下列规定：

1）预制构件的边角宜采用倒角或圆弧角。

2）模具应满足清水表面设计精度要求。

3）应控制原材料质量和混凝土配合比，并应保证每班生产构件的养护温度均匀一致。

4）构件表面应采取针对清水混凝土的保护和防污染措施。出现的质量缺陷应采用专用材料修补，修补后的混凝土外观质量应满足设计要求。

（9）带门窗、预埋管线预制构件的制作，应符合下列规定：

1）门窗框、预埋管线应在浇筑混凝土前预先放置并固定，固定时应采取防止窗破坏及污染窗体表面的保护措施。

2）当采用铝窗框时，应采取避免铝窗框与混凝土直接接触发生电化学腐蚀的措施。

3）应采取控制温度或受力变形对门窗产生的不利影响的措施。

（10）采用现浇混凝土或砂浆连接的预制构件结合面，制作时应按设计要求进行处理。设计无具体要求时，宜进行拉毛或凿毛处理，也可采用露骨料粗糙面。

（11）预制构件脱模起吊时的混凝土强度应根据计算确定，且不宜小于 15MPa。后张有粘结预应力混凝土预制构件应在预应力筋张拉并灌浆后起吊，起吊时同条件养护的水泥浆试块抗压强度不宜小于 15MPa。

4. 运输与堆放

（1）预制构件运输与堆放时的支承位置应经计算确定。

（2）预制构件的运输应符合下列规定：

1）预制构件的运输线路应根据道路、桥梁的实际条件确定，场内运输宜设置循环线路。

2）运输车辆应满足构件尺寸和载重要求。

3）装卸构件过程中，应采取保证车体平衡、防止车体倾覆的措施。

4）应采取防止构件移动或倾倒的绑扎固定措施。

5）运输细长构件时应根据需要设置水平支架。

6）构件边角部或绳索接触处的混凝土，宜采用垫衬加以保护。

（3）预制构件的堆放应符合下列规定：

1）场地应平整、坚实，并应采取良好的排水措施。

2）应保证最下层构件垫实，预埋吊件宜向上，标识宜朝向堆垛间的通道。

3）垫木或垫块在构件下的位置宜与脱模、吊装时的起吊位置一致；重叠堆放构件时，每层构件间的垫木或垫块应在同一垂直线上。

4）堆垛层数应根据构件与垫木或垫块的承载力及堆垛的稳定性确定，必要时应设置防止构件倾覆的支架。

5）施工现场堆放的构件，宜按安装顺序分类堆放，堆垛宜布置在吊车工作范围内且不受其他工序施工作业影响的区域。

6）预应力构件的堆放应根据反拱影响采取措施。

（4）墙板类构件应根据施工要求选择堆放和运输方式。外形复杂墙板宜采用插放架或靠放架直立堆放和运输。插放架、靠放架应安全可靠。采用靠放架直立堆放的墙板宜对称靠放、饰面朝外，与竖向的倾斜角不宜大于 10°。

（5）吊运平卧制作的混凝土屋架时，应根据屋架跨度、刚度确定吊索绑扎形式及加固措施。屋架堆放时，可将几榀屋架绑扎成整体。

5. 安装与连接

（1）装配式结构安装现场应根据工期要求以及工程量、机械设备等现场条件，组织立体交叉、均衡有效的安装施工流水作业。

（2）预制构件安装前的准备工作应符合下列规定：

1）应核对已施工完成结构的混凝土强度、外观质量、尺寸偏差等符合设计要求和《混凝土结构工程施工规范》（GB 50666—2011）的有关规定。

2）应核对预制构件混凝土强度及预制构件和配件的型号、规格、数量等符合设计要求。

3）应在已施工完成结构及预制构件上进行测量放线，并应设置安装定位标志。

4）应确认吊装设备及吊具处于安全操作状态。

5）应核实现场环境、天气、道路状况满足吊装施工要求。

（3）安放预制构件时，其搁置长度应满足设计要求。预制构件与其支承构件间宜设置厚度不大于 30mm 坐浆或垫片。

（4）预制构件安装过程中应根据水准点和轴线校正位置，安装就位后应及时采取临时固定措施。预制构件与吊具的分离应在校准定位及临时固定措施安装完成后进行。临时固定措施的拆除应在装配式结构能达到后续施工承载要求后进行。

（5）采用临时支撑时，应符合下列规定：

1）每个预制构件的临时支撑不宜少于 2 道。

2）对预制柱、墙板的上部斜撑，其支撑点距离底部的距离不宜小于高度的 2/3，且不应小于高度的 1/2。

3）构件安装就位后，可通过临时支撑对构件的位置和垂直度进行微调。

（6）装配式结构采用现浇混凝土或砂浆连接构件时，除应符合《混凝土结构工程施工规范》（GB 50666—2011）其他章节的有关规定外，尚应符合下列规定：

1）构件连接处现浇混凝土或砂浆的强度及收缩性能应满足设计要求。设计无具体要求时，应符合下列规定：

① 承受内力的连接处应采用混凝土浇筑，混凝土强度等级值不应低于连接处构件混凝土强度设计等级值的较大值。

② 非承受内力的连接处可采用混凝土或砂浆浇筑，其强度等级不应低于 C15 或 M15。

③ 混凝土粗骨料最大粒径不宜大于连接处最小尺寸的 1/4。

2）浇筑前，应清除浮浆、松散骨料和污物，并宜洒水湿润。

3）连接节点、水平拼缝应连续浇筑；竖向拼缝可逐层浇筑，每层浇筑高度不宜大于 2m，应采取保证混凝土或砂浆浇筑密实的措施。

4）混凝土或砂浆强度达到设计要求后，方可承受全部设计荷载。

（7）装配式结构采用焊接或螺栓连接构件时，应符合设计要求或国家现行有关钢结构施工标准的规定，并应对外露铁件采取防腐和防火措施。采用焊接连接时，应采取避免损伤已施工完成结构、预制构件及配件的措施。

（8）装配式结构采用后张预应力筋连接构件时，预应力工程施工应符合 3.3.3 的规定。

（9）装配式结构构件间的钢筋连接可采用焊接、机械连接、搭接及套筒灌浆连接等方式。钢筋锚固及钢筋连接长度应满足设计要求。钢筋连接施工应符合国家现行有关标准的规定。

（10）叠合式受弯构件的后浇混凝土层施工前，应按设计要求检查结合面粗糙度和预制构件的外露钢筋。施工过程中，应控制施工荷载不超过设计取值，并应避免单个预制构件承受较大的集中荷载。

（11）当设计对构件连接处有防水要求时，材料性能及施工应符合设计要求及国家现行有关标准的规定。

3.4 钢结构工程

3.4.1 焊接

1. 焊接工艺

（1）焊接工艺评定及方案

1）施工单位首次采用的钢材、焊接材料、焊接方法、接头形式、焊接位置、焊后热处理等各种参数及参数的组合，应在钢结构制作及安装前进行焊接工艺评定试验。焊接工艺评定试验方法和要求，以及免予工艺评定的限制条件，应符合现行国家标准《钢结构焊接规范》（GB 50661—2011）的有关规定。

2）焊接施工前，施工单位应以合格的焊接工艺评定结果或采用符合免除工艺评定条件为依据，编制焊接工艺文件，并应包括下列内容：

① 焊接方法或焊接方法的组合。

② 母材的规格、牌号、厚度及覆盖范围。

③ 填充金属的规格、类别和型号。

④ 焊接接头形式、坡口形式、尺寸及其允许偏差。

⑤ 焊接位置。

⑥ 焊接电源的种类和极性。

⑦ 清根处理。

⑧ 焊接工艺参数（焊接电流、焊接电压、焊接速度、焊层和焊道分布）。

⑨ 预热温度及道间温度范围。

⑩ 焊后消除应力处理工艺。

⑪ 其他必要的规定。

（2）焊接作业条件

1) 焊接时，作业区环境温度、相对湿度和风速等应符合下列规定，当超出本条规定且必须进行焊接时，应编制专项方案：

① 作业环境温度不应低于 $-10℃$。

② 焊接作业区的相对湿度不应大于 90%。

③ 当手工电弧焊和自保护药芯焊丝电弧焊时，焊接作业区最大风速不应超过 8m/s；当气体保护电弧焊时，焊接作业区最大风速不应超过 2m/s。

2) 现场高空焊接作业应搭设稳固的操作平台和防护棚。

3) 焊接前，应采用钢丝刷、砂轮等工具清除待焊处表面的氧化皮、铁锈、油污等杂物，焊缝坡口宜按现行国家标准《钢结构焊接规范》(GB 50661—2011) 的有关规定进行检查。

4) 焊接作业应按工艺评定的焊接工艺参数进行。

5) 当焊接作业环境温度低于 0℃ 且不低于 $-10℃$ 时，应采取加热或防护措施，应将焊接接头和焊接表面各方向大于或等于钢板厚度的 2 倍且不小于 100mm 范围内的母材，加热到规定的最低预热温度且不低于 20℃ 后再施焊。

(3) 定位焊

1) 定位焊焊缝的厚度不应小于 3mm，不宜超过设计焊缝厚度的 2/3；长度不宜小于 40mm 和接头中较薄部件厚度的 4 倍；间距宜为 300~600mm。

2) 定位焊缝与正式焊缝应具有相同的焊接工艺和焊接质量要求。多道定位焊焊缝的端部应为阶梯状。采用钢衬垫板的焊接接头，定位焊宜在接头坡口内进行。定位焊焊接时预热温度宜高于正式施焊预热温度 20℃~50℃。

(4) 引弧板、引出板和衬垫板

1) 当引弧板、引出板和衬垫板为钢材时，应选用屈服强度不大于被焊钢材标称强度的钢材，且焊接性应相近。

2) 焊接接头的端部应设置焊缝引弧板、引出板。焊条电弧焊和气体保护电弧焊焊缝引出长度应大于 25mm，埋弧焊缝引出长度应大于 80mm。焊接完成并完全冷却后，可采用火焰切割、碳弧气刨或机械等方法除去引弧板、引出板，并应修磨平整，严禁用锤击落。

3) 钢衬垫板应与接头母材密贴连接，其间隙不应大于 1.5mm，并应与焊缝充分熔合。手工电弧焊和气体保护电弧焊时，钢衬垫板厚度不应小于 4mm；埋弧焊接时，钢衬垫板厚度不应小于 6mm；电渣焊时钢衬垫板厚度不应小于 25mm。

(5) 预热和道间温度控制

1) 预热和道间温度控制宜采用电加热、火焰加热和红外线加热等加热方法，并应采用专用的测温仪器测量。预热的加热区域应在焊接坡口两侧，宽度应为焊件施焊处板厚的 1.5 倍以上，且不应小于 100mm。温度测量点，当为非封闭空间构件时，宜在焊件受热面的背面离焊接坡口两侧不小于 75mm 处；当为封闭空间构件时，宜在正面离焊接坡口两侧不小于 100mm 处。

2) 焊接接头的预热温度和道间温度，应符合现行国家标准《钢结构焊接规范》(GB 50661—2011) 的有关规定；当工艺选用的预热温度低于现行国家标准《钢结构焊接规范》(GB 50661—2011) 的有关规定时，应通过工艺评定试验确定。

(6) 焊接变形的控制

1) 采用的焊接工艺和焊接顺序应使构件的变形和收缩最小，可采用下列控制变形的焊接顺序：

① 对接接头、T形接头和十字接头，在构件放置条件允许或易于翻转的情况下，宜双面对称焊接；有对称截面的构件，宜对称于构件中性轴焊接；有对称连接杆件的节点，宜对称于节点轴线同时对称焊接。

② 非对称双面坡口焊缝，宜先焊深坡口侧部分焊缝，然后焊满浅坡口侧，最后完成深坡口侧焊缝。特厚板宜增加轮流对称焊接的循环次数。

③ 长焊缝宜采用分段退焊法、跳焊法或多人对称焊接法。

2) 构件焊接时，宜采用预留焊接收缩余量或预置反变形方法控制收缩和变形，收缩余量和反变形值宜通过计算或试验确定。

3) 构件装配焊接时，应先焊收缩量较大的接头、后焊收缩量较小的接头，接头应在拘束较小的状态下焊接。

（7）焊后消除应力处理

1) 设计文件或合同文件对焊后消除应力有要求时，需经疲劳验算的结构中承受拉应力的对接接头或焊缝密集的节点或构件，宜采用电加热器局部退火和加热炉整体退火等方法进行消除应力处理；仅为稳定结构尺寸时，可采用振动法消除应力。

2) 焊后热处理应符合现行行业标准《碳钢、低合金钢焊接构件焊后热处理方法》（JB/T 6046—1992）的有关规定。当采用电加热器对焊接构件进行局部消除应力热处理时，应符合下列规定：

① 使用配有温度自动控制仪的加热设备，其加热、测温、控温性能应符合使用要求。

② 构件焊缝每侧面加热板（带）的宽度应至少为钢板厚度的 3 倍，且不应小于 200mm。

③ 加热板（带）以外构件两侧宜用保温材料覆盖。

3) 用锤击法消除中间焊层应力时，应使用圆头手锤或小型振动工具进行，不应对根部焊缝、盖面焊缝或焊缝坡口边缘的母材进行锤击。

4) 采用振动法消除应力时，振动时效工艺参数选择及技术要求，应符合现行行业标准《焊接构件振动时效工艺参数选择及技术要求》（JB/T 10375—2002）的有关规定。

2. 焊接接头

（1）全熔透和部分熔透焊接

1) T形接头、十字接头、角接接头等要求全熔透的对接和角接组合焊缝，其加强角焊缝的焊脚尺寸不应小于 $t/4$ ［见图 3-55 $(a) \sim (c)$］，设计有疲劳验算要求的吊车梁或

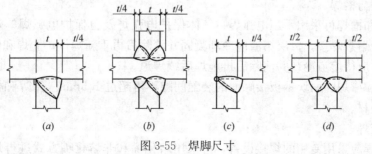

图 3-55 焊脚尺寸

类似构件的腹板与上翼缘连接焊缝的焊脚尺寸应为 $t/2$，且不应大于 10mm［见图 3-55 (d)］。焊脚尺寸的允许偏差为 0～4mm。

2）全熔透坡口焊缝对接接头的焊缝余高，应符合表 3-33 的规定。

对接接头的焊缝余高（mm）   表 3-33

设计要求焊缝等级	焊缝宽度	焊缝余高
一、二级焊缝	＜20	0～3
	≥20	0～4
三级焊缝	＜20	0～3.5
	≥20	0～5

3）全熔透双面坡口焊缝可采用不等厚的坡口深度，较浅坡口深度不应小于接头厚度的 1/4。

4）部分熔透焊接应保证设计文件要求的有效焊缝厚度。T 形接头和角接接头中部分熔透坡口焊缝与角焊缝构成的组合焊缝，其加强角焊缝的焊脚尺寸应为接头中最薄板厚的 1/4，且不应超过 10mm。

（2）角焊缝接头

1）由角焊缝连接的部件应密贴，根部间隙不宜超过 2mm；当接头的根部间隙超过 2mm 时，角焊缝的焊脚尺寸应根据根部间隙值增加，但最大不应超过 5mm。

2）当角焊缝的端部在构件上时，转角处宜连续包角焊，起弧和熄弧点距焊缝端部宜大于 10mm；当角焊缝端部不设置引弧和引出板的连续焊缝，起熄弧点（见图 3-56）距焊缝端部宜大于 10mm，弧坑应填满。

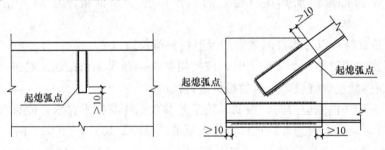

图 3-56　起熄弧点位置

3）间断角焊缝每焊段的最小长度不应小于 40mm，焊段之间的最大间距不应超过较薄焊件厚度的 24 倍，且不应大于 300mm。

（3）塞焊与槽焊

1）塞焊和槽焊可采用手工电弧焊、气体保护电弧焊及自保护电弧焊等焊接方法。平焊时，应分层熔敷焊接，每层熔渣应冷却凝固并清除后再重新焊接；立焊和仰焊时，每道焊缝焊完后，应待熔渣冷却并清除后再施焊后续焊道。

2）塞焊和槽焊的两块钢板接触面的装配间隙不得超过 1.5mm。塞焊和槽焊焊接时严禁使用填充板材。

（4）电渣焊

1）电渣焊应采用专用的焊接设备，可采用熔化嘴和非熔化嘴方式进行焊接。电渣焊采用的衬垫可使用钢衬垫和水冷铜衬垫。

2）箱形构件内隔板与面板 T 形接头的电渣焊焊接宜采取对称方式进行焊接。

3）电渣焊衬垫板与母材的定位焊宜采用连续焊。

（5）栓钉焊

1）栓钉应采用专用焊接设备进行施焊。首次栓钉焊接时，应进行焊接工艺评定试验，并应确定焊接工艺参数。

2）每班焊接作业前。应至少试焊 3 个栓钉，并应检查合格后再正式施焊。

3）当受条件限制而不能采用专用设备焊接时，栓钉可采用焊条电弧焊和气体保护电弧焊焊接，并应按相应的工艺参数施焊，其焊缝尺寸应通过计算确定。

3.4.2 紧固件连接

1. 一般规定

（1）构件的紧固件连接节点和拼接接头，应在检验合格后进行紧固施工。

（2）经验收合格的紧固件连接节点与拼接接头，应按设计文件的规定及时进行防腐和防火涂装。接触腐蚀性介质的接头应用防腐腻子等材料封闭。

（3）钢结构制作和安装单位，应按现行国家标准《钢结构工程施工质量验收规范》（GB 50205—2001）的有关规定分别进行高强度螺栓连接摩擦面的抗滑移系数试验，其结果应符合设计要求。当高强度螺栓连接节点按承压型连接或张拉型连接进行强度设计时，可不进行摩擦面抗滑移系数的试验。

2. 连接件加工及摩擦面处理

（1）连接件螺栓孔应按 3.4.3 的有关规定进行加工，螺栓孔的精度、孔壁表面粗糙度、孔径及孔距的允许偏差等，应符合现行国家标准《钢结构工程施工质量验收规范》（GB 50205—2001）的有关规定。

（2）螺栓孔孔距超过（1）规定的允许偏差时，可采用与母材相匹配的焊条补焊，并应经无损检测合格后重新制孔，每组孔中经补焊重新钻孔的数量不得超过该组螺栓数量的 20%。

（3）高强度螺栓摩擦面对因板厚公差、制造偏差或安装偏差等产生的接触面间隙，应按表 3-34 规定进行处理。

接触面间隙处理 表 3-34

示　意　图	处　理　方　法
	Δ<1.0mm 时不予处理
磨斜面	Δ＝（1.0～3.0）mm 时将厚板一侧磨成 1∶10 缓坡，使间隙小于 1.0mm
	Δ>3.0mm 时加垫板，垫板厚度不小于 3mm，最多不超过 3 层，垫板材质和摩擦面处理方法应与构件相同

111

（4）高强度螺栓连接处的摩擦面可根据设计抗滑移系数的要求选择处理工艺，抗滑移系数应符合设计要求。采用手工砂轮打磨时，打磨方向应与受力方向垂直，且打磨范围不应小于螺栓孔径的 4 倍。

（5）经表面处理后的高强度螺栓连接摩擦面，应符合下列规定：

1）连接摩擦面应保持干燥、清洁，不应有飞边、毛刺、焊接飞溅物、焊疤、氧化铁皮、污垢等。

2）经处理后的摩擦面应采取保护措施，不得在摩擦面上作标记。

3）摩擦面采用生锈处理方法时，安装前应以细钢丝刷垂直于构件受力方向除去摩擦面上的浮锈。

3. 普通紧固件连接

（1）普通螺栓可采用普通扳手紧固，螺栓紧固应使被连接件接触面、螺栓头和螺母与构件表面密贴。普通螺栓紧固应从中间开始，对称向两边进行，大型接头宜采用复拧。

（2）普通螺栓作为永久性连接螺栓时，紧固连接应符合下列规定：

1）螺栓头和螺母侧应分别放置平垫圈，螺栓头侧放置的垫圈不应多于 2 个，螺母侧放置的垫圈不应多于 1 个。

2）承受动力荷载或重要部位的螺栓连接，设计有防松动要求时，应采取有防松动装置的螺母或弹簧垫圈，弹簧垫圈应放置在螺母侧。

3）对工字钢、槽钢等有斜面的螺栓连接，宜采用斜垫圈。

4）同一个连接接头螺栓数量不应少于 2 个。

5）螺栓紧固后外露丝扣不应少于 2 扣，紧固质量检验可采用锤敲检验。

（3）连接薄钢板采用的拉铆钉、自攻钉、射钉等，其规格尺寸应与被连接钢板相匹配，其间距、边距等应符合设计文件的要求。钢拉铆钉和自攻螺钉的钉头部分应靠在较薄的板件一侧。自攻螺钉、钢拉铆钉、射钉等与连接钢板应紧固密贴，外观应排列整齐。

（4）自攻螺钉（非自攻自钻螺钉）连接板上的预制孔径 d_0，可按下列公式计算：

$$d_0 = 0.7d + 0.2t_t \qquad (3\text{-}19)$$

$$d_0 \leqslant 0.9d \qquad (3\text{-}20)$$

式中　d——自攻螺钉的公称直径（mm）；

　　　t_t——连接板的总厚度（mm）。

（5）射钉施工时，穿透深度不应小于 10mm。

4. 高强度螺栓连接

（1）高强度大六角头螺栓连接副应由一个螺栓、一个螺母和两个垫圈组成，扭剪型高强度螺栓连接副应由一个螺栓、一个螺母和一个垫圈组成，使用组合应符合表 3-35 的规定。

高强度螺栓连接副的使用组合　　　　　　　　表 3-35

螺 栓	螺 母	垫 圈
10.9S	10H	（35～45）HRC
8.8S	8H	（35～45）HRC

（2）高强度螺栓长度应以螺栓连接副终拧后外露 2 扣～3 扣丝为标准计算，可按下列

公式计算。选用的高强度螺栓公称长度应取修约后的长度，应根据计算出的螺栓长度 l 按修约间隔 5mm 进行修约。

$$l = l' + \Delta l \tag{3-21}$$

$$\Delta l = m + ns + 3p \tag{3-22}$$

式中　l'——连接板层总厚度；

　　　Δl——附加长度，或按表 3-36 选取；

　　　m——高强度螺母公称厚度；

　　　n——垫圈个数，扭剪型高强度螺栓为 1，高强度大六角头螺栓为 2；

　　　s——高强度垫圈公称厚度，当采用大圆孔或槽孔时，高强度垫圈公称厚度按实际厚度取值；

　　　p——螺纹的螺距。

高强度螺栓附加长度 Δl（mm）　　　　　　　　表 3-36

螺栓公称直径	M12	M16	M20	M22	M24	M27	M30
高强度大六角头螺栓	23	30	35.5	39.5	43	46	50.5
扭剪型高强度螺栓	—	26	31.5	34.5	38	41	45.5

注：本表附加长度 Δl 由标准圆孔垫圈公称厚度计算确定。

（3）高强度螺栓安装时应先使用安装螺栓和冲钉。在每个节点上穿入的安装螺栓和冲钉数量，应根据安装过程所承受的荷载计算确定，并应符合下列规定：

1）不应少于安装孔总数的 1/3。

2）安装螺栓不应少于 2 个。

3）冲钉穿入数量不宜多于安装螺栓数量的 30%。

4）不得用高强度螺栓兼做安装螺栓。

（4）高强度螺栓应在构件安装精度调整后进行拧紧。高强度螺栓安装应符合下列规定：

1）扭剪型高强度螺栓安装时，螺母带圆台面的一侧应朝向垫圈有倒角的一侧。

2）大六角头高强度螺栓安装时，螺栓头下垫圈有倒角的一侧应朝向螺栓头，螺母带圆台面的一侧应朝向垫圈有倒角的一侧。

（5）高强度螺栓现场安装时应能自由穿入螺栓孔，不得强行穿入。螺栓不能自由穿入时，可采用铰刀或锉刀修整螺栓孔，不得采用气割扩孔，扩孔数量应征得设计单位同意，修整后或扩孔后的孔径不应超过螺栓直径的 1.2 倍。

（6）高强度大六角头螺栓连接副施拧可采用扭矩法或转角法，施工时应符合下列规定：

1）施工用的扭矩扳手使用前应进行校正，其扭矩相对误差不得大于 ±5%；校正用的扭矩扳手，其扭矩相对误差不得大于 ±3%。

2）施拧时，应在螺母上施加扭矩。

3）施拧应分为初拧和终拧，大型节点应在初拧和终拧间增加复拧。初拧扭矩可取施工终拧扭矩的 50%，复拧扭矩应等于初拧扭矩。终拧扭矩应按下式计算：

$$T_c = kP_c d \tag{3-23}$$

式中 T_c——施工终拧扭矩（N·m）；

    k——高强度螺栓连接副的扭矩系数平均值，取 0.110～0.150；

    P_c——高强度大六角头螺栓施工预拉力，可按表 3-37 选用（kN）；

    d——高强度螺栓公称直径（mm）。

高强度大六角头螺栓施工预拉力（kN） 表 3-37

螺栓性能等级	螺栓公称直径						
	M12	M16	M20	M22	M24	M27	M30
8.8s	50	90	140	165	195	255	310
10.9s	60	110	170	210	250	320	390

4）采用转角法施工时，初拧（复拧）后连接副的终拧转角度应符合表 3-38 的要求。

初拧（复拧）后连接副的终拧转角度 表 3-38

螺栓长度 l	螺母转角	连接状态
$l\leqslant4d$	1/3 圈（120°）	
$4d<l\leqslant8d$ 或 200mm 及以下	1/2 圈（180°）	连接形式为一层芯板加两层盖板
$8d<l\leqslant12d$ 或 200mm 以上	2/3 圈（240°）	

注：1. d 为螺栓公称直径。

    2. 螺母的转角为螺母与螺栓杆之间的相对转角。

    3. 当螺栓长度 l 超过螺栓公称直径 d 的 12 倍时，螺母的终拧角度应由试验确定。

5）初拧或复拧后应对螺母涂画颜色标记。

（7）扭剪型高强度螺栓连接副应采用专用电动扳手施拧，施工时应符合下列规定：

1）施拧应分为初拧和终拧，大型节点宜在初拧和终拧间增加复拧。

2）初拧扭矩值应取公式（3-23）中 T_c 计算值的 50%，其中 k 应取 0.13，也可按表 3-39 选用；复拧扭矩应等于初拧扭矩。

扭剪型高强度螺栓初拧（复拧）扭矩值（N·m） 表 3-39

螺栓公称直径/mm	M16	M20	M22	M24	M27	M30
初拧（复拧）扭矩	115	220	300	390	560	760

3）终拧应以拧掉螺栓尾部梅花头为准，少数不能用专用扳手进行终拧的螺栓，可按（6）规定的方法进行终拧，扭矩系数 k 应取 0.13。

4）初拧或复拧后应对螺母涂画颜色标记。

（8）高强度螺栓连接节点螺栓群的初拧、复拧和终拧，应采用合理的施拧顺序。

（9）高强度螺栓和焊接混用的连接节点，当设计文件无规定时，宜按先螺栓紧固后焊接的施工顺序。

（10）高强度螺栓连接副的初拧、复拧、终拧，宜在 24h 内完成。

（11）高强度大六角头螺栓连接用扭矩法施工紧固时，应进行下列质量检查：

1）应检查终拧颜色标记，并应用 0.3kg 重小锤敲击螺母对高强度螺栓进行逐个检查。

2）终拧扭矩应按节点数 10％抽查，且不应少于 10 个节点；对每个被抽查节点应按螺栓数 10％抽查，且不应少于 2 个螺栓。

3）检查时应先在螺杆端面和螺母上画一直线，然后将螺母拧松约 60°；再用扭矩扳手重新拧紧，使两线重合，测得此时的扭矩应为 $0.9T_{ch}\sim1.1T_{ch}$。T_{ch} 可按下式计算：

$$T_{ch} = kPd \qquad\qquad (3\text{-}24)$$

式中　T_{ch}——检查扭矩（N·m）；

　　　　P——高强度螺栓设计预拉力（kN）；

　　　　k——扭矩系数；

　　　　d——高强度螺栓公称直径（mm）。

4）发现有不符合规定时，应再扩大 1 倍检查；仍有不合格者时，则整个节点的高强度螺栓应重新施拧。

5）扭矩检查宜在螺栓终拧 1h 以后、24h 之前完成，检查用的扭矩扳手，其相对误差不得大于±3％。

（12）高强度大六角头螺栓连接转角法施工紧固，应进行下列质量检查：

1）应检查终拧颜色标记，同时应用约 0.3kg 重小锤敲击螺母对高强度螺栓进行逐个检查。

2）终拧转角应按节点数抽查 10％，且不应少于 10 个节点；对每个被抽查节点应按螺栓数抽查 10％，且不应少于 2 个螺栓。

3）应在螺杆端面和螺母相对位置画线，然后全部卸松螺母，再按规定的初拧扭矩和终拧角度重新拧紧螺栓，测量终止线与原终止线画线间的角度，应符合表 3-38 的要求，误差在±30°者应为合格。

4）发现有不符合规定时，应再扩大 1 倍检查；仍有不合格者时，则整个节点的高强度螺栓应重新施拧。

5）转角检查宜在螺栓终拧 1h 以后、24h 之前完成。

（13）扭剪型高强度螺栓终拧检查，应以目测尾部梅花头拧断为合格。不能用专用扳手拧紧的扭剪型高强度螺栓，应按（11）的规定进行质量检查。

（14）螺栓球节点网架总拼完成后，高强度螺栓与球节点应紧固连接，螺栓拧入螺栓球内的螺纹长度不应小于螺栓直径的 1.1 倍，连接处不应出现有间隙、松动等未拧紧情况。

3.4.3 零件及部件加工

1. 放样和号料

（1）放样和号料应根据施工详图和工艺文件进行，并应按要求预留余量。

（2）放样和样板（样杆）的允许偏差应符合表 3-40 的规定。

放样和样板（样杆）的允许偏差　　　　　　　　表 3-40

项　　目	允许偏差	项　　目	允许偏差
平行线距离与分段尺寸	±0.5mm	样板对角线差	1.0mm
样板长度	±0.5mm	样杆长度	±1.0mm
样板宽度	±0.5mm	样板的角度	±20′

（3）号料的允许偏差应符合表 3-41 的规定。

号料的允许偏差（mm） 表 3-41

项 目	允许偏差
零件外形尺寸	±1.0
孔距	±0.5

（4）主要零件应根据构件的受力特点和加工状况，按工艺规定的方向进行号料。

（5）号料后，零件和部件应按施工详图和工艺要求进行标识。

2. 切割

（1）钢材切割可采用气割、机械切割、等离子切割等方法，选用的切割方法应满足工艺文件的要求。切割后的飞边、毛刺应清理干净。

（2）钢材切割面应无裂纹、夹渣、分层等缺陷和大于 1mm 的缺棱。

（3）气割前钢材切割区域表面应清理干净。切割时，应根据设备类型、钢材厚度、切割气体等因素选择适合的工艺参数。

（4）气割的允许偏差应符合表 3-42 的规定。

气割的允许偏差（mm） 表 3-42

项 目	允许偏差	项 目	允许偏差
零件宽度、长度	±3.0	割纹深度	0.3
切割面平面度	0.05t，且不应大于 2.0	局部缺口深度	1.0

注：t 为切割面厚度。

（5）机械剪切的零件厚度不宜大于 12.0mm，剪切面应平整。碳素结构钢在环境温度低于 −20℃、低合金结构钢在环境温度低于 −15℃时，不得进行剪切、冲孔。

（6）机械剪切的允许偏差应符合表 3-43 的规定。

机械剪切的允许偏差（mm） 表 3-43

项 目	允许偏差	项 目	允许偏差
零件宽度、长度	±3.0	型钢端部垂直度	2.0
边缘缺棱	1.0		

（7）钢网架（桁架）用钢管杆件宜用管子车床或数控相贯线切割机下料，下料时应预放加工余量和焊接收缩量，焊接收缩量可由工艺试验确定。钢管杆件加工的允许偏差应符合表 3-44 的规定。

钢管杆件加工的允许偏差（mm） 表 3-44

项 目	允许偏差	项 目	允许偏差
长度	±1.0	管口曲线	1.0
端面对管轴的垂直度	0.005r		

注：r 为管半径。

3. 矫正和成型

（1）矫正可采用机械矫正、加热矫正、加热与机械联合矫正等方法。

（2）碳素结构钢在环境温度低于−16℃、低合金结构钢在环境温度低于−12℃时，不应进行冷矫正和冷弯曲。碳素结构钢和低合金结构钢在加热矫正时，加热温度应为700℃～800℃，最高温度严禁超过900℃，最低温度不得低于600℃。

（3）当零件采用热加工成型时，可根据材料的含碳量，选择不同的加热温度。加热温度应控制在900℃～1000℃，也可控制在1100℃～1300℃；碳素结构钢和低合金结构钢在温度分别下降到700℃和800℃前，应结束加工；低合金结构钢应自然冷却。

（4）热加工成型温度应均匀，同一构件不应反复进行热加工；温度冷却到200℃～400℃时，严禁捶打、弯曲和成型。

（5）工厂冷成型加工钢管，可采用卷制或压制工艺。

（6）矫正后的钢材表面，不应有明显的凹痕或损伤，划痕深度不得大于0.5mm，且不应超过钢材厚度允许负偏差的1/2。

（7）型钢冷矫正和冷弯曲的最小曲率半径和最大弯曲矢高，应符合表3-45的规定。

冷矫正和冷弯曲的最小曲率半径和最大弯曲矢高（mm）　　　表3-45

项次	钢材类型	示意图	对于轴线	矫正		弯曲	
				r	f	r	f
1	钢板、扁钢		x-x	$50t$	$\dfrac{l^2}{400t}$	$25t$	$\dfrac{l^2}{200t}$
			y-y（仅对扁钢轴线）	$100b$	$\dfrac{l^2}{800b}$	$50b$	$\dfrac{l^2}{400b}$
2	角钢		x-x	$90b$	$\dfrac{l^2}{720b}$	$45b$	$\dfrac{l^2}{360b}$
3	槽钢		x-x	$50h$	$\dfrac{l^2}{400h}$	$25h$	$\dfrac{l^2}{200h}$
			y-y	$90b$	$\dfrac{l^2}{720b}$	$45b$	$\dfrac{l^2}{360b}$
4	工字钢		x-x	$50h$	$\dfrac{l^2}{400h}$	$25h$	$\dfrac{l^2}{200h}$
			y-y	$50b$	$\dfrac{l^2}{400b}$	$25b$	$\dfrac{l^2}{200b}$

注：r为曲率半径，f为弯曲矢高；l为弯曲弦长；t为板厚；b为宽度；h为高度。

（8）钢材矫正后的允许偏差应符合表3-46的规定。

钢材矫正后的允许偏差（mm）　　　　表 3-46

项　目		允许偏差	图　例
钢板的局部平面度	$t{\leqslant}14$	1.5	
	$t{>}14$	1.0	
型钢弯曲矢高		$l/1000$ 且不应大于 5.0	
角钢肢的垂直度		$b/100$ 且双肢栓接角钢的角度不得大于 90°	
槽钢翼缘对腹板的垂直度		$b/80$	
工字钢、H 型钢翼缘对腹板的垂直度		$b/100$ 且不大于 2.0	

（9）钢管弯曲成型的允许偏差应符合表 3-47 的规定。

钢管弯曲成型的允许偏差（mm）　　　　表 3-47

项　目	允许偏差	项　目	允许偏差
直径	$\pm d/200$ 且 $\leqslant\pm5.0$	管中间圆度	$d/100$ 且 $\leqslant8.0$
构件长度	±3.0	弯曲矢高	$l/1500$ 且 $\leqslant5.0$
管口圆度	$d/200$ 且 $\leqslant5.0$		

注：d 为钢管直径。

4. 边缘加工

（1）边缘加工可采用气割和机械加工方法，对边缘有特殊要求时宜采用精密切割。

（2）气割或机械剪切的零件，需要进行边缘加工时，其刨削量不应小于 2.0mm。

（3）边缘加工的允许偏差应符合表 3-48 的规定。

边缘加工的允许偏差　　　　表 3-48

项　目	允许偏差	项　目	允许偏差
零件宽度、长度	±1.0mm	加工面垂直度	$0.025t$，且不应大于 0.5mm
加工直线度	$l/3000$，且不应大于 2.0mm	加工面表面粗糙度	$Ra\leqslant50\mu m$
相邻两边夹角	$\pm6'$		

（4）焊缝坡口可采用气割、铲削、刨边机加工等方法，焊缝坡口的允许偏差应符合表

3-49 的规定。

焊缝坡口的允许偏差　　　　　　　　表 3-49

项　目	允许偏差	项　目	允许偏差
坡口角度	±5°	钝边	±1.0mm

（5）零部件采用铣床进行铣削加工边缘时，加工后的允许偏差应符合表 3-50 的规定。

零部件铣削加工后的允许偏差（mm）　　　　　　　表 3-50

项　目	允许偏差	项　目	允许偏差
两端铣平时零件长度、宽度	±1.0	铣平面的垂直度	$l/1500$
铣平面的平面度	0.3		

5. 制孔

（1）制孔可采用钻孔、冲孔、铣孔、铰孔、镗孔和锪孔等方法，对直径较大或长形孔也可采用气割制孔。

（2）利用钻床进行多层板钻孔时，应采取有效的防止窜动措施。

（3）机械或气割制孔后，应清除孔周边的毛刺、切屑等杂物；孔壁应圆滑，应无裂纹和大于 1.0mm 的缺棱。

6. 螺栓球和焊接球加工

（1）螺栓球宜热锻成型，加热温度宜为 1150℃～1250℃，终锻温度不得低于 800℃，成型后螺栓球不应有裂纹、褶皱和过烧。

（2）螺栓球加工的允许偏差应符合表 3-51 的规定。

螺栓球加工的允许偏差（mm）　　　　　　　表 3-51

项　目		允许偏差
球直径	$d \leqslant 120$	+2.0 −1.0
	$d > 120$	+3.0 −1.5
球圆度	$d \leqslant 120$	1.5
	$120 < d \leqslant 250$	2.5
	$d > 250$	3.0
同一轴线上两铣平面平行度	$d \leqslant 120$	0.2
	$d > 120$	0.3
铣平面距球中心距离		±0.2
相邻两螺栓孔中心线夹角		±30′
两铣平面与螺栓孔轴线垂直度		$0.005r$

注：r 为螺栓球半径；d 为螺栓球直径。

（3）焊接空心球宜采用钢板热压成半圆球，加热温度宜为 1000℃～1100℃，并应经机械加工坡口后焊成圆球。焊接后的成品球表面应光滑平整，不应有局部凸起或褶皱。

（4）焊接空心球加工的允许偏差应符合表 3-52 的规定。

焊接空心球加工的允许偏差（mm）表 3-52

项 目		允许偏差
直径	$d \geqslant 300$	± 1.5
	$300 < d \leqslant 500$	± 2.5
	$500 < d \leqslant 800$	± 3.5
	$d > 800$	± 4.0
圆度	$d \geqslant 300$	± 1.5
	$300 < d \leqslant 500$	± 2.5
	$500 < d \leqslant 800$	± 3.5
	$d > 800$	± 4.0
壁厚减薄量	$t \leqslant 10$	$\leqslant 0.18t$ 且不大于 1.5
	$10 < t \leqslant 16$	$\leqslant 0.15t$ 且不大于 2.0
	$16 < t \leqslant 22$	$\leqslant 0.12t$ 且不大于 2.5
	$22 < t \leqslant 45$	$\leqslant 0.11t$ 且不大于 3.5
	$t > 45$	$\leqslant 0.08t$ 且不大于 4.0
对口错边量	$t \leqslant 20$	$\leqslant 0.10t$ 且不大于 1.0
	$20 < t \leqslant 40$	2.0
	$t > 40$	3.0
焊缝余高		$0 \sim 1.5$

注：d 为焊接空心球的外径；t 为焊接空心球的壁厚。

7. 铸钢节点加工

（1）铸钢节点的铸造工艺和加工质量应符合设计文件和国家现行有关标准的规定。

（2）铸钢节点加工宜包括工艺设计、模型制作、浇注、清理、热处理、打磨（修补）、机械加工和成品检验等工序。

（3）复杂的铸钢节点接头宜设置过渡段。

8. 索节点加工

（1）索节点可采用铸造、锻造、焊接等方法加工成毛坯，并应经车削、铣削、刨削、钻孔、镗孔等机械加工而成。

（2）索节点的普通螺纹应符合现行国家标准《普通螺纹 基本尺寸》（GB/T 196—2003）和《普通螺纹公差》（GB/T 197—2003）中有关 7H/6g 的规定，梯形螺纹应符合现行国家标准《梯形螺纹》（GB/T 5796—2005）中 8H/7e 的有关规定。

3.4.4 构件组装及加工

1. 一般规定

（1）构件组装前，组装人员应熟悉施工详图、组装工艺及有关技术文件的要求，检查组装用的零部件的材质、规格、外观、尺寸、数量等均应符合设计要求。

（2）组装焊接处的连接接触面及沿边缘 30～50mm 范围内的铁锈、毛刺、污垢等，应在组装前清除干净。

(3) 板材、型材的拼接应在构件组装前进行；构件的组装应在部件组装、焊接、校正并经检验合格后进行。

(4) 构件组装应根据设计要求、构件形式、连接方式、焊接方法和焊接顺序等确定合理的组装顺序。

(5) 构件的隐蔽部位应在焊接和涂装检查合格后封闭；完全封闭的构件内表面可不涂装。

(6) 构件应在组装完成并经检验合格后再进行焊接。

(7) 焊接完成后的构件应根据设计和工艺文件要求进行端面加工。

(8) 构件组装的尺寸偏差，应符合设计文件和现行国家标准《钢结构工程施工质量验收规范》(GB 50205—2001) 的有关规定。

2. 部件拼接

(1) 焊接 H 型钢的翼缘板拼接缝和腹板拼接缝的间距，不宜小于 200mm。翼缘板拼接长度不应小于 600mm；腹板拼接宽度不应小于 300mm，长度不应小于 600mm。

(2) 箱形构件的侧板拼接长度不应小于 600mm，相邻两侧板拼接缝的间距不宜小于 200mm；侧板在宽度方向不宜拼接，当宽度超过 2400mm 确需拼接时，最小拼接宽度不宜小于板宽的 1/4。

(3) 设计无特殊要求时，用于次要构件的热轧型钢可采用直口全熔透焊接拼接，其拼接长度不应小于 600mm。

(4) 钢管接长时每个节间宜为一个接头，最短接长长度应符合下列规定：

1) 当钢管直径 $d \leqslant 500mm$ 时，不应小于 500mm。

2) 当钢管直径 $500mm < d \leqslant 1000mm$，不应小于直径 d。

3) 当钢管直径 $d > 1000mm$ 时，不应小于 1000mm。

4) 当钢管采用卷制方式加工成型时，可有若干个接头，但最短接长长度应符合 1)～3) 的要求。

(5) 钢管接长时，相邻管节或管段的纵向焊缝应错开，错开的最小距离（沿弧长方向）不应小于钢管壁厚的 5 倍，且不应小于 200mm。

(6) 部件拼接焊缝应符合设计文件的要求，当设计无要求时，应采用全熔透等强对接焊缝。

3. 构件组装

(1) 构件组装宜在组装平台、组装支承架或专用设备上进行，组装平台及组装支承架应有足够的强度和刚度，并应便于构件的装卸、定位。在组装平台或组装支承架上宜画出构件的中心线、端面位置线、轮廓线和标高线等基准线。

(2) 构件组装可采用地样法、仿形复制装配法、胎模装配法和专用设备装配法等方法；组装时可采用立装、卧装等方式。

(3) 构件组装间隙应符合设计和工艺文件要求，当设计和工艺文件无规定时，组装间隙不宜大于 2.0mm。

(4) 焊接构件组装时应预设焊接收缩量，并应对各部件进行合理的焊接收缩量分配。重要或复杂构件宜通过工艺性试验确定焊接收缩量。

（5）设计要求起拱的构件，应在组装时按规定的起拱值进行起拱，起拱允许偏差为起拱值的 0～10%，且不应大于 10mm。设计未要求但施工工艺要求起拱的构件，起拱允许偏差不应大于起拱值的 ±10%，且不应大于 ±10mm。

（6）桁架结构组装时，杆件轴线交点偏移不应大于 3mm。

（7）吊车梁和吊车桁架组装、焊接完成后不应允许下挠。吊车梁的下翼缘和重要受力构件的受拉面不得焊接工装夹具、临时定位板、临时连接板等。

（8）拆除临时工装夹具、临时定位板、临时连接板等，严禁用锤击落，应在距离构件表面 3～5mm 处采用气割切除，对残留的焊疤应打磨平整，且不得损伤母材。

（9）构件端部铣平后顶紧接触面应有 75% 以上的面积密贴，应用 0.3mm 的塞尺检查，其塞入面积应小于 25%，边缘最大间隙不应大于 0.8mm。

4. 构件端部加工

（1）构件端部加工应在构件组装、焊接完成并经检验合格后进行。构件的端面铣平加工可用端铣床加工。

（2）构件的端部铣平加工应符合下列规定：

1）应根据工艺要求预先确定端部铣削量，铣削量不宜小于 5mm。

2）应按设计文件及现行国家标准《钢结构工程施工质量验收规范》（GB 50205—2001）的有关规定，控制铣平面的平面度和垂直度。

5. 构件矫正

（1）构件外形矫正宜采取先总体后局部、先主要后次要、先下部后上部的顺序。

（2）构件外形矫正可采用冷矫正和热矫正。当设计有要求时，矫正方法和矫正温度应符合设计文件要求；当设计文件无要求时，矫正方法和矫正温度应符合 3.4.3 中 3. 矫正和成型的规定。

3.4.5 钢结构预拼装

1. 一般规定

（1）预拼装前，单个构件应检查合格；当同一类型构件较多时，可选择一定数量的代表性构件进行预拼装。

（2）构件可采用整体预拼装或累积连续预拼装。当采用累积连续预拼装时，两相邻单元连接的构件应分别参与两个单元的预拼装。

（3）除有特殊规定外，构件预拼装应按设计文件和现行国家标准《钢结构工程施工质量验收规范》（GB 50205—2001）的有关规定进行验收。预拼装验收时，应避开日照的影响。

2. 实体预拼装

（1）预拼装场地应平整、坚实；预拼装所用的临时支承架、支承凳或平台应经测量准确定位，并应符合工艺文件要求。重型构件预拼装所用的临时支承结构应进行结构安全验算。

（2）预拼装单元可根据场地条件、起重设备等选择合适的几何形态进行预拼装。

（3）构件应在自由状态下进行预拼装。

（4）构件预拼装应按设计图的控制尺寸定位，对有预起拱、焊接收缩等的预拼装构件，应按预起拱值或收缩量的大小对尺寸定位进行调整。

（5）采用螺栓连接的节点连接件，必要时可在预拼装定位后进行钻孔。

（6）当多层板叠采用高强度螺栓或普通螺栓连接时，宜先使用不少于螺栓孔总数10%的冲钉定位，再采用临时螺栓紧固。临时螺栓在一组孔内不得少于螺栓孔数量的20%，且不应少于2个；预拼装时应使板层密贴。螺栓孔应采用试孔器进行检查，并应符合下列规定：

1）当采用比孔公称直径小1.0mm的试孔器检查时，每组孔的通过率不应小于85%。

2）当采用比螺栓公称直径大0.3mm的试孔器检查时，通过率应为100%。

（7）预拼装检查合格后，宜在构件上标注中心线、控制基准线等标记，必要时可设置定位器。

3. 计算机辅助模拟预拼装

（1）构件除可采用实体预拼装外，还可采用计算机辅助模拟预拼装方法，模拟构件或单元的外形尺寸应与实物几何尺寸相同。

（2）当采用计算机辅助模拟预拼装的偏差超过现行国家标准《钢结构工程施工质量验收规范》（GB 50205—2001）的有关规定时，应按2. 实体预拼装的要求进行实体预拼装。

3.4.6 钢结构安装

1. 起重设备和吊具

（1）钢结构安装宜采用塔式起重机、履带吊、汽车吊等定型产品。选用非定型产品作为起重设备时，应编制专项方案，并应经评审后再组织实施。

（2）起重设备应根据起重设备性能、结构特点、现场环境、作业效率等因素综合确定。

（3）起重设备需要附着或支承在结构上时，应得到设计单位的同意，并应进行结构安全验算。

（4）钢结构吊装作业必须在起重设备的额定起重量范围内进行。

（5）钢结构吊装不宜采用抬吊。当构件重量超过单台起重设备的额定起重量范围时，构件可采用抬吊的方式吊装。采用抬吊方式时，应符合下列规定：

1）起重设备应进行合理的负荷分配，构件重量不得超过两台起重设备额定起重量总和的75%，单台起重设备的负荷量不得超过额定起重量的80%。

2）吊装作业应进行安全验算并采取相应的安全措施，应有经批准的抬吊作业专项方案。

3）吊装操作时应保持两台起重设备升降和移动同步，两台起重设备的吊钩、滑车组均应基本保持垂直状态。

（6）用于吊装的钢丝绳、吊装带、卸扣、吊钩等吊具应经检查合格，并应在其额定许用荷载范围内使用。

2. 基础、支承面和预埋件

（1）钢结构安装前应对建筑物的定位轴线、基础轴线和标高、地脚螺栓位置等进行检查，并应办理交接验收。当基础工程分批进行交接时，每次交接验收不应少于一个安装单元的柱基基础，并应符合下列规定：

1）基础混凝土强度应达到设计要求。

2）基础周围回填夯实应完毕。

3）基础的轴线标志和标高基准点应准确、齐全。

（2）基础顶面直接作为柱的支承面、基础顶面预埋钢板（或支座）作为柱的支承面时，其支承面、地脚螺栓（锚栓）的允许偏差应符合表 3-53 的规定。

支承面、地脚螺栓（锚栓）的允许偏差（mm）　　　　　表 3-53

项 目		允许偏差
支承面	标高	±3.0
	水平度	1/1000
地脚螺栓（锚栓）	螺栓中心偏移	5.0
	螺栓露出长度	+30.0 0
	螺纹长度	+30.0 0
预留孔中心偏移		10.0

（3）钢柱脚采用钢垫板作支承时，应符合下列规定：

1）钢垫板面积应根据混凝土抗压强度、柱脚底板承受的荷载和地脚螺栓（锚栓）的紧固拉力计算确定。

2）垫板应设置在靠近地脚螺栓（锚栓）的柱脚底板加劲板或柱肢下，每根地脚螺栓（锚栓）侧应设 1～2 组垫板，每组垫板不得多于 5 块。

3）垫板与基础面和柱底面的接触应平整、紧密；当采用成对斜垫板时，其叠合长度不应小于垫板长度的 2/3。

4）柱底二次浇灌混凝土前垫板间应焊接固定。

（4）锚栓及预埋件安装应符合下列规定：

1）宜采取锚栓定位支架、定位板等辅助固定措施。

2）锚栓和预埋件安装到位后，应可靠固定；当锚栓埋设精度较高时，可采用预留孔洞、二次埋设等工艺。

3）锚栓应采取防止损坏、锈蚀和污染的保护措施。

4）钢柱地脚螺栓紧固后，外露部分应采取防止螺母松动和锈蚀的措施。

5）当锚栓需要施加预应力时，可采用后张拉方法，张拉力应符合设计文件的要求，并应在张拉完成后进行灌浆处理。

3. 构件安装

（1）钢柱安装应符合下列规定：

1）柱脚安装时，锚栓宜使用导入器或护套。

2）首节钢柱安装后应及时进行垂直度、标高和轴线位置校正，钢柱的垂直度可采用经纬仪或线锤测量；校正合格后钢柱应可靠固定，并应进行柱底二次灌浆，灌浆前应清除柱底板与基础面间杂物。

3）首节以上的钢柱定位轴线应从地面控制轴线直接引上，不得从下层柱的轴线引上；

钢柱校正垂直度时，应确定钢梁接头焊接的收缩量，并应预留焊缝收缩变形值。

4）倾斜钢柱可采用三维坐标测量法进行测校，也可采用柱顶投影点结合标高进行测校，校正合格后宜采用刚性支撑固定。

（2）钢梁安装应符合下列规定：

1）钢梁宜采用两点起吊；当单根钢梁长度大于 21m，采用两点吊装不能满足构件强度和变形要求时，宜设置 3～4 个吊装点吊装或采用平衡梁吊装，吊点位置应通过计算确定。

2）钢梁可采用一机一吊或一机串吊的方式吊装，就位后应立即临时固定连接。

3）钢梁面的标高及两端高差可采用水准仪与标尺进行测量，校正完成后应进行永久性连接。

（3）支撑安装应符合下列规定：

1）交叉支撑宜按从下到上的顺序组合吊装。

2）无特殊规定时，支撑构件的校正宜在相邻结构校正固定后进行。

3）屈曲约束支撑应按设计文件和产品说明书的要求进行安装。

（4）桁架（屋架）安装应在钢柱校正合格后进行，并应符合下列规定：

1）钢桁架（屋架）可采用整榀或分段安装。

2）钢桁架（屋架）应在起扳和吊装过程中防止产生变形。

3）单榀钢桁架（屋架）安装时应采用缆绳或刚性支撑增加侧向临时约束。

（5）钢板剪力墙安装应符合下列规定：

1）钢板剪力墙吊装时应采取防止平面外的变形措施。

2）钢板剪力墙的安装时间和顺序应符合设计文件要求。

（6）关节轴承节点安装应符合下列规定：

1）关节轴承节点应采用专门的工装进行吊装和安装。

2）轴承总成不宜解体安装，就位后应采取临时固定措施。

3）连接销轴与孔装配时应密贴接触，宜采用锥形孔、轴，应采用专用工具顶紧安装。

4）安装完毕后应做好成品保护。

（7）钢铸件或铸钢节点安装应符合下列规定：

1）出厂时应标识清晰的安装基准标记。

2）现场焊接应严格按焊接工艺专项方案施焊和检验。

（8）由多个构件在地面组拼的重型组合构件吊装时，吊点位置和数量应经计算确定。

（9）后安装构件应根据设计文件或吊装工况的要求进行安装，其加工长度宜根据现场实际测量确定；当后安装构件与已完成结构采用焊接连接时，应采取减少焊接变形和焊接残余应力措施。

4. 单层钢结构

（1）单跨结构宜从跨端一侧向另一侧、中间向两端或两端向中间的顺序进行吊装。多跨结构，宜先吊主跨、后吊副跨；当有多台起重设备共同作业时，也可多跨同时吊装。

（2）单层钢结构在安装过程中，应及时安装临时柱间支撑或稳定缆绳，应在形成空间结构稳定体系后再扩展安装。单层钢结构安装过程中形成的临时空间结构稳定体系应能承受结构自重、风荷载、雪荷载、施工荷载以及吊装过程中冲击荷载的作用。

5. 多层、高层钢结构

（1）多层及高层钢结构宜划分多个流水作业段进行安装，流水段宜以每节框架为单位。流水段划分应符合下列规定：

1）流水段内的最重构件应在起重设备的起重能力范围内。

2）起重设备的爬升高度应满足下节流水段内构件的起吊高度。

3）每节流水段内的柱长度应根据工厂加工、运输堆放、现场吊装等因素确定，长度宜取 2～3 个楼层高度，分节位置宜在梁顶标高以上 1.0～1.3m 处。

4）流水段的划分应与混凝土结构施工相适应。

5）每节流水段可根据结构特点和现场条件在平面上划分流水区进行施工。

（2）流水作业段内的构件吊装宜符合下列规定：

1）吊装可采用整个流水段内先柱后梁或局部先柱后梁的顺序；单柱不得长时间处于悬臂状态。

2）钢楼板及压型金属板安装应与构件吊装进度同步。

3）特殊流水作业段内的吊装顺序应按安装工艺确定，并应符合设计文件的要求。

（3）多层及高层钢结构安装校正应依据基准柱进行，并应符合下列规定：

1）基准柱应能够控制建筑物的平面尺寸并便于其他柱的校正，宜选择角柱为基准柱。

2）钢柱校正宜采用合适的测量仪器和校正工具。

3）基准柱应校正完毕后，再对其他柱进行校正。

（4）多层及高层钢结构安装时，楼层标高可采用相对标高或设计标高进行控制，并应符合下列规定：

1）当采用设计标高控制时，应以每节柱为单位进行柱标高调整，并应使每节柱的标高符合设计的要求。

2）建筑物总高度的允许偏差和同一层内各节柱的柱顶高度差，应符合现行国家标准《钢结构工程施工质量验收规范》（GB 50205—2001）的有关规定。

（5）同一流水作业段、同一安装高度的一节柱，当各柱的全部构件安装、校正、连接完毕并验收合格后，应再从地面引放上一节柱的定位轴线。

（6）高层钢结构安装时应分析竖向压缩变形对结构的影响，并应根据结构特点和影响程度采取预调安装标高、设置后连接构件等相应措施。

6. 大跨度空间钢结构

（1）大跨度空间钢结构可根据结构特点和现场施工条件，采用高空散装法、分条分块吊装法、滑移法、单元或整体提升（顶升）法、整体吊装法、折叠展开式整体提升法、高空悬拼安装法等安装方法。

（2）空间结构吊装单元的划分应根据结构特点、运输方式、起重设备性能、安装场地条件等因素确定。

（3）索（预应力）结构施工应符合下列规定：

1）施工前应对钢索、锚具及零配件的出厂报告、产品质量保证书、检测报告，以及索体长度、直径、品种、规格、色泽、数量等进行验收，并应验收合格后再进行预应力施工。

2）索（预应力）结构施工张拉前，应进行全过程施工阶段结构分析，并应以分析结果为依据确定张拉顺序，编制索（预应力）施工专项方案。

3）索（预应力）结构施工张拉前，应进行钢结构分项验收，验收合格后方可进行预应力张拉施工。

4）索（预应力）张拉应符合分阶段、分级、对称、缓慢匀速、同步加载的原则，并应根据结构和材料特点确定超张拉的要求。

5）索（预应力）结构宜进行索力和结构变形监测，并应形成监测报告。

（4）大跨度空间钢结构施工应分析环境温度变化对结构的影响。

7. 高耸钢结构

（1）高耸钢结构可采用高空散件（单元）法、整体起扳法和整体提升（顶升）法等安装方法。

（2）高耸钢结构采用整体起扳法安装时，提升吊点的数量和位置应通过计算确定，并应对整体起扳过程中结构不同施工倾斜角度或倾斜状态进行结构安全验算。

（3）高耸钢结构安装的标高和轴线基准点向上传递时，应对风荷载、环境温度和日照等对结构变形的影响进行分析。

3.4.7 压型金属板

（1）压型金属板安装前，应绘制各楼层压型金属板铺设的排板图；图中应包含压型金属板的规格、尺寸和数量，与主体结构的支承构造和连接详图，以及封边挡板等内容。

（2）压型金属板安装前，应在支承结构上标出压型金属板的位置线。铺放时，相邻压型金属板端部的波形槽口应对准。

（3）压型金属板应采用专用吊具装卸和转运，严禁直接采用钢丝绳绑扎吊装。

（4）压型金属板与主体结构（钢梁）的锚固支承长度应符合设计要求，且不应小于50mm；端部锚固可采用点焊、贴角焊或射钉连接，设置位置应符合设计要求。

（5）转运至楼面的压型金属板应当天安装和连接完毕，当有剩余时应固定在钢梁上或转移到地面堆场。

（6）支承压型金属板的钢梁表面应保持清洁，压型金属板与钢梁顶面的间隙应控制在1mm以内。

（7）安装边模封口板时，应与压型金属板波距对齐，偏差不大于3mm。

（8）压型金属板安装应平整、顺直，板面不得有施工残留物和污物。

（9）压型金属板需预留设备孔洞时，应在混凝土浇筑完毕后使用等离子切割或空心钻开孔，不得采用火焰切割。

（10）设计文件要求在施工阶段设置临时支承时，应在混凝土浇筑前设置临时支承，待浇筑的混凝土强度达到规定强度后方可拆除。混凝土浇筑时应避免在压型金属板上集中堆载。

3.4.8 涂装

1. 一般规定

（1）钢结构防腐涂装施工宜在构件组装和预拼装工程检验批的施工质量验收合格后进行。涂装完毕后，宜在构件上标注构件编号；大型构件应标明重量、重心位置和定位标记。

（2）钢结构防火涂料涂装施工应在钢结构安装工程和防腐涂装工程检验批施工质量验收合格后进行。当设计文件规定构件可不进行防腐涂装时，安装验收合格后可直接进行防火涂料涂装施工。

（3）钢结构防腐涂装工程和防火涂装工程的施工工艺和技术应符合《钢结构工程施工规范》（GB 50755—2012）、设计文件、涂装产品说明书和国家现行有关产品标准的规定。

（4）防腐涂装施工前，钢材应按《钢结构工程施工规范》（GB 50755—2012）和设计文件要求进行表面处理。当设计文件未提出要求时，可根据涂料产品对钢材表面的要求，采用适当的处理方法。

（5）油漆类防腐涂料涂装工程和防火涂料涂装工程，应按现行国家标准《钢结构工程施工质量验收规范》（GB 50205—2001）的有关规定进行质量验收。

（6）金属热喷涂防腐和热浸镀锌防腐工程，可按现行国家标准《热喷涂 金属和其他无机覆盖层 锌、铝及其合金》（GB/T 9793—2012）和《热喷涂金属件表面预处理通则》（GB/T 11373—1989）等有关规定进行质量验收。

（7）构件表面的涂装系统应相互兼容。

（8）涂装施工时，应采取相应的环境保护和劳动保护措施。

2. 表面处理

（1）构件采用涂料防腐涂装时，表面除锈等级可按设计文件及现行国家标准《涂覆涂料前钢材表面处理 表面清洁度的目视评定 第 1 部分：未涂覆过的钢材表面和全面清除原有涂层后的钢材表面的锈蚀等级和处理等级》（GB/T 8923.1—2011）的有关规定，采用机械除锈和手工除锈方法进行处理。

（2）构件的表面粗糙度可根据不同底涂层和除锈等级按表 3-54 进行选择，并应按现行国家标准《涂覆涂料前钢材表面处理 喷射清理后的钢材表面粗糙度特性 第 2 部分：磨料喷射清理后钢材表面粗糙度等级的测定方法 比较样块法》（GB/T 13288.2—2011）的有关规定执行。

构件的表面粗糙度   表 3-54

钢材底涂层	除锈等级	表面粗糙度 $Ra/\mu m$
热喷锌/铝	Sa3 级	60～100
无机富锌	Sa2 $\frac{1}{2}$～Sa3 级	50～80
环氧富锌	Sa2 $\frac{1}{2}$ 级	30～75
不便喷砂的部位	St3 级	

（3）经处理的钢材表面不应有焊渣、焊疤、灰尘、油污、水和毛刺等；对于镀锌构件，酸洗除锈后，钢材表面应露出金属色泽，并应无污渍、锈迹和残留酸液。

3. 油漆防腐涂装

（1）油漆防腐涂装可采用涂刷法、手工滚涂法、空气喷涂法和高压无气喷涂法。

（2）钢结构涂装时的环境温度和相对湿度，除应符合涂料产品说明书的要求外，还应符合下列规定：

1) 当产品说明书对涂装环境温度和相对湿度未作规定时，环境温度宜为5℃～38℃，相对湿度不应大于85%，钢材表面温度应高于露点温度3℃，且钢材表面温度不应超过40℃。

2) 被施工物体表面不得有凝露。

3) 遇雨、雾、雪、强风天气时应停止露天涂装，应避免在强烈阳光照射下施工。

4) 涂装后4h内应采取保护措施，避免淋雨和沙尘侵袭。

5) 风力超过5级时，室外不宜喷涂作业。

(3) 涂料调制应搅拌均匀，应随拌随用，不得随意添加稀释剂。

(4) 不同涂层间施工应有适当的重涂间隔时间，最大及最小重涂间隔时间应符合涂料产品说明书的规定，应超过最小重涂间隔再施工，超过最大重涂间隔时应按涂料说明书的指导进行施工。

(5) 表面除锈处理与涂装的间隔时间宜在4h之内，在车间内作业或湿度较低的晴天不应超过12h。

(6) 工地焊接部位的焊缝两侧宜留出暂不涂装的区域，应符合表3-55的规定，焊缝及焊缝两侧也可涂装不影响焊接质量的防腐涂料。

焊缝暂不涂装的区域（mm）   表 3-55

图 示	钢板厚度 t	暂不涂装的区域宽度 b
	$t < 50$	50
	$50 \leqslant t \leqslant 90$	70
	$t > 90$	100

(7) 构件油漆补涂应符合下列规定：

1) 表面涂有工厂底漆的构件，因焊接、火焰校正、曝晒和擦伤等造成重新锈蚀或附有白锌盐时，应经表面处理后再按原涂装规定进行补漆。

2) 运输、安装过程的涂层碰损、焊接烧伤等，应根据原涂装规定进行补涂。

4. 金属热喷涂

(1) 钢结构金属热喷涂方法可采用气喷涂或电喷涂，并应按现行国家标准《热喷涂 金属和其他无机覆盖层 锌、铝及其合金》（GB/T 9793—2012）的有关规定执行。

(2) 钢结构表面处理与热喷涂施工的间隔时间，晴天或湿度不大的气候条件下应在12h以内，雨天、潮湿、有盐雾的气候条件下不应超过2h。

(3) 金属热喷涂施工应符合下列规定：

1) 采用的压缩空气应干燥、洁净。

2) 喷枪与表面宜成直角，喷枪的移动速度应均匀，各喷涂层之间的喷枪方向应相互垂直、交叉覆盖。

3) 一次喷涂厚度宜为25～80μm，同一层内各喷涂带间应有1/3的重叠宽度。

4) 当大气温度低于5℃或钢结构表面温度低于露点3℃时，应停止热喷涂操作。

(4) 金属热喷涂层的封闭剂或首道封闭油漆施工宜采用涂刷方式施工，施工工艺要求应符合 3. 油漆防腐涂装的规定。

5. 热浸镀锌防腐

（1）构件表面单位面积的热浸镀锌质量应符合设计文件规定的要求。

（2）构件热浸镀锌应符合现行国家标准《金属覆盖层 钢铁制件热浸镀锌层 技术要求及试验方法》（GB/T 13912—2002）的有关规定，并应采取防止热变形的措施。

（3）热浸镀锌造成构件的弯曲或扭曲变形，应采取延压、滚轧或千斤顶等机械方式进行矫正。矫正时，宜采取垫木方等措施，不得采用加热矫正。

6. 防火涂装

（1）防火涂料涂装前，钢材表面除锈及防腐涂装应符合设计文件和国家现行有关标准的规定。

（2）基层表面应无油污、灰尘和泥沙等污垢，且防锈层应完整、底漆无漏刷。构件连接处的缝隙应采用防火涂料或其他防火材料填平。

（3）选用的防火涂料应符合设计文件和国家现行有关标准的规定，具有抗冲击能力和粘结强度，不应腐蚀钢材。

（4）防火涂料可按产品说明书要求在现场进行搅拌或调配。当天配置的涂料应在产品说明书规定的时间内用完。

（5）厚涂型防火涂料，属于下列情况之一时，宜在涂层内设置与构件相连的钢丝网或其他相应的措施：

1）承受冲击、振动荷载的钢梁。

2）涂层厚度大于或等于 40mm 的钢梁和桁架。

3）涂料粘结强度小于或等于 0.05MPa 的构件。

4）钢板墙和腹板高度超过 1.5m 的钢梁。

（6）防火涂料施工可采用喷涂、抹涂或滚涂等方法。

（7）防火涂料涂装施工应分层施工，应在上层涂层干燥或固化后，再进行下道涂层施工。

（8）厚涂型防火涂料有下列情况之一时，应重新喷涂或补涂：

1）涂层干燥固化不良，粘结不牢或粉化、脱落。

2）钢结构接头和转角处的涂层有明显凹陷。

3）涂层厚度小于设计规定厚度的 85%。

4）涂层厚度未达到设计规定厚度，且涂层连续长度超过 1m。

（9）薄涂型防火涂料面层涂装施工应符合下列规定：

1）面层应在底层涂装干燥后开始涂装。

2）面层涂装应颜色均匀、一致，接槎应平整。

3.5 装饰装修工程

3.5.1 抹灰工程

抹灰，是装修工作中一个重要的工作内容。在室内通过抹灰可以保护墙体等结构层面，提高结构的使用年限，使墙、顶、地、柱等表面光滑洁净，便于清洗；起到防尘、保温、隔热、隔声、防潮、利于采光效果，以及耐酸、耐碱、耐腐蚀、阻隔辐射等作用。而室外抹灰，也可以使建筑物的外墙体得到保护，使之增强抵抗风、霜、雨、雪、寒、暑的能力，提高保温、隔热、隔声、防潮的能力，增加建筑物的使用年限。所以，高质量的抹灰工艺施工过程，可以提高房屋的使用性能，给用户一种舒适、温馨的惬意。

1. 抹灰工程的分类

抹灰工程按材料和装饰效果分一般抹灰和装饰抹灰两大类。一般抹灰有石灰砂浆、水泥石灰砂浆、水泥砂浆、聚合物水泥砂浆以及麻刀灰、纸筋灰、石膏灰等；装饰抹灰有水刷石、水磨石、斩假石、干粘石、拉毛灰、洒毛灰以及喷砂、喷涂、滚涂、弹涂等。

一般抹灰按质量标准和操作工序不同，又分为普通抹灰和高级抹灰。抹灰工程一般分层进行。普通抹灰以一底一面完成工序，即头遍为底，二遍为面；高级抹灰以二底三面完成工序，即头遍为底，二遍为垫层，三、四、五遍为面层。一般抹灰表面质量应符合下列规定：普通抹灰表面应光滑、洁净、接槎平整，分格缝应清晰；高级抹灰表面则应光滑、洁净、颜色均匀、无抹纹，分格缝和灰线应清晰美观。

2. 抹灰材料要求

建筑装饰装修工程所用材料的品种、规格和质量应符合设计要求和国家现行标准的规定，当设计无要求时应符合国家现行标准的规定。严禁使用国家明令淘汰的材料。水泥的凝结时间和安定性复验应合格。砂浆的配合比应符合设计要求。砂用中砂，含泥量不大于5%，砂中不含有有机杂质。抹灰用石灰膏的熟化期不应少于15d；罩面用磨细石灰粉的熟化期不应少于3d。当要求抹灰层具有防水、防潮功能时，应采用防水砂浆。

3. 基层处理

为了使抹灰砂浆与基体表面粘结牢固，防止抹灰层产生空鼓现象，抹灰前对凹凸不平的基层表面应剔平，或用1：3水泥砂浆补平。孔、洞及缝隙处均应用1：3水泥砂浆或水泥混合砂浆（加少量麻刀）分层嵌塞密实。基层表面的尘土、污垢、油渍等应清除干净，并应洒水润湿。过光的墙面应予以凿毛，或涂刷一层界面剂，以加强抹灰层与基层的粘结力。

在内墙的阳角和门洞口侧壁的阳角、柱角等易于碰撞之处，应按设计要求施工，设计无要求时，应采用1：2水泥砂浆制作护角，其高度应不低于2m，每侧宽度不小于50mm。

4. 一般抹灰施工

抹灰工程由于基层的不同，所用的砂浆也不同。如墙基层分普通黏土砖墙、泡沫加气混凝土墙、陶粒砖（板）墙、石墙、混凝土墙、木板条墙等。相应的砂浆也有水泥砂浆、石灰砂浆、混合砂浆等多种。

（1）基层处理

抹灰施工的基层主要有砖墙面、混凝土面、板条面、轻质隔墙材料面等。在抹灰前应对不同的基层进行适当的处理以保证抹灰层与基层粘结牢固。

1）应清除基层表面的灰尘、油渍、污垢、碱膜等。

2）凡室内管道穿越的墙洞和楼板洞、凿剔墙后安装的管道周边应用1：3水泥砂浆填嵌密实。

3）墙面上的脚手眼应填补好。

4）浇水湿润。

5）表面凹凸明显的部位，应事先剔平或用1：3水泥砂浆补平。对平整光滑混凝土表面，可以有以下三种方法：

① 凿毛或划毛处理。

② 刷界面处理剂。

③ 喷1：1水泥细砂浆进行毛化。

6）门窗周边的缝隙应用水泥砂浆分层嵌塞密实。

7）不同材料基体的交接处应采取加强措施，如铺钉金属网，金属网与各基体的搭接宽度不应小于100mm。

（2）弹准线

将房间用角尺规方，在距墙阴角100mm处用线锤吊直，弹出竖线后，再按规方的线及抹灰层厚度向里反弹出墙角准线，挂上白线。

（3）抹灰饼、冲筋（标筋、灰筋）

做灰饼是在墙面的一定位置上抹上砂浆团，以控制抹灰层的平整度、垂直度和厚度。具体做法是：从阴角处开始，在距顶棚约200mm处先做两个灰饼（上灰饼），然后对应在踢脚线上方200～250mm处做两个下灰饼，再在中间按1200～1500mm间距做中间灰饼。灰饼大小一般以40～50mm为宜。灰饼的厚度为抹灰层厚度减去面层灰厚度。

标筋（也称冲筋）是在上下灰饼之间抹上砂浆带，同样起控制抹灰层平整度和垂直度的作用。标筋宽度一般为80～100mm，厚度同灰饼。标筋应抹成八字形（底宽面窄），同时要检查标筋的平整度和垂直度。

（4）抹底层灰

标筋有一定的强度后，在两标筋之间用力抹上底灰，用抹子压实搓毛。

抹底层灰可用托灰板盛砂浆，用力将砂浆推抹到墙面上，一般应自上而下进行。在两标筋之间抹满后，即用刮尺自下而上进行刮灰，使底灰层刮平刮实并与标筋面相平。操作中用木抹子配合去高补低，最后用铁抹子压平。

（5）抹中层灰

中层灰应在底层灰干至6～7成后进行，抹灰厚度以垫平标筋为准，并使其稍高于标筋。操作时一般按自上而下、从左向右的顺序进行。先在底层灰上洒水，待其收水后在标筋之间装满砂浆，用刮尺刮平，并用木抹子来回搓抹，去高补低。搓平后用2m靠尺检查，超过质量标准允许偏差时应修整至合格。

（6）抹面层灰

待中层灰6～7成干时，即可用纸筋石灰或麻刀石灰抹灰层。先在中层灰上洒水，然后将面层砂浆分遍均匀抹涂上去。一般也应按自上而下、从左向右的顺序。抹满后用铁抹子分遍压实压光。铁抹子各遍的运行方向应相互垂直，最后一遍宜垂直方向。

1）阴阳角抹灰时应注意：

① 用阴阳角方尺检查阴阳角的直角度，并检查垂直度，然后确定其抹灰厚度。

② 用木制阴角器和阳角器分别进行阴阳角处抹灰，先抹底层灰，使其基本达到直角，再抹中层灰，使阴阳角方正。

③ 阴阳角找方应与墙面抹灰同时进行。

2）顶棚抹灰时应注意：

① 顶棚抹灰可不做灰饼和标筋，只需在四周墙上弹出抹灰层的标高线（一般从500mm 线向上控制）。顶棚抹灰的顺序宜从房间向门口进行。

② 抹底层灰前，应清扫干净楼板底的浮灰、砂浆残渣，清洗掉油污以及模板隔离剂，并浇水湿润。为使抹灰层和基层粘结牢固，可刷水泥胶浆一道。

③ 抹底层灰时，抹压方向应与楼板接缝及木模板木纹方向相垂直，应用力将砂浆挤入板条缝或网眼内。

④ 抹中层灰时，抹压方向应与底层灰抹压方向垂直。抹灰应平整。

经调研发现，混凝土（包括预制混凝土）顶棚基体抹灰，由于各种因素的影响，抹灰层脱落的质量事故时有发生，严重危及人身安全。如要求施工单位不得在混凝土顶棚基体表面抹灰而只用腻子找平，应能取得良好的效果。

5. 装饰抹灰施工

装饰抹灰种类很多，其底层多为 1∶3 水泥砂浆打底，面层主要有水刷石、斩假石、干粘石、假面砖等。

（1）水刷石抹灰

水刷石是一种传统的抹灰工艺。由于其使用的水泥、石子和颜料种类多，变化大，色彩丰富，立体感强，坚实度高和耐久性好，水刷石工艺被许多工程采用，尤其是在二十世纪五六十年代，则被视为高级装修的一种工艺。

水刷石工艺在外檐抹灰中，应用部位极为广泛，几乎可以在外檐的所有部位使用。但其也有施工效率低、水泥用量大，劳动强度高等不足之处。

其施工要点如下：

1）弹线、粘分格条。中层砂浆 6～7 成干时，按设计要求和施工分段位置弹出分格线，并贴好分格条。

2）抹水泥石子浆。根据中层抹灰的干燥程度浇水湿润，接着刮水灰比为 0.37～0.40的水泥浆一道，随即抹水泥石子浆。配合水泥石子浆时应注意使石粒颗粒均匀、洁净、色泽一致，水泥石子浆稠度以 50～70mm 为宜。抹水泥石浆应一次成活，用铁抹子压紧揉平，但不应压得过死。抹石子浆时，每个分格自下而上用铁抹子一次抹完揉平，注意石粒不要压得过于紧固。阳角处应保证线条垂直、挺拔。

3）冲洗。冲洗是确保水刷石施工质量的重要环节。冲洗可分两遍进行，第一遍先用软毛刷刷掉面层水泥浆露出石粒，第二遍用喷雾器自上而下喷水，冲去水泥浆使石粒露出1/3～1/2粒径，达到显露清晰的效果。

开始冲洗的时间与气温和水泥品种有关，应根据具体情况控制冲洗时间，一般以能刷洗掉水泥浆而又不掉石粒为宜。冲洗应快慢适度，按照自上而下的顺序进行。冲洗中还应做好排水工作。

4）起分格条、修整。冲洗后随即起出分格条，起条应小心仔细。对局部可用水泥素浆修补。要及时对面层进行养护。

对外墙窗台、窗楣、雨篷、阳台、压顶、檐口以及突出的腰线等部位，应做出泄水坡度并做滴水槽或滴水线。

（2）干粘石抹灰

干粘石抹灰工艺是水刷石抹灰的代用法。其工艺效果同水刷石类似，却较之水刷石造价低得多，施工进度快得多，但不如水刷石坚固、耐久。因此，干粘石抹灰一般多用于室外装饰的首层以上。

其施工要点如下：

1）抹粘结层砂浆。按中层砂浆的干湿程度洒水湿润，再用水泥净浆满刮一道。随后抹聚合物水泥砂浆层，用靠尺测试，严格执行高刮低添。

2）撒石粒、拍平。在粘结层砂浆干湿适宜时可以用手甩石粒，然后用铁抹子将石粒均匀拍入砂浆中。甩石粒顺序宜为先边角后中间，先上面后下面。在阳角处应同时进行。甩石粒应尽量使石粒分布均匀，当出现过密或过稀处时一般不宜补甩，应直接剔除或补粘。拍石粒时也应用力合适，一般以石粒进入砂浆不小于 1/2 粒径。

3）修整。如局部有石粒不均匀、表面不平、石粒外露太多或石粒下坠等情况，应及时进行修整。起分格条时如局部出现破损也应用水泥浆修补。要使整个墙面平整、色泽均匀、线条顺直清晰。

（3）剁斧石抹灰

剁斧石又称剁假石、剁石、斩假石。其使用部位比较广，几乎可以在外檐的各部位应用。剁斧石坚固、耐久，古朴大方而自然，且有真石的感觉，是室外装饰的理想工艺。剁斧石打底采用 1∶3 水泥砂浆打底，面层采用 1∶2.5 水泥石渣米粒石浆。剁斧石由于施工部位不同，相应的施工程序也各有差异。

3.5.2 门窗工程

1. 木门窗安装

（1）放样

放样就是按照图样将门窗各部件的详细尺寸足尺画在样棒上。样棒采用经过干燥的松木制作，双面刨光，厚度约 25mm，宽度等于门窗框子梃的断面宽度，长度比门窗高度长约 200mm。

放样时，先画出门窗的总高及总宽，再定出中贯档到门窗顶的距离，然后根据各剖面详图依次画各部件的断面形状及相互关系。样棒放好后，要经过仔细校核才能使用。

（2）配料与截料

配料是根据样棒上（或从计算得到）所示门窗各部件的断面（厚度×高度）和长度，计算其所需毛料尺寸，提出配料加工单。考虑到制作门窗料时的刨削、损耗，各部件的毛料尺寸要比净料尺寸加大些，具体加大量参考数据如下。

1）断面尺寸。手工单面刨光加大 1～1.5mm，双面刨光加大 2～3mm，机械加工时单面刨光加大 3mm，双面刨光加大 5mm。

2）长度尺寸。门框冒头有走头者（即用先立方法，门窗上冒头需加长），加长240mm；无走头者，加长 20mm，窗框梃加长 10mm，窗冒头及窗根加长 10mm，窗梃加长 30～50mm。配料时，应注意木料的缺陷，不要把节子留在开榫、打眼及起线的部位；木材小钝棱的边可作为截口边；不应采用腐朽、斜裂的木料。

（3）刨料

刨料时宜将纹理清晰的材面作为正面。刨完后，应将同类型、同规格的框扇堆放在一起，上下对齐，每两个正面相合，框垛下面平整垫实。

（4）画线

根据门窗的构造要求，在每根刨好的木料上画出榫头线、榫眼线等。

1）榫眼应注意榫眼与榫头大小配问题。

2）画线操作宜在画线架上进行。所有榫眼都要注明是全榫还是半榫，是全眼还是半眼。

（5）打眼

为使榫眼结合紧密，打眼工序一定要与榫头相配合。先打全眼后打半眼，全眼要先打背面，凿到一半时翻转过来再打正面，直到凿透。眼的正面要留半条墨线，反面不留线，但比正面略宽。

打成的眼要方正，眼内要干净，眼的两端面中部略微隆起，这样榫头装进去就比较紧密。

（6）开榫与拉肩

开榫又称倒卯，就是按榫头纵线向锯开。拉肩是锯掉榫头两边的肩头（横向），通过开榫和拉肩操作就制成了榫头。锯成的榫头要方正、平直，榫眼应完整无损，不准有因拉肩而锯伤的榫头。榫头线要留半线，以备检查。半榫的长度应比半眼的深度少 2～3mm。

（7）裁口与起线

裁口又称铲口、铲坞，即在木料棱角刨出边槽，供装玻璃用。裁口要刨得平直、深浅宽窄一致。

（8）拼装

拼装一般是先里后外。所有榫头应待整个门窗拼装好并归方后再敲实。

1）拼装门窗框时，应先将中贯档与框子梃拼好，再装框子冒头，拼装门扇时，应将一根门梃放平，把冒头逐个插上去，再将门芯板嵌装于冒头及门梃之间的凹槽内，但应注意使门芯板在冒头及门梃之间的凹槽底留出 1.5～2mm 的间隙，最后将另一根门梃对眼装上去。

2）门窗拼装完毕后，最后用木楔（或竹楔）将榫头在榫眼中挤紧。加木楔时，应先用凿子在榫头上凿出一条缝槽，然后将木（竹）楔沾上胶敲入缝槽中。如在加楔时发现门窗不方正，应在敲楔时加以纠正。

（9）编号

制作和经修整完毕的门窗框、扇要按不同型号写明编号，分别堆放，以便识别。需整齐叠放，堆垛下面要用垫木垫平实，应在室内堆放，防止受潮，需离地 30cm。

2. 铝合金门窗安装

（1）弹线定位

1）沿建筑物全高用大线坠（高层建筑宜采用经纬仪或全站仪找垂直线）引测门洞边线，在每层门窗口处画线标记。

2）逐层抄测门窗洞口距门窗边线实际距离，需要进行处理的应做记录和标志。

3）门窗的水平位置应以楼层室内＋500mm 线为准向上反量出窗下皮标高，弹线找直。每一层窗下皮必须保持标高一致。

4）墙厚方向的安装位置应按设计要求和窗台板的宽度确定。原则上以同一房间窗台板外露尺寸一致为准。

（2）门窗洞口处理

1）门窗洞口偏位、不垂直、不方正的要进行剔凿或抹飞灰处理。

2）洞口尺寸偏差应符合表 3-56 规定。

门窗洞口尺寸允许偏差　　　　　　　　　　　表 3-56

项　　目	允许偏差/mm	项　　目	允许偏差/mm
洞口高度、宽度	±5	洞口中心线与基准线偏差	≤5
洞口对角线长度差	≤5	洞口下平面标高	±5
洞口侧边垂直度	1.5/1000 且不大于 2		

（3）防腐处理

1）对于门框四周外表面的防腐处理，如设计有要求时按设计要求处理；如设计没有要求时，可涂刷防腐涂料或粘贴塑料薄膜进行保护，以免水泥砂浆直接与铝合金门窗表面接触，腐蚀铝合金门窗。

2）安装铝合金门窗时，如果采用金属连接件固定，则连接件、固定件宜采用不锈钢件。否则必须进行防腐处理，以免产生电化学反应，腐蚀铝合金门窗。

（4）铝合金门窗框就位和临时固定

1）根据划好的门窗定位线，安装铝合金门窗框。

2）当门窗框装入洞口时，其上、下框中线与洞口中线对齐。

3）门窗框的水平、垂直及对角线长度等符合质量标准，然后用木楔临时固定。

（5）铝合金门窗框安装固定

1）铝合金门窗框与墙体的固定一般采用固定片连接，固定片多以 1.5mm 厚的镀锌板裁制，长度根据现场需要进行加工。

2）与墙体固定的方法主要有三种：

① 当墙体上有预埋钢件时，可把铝合金门窗的固定片直接与墙体上的预埋铁件焊牢，焊接处需做防锈处理。

② 用膨胀螺栓将铝合金门窗的固定片固定到墙上。

③ 当洞口为混凝土墙体时，也可用 $\phi4mm$ 或 $\phi5mm$ 射钉将铝合金门窗的固定片固定到墙上（砖砌墙不得用射钉固定）。

3）铝合金窗框与墙体洞口的连接要牢固、可靠，固定点的间距应不大于 600mm，固定片距窗角距离不应大于 200mm（以 150～200mm 为宜）。

4）铝合金门的上边框与侧边框的固定按上述方法进行。下边框的固定方法根据铝合金门的形式、种类有所不同：

① 平开门可采用预埋件连接、膨胀螺丝连接、射钉连接或预埋钢筋焊接等方式。

② 推拉门下边框可直接埋入地面混凝土中。

③ 地弹簧门等无下框的，边框可直接固定于地面中，地弹簧也埋入地面中，并用水泥浆固定。

（6）门窗框与墙体间隙间的处理

1) 铝合金门窗框安装固定后，进行隐蔽工程验收。

2) 验收合格后，及时按设计要求处理门窗框与墙体之间的间隙。如果设计未要求时，可选用发泡胶、弹性聚苯保温材料及玻璃岩棉条进行分层填塞。外表留 5～8mm 深槽口填嵌嵌缝油膏或密封胶，严禁用水泥砂浆填嵌。

3) 铝合金窗应在窗台板安装后将上缝、下缝同时填嵌，填嵌时不可用力过大，防止窗框受力变形。

(7) 门窗扇安装

1) 门窗扇应在墙体表面装饰工程完工验收后安装。

2) 推拉门窗在门窗框安装固定后，将配好玻璃的门窗扇整体安入框内滑槽，调整好扇的缝隙即可。

3) 平开门窗在框与扇格架组装上墙、安装固定好后再安装玻璃，即先调整好框与扇的缝隙，再将玻璃安入扇并调整好位置，最后镶嵌密封条及密封胶。

4) 地弹簧门应在门框及地弹簧主机入地安装固定后再安门扇。先将玻璃嵌入门扇格架并一起入框就位，调整好框扇缝隙，最后填嵌门扇玻璃的密封条及密封胶。

(8) 五金配件安装

五金配件与门窗连接用镀锌或不锈钢螺钉。安装的五金配件应结实牢固，使用灵活。

(9) 清理及清洗

1) 在安装过程中铝合金门框表面应有保护塑料胶纸，并要及时清理门窗框、扇及玻璃上的水泥砂浆、灰水、打胶材料及喷涂材料等，以免对铝合金门窗造成污染及腐蚀。

2) 在粉刷等装修工程全部完成准备交工前，将保护胶纸撕去，需进行以下清洗工作：

① 如果塑料胶纸在型材表面留有胶痕，宜用香蕉水清洗干净。

② 铝合金门窗框扇，可用水或浓度为 1%～5% 的中性洗涤剂充分清洗，再用布擦干。不能用酸性或碱性制剂清洗，也不能用钢刷刷洗。

③ 玻璃应用清水擦洗干净，对浮灰或其他杂物，要全部清除干净。

(10) 冬期施工

门窗框与墙体之间、玻璃与框扇之间缝隙的打胶工程在整个作业期间的环境温度应不小于 5℃。

3. 塑料门窗安装

(1) 弹线定位

1) 沿建筑物全高用火线坠（高层建筑宜采用经纬仪或全站仪找垂直线）引测门洞边线，在每层门窗口处画线标记。

2) 逐层抄测门窗洞口距门窗边线实际距离，需要进行处理的应做记录和标志。

3) 门窗的水平位置应以楼层室内 +500mm 线为准向上反量出窗下皮标高，弹线找直。每一层窗下皮必须保持标高一致。

4) 墙厚方向的安装位置应按设计要求和窗台板的宽度确定。原则上以同一房间窗台板外露尺寸一致为准。

(2) 门窗洞口处理

1) 门窗洞口偏位、不垂直、不方正的要进行剔凿或抹灰处理。

2) 洞口尺寸偏差应符合表 3-57 规定。

洞口尺寸允许偏差　　　　　　　　　　　　表 3-57

项　目	允许偏差/mm	项　目	允许偏差/mm
洞口高度、宽度	±5	洞口中心线与基准线偏差	±5
洞口对角线长度差	±5	洞口下平面标高	±5
洞口侧边垂直度	1.5/1000 且不大于 2		

（3）安装固定片

1）固定片采用厚度大于等于 1.5mm，宽度大于等于 15mm 的镀锌钢板。安装时应采用直径为 3.2mm 的钻头钻孔，然后将十字盘头自攻螺丝钉 M4×20mm 拧入，不得直接锤击钉入。

2）固定片的位置应距窗角、中竖框、中横框 150～200mm，固定片之间的间距不大于 600mm，不得将固定片直接装在中横框、中竖框的档头上。

（4）门窗框就位和临时固定

1）根据划好的门窗定位线，安装门窗框。

2）当门窗框装入洞口时，其上、下框中线与洞口中线对齐。

3）门窗框的水平、垂直及对角线长度等符合质量标准，然后用木楔临时固定。

（5）门窗框安装固定

1）窗框与墙体洞口的连接要牢固、可靠，固定点的间距应不大于 600mm，距窗角距离不应大于 200mm（以 150～200mm 为宜）。

2）门窗框与墙体固定应按对称顺序，将已安装好的固定片与洞口四周固定，先固定上下框，然后固定边框，固定方法应符合下列要求：

① 混凝土墙洞口应采用射钉或塑料膨胀螺钉固定。

② 砖墙洞口应采用塑料膨胀螺钉或水泥钉固定，并不得固定在砖缝上。

③ 加气混凝土洞口应采用木螺钉将固定片固定在预埋胶粘圆木上。

④ 设有预埋铁件的洞口应采用焊接方法固定，也可先在预埋件上按紧固件规格打基孔，然后用紧固件固定。

3）门窗框与墙体无论采取何种方法固定，均需结合牢固，每个连接件的伸出端不得少于 2 只螺钉固定。同时，还应使门窗框与洞口墙之间的缝隙均等。

4）也可采用膨胀螺钉直接固定法，即用膨胀螺钉直接穿过门窗框将框固定在墙体或地面上。该方法主要适用于阳台封闭窗框及墙体厚度小于 120mm 安装门窗框时使用。

（6）门窗框与墙体间隙间的处理

1）塑料门窗框安装固定后，进行隐蔽工程验收。

2）验收合格后，及时按设计要求处理门窗框与墙体之间的间隙。如果设计未要求时，可选用发泡胶、弹性聚苯保温材料及玻璃岩棉条进行分层填塞。外表留 5～8mm 深槽口填嵌嵌缝油膏或密封胶。

3）塑料窗应在窗台板安装后将上缝、下缝同时填嵌，填嵌时不可用力过大，防止窗框受力变形。

（7）门窗扇安装

1）平开门窗扇安装：应先在厂内剔好框上的铰链槽，到现场再将门窗扇装入框中，调整扇与框的配合位置，并用铰链将其固定，然后复查开关是否灵活自如。

2）推拉门窗扇安装：由于推拉门窗扇与框不连接，因此对可拆卸的推拉扇，应先安装好玻璃后再安装门窗扇。

3）对出厂时框、扇就连在一起的平开塑料门窗，则可将其直接安装，然后再检查开启是否灵活自如，如发现问题，则应进行必要的调整。

（8）五金配件安装

1）安装五金配件时，应先在框扇杆件上用手电钻打出略小于螺钉直径的孔眼，然后用配套的自攻螺钉拧入，严禁用锤直接打入。

2）塑料门窗的五金配件应安装牢固，位置端正，使用灵活。

（9）清理及清洗

1）在安装过程中塑料门框表面应有保护塑料胶纸，并要及时清理门窗框、扇及玻璃上的水泥砂浆、灰水、打胶材料及喷涂材料等，以免对铝合金门窗造成污染。

2）在粉刷等装修工程全部完成准备交工前，将保护胶纸撕去，并对门窗进行清洗。

3）在塑料门窗上一旦沾有污物时，要立即用软布擦拭干净，切忌用硬物刮除。

（10）冬期施工

门窗框与墙体之间、玻璃与框扇之间缝隙的打胶工程在整个作业期间的环境温度应不小于5℃。

4. 全玻璃门安装

（1）玻璃门固定部分安装

1）定位放线：根据设计要求位置，放出固定玻璃及玻璃门扇的定位线，确定门框位置，并根据＋500mm水平线标测出门框顶部标高。用线坠吊直，在结构顶板标出固定玻璃的上框位置及标高。

2）安装固定玻璃底端框槽：用膨胀螺栓将横向底框槽固定在地面上，如果是木制或钢框，两侧均包不锈钢面板。框槽的宽度及深度应符合设计要求。

3）安装固定玻璃顶部水平框槽：根据顶部放线位置，安装固定玻璃上顶部框槽，用膨胀螺栓固定，外覆面贴不锈钢面层。框槽的宽度及深度应符合设计要求。

4）安装横竖门框：根据设计要求的材料品种规格、尺寸安装固定玻璃门扇上顶端横门框及两侧竖向门框，外包金属饰面条。

5）安装固定玻璃：

① 玻璃底端框槽中放2块支承垫（每块玻璃下放2块），用玻璃吸盘将玻璃吸紧，2～3人手握吸盘，将玻璃抬起到安装部位，玻璃上部插入顶部框槽内，下部插到底端框槽支承垫上，吊垂直后将上部定位垫垫好粘贴住。玻璃嵌入深度、前后余隙、边缘余隙要符合设计要求。靠竖向门框的玻璃板的一侧边嵌入竖门框中，门框需先放2块定位块。

② 安定玻璃后用压条封玻璃四周，并用嵌缝胶条嵌实、嵌牢。

③ 玻璃条板之间对缝接缝宽度要根据设计要求，将玻璃固定好后，缝内塞聚氯乙烯棒再注入嵌缝胶，用塑料片在玻璃板对接的两面将胶刮平，之后用干净布擦净。

（2）活动玻璃门扇安装

1）画线：在玻璃门上的上、下金属横档内画线，按线固定转运销的销孔板和地弹簧的转动轴连接板。具体操作可参照地弹簧产品安装说明。

2）确定门扇高度：玻璃门扇的高度尺寸，在裁割玻璃板时应注意包括插入上下门夹的安装部分。一般情况下，玻璃高度尺寸应小于测量尺寸约 5mm，以便与安装时进行定位调节。把上、下门夹（多采用镜面不锈钢成型材料）分别装在厚玻璃门扇上下两端，并进行门扇高度的测量。如果门扇高度不足，即其上、下边距门横框及地面的缝隙超过规定值，可在上、下门夹内加垫胶合板条进行调节。

3）固定上下门夹：门扇高度确定后，即可固定上下门夹，在玻璃板与金属门夹内的两侧空隙处，由两边同时插入小木条，轻敲稳实，然后在小木条、门扇玻璃及横档之间形成的缝隙中注入玻璃胶。

4）门扇定位安装：进行门扇定位安装。将门框横梁上的定位销本身的调节螺钉调出门框横梁平面 1～2mm，再将玻璃门扇竖起来，把门扇下门夹内的转动销连接件的孔位对准地弹簧的转动销轴，并转动门扇将孔位套入销轴上。然后把门扇转动 90°使之于门框横梁成直角，把门扇上门夹中的转动连接件的孔对准门框横梁上的定位销，将定位销插入孔内 15mm 左右（调动定位销上的调节螺钉）。

5）安装拉手：全玻璃门扇上的拉手孔洞，一般是预先订购时就加工好的，拉手连接部分插入孔洞时不能很紧。安装前在拉手插入玻璃的部分涂少许玻璃胶；如插入过松，可在插入部分裹上软质胶带。拉手组装时，其根部与玻璃贴紧后再拧紧固定螺钉。

5. 门窗玻璃安装

（1）钢、木框玻璃的安装

1）将需要安装的玻璃，按部位分规格、数量分别将已裁好的玻璃就位；分送的数量应以当天安装的数量为准，不宜过多，以减少搬运和减少玻璃的损耗。

2）一般安装顺序是先安外门窗，后安内门窗，先西北面后东南面；如劳动力允许，也可同时进行安装。

3）安装木框（扇）玻璃。

① 用玻璃钉油灰固定（油灰适用于厚度不大于 6mm，面积不大于 2m² 的玻璃）。

a. 先将木扇槽口内木屑渣清理干净，沿裁口全长均匀涂铺垫底油灰，最少厚 1mm，最厚不超过 3mm，要均匀无间断，无堆积，四周压平实。

b. 立即装玻璃，用双手将玻璃轻按压实，四周底灰要挤出槽口，四口要按实并保持端正，随即钉玻璃钉，间距为 150～200mm，每边不少于 2 个，钉冒靠紧玻璃垂直钉入，钉后要使玻璃牢固，又不出现在油灰外为准。

c. 钉完玻璃钉后抹前部油灰，对于不大于 1m² 的玻璃油灰宽度不小于 10mm，大于 1m² 小于 2m² 的玻璃油灰宽度不应小于 12mm，油灰应紧贴玻璃和口，比槽口略低 1mm（油漆用），抹完后应有 45°斜角，斜面达到饱满、光滑、无麻面、无裂纹。四角整齐，达到里不见油灰边，外不见槽口。硬化后刷油漆加以保护。

② 木压条固定。

a. 木压条尺寸大小应符合要求，木门扇进场时预先钉入在扇的槽口内，装玻璃前将压条起下来，要加强保管，不得乱扔。

b. 将玻璃安在槽口内，将木压条紧贴玻璃，把四边木条卡紧后，用小锤钉钉子（钉帽预先砸扁），检查四角是否 45°割角对齐平整，然后钉牢固，钉帽冲入面层。

4）安装钢框（扇）玻璃。

① 钢门窗安装玻璃，应用钢丝卡固定，钢丝卡间距不得大于 300mm，且每边不得少于 2 个，并用油灰填实抹光；铺垫底油灰、安装玻璃、抹面层油灰等要求同木框、扇。如果采用橡皮垫，应先将橡皮垫嵌入裁口内，并用压条和螺丝钉加以固定。

② 安装斜天窗的玻璃，应从顺流水方向盖叠安装，盖叠搭接的长度应视天窗的坡度而定，当坡度大于或等于 1/4 时，不小于 30mm；坡度小于 1/4 时，不小于 50mm，盖叠处应用钢丝卡固定，并在缝隙中用密封膏嵌填密实。

③ 如安装磨砂玻璃和压花玻璃，压花玻璃的花面应向外，磨砂玻璃磨砂面应向室内。

④ 楼梯栏板或平台栏板安装钢化玻璃时，应按设计要求用卡紧螺丝或压条镶嵌固定；在玻璃与金属框格相连接处，应衬垫橡皮条或塑料垫。

5) 玻璃安装后，应进行清理，将玻璃擦干净后做到明净、透光、美观并将油灰、钉子、钢丝卡及木压条等随手清理干净，关好门窗。

6) 冬期施工应在已安装好玻璃的室内作业，温度应在 29℃ 以上；存放玻璃的库房与作业面温度不能相差过大，玻璃如从过冷或过热的环境中运入操作地点，应带玻璃温度与室内温度相近后再行安装；如条件允许，要将预先裁割好的玻璃提前运入作业地点。

(2) 铝合金、塑料框玻璃的安装

1) 塑料框（扇）玻璃安装。

① 应去除玻璃表面的尘土、油污等污物和水膜。并将安玻璃的槽口内灰浆渣、异物清除干净，使排水孔畅通。

② 核对玻璃的品种、尺寸、规格是否正确，框扇是否平整、牢固。

③ 将已裁割好的玻璃放入塑料框扇凹槽中间，内外两侧的余隙不少于 2.5mm。装配后应保证玻璃与镶嵌槽间隙，并在主要部位装有减振垫块，使其能缓冲启闭等力的冲击。单片玻璃、夹层玻璃的最小安装尺寸详见表 3-58。

单片玻璃、夹层玻璃的最小安装尺寸（mm） 表 3-58

玻璃厚度	前后余隙	嵌入深度	边缘余隙
3	2.5	8	3
4~6	2.5	8	4
8	3	10	5

④ 玻璃安装后，及时将橡胶压条嵌入玻璃两侧密封，然后将玻璃挤紧。橡胶压条的规格要与凹槽的实际尺寸相符，所嵌的压条要和玻璃、玻璃槽口紧贴，安装不能偏位，不能强行填入压条，防止玻璃承受较大的安装应力，而产生裂缝。用塑料压条固定时，先将玻璃安在框内，调平、调直后在室内一面嵌入压条，要靠贴玻璃，四角相交处预先切割成八字角，然后填嵌密封胶条。

⑤ 检查玻璃橡胶压条设置的位置是否正确，防止堵塞排水通道和泄水孔。查无问题后将玻璃固定。

⑥ 玻璃表面清理。关闭框扇，插好插销，防止风吹将玻璃振碎。

2) 铝合金框（扇）玻璃安装。

① 除去玻璃和铝合金表面的尘土、油污和水膜，并将玻璃槽口内的砂浆及异物清除干净，畅通排水孔，并复查框扇开关是否灵活。

② 玻璃安装前，将玻璃下部用约 3mm 厚的氯丁橡胶垫块垫于凹槽内，避免玻璃直接接触框扇。

③ 将已裁割好的玻璃在铝合金框扇中就位，就位的玻璃应摆在凹槽中间，并应有充足的嵌入量。装配后应保证玻璃与镶嵌槽间隙，并在主要部位装有减振垫块，使其能缓冲启闭等力的冲击。

④ 先将橡胶压条放在玻璃两侧挤紧，检查安装位置是否正确，应不堵塞排水孔。然后将橡胶压条拿出，在压条上均匀地刷胶（硅酮系列密封胶），重新将压条依次嵌入玻璃凹槽内固定。橡胶压条的规格应与凹槽实际尺寸相符，其长度应短于玻璃周边长度，拐角处应将压条切成八字角连接并用胶粘牢。胶条应与玻璃和槽口紧贴，不得松动，安装不得偏位，不得强行填入胶条。

⑤ 安装玻璃时，应将玻璃搁置在两块相同的支承垫块上，搁置点离玻璃垂直边缘的距离不小于玻璃宽的 1/4，且不宜小于 150mm；位于扇中的玻璃，按开启方向确定定位垫块的位置，其定位垫块的宽度应大于所支撑玻璃的厚度，长度不应小于 25mm。定位垫块下面可设铝合金垫片，垫块和垫片均固定在框扇上。

⑥ 安装迎风面玻璃时，玻璃镶入框内后要及时用通长镶嵌条在玻璃两侧挤紧或用垫块固定，防止阵风将玻璃拍碎。

⑦ 平开门窗的玻璃外侧要采用玻璃胶嵌封，应使玻璃与铝框连成整体。

⑧ 检查垫块，镶嵌条是否堵塞排水通道和排水孔。

⑨ 擦净玻璃，关闭门窗。

3.5.3 吊顶工程

吊顶是采用悬吊方式将装饰顶棚支承于屋顶或楼板下面。其材料可以用传统的木结构吊顶骨架，目前大多数采用的是轻钢龙骨和铝合金型材龙骨。

1. 吊顶的类型

（1）活动式吊顶

活动式吊顶一般和轻钢龙骨或铝合金龙骨配套使用，是将新型的轻质装饰板明摆浮搁在龙骨上，便于更换（又称明龙骨吊顶）。龙骨可以是半露的，也可以是外露的。

（2）隐蔽式吊顶

隐蔽式吊顶是指龙骨不外露罩面板表面呈整体的形式（又称为暗龙骨吊顶）。罩面板与龙骨的固定有三种方式：用胶粘剂粘在龙骨上；用螺钉拧在龙骨上；将罩面板加工成企口形式，用龙骨将罩面板连接成一整体。通常使用较多的是第二种。

这种吊顶的龙骨，一般采用轻钢或镀锌铁片挤压成型，吊杆可选用型钢或钢筋，规格和连接构件均应经计算确定。吊杆一般应吊在主龙骨上，如果龙骨无主、次之分，则吊杆应吊在通长的龙骨上。

（3）金属装饰板吊顶

金属装饰板吊顶包括各种金属方板、金属条板和金属格栅安装的吊顶。它是以加工好的金属条板卡在铝合金龙骨上，或是将金属方板、条板、格栅用螺钉或自攻螺钉固定在龙骨上。这种金属板安装完毕，不需要在其表面再做其他装饰。

（4）开敞式吊顶

开敞式吊顶的饰面是敞开的。吊顶的单体构件，一般同室内灯光照明的布置结合起来，有的甚至全部用灯具组成吊顶，并突出艺术造型，使其变成装饰品。

2. 吊顶的构造组成

吊顶主要由支承、基层和面层三个部分组成。

（1）支承

吊顶支承由吊杆（吊筋）和主龙骨组成。

1）木龙骨吊顶的支承。木龙骨吊顶的主龙骨又称为大龙骨或主梁，传统木质吊顶的主龙骨，多采用 50mm×70mm～60mm×100mm 方木或薄壁槽钢、L60mm×6mm～L70mm×7mm 角钢制作。龙骨间距按设计，如设计无要求，一般按 1m 设置。主龙骨一般用 $\phi8～\phi10$mm 的吊顶螺栓或 8 号镀锌钢丝与屋顶或楼板连接。

2）金属龙骨吊顶的支承部分。轻钢龙骨与铝合金龙骨吊顶的主龙骨截面尺寸取决于荷载大小，其间距尺寸应考虑次龙骨的跨度及施工条件，一般采用1～1.5m。其截面形状较多，主要有 U 形、T 形、C 形、L 形等。主龙骨与屋顶结构楼板结构多通过吊杆连接，吊杆与主龙骨用特制的吊杆件或套件连接。

（2）基层

基层由木材、型钢或其他轻金属材料制成的次龙骨组成。吊顶面层所用材料不同，其基层部分的布置方式和次龙骨的间距大小也不一样，但一般不应超过 600mm。

吊顶的基层要结合灯具位置、风扇或空调透风口位置等进行布置，留好预留洞口及吊挂设施等，同时应配合管道、线路等安装工程施工。

（3）面层

传统的木龙骨吊顶，其面层多用人造板（如胶合板、纤维板、木丝板、刨花板）面层或板条（金属网）抹灰面层。轻钢龙骨、铝合金龙骨吊顶，其面板多用装饰吸声板（如纸面石膏板、钙塑泡沫板、纤维板、矿棉板、玻璃丝棉板等）制作。

3. 材料要求

（1）吊顶用的木材应符合《木结构工程施工质量验收规范》（GB 50206—2002），尤其是主、次龙骨不得有朽蚀、裂缝、多节，含水率要低于 12%；钢质、铝合金材的型号尺寸符合设计要求。

（2）罩面板用的材质及配件应符合现行的国家、行业及有关企业的标准。

（3）龙骨用的紧固件及螺钉、钉子等宜用镀锌制品，预埋的木砖应作防腐处理。吊顶工程中的预埋件、钢筋吊杆和型钢吊杆应进行防锈处理。

（4）胶粘剂的类型按所使用的罩面板配套使用。

（5）吊顶工程的木吊杆、木龙骨和木饰面板必须进行防火处理，并应符合有关设计防火规范的规定。

4. 施工工艺

吊顶施工工艺流程一般是：弹线；检查大龙骨吊杆；安装大龙骨；安装小龙骨；安罩面板。

（1）木吊顶施工

1）弹水平线。首先将楼地面基准线弹在墙上，并以此为起点，弹出吊顶高度水平线。

2）主龙骨的安装。主龙骨与屋顶结构或楼板结构连接主要有三种方式：用屋面结构或楼板内预埋铁件固定吊杆；用射钉将角铁等固定于楼底面固定吊杆；用金属膨胀螺栓固定铁件再与吊杆连接，如图3-57所示。

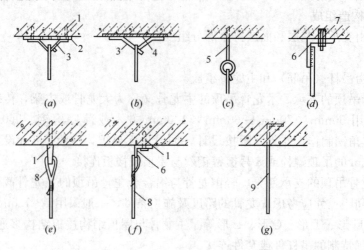

图 3-57　吊杆固定

(*a*) 射钉固定；(*b*) 预埋件固定；(*c*) ϕ6 钢筋吊环；(*d*) 金属膨胀螺丝固定；

(*e*) 射钉直接连接钢丝；(*f*) 射钉角铁连接法；(*g*) 预埋 8 号镀锌钢丝

1—射钉；2—焊板；3—ϕ10 钢筋吊环；4—预埋钢板；5—ϕ6 钢筋；

6—角钢；7—金属膨胀螺丝；8—铝合金丝；9—8 号镀锌钢丝

主龙骨安装后，沿吊顶标高线固定沿墙木龙骨，木龙骨的底边与吊顶标高线齐平。一般是用冲击电钻在标高线以上 10mm 处墙面打孔，孔内塞入木楔，将沿墙龙骨钉固于墙内木楔上。然后将拼接组合好的木龙骨架托到吊顶标高位置，整片调正调平后，将其与沿墙龙骨和吊杆连接，如图 3-58 所示。

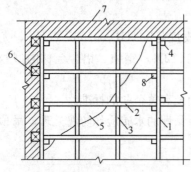

图 3-58　木龙骨吊顶

1—吊筋；2—罩面板；3—横撑龙骨；

4—吊筋；5—罩面板；6—木砖；

7—砖墙；8—吊木

3）罩面板的铺钉。罩面板多采用人造板，应按设计要求切成方形、长方形等。板材安装前，按分块尺寸弹线，安装时由中间向四周呈对称排列，顶棚的接缝与墙面交圈应保持一致。面板应安装牢固且不得出现折裂、翘曲、缺棱掉角和脱层等缺陷。

（2）轻金属龙骨吊顶施工

轻金属龙骨按材料分为轻钢龙骨和铝合金龙骨。

1）轻钢龙骨装配式吊顶施工。利用薄壁镀锌钢板带经机械冲压而成的轻钢龙骨即为吊顶的骨架型材。轻钢吊顶龙骨有 U 形和 T 形两种。

U 形上人轻钢龙骨安装方法如图 3-59 所示。

施工前，先按龙骨的标高在房间四周的墙上弹出水平线，再根据龙骨的要求按一定间距弹出龙骨的中心线，找出吊点中心，将吊杆固定在埋件上。吊顶结构未设埋件时，要按确定的节点中心用射钉固定螺钉或吊杆，吊杆长度计算好后，在一端套丝，丝扣的长度要考虑紧固的余量，并分别配好紧固用的螺母。

主龙骨的吊顶挂件连在吊杆上校平调正后，拧紧固定螺母，然后根据设计和饰面板尺

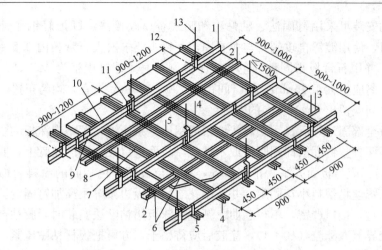

图 3-59　U形龙骨吊顶示意图

1—BD大龙内；2—UZ横撑龙骨；3—吊顶板；4—UZ龙骨；

5—UX龙骨；6—UZ$_3$支托连接；7—UZ$_2$连接件；8—UX$_2$连接件；9—BD$_2$连接件；

10—UX$_1$吊挂；11—UX$_2$吊件；12—BD$_1$吊件；13—UX$_3$ 杆 $\phi6\sim\phi10$

寸要求确定的间距，用吊挂件将次龙骨固定在主龙骨上，调平调正后安装饰面板。

饰面板的安装方法有：

① 搁置法：将饰面板直接放在T形龙骨组成的格框内。有些轻质饰面板，考虑刮风时会被掀起（包括空调口，通风口附近），可用木条、卡子固定。

② 嵌入法：将饰面板事先加工成企口暗缝，安装时将T形龙骨两肢插入企口缝内。

③ 粘贴法：将饰面板用胶粘剂直接粘贴在龙骨上。

④ 钉固法：将饰面板用钉、螺丝，自攻螺丝等固定在龙骨上。

⑤ 卡固法：多用于铝合金吊顶，板材与龙骨直接卡接固定。

2）铝合金龙骨装配式吊顶施工。铝合金龙骨吊顶按罩面板的要求不同分龙骨底面不外露和龙骨底面外露两种形式；按龙骨结构形式不同分T形和TL形。TL形龙骨属于安装饰面板后龙骨底面外露的一种（见图3-60、图3-61）。

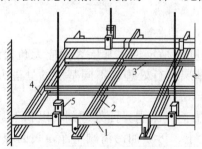

图 3-60　TL形铝合金吊顶

1—大龙骨；2—大T；3—小T；

4—角条；5—大吊挂件

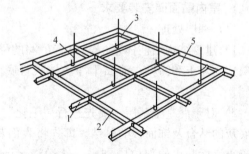

图 3-61　TL形铝合金不上人吊顶

1—大T；2—小T；3—吊件；

4—角条；5—饰面板

铝合金吊顶龙骨的安装方法与轻钢龙骨吊顶基本相同。

3）常见饰面板的安装。铝合金龙骨吊顶与轻钢龙骨吊顶饰面板安装方法基本相同。

145

石膏饰面板的安装可采用钉固法、粘贴法和暗式企口胶接法。U 形轻钢龙骨采用钉固法安装石膏板时，使用镀锌自攻螺钉与龙骨固定。钉头要求嵌入石膏板内 0.5～1mm，钉眼用腻子刮平，并用石膏板与同色的色浆腻子涂刷一遍。螺钉规格为 M5×25 或 M5×35。螺钉与板边距离应不大于 15mm，螺钉间距以 150～170mm 为宜，均匀布置，并与板面垂直。石膏板之间应留出 8～10mm 的安装缝。

待石膏板全部固定好后，用塑料压缝条或铝压缝条压缝，钙塑泡沫板的主要安装方法有钉固和粘贴两种。钉固法即用圆钉或木螺丝，将面板钉在顶棚的龙骨上，要求钉距不大于 150mm，钉帽应与板面齐平，排列整齐，并用与板面颜色相同的涂料装饰。钙塑板的交角处，用木螺丝将塑料小花固定，并在小花之间沿板边按等距离加钉固定。用压条固定时，压条应平直，接口严密，不得翘曲。钙塑泡沫板用粘贴法安装时，胶粘剂可用 401 胶或氯丁胶浆聚异氧酸酯胶（10∶1），涂胶后应待稍干，方可把板材粘贴压紧。胶合板、纤维板安装应用钉固法：要求胶合板钉距 80～150mm，钉长 25～35mm，钉帽应打扁，并进入板面 0.5～1mm，钉眼用油性腻子抹平；纤维板钉距 80～120mm，钉长 20～30mm，钉帽进入板面 0.5mm，钉眼用油性腻子抹平；硬质纤维板应用水浸透，自然阴干后安装。矿棉板安装的方法主要有搁置法、钉固法和粘贴法。顶棚为轻金属 T 形龙骨吊顶时，在顶棚龙骨安装放平后，将矿棉板直接平放在龙骨上，矿棉板每边应留有板材安装缝，缝宽不宜大于 1mm。顶棚为木龙骨吊顶时，可在矿棉板每四块的交角处和板的中心用专门的塑料花托脚，用木螺丝固定在木龙骨上；混凝土顶面可按装饰尺寸做出平顶木条，然后再选用适宜的粘胶剂将矿棉板粘贴在平顶木条上。金属饰面板主要有金属条板、金属方板和金属格栅。板材安装方法有卡固法和钉固法。卡固法要求龙骨形式与条板配套；钉固法采用螺钉固定时，后安装的板块压住前安装的板块，将螺钉遮盖，拼缝严密。方形板可用搁置法和钉固法，也可用铜丝绑扎固定。格栅安装方法有两种，一种是将单体构件先用卡具连成整体，然后通过钢管与吊杆相连接；另一种是用带卡口的吊管将单体物体卡住，然后将吊管用吊杆悬吊。金属板吊顶与四周墙面空隙，应用同材质的金属压缝条找齐。

3.5.4 饰面工程

1. 室内贴面砖安装要求

（1）基层处理

1）建筑结构墙柱体基层，应有足够的强度、刚度和稳定性。基层表面应无疏松层、无灰浆、浮土和污垢，清扫干净。抹灰打底前应对基层进行处理，不同基层的处理方法不同。

2）对于混凝土基层，要先进行"毛化"处理，凿毛或涂刷界面处理剂，以利于基层与底灰的结合及饰面板的黏结。即先将表面灰浆、尘土、污垢油污清刷干净，表面晾干。混凝土表面凸出的部位应剔平，然后浇水湿润，墙柱体浇水的渗水深度以 8～10mm 为宜，可剔凿混凝土表面进行抽查确认。然后用 1∶1 水泥砂浆内掺界面剂，喷或甩到墙上，其甩点要均匀，毛刺长度不宜大于 8mm，终凝后喷水养护，直至水泥砂浆毛刺有较高的强度。

3）加气混凝土、混凝土空心砌块等基层，应对松动、灰浆不饱满的砖缝及梁、板下的顶头缝，用聚合物水泥砂浆填塞密实。将凸出墙面的灰浆刮净，凸出墙面不平整的部位剔凿；坑凹凸不平缺棱掉角及设备管线槽、洞、孔用聚合物水泥砂浆修整密实、平顺。要在清理、修补、涂刷聚合物水泥后铺钉一层金属网，以增加基层与找平层及黏结层之间的附着力。不同材质墙面的交接处或后塞的洞口处均应铺钉金属网以防止开裂，缝两侧搭接长度不小于100mm。

4）砖墙基层，要将墙面残余砂浆清理干净。

5）基层清理后应浇水湿润，抹灰前基层含水率以15%～25%为宜。

6）对于不适合直接粘贴面砖的基层，应与设计单位研究确定处理措施。

（2）吊垂直、套方、找规矩、贴灰饼

根据水平基准线，分别在门口、拐角等处吊垂直、套方、找规矩、贴灰饼。根据面砖的规格尺寸分层设点、做灰饼，间距不宜超过1.5m，阴阳角处要双面找直。

（3）打底灰抹找平层

1）洒水湿润。抹底灰前，先将基层表面分遍浇水。特别是加气混凝土吸水速度先快后慢，吸水量大而延续时间长，故应增加浇水的次数，使抹灰层有良好的凝结硬化条件，不致在砂浆的硬化过程中水分被加气混凝土吸走。浇水量以水分渗入加气混凝土墙深度8～10mm为宜，且浇水宜在抹灰前一天进行。遇风干天气，抹灰时墙面如干燥不湿，应再喷洒一遍水，但抹灰时墙面应不显浮水，以利砂浆强度增长，不出现空鼓、裂缝。

2）抹底层砂浆。基层为混凝土、砖墙墙面，浇水充分湿润墙面后的第2天抹1:3水泥砂浆，每遍厚度5～7mm，应分层分遍与灰饼齐平，并用大杠刮平找直，木抹子搓毛。基层为加气混凝土墙体，在刷好聚合物水泥浆以后应及时抹灰，不得在水泥浆风干后再抹灰，否则，容易形成隔离层，不利于砂浆与基层的黏结。抹灰时不要将灰饼破坏。底灰材料应选择与加气混凝土材料相适应的混合砂浆，如水泥:石灰膏（粉煤灰）:砂=1:0.5:（5～6），厚度5mm，扫毛或划出纹线。然后用1:3水泥砂浆（厚度约为5～8mm）抹第2遍，用大杠将抹灰面刮平，表面压光。用吊线板检查，要求垂直平整，阴角方正，顶板（梁）与墙面交角顺直、平整、洁净。

3）加强措施。如抹灰层局部厚度大于或等于35mm时，应按照设计要求采用加强网进行加强处理，以保证抹灰层与基体黏结牢固。不同材料墙体相交接部位的抹灰，应采用加强网进行防开裂处理，加强网与两侧墙体的搭接宽度不应小于100mm。

4）当作业环境过于干燥且工程质量要求较高时，加气混凝土墙面抹灰后可采用防裂剂。底子灰抹完后，立即用喷雾器将防裂剂直接喷洒在底子灰上，防裂剂以雾状喷出，以使喷洒均匀、不漏喷，不宜过量且不宜过于集中，操作时喷嘴倾斜向上仰，与墙面保持合适距离，以确保喷洒均匀适度，又不致将灰层冲坏。防裂剂喷撒2～3h内不要搓动，以免破坏防裂层表层。

（4）弹线、排砖

找平层养护至六、七成干时，可按照排砖设计或样板墙，在墙上分段、分格弹出控制线并做好标记。根据设计图纸或排砖设计进行横竖向排砖，阳角和门窗洞口边宜排整砖，非整砖应排在次要部位，且横竖均不得有小于1/2的非整砖。非整砖行应排在次要部位，如门窗上或阴角不明显处等。但要注意整个墙面的一致和对称。如遇有突出的管线设备卡件，应用整砖套割吻合，不得用非整砖随意拼凑镶贴。

用碎饰面砖贴标准点，用做灰饼的混合砂浆贴在墙面上，用以控制贴饰面砖的表面平整度。垫底尺计算准确最下一皮砖下口标高，以此为依据放好底尺，要水平、安稳。

（5）浸砖

将已挑选颜色、尺寸一致的砖（变形、缺棱掉角的砖挑出不用），放入净水中浸泡 2h 以上，并清洗干净，取出后晾干表面水分后方可使用（通体面砖不用浸泡）。

（6）粘贴饰面砖

1）内墙饰面砖应由下向上粘贴。粘贴时饰面砖黏结层厚度一般为：1：2 水泥砂浆 4～8mm 厚；1：1 水泥砂浆 3～4mm 厚；其他化学胶黏剂 2～3mm 厚。面砖卧灰应饱满。

2）先固定好靠尺板，贴最下第一皮砖，面砖贴上后用灰铲柄轻轻敲击砖面使之附线，轻敲表面固定；用开刀调整竖缝，用小杠尺通过标准点调整平整度和垂直度，用靠尺随时找平、找方；在黏结层初凝前，可调整面砖的位置和接缝宽度，初凝后严禁振动或移动面砖。

3）砖缝宽度应按设计要求，可用自制米厘条控制，如符合模数也可采用标准成品缝卡。

4）墙面突出的卡件、水管或线盒处，宜采用整砖套割后套贴，套割缝口要小，网孔宜采用专用开孔器来处理，不得采用非整砖拼凑镶贴。

（7）勾缝与擦缝

待饰面砖的黏结层终凝后，按设计要求或样板墙确定的勾缝形式、勾缝材料及颜色进行勾缝。也可用专用勾缝剂或白水泥擦缝。

（8）清理表面

勾缝时，应随勾缝随用布或棉纱擦净砖面。勾缝后，常温下经过 3 天即可清洗残留在砖面的污垢，一般可用布或棉纱蘸清水擦洗清理。

2. 室外贴面砖安装要求

（1）饰面砖工程深化设计

1）饰面砖粘贴前，应首先对设计未明确的细部节点进行辅助深化设计。确定饰面砖排列方式、缝宽、缝深、勾缝形式及颜色；防水及排水构造、基层处理方法等施工要点。并按不同基层做出样板墙或样板件。

2）确定找平层、结合层、黏结层、勾缝及擦缝材料、调色矿物辅料等的施工配合比，做黏结强度试验，经建设、设计、监理各方认可后以书面的形式确定下来。

3）饰面砖的排列方式通常有对缝排列、错缝排列、菱形排列、尖头形排列等几种形式；勾缝通常有平缝、凹平缝、凹圆缝、倾斜缝、山型缝等几种形式。外墙饰面砖不得采用密缝，留缝宽度不应小于 5mm；一般水平缝 10～15mm，竖缝 6～10mm，凹缝勾缝深度一般为 2～3mm。

4）排砖原则定好后，现场实地测量基层结构尺寸，综合考虑找平层及黏结层的厚度，进行排砖设计，条件具备时应采用计算机辅助计算和制图。排砖时宜满足以下要求：

① 阳角、窗口、大墙面、通高的柱垛等主要部位都要排整砖，非整砖要放在不明显处，且不宜小于 1/2 整砖。

② 墙面阴阳角处最好采用异型角砖，如不采用异型砖，宜留缝或将阳角两侧砖边磨成 45°角后对接。

③ 横缝要与窗台齐平。

④ 墙体变形缝处，面砖宜从缝两侧分别排列，留出变形缝。

⑤ 外墙饰面砖粘贴应设置伸缩缝，竖向伸缩缝宜设置在洞口两侧或与墙边、柱边对应的部位，横向伸缩缝可设置在洞口上下或与楼层对应处，伸缩缝应采用柔性防水材料嵌缝。

对于女儿墙、窗台、檐口、腰线等水平阳角处，顶面砖应压盖立面砖，立面底皮砖应封盖底平面面砖，可下突 3～5mm 兼作滴水线，底平面面砖向内适当翘起以便于滴水。

（2）基层处理

1）建筑结构墙柱体基层，应有足够的强度、刚度和稳定性，基层表面应无疏松层、无灰浆、浮土和污垢。抹灰打底前应对基层进行处理，不同基层的处理方法要采取不同的方法。

2）对于混凝土基层，多采用水泥细砂浆掺界面剂进行"毛化"处理，凿毛或涂刷界面处理剂，以利于基层与底灰的结合及饰面板的黏结。即先将表面灰浆、尘土、污垢油污清刷干净，表面晾干。混凝土表面凸出的部位应剔平，然后浇水湿润，墙柱体浇水的渗水深度以 8～10mm 为宜，可剔凿混凝土表面进行抽查确认。然后用 1∶1 水泥砂浆内掺界面剂，喷或甩到墙上，其甩点要均匀，毛刺长度不宜大于 8mm，终凝后喷水养护，直至水泥砂浆毛刺有较高的强度。如混凝土基层不需抹灰时，对于缺棱掉角和凹凸不平处可先刷掺界面剂的水泥浆，后用 1∶3 水泥砂浆或水泥腻子修补平整。

3）加气混凝土、混凝土空心砌块等基层，要在清理、修补、涂刷聚合物水泥后铺钉一层金属网，以增加基层与找平层及黏结层之间的附着力。不同材质墙面的交接处或后塞的洞口处均应铺钉金属网防止开裂，缝两侧搭接长度不小于 100mm。

4）砖墙基层，要将墙面残余砂浆清理干净。

5）基层清理后应浇水湿润，但粘贴前基层含水率以 15%～25% 为宜。

（3）施工放线、吊垂直、套方、找规矩、贴灰饼

在建筑物大角、门窗口边、通天柱及垛子处用经纬仪打垂直线，并将其作为竖向控制线；把楼层水平线引到外墙作为横向控制线。以墙面修补抹灰最少为原则，根据面砖的规格尺寸分层设点、做灰饼，间距不宜超过 1.5m，阴阳角处要双面找直，同时要注意找好女儿墙顶、窗台、檐口、腰线、雨篷等饰面的流水坡度和滴水线。

（4）打底灰、抹找平层

抹底灰前，先将基层表面润湿，刷界面剂或素水泥浆一道，随刷随打底，然后分层抹找平层。找平层采用重量比 1∶3 或 1∶2.5 水泥砂浆，为了改善砂浆的和易性可适当掺外加剂。抹底灰时应用力抹，让砂浆挤入基层缝隙中使其黏结牢固。找平层的每层抹灰厚度约 12mm，分层抹灰直到粘贴面层，表面用木抹子搓平，终凝后浇水养护。找平层总厚度宜为 15～25mm，如抹灰层局部厚度大于或等于 35mm 时应设加强网。表面平整度最大允许偏差为 ±3mm，立面垂直度最大允许偏差为 ±4mm。

（5）排砖、分格、弹线

找平层养护至六、七成干时，可按照排砖深化设计图及施工样板在其上分段分格弹出控制线并做好标记。如现场情况与排砖设计不符，则可酌情进行微调。外墙面砖粘贴时每面除弹纵横线外，每条纵线宜挂铅线，铅线略高于面砖 1mm；贴砖时，砖里边线对准弹线，外侧边线对准铅线，四周全部对线后，再将砖压实固定。

（6）浸砖

将已挑选好的饰面砖放入净水中浸泡 2h 以上，并清洗干净，取出后晾干表面水分后方可使用（通体面砖不用浸泡）。

（7）粘贴饰面砖

1）外墙饰面砖宜分段由上至下施工，每段内应由下向上粘贴。粘贴时饰面砖黏结层厚度一般为：1∶2 水泥砂浆 4～8mm 厚；1∶1 水泥砂浆 3～4mm 厚；其他化学胶黏剂 2～3mm 厚。面砖卧灰应饱满，以免形成渗水通道，并在受冻后造成外墙饰面砖空鼓开裂。

2）先固定好靠尺板，贴最下第一皮砖，面砖贴上后用灰铲柄轻轻敲击砖面使之附线，轻敲表面固定；用开刀调整竖缝，用小杠尺通过标准点调整平整度和垂直度，用靠尺随时找平、找方；在黏结层初凝前，可调整面砖的位置和接缝宽度，初凝后严禁振动或移动面砖。

3）砖缝宽度可用自制米厘条控制，如符合模数也可采用标准成品缝卡。

4）墙面突出的卡件、水管或线盒处，宜采用整砖套割后套贴，套割缝口要小，圆孔宜采用专用开孔器来处理，不得采用非整砖拼凑镶贴。

5）粘贴施工时，当室外气温大于 35℃，应采取遮阳措施。

（8）勾缝

黏结层终凝后，可按样板墙确定的勾缝形式、勾缝材料及颜色进行勾缝，勾缝材料的配合比及掺矿物辅料的比例要指定专人负责控制。勾缝要根据缝的形式使用专用工具。勾缝宜先勾水平缝再勾竖缝，纵横交叉处要过渡自然，不能有明显痕迹。缝要在一个水平面上，连续、平直、深浅一致、表面压光。采用成品勾缝材料的应按产品说明书操作。

（9）清理表面

勾缝时，应随勾随用棉纱蘸清水擦净砖面。勾缝后，常温下经过 3 天即可清洗残留在砖面的污垢。

3. 花岗石饰面板安装要求

（1）改进的湿作业方法

传统的湿作业方法与前述大理石饰面板的传统湿作业安装方法相同。但由于花岗石饰面板长期暴露于室外，传统的湿作业方法常发生空鼓、脱落等质量缺陷，为克服此缺点，故提出了改进的湿作业方法，其特点是增用了特制的金属夹锚固件。其主要操作要点如下：

1）板材钻斜孔打眼，安装金属夹安装，如图 3-62 所示。

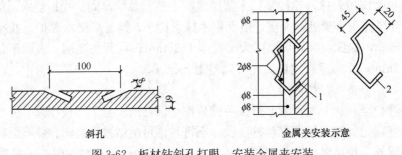

斜孔　　　　　　　　金属夹安装示意

图 3-62　板材钻斜孔打眼，安装金属夹安装

1—JGN 胶；2—碳钢弹簧卡

2）安装饰面板、浇灌细石混凝土。

3）擦缝、打蜡。

（2）干作业方法

干作业方法又称干挂法。它利用高强、耐腐蚀的连接固定件把饰面板挂在建筑物结构的外表面上，中间留出适量空隙。在风荷载或地震作用下，允许产生适量变位，而不致使饰面板出现裂缝或发生脱落，当风荷载或地震消失后，饰面板又能随结构复位。

干挂法解决了传统的灌浆湿作业法安装饰面板存在的施工周期长、黏结强度低、自重大、不利于抗震、砂浆易污染外饰面等缺点，具有安装精度高、墙面平整、取消砂浆黏结层、减轻建筑用自重、提高施工效率等特点。且板材与结构层之间留有 40～100mm 的空腔，具有保温和隔热作用，节能效果显著。干挂石的支撑方式分为在石材上下边支撑和侧边支撑两种，前者易于施工

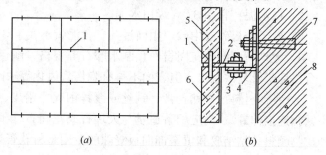

图 3-63　竖向插销上下边支撑干挂石

（a）立面示意图；（b）安装节点构造图

1—钢针；2—舌板；3—边接螺栓；4—托板；
5—上饰面板；6—下饰面板；7—膨胀螺栓；8—混凝土基体

时临时固定，故国内多采用此法，如图 3-63 所示。干挂法工艺流程及主要工艺要求如下：

1）外墙基体表面应坚实、平整，凸出物应凿去，清扫干净。

2）对石材要进行挑选，几何尺寸必须准确，颜色均匀一致，石粒均匀，背面平整，不准有缺棱、掉角、裂缝、隐伤等缺陷。

3）石材必须用模具进行钻孔，以保证钻孔位置的准确。

4）石材背面刷不饱和树脂，贴玻璃丝布作增强处理时应在作业棚内进行，环境要清洁，通风良好，无易燃物，温度不宜低于 10℃。

5）膨胀螺栓钻孔深度宜为 550～600mm。

6）作为防水处理，底层板安装好后，将其竖缝用橡胶条嵌缝 250mm 高，板材与混凝土基体间的空腔底部用聚苯板填塞，然后在空腔内灌入 1：2.5 的白水泥砂浆，高度为 200mm，待砂浆凝固后，将板缝中的橡胶条取出，在每块板材间接缝处的白水泥砂浆上表面设置直径为 6mm 的排水管，使上部渗下的雨水能顺利排出。

7）板材的安装由下而上分层沿一个方向依次顺序进行，同一层板材安装完毕后，应检查其表面水平速度及水平度，经检查合格后，方可进行嵌缝。

8）嵌缝前，饰面板周边应粘贴防污条，防止嵌缝时污染饰面板。密封胶要嵌填饱满密实，光滑平顺，其颜色要与石材颜色一致。

（3）冬期施工

1）灌缝砂浆应采取保温措施，砂浆的温度不宜低于 5℃。

2）灌注砂浆硬化初期不得受冻。气温低于 5℃时，室外灌注砂浆可掺入能降低冻结温度的外加剂，其掺量应由试验确定。

3）用冻结法砌筑的墙，应待其解冻后方可施工。

4）冬期施工，镶贴饰面板宜供暖也可采用热空气或带烟囱的火炉加速干燥。采用热空气时，应设通风设备排除湿气。并设专人进行测温控制和管理，保温养护 7～9d。

4. 大理石、磨光花岗岩、预制水磨石饰面安装要求

（1）材料要求

1）水泥：宜用 32.5 级普通硅酸盐水泥。应有出厂合格证明及复试报告，若出厂超过 3 个月应按试验结果使用。

2）白水泥：宜用 32.5 级白水泥。

3）砂子：粗砂或中砂，用前过筛。含泥量不大于 3%。

4）大理石、磨光花岗岩、预制水磨石等规格、颜色符合设计和图纸的要求，应有出厂合格证明及复试报告。但表面不得有隐伤、风化等缺陷，不宜用易褪色的材料包装。

5）其他材料：如熟石膏、铜丝或镀锌钢丝、铅皮、硬塑料板条、配套挂件（镀锌或不锈钢连接件等）；尚应配备适量与大理石或花岗石、预制水磨石等颜色接近的各种石碴和矿物颜料；粘结胶和填塞饰面板缝隙的专用塑料软管等。

（2）接缝要求

1）天然石饰面板的接缝，应符合下列规定：

① 室内安装光面和镜面的饰面板，接缝应干接，接缝处宜用与饰面板相同颜色的水泥浆填抹。

② 室外安装光面和镜面的饰面板，接缝可干接或在水平缝中垫硬塑料板条，垫塑料板条时，应将压出部分保留，待砂浆硬化后，将塑料板条剔出，用水泥细砂浆勾缝。干接缝应用与饰面板相同颜色水泥浆填平。

③ 粗磨面、麻面、条纹面、天然面饰面板的接缝和勾缝应用水泥砂浆。勾缝深度应符合设计要求。

2）人造石饰面板的接缝宽度、深度应符合设计要求，接缝宜用与饰面板相同颜色的水泥浆或水泥砂浆抹勾严实。

3）饰面板完工后，表面应清洗干净。光面和镜面的饰面板经清洗晾干后，方可打蜡擦亮。

4）装配式挑檐、托座等的下部与墙或柱相接处，镶贴饰面板应留有适量的缝隙翻校形缝处的饰面板留缝宽度，应符合设计要求。

石材饰面板可分为天然石饰面板和人造石饰面板两大类：前者有大理石、花岗石和青石板饰面板等，后者有预制水磨石、预制水刷石和合成石饰面板等。

小规格的饰面板（一般指边长不大于 400mm，安装高度不超过 1m 时）通常采用与釉面砖相同的粘贴方法安装，大规格的饰面板则通过采用联结件的固定方式来安装。

（3）满贴法施工

薄型小规格块材，边长小于 40cm，可采用粘贴方法。

1）进行基层处理和吊垂直、套方、找规矩，其他可参见镶贴面砖施工要点有关部分。要注意同一墙面不得有一排以上的非整砖，并应将其镶贴在较隐蔽的部位。

2）在基层湿润的情况下，先刷粘结胶素水泥浆一道（内掺适量粘结胶），随刷随打底，底灰采用 1:3 水泥砂浆，厚度约 12mm，分 2 遍操作，第 1 遍约 5mm，第 2 遍约 7mm，待底灰压实刮平后，抹底子灰表面划毛。

3）待底子灰凝固后便可进行分块弹线，随即将已湿润的块材抹上厚度为 2～3mm 的素水泥浆，内掺适量粘结胶进行镶贴（也可以用胶粉），用木槌轻敲，用靠尺找平找直。

（4）安装法施工

大规格块材，边长大于 40cm，镶贴高度超过 1m 时，可采用安装方法。

1）钻孔、剔槽：安装前先将饰面板按照设计要求用台钻打眼，事先应钉木架使钻头直对板材上端面，在每块板的上、下两个面打眼，孔位打在距板宽的两端 1/4 处，每个面各打两个眼，孔径为 5mm，深度为 12mm，孔位距石板背面以 8mm 为宜（指钻孔中心）。如大理石或预制水磨石、磨光花岗石宽度较大时，可以增加孔数。钻孔后用金刚錾子把石板背面的孔壁轻轻剔一道槽，深 5mm 左右，连同孔眼形成象鼻眼，以备埋卧铜丝之用，如图 3-64 所示。

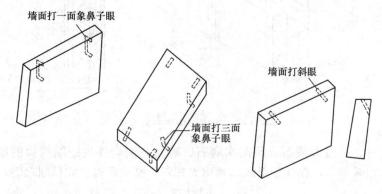

图 3-64　墙面打眼示意图

若饰面板规格较大，特别是预制水磨石和磨光花岗岩，如下端不好拴绑铜丝时，也可在未镶贴饰面板的一侧，采用手提轻便小薄砂轮（4～5mm），按规定在板高的 1/4 处上、下各开一槽（槽长 3～4cm，槽深约 12mm 与饰面板背面打通，竖槽一般居中，也可偏外，但以不损坏外饰面和不反碱为宜），可将铜丝卧入槽内，便可拴绑与钢筋网固定。此法也可直接在镶贴现场做。

2）穿铜丝：把备好的铜丝剪成长 20cm 左右，一端用木楔粘环氧树脂将铜丝楔进孔内固定牢固，另一端将铜丝顺孔槽弯曲并卧入槽内，使大理石或预制水磨石、磨光花岗岩上、下端面没有铜丝突出，以便和相邻石板接缝严密。

3）绑扎钢筋网：首先剔出墙上的预埋筋，把墙面镶贴大理石或预制水磨石的部位清扫干净。先绑扎一道竖向 $\phi6$ 钢筋，并把绑好的竖筋用预埋筋弯压于墙面。横间钢筋为横扎大理石或预制水磨石、磨光花岗岩板材所用，如板材高度为 60cm 时，第一道横筋在地面以上 10cm 处与主筋绑牢，用作绑扎第一层板材的下口固定铜丝；第二道横筋绑在 50cm 水平线上 7～8cm，比石板上口低 2～3cm 处，用于绑扎第一层石板上口固定铜丝，再往上每 60cm 绑一道横筋即可。按照设计要求事先在基层表面绑扎好钢筋网，与结构预埋件绑扎牢固。其做法有在基层结构内预埋铁环，与钢筋网绑扎，如图 3-65 所示。

4）弹线：首先将大理石或预制水磨石、磨光花岗岩的墙面、柱面和门窗套用大线坠从上至下找出垂直。应考虑大理石或预制水磨石、磨光花岗岩板材厚度、灌注砂浆的空隙

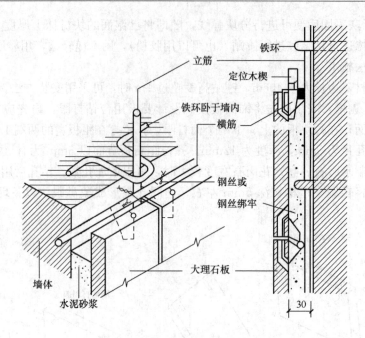

图 3-65 大理石传统安装方法

和钢筋所占尺寸，一般大理石或预制水磨石、磨光花岗岩外皮距结构面的厚度应以5～7cm为宜。找出垂直后，在地面上顺墙弹出大理石、磨光花岗岩或预制水磨石板等外轮廓

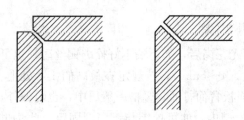

图 3-66 阳角磨边卡角

尺寸线（柱面和门窗套等同）。此线即为第1层大理石、磨光花岗岩或预制水磨石等的安装基准线。编好号的大理石、磨光花岗岩或预制水磨石板等在弹好的基准线上画出就位线，每块留1mm缝隙（如设计要求拉开缝，则按设计规定画出缝隙）。凡位于阳角处相邻两块板材，宜磨边卡角，如图3-66所示。

5）安装大理石或预制水磨石、磨光花岗岩：按部位取石板并舒直铜丝，将石板就位，石板上口外仰，右手伸入石板背面，把石板下口铜丝绑扎在横筋上。绑时不要太紧可留余量，只要把铜丝和横筋拴牢即可（灌浆后即会锚固），把石板竖起，便可绑大理石或预制水磨石、磨光花岗岩板上口铜丝，并用木楔子垫稳，块材与基层间的缝隙（即灌浆厚度）一般为30～50mm。用靠尺板检查调整木楔，再栓紧铜丝，依次向另一方进行。柱面可按顺时针方向安装，一般先从正面开始。第1层安装完毕再用靠尺板找垂直，水平尺找平整，方尺找阴阳角方正，在安装石板时如发现石板规格不准确或石板之间的空隙不符，应用铅皮垫牢，使石板之间缝隙均匀一致，并保持第一层石板上口的平直。找完垂直、平整、方正后，用碗调制熟石膏，把调成粥状的石膏贴在大理石或预制水磨石、磨光花岗石板上下之间，使这两层石板结成一整体，木楔处也可粘贴石膏，再用靠尺板检查有无变形，等石膏硬化后方可灌浆（如设计有嵌缝塑料软管者，应在灌浆前塞放好）。图3-67为花岗石分格与几种缝的处理示意图。

6）灌浆：把配合比为1：2.5水泥砂浆放入半截大桶加水调成粥状（稠度一般为8～

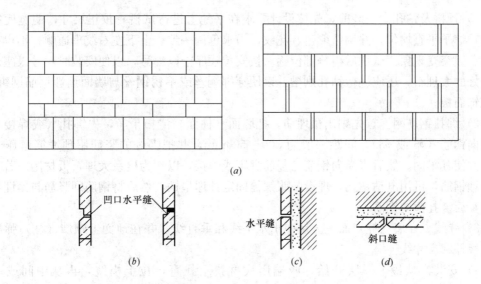

图 3-67 花岗石分格与几种缝的处理示意图

(a) 立面分格；(b) 凹口水平缝；(c) 水平缝；(d) 斜口缝

12cm），用铁簸箕舀浆徐徐倒入，注意不要碰大理石、磨光花岗岩或预制水磨石板，边灌边用橡皮锤轻轻敲击石板面使灌入砂浆排气。第一层浇灌高度为 15cm，不能超过石板高度的 1/3；第一层灌浆很重要，因要锚固石板的下口铜丝又要固定石板，所以要轻轻操作，防止碰撞和猛灌。如发生石板外移错动，应立即拆除重新安装。

第一次灌入 15cm 后停 1～2h，等砂浆初凝，此时应检查是否有移动，再进行第二层灌浆，灌浆高度一般为 20～30cm，待初凝时再继续灌浆。第三层灌浆至低于板上口 5～10cm 处为止。

7）擦缝：全部石板安装完毕后，清除所有石膏和余浆痕迹，用抹布擦洗干净，并按石板颜色调制色浆嵌缝，边嵌边擦干净，使缝隙密实、均匀、干净、颜色一致。

8）柱子贴面：安装柱面大理石或预制水磨石、磨光花岗岩，其弹线、钻孔、绑钢筋和安装等工序与镶贴墙面方法相同，要注意灌浆前用木方子钉成槽形木卡子，双面卡住大理石板、磨光花岗岩或预制水磨石板，以防止灌浆时大理石或预制水磨石、磨光花岗岩板外胀。

（5）大理石饰面板安装

大理石是一种变质岩，其主要成分是碳酸钙，纯粹的大理石呈白色，但通常因含有多种其他化学成分，因而呈灰、黑、红、黄、绿等各种颜色。当各种成分分布不均匀时，就使大理石的色彩花纹丰富多变，绚丽悦目。表面经磨光后，纹理雅致，色泽鲜艳，是一种高级饰面材料。大理石在潮湿和含有硫化物的大气作用下，容易风化、溶蚀，使表面很快失去光泽，变色掉粉，表面变得粗糙多孔，甚至剥落。所以大理石除汉白玉、艾叶青等少数几种质较纯者外，一般只适宜用于室内饰面。其安装固定示意图，如图 3-68 所示。

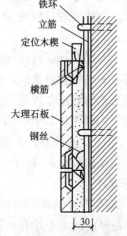

图 3-68 大理石安装固定示意图

1) 预拼及钻孔。安装前，先按设计要求在平地上进行试拼，校正尺寸，使宽度符合要求，缝子平直均匀，并调整颜色、花纹，力求色调一致，上下左右纹理通顺，不得有花纹横、竖突变现象。试拼后再分部位逐块按安装顺序予以编号，以便安装时对号入座。对已选好的大理石，还应进行钻孔剔槽，以便穿绑铜丝或不锈钢丝与墙面预埋钢筋网绑牢，固定饰面板。

2) 绑扎钢筋网。首先剔出预埋筋，把墙面（柱面）清扫干净，先绑扎（或焊接）一道竖向钢筋（$\phi6$ 或 $\phi8$），间距一般为 $300\sim500\text{mm}$，并把绑好的竖筋用预埋筋弯压于墙面，并使其牢固。然后将横向钢筋与竖筋绑牢或焊接，以作为栓系大理石板材用。若基体未预埋钢筋，可用电钻钻孔，埋设膨胀螺栓固定预埋垫铁，然后将钢筋网竖筋与预埋垫铁焊接，后绑扎横向钢筋。

3) 弹线。在墙（柱）面上分块弹出水平线和垂直线，并在地面上顺墙（柱）弹出大理石板外廓尺寸线。

4) 安装。从最下一层开始，两端用块材找平找直，拉上横线，再从中间或一端开始安装。安装时，按部位编号取大理石板就位，先将下口铜丝绑在横筋上，再绑上口铜丝，用靠尺板靠直靠平，并用木楔垫稳，再将铜丝系紧，保证板与板交接处四角平整。

5) 临时固定。石板找好垂直、平整、方正后，在石板表面横竖接缝处每隔 $100\sim150\text{mm}$ 用调成糊状的石膏浆（石膏中可掺加 20% 的白水泥以增加强度，防止石膏裂缝）予以粘贴，临时固定石板，使该层石板成一整体，以防止发生移位。

6) 灌浆。待石膏凝结、硬化后，即可用 $1:2.5$ 水泥砂浆（稠度一般为 $100\sim150\text{mm}$）分层灌入石板内侧缝隙中，每层灌注高度为 $150\sim200\text{mm}$，并不得超过石板高度的 1/3。灌注后应插捣密实。只有待下层砂浆初凝后，才能灌注上层砂浆。如发生石板位移错动，应拆除重新安浆。

7) 嵌缝。全部石板安装完毕，灌注砂浆达到设计的强度标准值的 50% 后，即可清除所有固定石膏和余浆痕迹，用抹布擦洗干净，并用与石板相同颜色的水泥浆填抹接缝，边抹边擦干净，保证缝隙密实，颜色一致。大理石安装于室外时，接缝应用干性油腻子填抹。全部大理石板安装完毕后，表面应清洗干净。若表面光泽受到影响，应重新打蜡上光。

大理石饰面板传统的湿作业法安装工序多、操作较为复杂，易造成粘贴不牢、表面接槎不平整等质量缺陷，而且采用钢筋网连接也增加了工程造价。改进的湿作业法克服了传统工艺的不足，现已得到广泛应用。采用该法时，其施工准备、板材预拼编号等工序与传统工艺相同，其他不同工序的施工要点如下：

① 基体处理。大理石饰面板安装前，基体应清理干净，并用水湿润，抹上 $1:1$ 水泥砂浆（体积比），砂子应采用中砂或粗砂。大理石板背面也要用清水刷洗干净，以提高其黏结力。

② 石板钻孔。将大理石饰面板直立固定于木架上，用手电钻在距板两端 1/4 处，位于板厚度的中心钻孔，孔径为 6mm，孔深为 $35\sim40\text{mm}$。

③ 基体钻斜孔。用冲击钻按板材分块弹线位置，对应于板材上孔及下侧孔位置打 45° 斜孔，孔径 6mm，孔深 $40\sim50\text{mm}$。

④ 板材安装就位、固定。基体钻孔后，将大理石板安放就位，按板材与基体相距的孔距，用克丝钳子现场加工直径为 5mm 的不锈钢 U 形钉，将其一端勾进大理石板材直孔内，并随即用硬木小楔楔紧，另一端勾进基体斜孔内，并拉线或用靠尺板及水平尺校正板上下口及板面垂直度和平整度，以及与相邻板材接合是否严密，随后将基体斜孔内 U 形钉楔紧。接着用大木楔入板材与基体之间，以紧固 U 形钉，如图 3-69 所示。

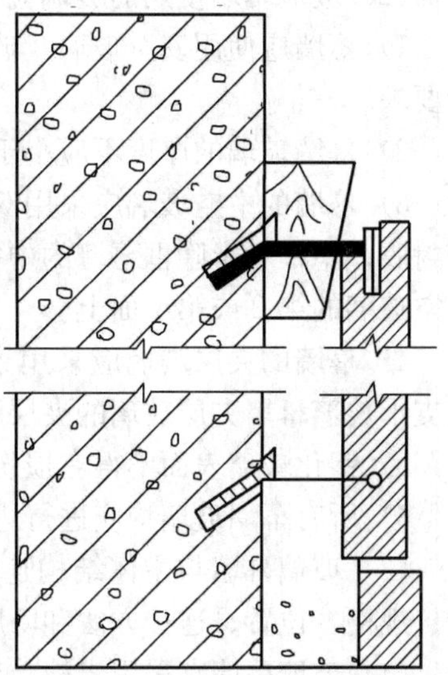

⑤ 分层灌注粘结砂浆，其他与前述传统工艺相同。

大理石饰面板安装的质量要求是：表面光亮平整，纹理通顺，不得有裂缝、缺棱、掉角等缺陷；接缝平直、嵌缝严密、颜色一致；与基层黏结牢固，不得有空鼓现象。

图 3-69 大理石板就位固定示意图

5. 墙、柱面石材铺装安装要求

（1）铺贴前应进行挑选，并应按设计要求进行预拼。

（2）强度较低或较薄的石材应在背面粘贴玻璃纤维网布。

（3）当采用湿作业法施工时，固定石材的钢筋网应与结构预埋件连接牢固。每块石材与钢筋网拉接点不得少于 4 个。拉接用金属丝应具有防锈性能。灌注砂浆前应将石材背面及基层湿润，并应用填缝材料临时封闭石材板缝，避免漏浆。灌注砂浆宜用 1：2.5 水泥砂浆，灌注时应分层进行，每层灌注高度宜为 150～200mm，且不超过板高的 1/3，插捣密实。待其初凝后方可灌注下层水泥砂浆。

（4）当采用粘贴法施工时，基层处理应平整但不应压光。胶粘剂的配合比应符合产品说明书的要求。胶液应均匀、饱满地刷抹在基层和石材背面，石材就位时应准确，并应立即挤紧、找平、找正，进行顶、卡固定。溢出胶液应随时清除。

3.5.5 玻璃幕墙施工

1. 玻璃幕墙的特点和分类

玻璃幕墙的特点是可以借外部的景色到幕墙之上，产生别致的装饰效果。它体现现代建筑气息，能随季节变化而改变外观的颜色。作为围护墙体，它具有自重轻、原材料生产工业化、施工装配化、工期短、速度快的特点。缺点是造价高、耗能大、光污染以及在设计、施工、材料不完善时有安全隐患。

按玻璃的种类可分为吸热玻璃、夹丝玻璃、夹层玻璃、钢化玻璃、镀膜热反射玻璃、中空玻璃等玻璃幕墙。

2. 材料要求

（1）玻璃幕墙工程所使用的各种材料、构件和组件的质量，应符合设计要求及国家现行产品标准和工程技术规范的规定。

（2）玻璃幕墙使用的玻璃应符合下列规定：

1）幕墙应使用安全玻璃，玻璃的品种、规格、颜色、光学性能及安装方向应符合设计要求。

2）幕墙玻璃的厚度不应小于 6.0mm。全玻幕墙肋玻璃的厚度不应小于 12mm。

3）幕墙的中空玻璃应采用双道密封。明框幕墙的中空玻璃应采用聚硫密封胶及丁基密封胶；隐框和半隐框幕墙的中空玻璃应采用硅酮结构密封胶及丁基密封胶；镀膜面应在中空玻璃的第 2 或第 3 面上。

4）幕墙的夹层玻璃应采用聚乙烯醇缩丁醛（PVB）胶片干法加工合成的夹层玻璃。点支承玻璃幕墙夹层玻璃的夹层胶片（PVB）厚度不应小于 0.76mm。

5）钢化玻璃表面不得有损伤；8.0mm 以下的钢化玻璃应进行引爆处理。

6）所有幕墙玻璃均应进行边缘处理。

（3）玻璃幕墙与主体结构连接的各种预埋件、连接件、紧固件必须安装牢固，其数量、规格、位置、连接方法和防腐处理应符合设计要求。

（4）玻璃幕墙宜采用岩棉、矿棉、玻璃棉、防火板等不燃烧性或难燃烧性材料作隔热保温材料，同时应采用铝箔或塑料薄膜包装的复合材料，作为防水和防潮材料。

（5）在主体结构与玻璃幕墙构件之间，应加设耐热的硬质有机材料垫片。

（6）玻璃幕墙立柱与横梁之间的连接处，宜加设橡胶片，并应安装严密。

3. 玻璃幕墙施工

玻璃幕墙的施工工艺流程一般是：结构施工时槽铁预埋→结构尺寸复核→确定垂直及水平基准线→安装立柱→安装横梁→幕墙固定玻璃的安装→幕墙玻璃窗的安装→密封条→打硅酮密封胶→室内立柱罩板窗台板、窗帘盒安装→封顶→外墙清洗检查→验收、拆架子。

4. 施工中注意要点

（1）施工前必须有可靠设计资质的单位设计，并审图后组织施工，一定要编写施工方案。

（2）幕墙工程所用各种材料、五金配件、构件及组件的必须具备产品合格证书、性能检测报告、进场验收记录。所用材料必须抽检，不合格绝不能用，尤其是结构胶、密封胶，过期严禁使用。隐框、半隐框幕墙所采用的结构粘结材料必须是中性硅酮结构密封胶，其性能必须符合《建筑用硅酮结构密封胶》（GB 16776—2005）的规定；硅酮结构密封胶必须在有效期内使用。

（3）玻璃必须选用安全玻璃，如钢化玻璃、夹丝玻璃。玻璃尺寸要考虑热胀冷缩变化。

（4）主体结构与幕墙连接的各种预埋件，其数量、规格、位置和防腐处理必须符合设计要求。

（5）幕墙的金属框架与主体结构预埋件的连接、立柱与横梁的连接及幕墙面板的安装必须符合设计要求，安装必须牢固。

（6）施工中考虑防雷措施，节点施工必须按图处理好。

（7）玻璃安装的下部构件框槽内，应设两块定位橡胶垫，避免玻璃直接和构件接触摩擦。安装前玻璃应擦洗干净，用吸盘安装，并注意保护镀膜层，内胶条应填实密封。密封胶施工前，必须对缝隙进行清洁，干净后应立即打密封胶，防止二次污染。密封胶表面应光滑平整。

（8）各节点连接件、螺栓等必须安装牢固，符合图纸要求，事后应进行复查，以保证使用安全，承受风荷载和振动。

（9）注意完工后的成品保护。

（10）应向业主建议对幕墙进行定期或不定期的检查、维修。每隔 5 年应进行一次全面检查，以确保幕墙的安全使用。

（11）施工中积累的技术资料及监理认可的合格证等证明资料，应当存档。

(12)幕墙工程应对下列隐蔽工程项目进行验收：

1）预埋件（或后置埋件）。

2）构件的连接节点。

3）变形缝及墙面转角处的构造节点。

4）幕墙防雷装置。

5）幕墙防火构造。

3.6 其他工程

3.6.1 防水工程

1. 屋面工程

（1）找坡层和找平层施工

1）装配式钢筋混凝土板的板缝嵌填施工应符合下列规定：

① 嵌填混凝土前板缝内应清理干净，并应保持湿润。

② 当板缝宽度大于 40mm 或上窄下宽时，板缝内应按设计要求配置钢筋。

③ 嵌填细石混凝土的强度等级不应低于 C20，填缝高度宜低于板面 10～20mm，且应振捣密实和浇水养护。

④ 板端缝应按设计要求增加防裂的构造措施。

2）找坡层和找平层基层的施工应符合下列规定：

① 应清理结构层、保温层上面的松散杂物，凸出基层表面的硬物应剔平扫净。

② 抹找坡层前，宜对基层洒水湿润。

③ 突出屋面的管道、支架等根部，应用细石混凝土堵实和固定。

④ 对不易与找平层结合的基层应做界面处理。

3）找坡层和找平层所用材料的质量和配合比应符合设计要求，并应做到计量准确和机械搅拌。

4）找坡应按屋面排水方向和设计坡度要求进行，找坡层最薄处厚度不宜小于 20mm。

5）找坡材料应分层铺设和适当压实，表面宜平整和粗糙，并应适时浇水养护。

6）找平层应在水泥初凝前压实抹平，水泥终凝前完成收水后应二次压光，并应及时取出分格条。养护时间不得少于 7d。

7）卷材防水层的基层与突出屋面结构的交接处，以及基层的转角处，找平层均应做成圆弧形，且应整齐平顺。找平层圆弧半径应符合表 3-59 的规定。

找平层圆弧半径（mm） 表 3-59

卷材种类	圆弧半径
高聚物改性沥青防水卷材	50
合成高分子防水卷材	20

8）找坡层和找平层的施工环境温度不宜低于 5℃。

（2）保护层和隔离层施工

1）施工完的防水层应进行雨后观察、淋水或蓄水试验，并应在合格后再进行保护层和隔离层的施工。

2）保护层和隔离层施工前，防水层或保温层的表面应平整、干净。

3）保护层和隔离层施工时，应避免损坏防水层或保温层。

4）块体材料、水泥砂浆、细石混凝土保护层表面的坡度应符合设计要求，不得有积水现象。

5）块体材料保护层铺设应符合下列规定：

① 在砂结合层上铺设块体时，砂结合层应平整，块体间应预留 10mm 的缝隙，缝内应填砂，并应用 1:2 水泥砂浆勾缝。

② 在水泥砂浆结合层上铺设块体时，应先在防水层上做隔离层，块体间应预留 10mm 的缝隙，缝内应用 1:2 水泥砂浆勾缝。

③ 块体表面应洁净、色泽一致，应无裂纹、掉角和缺楞等缺陷。

6）水泥砂浆及细石混凝土保护层铺设应符合下列规定：

① 水泥砂浆及细石混凝土保护层铺设前，应在防水层上做隔离层。

② 细石混凝土铺设不宜留施工缝；当施工间隙超过时间规定时，应对接槎进行处理。

③ 水泥砂浆及细石混凝土表面应抹平压光，不得有裂纹、脱皮、麻面、起砂等缺陷。

7）浅色涂料保护层施工应符合下列规定：

① 浅色涂料应与卷材、涂膜相容，材料用量应根据产品说明书的规定使用。

② 浅色涂料应多遍涂刷，当防水层为涂膜时，应在涂膜固化后进行。

③ 涂层应与防水层粘结牢固，厚薄应均匀，不得漏涂。

④ 涂层表面应平整，不得流淌和堆积。

8）保护层材料的贮运、保管应符合下列规定：

① 水泥贮运、保管时应采取防尘、防雨、防潮措施。

② 块体材料应按类别、规格分别堆放。

③ 浅色涂料贮运、保管环境温度，反应型及水乳型不宜低于 5℃，溶剂型不宜低于 0℃。

④ 溶剂型涂料保管环境应干燥、通风，并应远离火源和热源。

9）保护层的施工环境温度应符合下列规定：

① 块体材料干铺不宜低于 -5℃，湿铺不宜低于 5℃。

② 水泥砂浆及细石混凝土宜为 5~35℃。

③ 浅色涂料不宜低于 5℃。

10) 隔离层铺设不得有破损和漏铺现象。

11) 干铺塑料膜、土工布、卷材时，其搭接宽度不应小于 50mm；铺设应平整，不得有皱折。

12) 低强度等级砂浆铺设时，其表面应平整、压实，不得有起壳和起砂等现象。

13) 隔离层材料的贮运、保管应符合下列规定：

① 塑料膜、土工布、卷材贮运时，应防止日晒、雨淋、重压。

② 塑料膜、土工布、卷材保管时，应保证室内干燥、通风。

③ 塑料膜、土工布、卷材保管环境应远离火源、热源。

14) 隔离层的施工环境温度应符合下列规定：

① 干铺塑料膜、土工布、卷材可在负温下施工。

② 铺抹低强度等级砂浆宜为 5～35℃。

（3）保温与隔热工程

1) 板状材料保温层施工

① 基层应平整、干燥、干净。

② 相邻板块应错缝拼接，分层铺设的板块上下层接缝应相互错开，板间缝隙应采用同类材料嵌填密实。

③ 采用干铺法施工时，板状保温材料应紧靠在基层表面上，并应铺平垫稳。

④ 采用粘结法施工时，胶粘剂应与保温材料相容，板状保温材料应贴严、粘牢，在胶粘剂固化前不得上人踩踏。

⑤ 采用机械固定法施工时，固定件应固定在结构层上，固定件的间距应符合设计要求。

2) 纤维材料保温层施工

① 基层应平整、干燥、干净。

② 纤维保温材料在施工时，应避免重压，并应采取防潮措施。

③ 纤维保温材料铺设时，平面拼接缝应贴紧，上下层拼接缝应相互错开。

④ 屋面坡度较大时，纤维保温材料宜采用机械固定法施工。

⑤ 在铺设纤维保温材料时，应做好劳动保护工作。

3) 喷涂硬泡聚氨酯保温层施工

① 基层应平整、干燥、干净。

② 施工前应对喷涂设备进行调试，并应喷涂试块进行材料性能检测。

③ 喷涂时喷嘴与施工基面的间距应由试验确定。

④ 喷涂硬泡聚氨酯的配比应准确计量，发泡厚度应均匀一致。

⑤ 一个作业面应分遍喷涂完成，每遍喷涂厚度不宜大于 15mm，硬泡聚氨酯喷涂后 20min 内严禁上人。

⑥ 喷涂作业时，应采取防止污染的遮挡措施。

4) 现浇泡沫混凝土保温层施工

① 基层应清理干净，不得有油污、浮尘和积水。

② 泡沫混凝土应按设计要求的干密度和抗压强度进行配合比设计，拌制时应计量准确，并应搅拌均匀。

③ 泡沫混凝土应按设计的厚度设定浇筑面标高线，找坡时宜采取挡板辅助措施。

④ 泡沫混凝土的浇筑出料口离基层的高度不宜超过 1m，泵送时应采取低压泵送。

⑤ 泡沫混凝土应分层浇筑，一次浇筑厚度不宜超过 200mm，终凝后应进行保湿养护，养护时间不得少于 7d。

5）种植隔热层施工

① 种植隔热层挡墙或挡板施工时，留设的泄水孔位置应准确，并不得堵塞。

② 凹凸型排水板宜采用搭接法施工，搭接宽度应根据产品的规格具体确定；网状交织排水板宜采用对接法施工；采用陶粒作排水层时，铺设应平整，厚度应均匀。

③ 过滤层土工布铺设应平整、无皱折，搭接宽度不应小于 100mm，搭接宜采用粘合或缝合处理；土工布应沿种植土周边向上铺设至种植土高度。

④ 种植土层的荷载应符合设计要求；种植土、植物等应在屋面上均匀堆放，且不得损坏防水层。

6）架空隔热层施工

① 架空隔热层施工前，应将屋面清扫干净，并应根据架空隔热制品的尺寸弹出支座中线。

② 在架空隔热制品支座底面，应对卷材、涂膜防水层采取加强措施。

③ 铺设架空隔热制品时，应随时清扫屋面防水层上的落灰、杂物等，操作时不得损伤已完工的防水层。

④ 架空隔热制品的铺设应平整、稳固，缝隙应勾填密实。

7）蓄水隔热层施工

① 蓄水池的所有孔洞应预留，不得后凿。所设置的溢水管、排水管和给水管等，应在混凝土施工前安装完毕。

② 每个蓄水区的防水混凝土应一次浇筑完毕，不得留置施工缝。

③ 蓄水池的防水混凝土施工时，环境气温宜为 5～35℃，并应避免在冬期和高温期施工。

④ 蓄水池的防水混凝土完工后，应及时进行养护，养护时间不得少于 14d；蓄水后不得断水。

⑤ 蓄水池的溢水口标高、数量、尺寸应符合设计要求；过水孔应设在分仓墙底部，排水管应与水落管连通。

（4）卷材防水层施工

1）卷材防水层基层应坚实、干净、平整，应无孔隙、起砂和裂缝。基层的干燥程度应根据所选防水卷材的特性确定。

2）卷材防水层铺贴顺序和方向应符合下列规定：

① 卷材防水层施工时，应先进行细部构造处理，然后由屋面最低标高向上铺贴。

② 檐沟、天沟卷材施工时，宜顺檐沟、天沟方向铺贴，搭接缝应顺流水方向。

③ 卷材宜平行屋脊铺贴，上下层卷材不得相互垂直铺贴。

3）立面或大坡面铺贴卷材时，应采用满粘法，并宜减少卷材短边搭接。

4）采用基层处理剂时，其配制与施工应符合下列规定：

① 基层处理剂应与卷材相容。

② 基层处理剂应配比准确，并应搅拌均匀。

③ 喷、涂基层处理剂前，应先对屋面细部进行涂刷。

④ 基层处理剂可选用喷涂或涂刷施工工艺，喷、涂应均匀一致，干燥后应及时进行卷材施工。

5）卷材搭接缝应符合下列规定：

① 平行屋脊的搭接缝应顺流水方向，搭接缝宽度应符合《屋面工程技术规范》（GB50345—2012）第4.5.10条的规定。

② 同一层相邻两幅卷材短边搭接缝错开不应小于500mm。

③ 上下层卷材长边搭接缝应错开，且不应小于幅宽的1/3。

④ 叠层铺贴的各层卷材，在天沟与屋面的交接处，应采用叉接法搭接，搭接缝应错开；搭接缝宜留在屋面与天沟侧面，不宜留在沟底。

6）冷粘法铺贴卷材应符合下列规定：

① 胶粘剂涂刷应均匀，不得露底、堆积；卷材空铺、点粘、条粘时，应按规定的位置及面积涂刷胶粘剂。

② 应根据胶粘剂的性能与施工环境、气温条件等，控制胶粘剂涂刷与卷材铺贴的间隔时间。

③ 铺贴卷材时应排除卷材下面的空气，并应辊压粘贴牢固。

④ 铺贴的卷材应平整顺直，搭接尺寸应准确，不得扭曲、皱折；搭接部位的接缝应满涂胶粘剂，辊压应粘贴牢固。

⑤ 合成高分子卷材铺好压粘后，应将搭接部位的粘合面清理干净，并应采用与卷材配套的接缝专用胶粘剂，在搭接缝粘合面上应涂刷均匀，不得露底、堆积，应排除缝间的空气，并用辊压粘贴牢固。

⑥ 合成高分子卷材搭接部位采用胶粘带粘结时，粘合面应清理干净，必要时可涂刷与卷材及胶粘带材性相容的基层胶粘剂，撕去胶粘带隔离纸后应及时粘合接缝部位的卷材，并应辊压粘贴牢固；低温施工时，宜采用热风机加热。

⑦ 搭接缝口应用材性相容的密封材料封严。

7）热粘法铺贴卷材应符合下列规定：

① 熔化热熔型改性沥青胶结料时，宜采用专用导热油炉加热，加热温度不应高于200℃，使用温度不宜低于180℃。

② 粘贴卷材的热熔型改性沥青胶结料厚度宜为1.0～1.5mm。

③ 采用热熔型改性沥青胶结料铺贴卷材时，应随刮随滚铺，并应展平压实。

8）热熔法铺贴卷材应符合下列规定：

① 火焰加热器的喷嘴距卷材面的距离应适中，幅宽内加热应均匀，应以卷材表面熔融至光亮黑色为度，不得过分加热卷材；厚度小于3mm的高聚物改性沥青防水卷材，严禁采用热熔法施工。

② 卷材表面沥青热熔后应立即滚铺卷材，滚铺时应排除卷材下面的空气。

③ 搭接缝部位宜以溢出热熔的改性沥青胶结料为度，溢出的改性沥青胶结料宽度宜为8mm，并宜均匀顺直；当接缝处的卷材上有矿物粒或片料时，应用火焰烘烤及清除干净后再进行热熔和接缝处理。

④ 铺贴卷材时应平整顺直，搭接尺寸应准确，不得扭曲。

9）自粘法铺贴卷材应符合下列规定：

① 铺贴卷材前，基层表面应均匀涂刷基层处理剂，干燥后应及时铺贴卷材。

② 铺贴卷材时应将自粘胶底面的隔离纸完全撕净。

③ 铺贴卷材时应排除卷材下面的空气，并应辊压粘贴牢固。

④ 铺贴的卷材应平整顺直，搭接尺寸应准确，不得扭曲、皱折；低温施工时，立面、大坡面及搭接部位宜采用热风机加热，加热后应随即粘贴牢固。

⑤ 搭接缝口应采用材性相容的密封材料封严。

10）焊接法铺贴卷材应符合下列规定：

① 对热塑性卷材的搭接缝可采用单缝焊或双缝焊，焊接应严密。

② 焊接前，卷材应铺放平整、顺直，搭接尺寸应准确，焊接缝的结合面应清理干净。

③ 应先焊长边搭接缝，后焊短边搭接缝。

④ 应控制加热温度和时间，焊接缝不得漏焊、跳焊或焊接不牢。

11）机械固定法铺贴卷材应符合下列规定：

① 固定件应与结构层连接牢固。

② 固定件间距应根据抗风揭试验和当地的使用环境与条件确定，并不宜大于 600mm。

③ 卷材防水层周边 800mm 范围内应满粘，卷材收头应采用金属压条钉压固定和密封处理。

12）防水卷材的贮运、保管应符合下列规定：

① 不同品种、规格的卷材应分别堆放。

② 卷材应贮存在阴凉通风处，应避免雨淋、日晒和受潮，严禁接近火源。

③ 卷材应避免与化学介质及有机溶剂等有害物质接触。

13）进场的防水卷材应检验下列项目：

① 高聚物改性沥青防水卷材的可溶物含量、拉力、最大拉力时延伸率、耐热度、低温柔性、不透水性。

② 合成高分子防水卷材的断裂拉伸强度、扯断伸长率、低温弯折性、不透水性。

14）胶粘剂和胶粘带的贮运、保管应符合下列规定：

① 不同品种、规格的胶粘剂和胶粘带，应分别用密封桶或纸箱包装。

② 胶粘剂和胶粘带应贮存在阴凉通风的室内，严禁接近火源和热源。

15）进场的基层处理剂、胶粘剂和胶粘带，应检验下列项目：

① 沥青基防水卷材用基层处理剂的固体含量、耐热性、低温柔性、剥离强度。

② 高分子胶粘剂的剥离强度、浸水 168h 后的剥离强度保持率。

③ 改性沥青胶粘剂的剥离强度。

④ 合成橡胶胶粘带的剥离强度、浸水 168h 后的剥离强度保持率。

16）卷材防水层的施工环境温度应符合下列规定：

① 热溶法和焊接法不宜低于 −10℃。

② 冷粘法和热粘法不宜低于 5℃。

③ 自粘法不宜低于 10℃。

(5) 涂膜防水层施工

1) 涂膜防水层的基层应坚实、平整、干净，应无孔隙、起砂和裂缝。基层的干燥程度应根据所选用的防水涂料特性确定；当采用溶剂型、热熔型和反应固体型防水涂料时，基层应干燥。

2) 基层处理剂的施工应符合（4）中4) 的规定。

3) 双组分或多组分防水涂料应按配合比准确计量，应采用电动机具搅拌均匀，已配制的涂料应及时使用。配料时，可加入适量的缓凝剂或促凝剂调节固化时间，但不得混合已固化的涂料。

4) 涂膜防水层施工应符合下列规定：

① 防水涂料应多遍均匀涂布，涂膜总厚度应符合设计要求。

② 涂膜间夹铺胎体增强材料时，宜边涂布边铺胎体；胎体应铺贴平整，应排除气泡，并应与涂料粘结牢固。在胎体上涂布涂料时，应使涂料浸透胎体，并应覆盖完全，不得有胎体外露现象。最上面的涂膜厚度不应小于 1.0mm。

③ 涂膜施工应先做好细部处理，再进行大面积涂布。

④ 屋面转角及立面的涂膜应薄涂多遍，不得流淌和堆积。

5) 涂膜防水层施工工艺应符合下列规定：

① 水乳型及溶剂型防水涂料宜选用滚涂或喷涂施工。

② 反应固化型涂料宜选用刮涂或喷涂施工。

③ 热熔型防水涂料宜选用刮涂施工。

④ 聚合物水泥防水涂料宜选用刮涂法施工。

⑤ 所有防水涂料用于细部构造时，宜选用刷涂或喷涂施工。

6) 防水涂料和胎体增强材料的贮运、保管，应符合下列规定：

① 防水涂料包装容器应密封，容器表面应标明涂料名称、生产厂家、执行标准号、生产日期和产品有效期，并应分类存放。

② 反应型和水乳型涂料贮运和保管环境温度不宜低于 5℃。

③ 溶剂型涂料贮运和保管环境温度不宜低于 0℃，并不得日晒、碰撞和渗漏；保管环境应干燥、通风，并应远离火源、热源。

④ 胎体增强材料贮运、保管环境应干燥、通风，并应远离火源、热源。

7) 进场的防水涂料和胎体增强材料应检验下列项目：

① 高聚物改性沥青防水涂料的固体含量、耐热性、低温柔性、不透水性、断裂伸长率或抗裂性。

② 合成高分子防水涂料和聚合物水泥防水涂料的固体含量、低温柔性、不透水性、拉伸强度、断裂伸长率。

③ 胎体增强材料的拉力、延伸率。

8) 涂膜防水层的施工环境温度应符合下列规定：

① 水乳型及反应型涂料宜为 5～35℃。

② 溶剂型涂料宜为 -5～35℃。

③ 热熔型涂料不宜低于 -10℃。

④ 聚合物水泥涂料宜为 5～35℃。

（6）接缝密封防水施工

1）密封防水部位的基层应符合下列规定：

① 基层应牢固，表面应平整、密实，不得有裂缝、蜂窝、麻面、起皮和起砂等现象。

② 基层应清洁、干燥，应无油污、无灰尘。

③ 嵌入的背衬材料与接缝壁间不得留有空隙。

④ 密封防水部位的基层宜涂刷基层处理剂，涂刷应均匀，不得漏涂。

2）改性沥青密封材料防水施工应符合下列规定：

① 采用冷嵌法施工时，宜分次将密封材料嵌填在缝内，并应防止裹入空气。

② 采用热灌法施工时，应由下向上进行，并宜减少接头；密封材料熬制及浇灌温度，应按不同材料要求严格控制。

3）合成高分子密封材料防水施工应符合下列规定：

① 单组分密封材料可直接使用；多组分密封材料应根据规定的比例准确计量，并应拌合均匀；每次拌合量、拌合时间和拌合温度，应按所用密封材料的要求严格控制。

② 采用挤出枪嵌填时，应根据接缝的宽度选用口径合适的挤出嘴，应均匀挤出密封材料嵌填，并应由底部逐渐充满整个接缝。

③ 密封材料嵌填后，应在密封材料表干前用腻子刀嵌填修整。

4）密封材料嵌填应密实、连续、饱满，应与基层粘结牢固；表面应平滑，缝边应顺直，不得有气泡、孔洞、开裂、剥离等现象。

5）对嵌填完毕的密封材料，应避免碰损及污染；固化前不得踩踏。

6）密封材料的贮运、保管应符合下列规定：

① 运输时应防止日晒、雨淋、撞击、挤压。

② 贮运、保管环境应通风、干燥，防止日光直接照射，并应远离火源、热源；乳胶型密封材料在冬季时应采取防冻措施。

③ 密封材料应按类别、规格分别存放。

7）进场的密封材料应检验下列项目：

① 改性石油沥青密封材料的耐热性、低温柔性、拉伸粘结性、施工度。

② 合成高分子密封材料的拉伸模量、断裂伸长率、定伸粘结性。

8）接缝密封防水的施工环境温度应符合下列规定：

① 改性沥青密封材料和溶剂型合成高分子密封材料宜为 0～35℃。

② 乳胶型及反应型合成高分子密封材料宜为 5～35℃。

（7）瓦屋面施工

1）瓦屋面采用的木质基层、顺水条、挂瓦条的防腐、防火及防蛀处理，以及金属顺水条、挂瓦条的防锈蚀处理，均应符合设计要求。

2）屋面木基层应铺钉牢固、表面平整；钢筋混凝土基层的表面应平整、干净、干燥。

3）防水垫层的铺设应符合下列规定：

① 防水垫层可采用空铺、满粘或机械固定。

② 防水垫层在瓦屋面构造层次中的位置应符合设计要求。

③ 防水垫层宜自下而上平行屋脊铺设。

④ 防水垫层应顺流水方向搭接，搭接宽度应符合《屋面工程技术规范》（GB 50345—

2012) 第 4.8.6 条的规定。

⑤ 防水垫层应铺设平整，下道工序施工时，不得损坏已铺设完成的防水垫层。

4) 持钉层的铺设应符合下列规定：

① 屋面无保温层时，木基层或钢筋混凝土基层可视为持钉层；钢筋混凝土基层不平整时，宜用 1：2.5 的水泥砂浆进行找平。

② 屋面有保温层时，保温层上应按设计要求做细石混凝土持钉层，内配钢筋网应骑跨屋脊，并应绷直与屋脊和檐口、檐沟部位的预埋锚筋连牢；预埋锚筋穿过防水层或防水垫层时，破损处应进行局部密封处理。

③ 水泥砂浆或细石混凝土持钉层可不设分格缝；持钉层与突出屋面结构的交接处应预留 30mm 宽的缝隙。

5) 烧结瓦、混凝土瓦屋面

① 顺水条应顺流水方向固定，间距不宜大于 500mm，顺水条应铺钉牢固、平整。钉挂瓦条时应拉通线，挂瓦条的间距应根据瓦片尺寸和屋面坡长经计算确定，挂瓦条应铺钉牢固、平整，上棱应成一直线。

② 铺设瓦屋面时，瓦片应均匀分散堆放在两坡屋面基层上，严禁集中堆放。铺瓦时，应由两坡从下向上同时对称铺设。

③ 瓦片应铺成整齐的行列，并应彼此紧密搭接，应做到瓦榫落槽、瓦脚挂牢、瓦头排齐，且无翘角和张口现象，檐口应成一直线。

④ 脊瓦搭盖间距应均匀，脊瓦与坡面瓦之间的缝隙应用聚合物水泥砂浆填实抹平，屋脊或斜脊应顺直。沿山墙一行瓦宜用聚合物水泥砂浆做出披水线。

⑤ 檐口第一根挂瓦条应保证瓦头出檐口 50～70mm；屋脊两坡最上面的一根挂瓦条，应保证脊瓦在坡面瓦上的搭盖宽度不小于 40mm；钉檐口条或封檐板时，均应高出挂瓦条 20～30mm。

⑥ 烧结瓦、混凝土瓦屋面完工后，应避免屋面受物体冲击，严禁任意上人或堆放物件。

⑦ 烧结瓦、混凝土瓦的贮运、保管应符合下列规定：

a. 烧结瓦、混凝土瓦运输时应轻拿轻放，不得抛扔、碰撞。

b. 进入现场后应堆垛整齐。

⑧ 进场的烧结瓦、混凝土瓦应检验抗渗性、抗冻性和吸水率等项目。

6) 沥青瓦屋面

① 铺设沥青瓦前，应在基层上弹出水平及垂直基准线，并应按线铺设。

② 檐口部位宜先铺设金属滴水板或双层檐口瓦，并应将其固定在基层上，再铺设防水垫层和起始瓦片。

③ 沥青瓦应自檐口向上铺设，起始层瓦应由瓦片经切除垂片部分后制得，且起始层瓦沿檐口应平行铺设并伸出檐口 10mm，再用沥青基胶结材料和基层粘结；第一层瓦应与起始层瓦叠合，但瓦切口应向下指向檐口；第二层瓦应压在第一层瓦上且露出瓦切口，但不得超过切口长度。相邻两层沥青瓦的拼缝及切口应均匀错开。

④ 檐口、屋脊等屋面边沿部位的沥青瓦之间、起始层沥青瓦与基层之间，应采用沥青基胶结材料满粘牢固。

⑤ 在沥青瓦上钉固定钉时，应将钉垂直钉入持钉层内；固定钉穿入细石混凝土持钉层的深度不应小于 20mm，穿入木质持钉层的深度不应小于 15mm，固定钉的钉帽不得外露在沥青瓦表面。

⑥ 每片脊瓦应用两个固定钉固定；脊瓦应顺年最大频率风向搭接，并应搭盖住两坡面沥青瓦每边不小于 150mm；脊瓦与脊瓦的压盖面不应小于脊瓦面积的 1/2。

⑦ 沥青瓦屋面与立墙或伸出屋面的烟囱、管道的交接处应做泛水，在其周边与立面 250mm 的范围内应铺设附加层，然后在其表面用沥青基胶结材料满粘一层沥青瓦片。

⑧ 铺设沥青瓦屋面的天沟应顺直，瓦片应粘结牢固，搭接缝应密封严密，排水应通畅。

⑨ 沥青瓦的贮运、保管应符合下列规定：

a. 不同类型、规格的产品应分别堆放。

b. 贮存温度不应高于 45℃，并应平放贮存。

c. 应避免雨淋、日晒、受潮，并应注意通风和避免接近火源。

⑩ 进场的沥青瓦应检验可溶物含量、拉力、耐热度、柔度、不透水性、叠层剥离强度等项目。

（8）金属板屋面施工

1）金属板屋面施工应在主体结构和支承结构验收合格后进行。

2）金属板屋面施工前应根据施工图纸进行深化排板图设计。金属板铺设时，应根据金属板板型技术要求和深化设计排板图进行。

3）金属板屋面施工测量应与主体结构测量相配合，其误差应及时调整，不得积累；施工过程中应定期对金属板的安装定位基准点进行校核。

4）金属板屋面的构件及配件应有产品合格证和性能检测报告，其材料的品种、规格、性能等应符合设计要求和产品标准的规定。

5）金属板的长度应根据屋面排水坡度、板型连接构造、环境温差及吊装运输条件等综合确定。

6）金属板的横向搭接方向宜顺主导风向；当在多维曲面上雨水可能翻越金属板板肋横流时，金属板的纵向搭接应顺流水方向。

7）金属板铺设过程中应对金属板采取临时固定措施，当天就位的金属板材应及时连接固定。

8）金属板安装应平整、顺滑，板面不应有施工残留物；檐口线、屋脊线应顺直，不得有起伏不平现象。

9）金属板屋面施工完毕，应进行雨后观察、整体或局部淋水试验，檐沟、天沟应进行蓄水试验，并应填写淋水和蓄水试验记录。

10）金属板屋面完工后，应避免屋面受物体冲击，并不宜对金属面板进行焊接、开孔等作业，严禁任意上人或堆放物件。

11）金属板应边缘整齐、表面光滑、色泽均匀、外形规则，不得有扭翘、脱膜和锈蚀等缺陷。

12）金属板的吊运、保管应符合下列规定：

① 金属板应用专用吊具安装，吊装和运输过程中不得损伤金属板材。

② 金属板堆放地点宜选择在安装现场附近，堆放场地应平整坚实且便于排除地面水。

13）进场的彩色涂层钢板及钢带应检验屈服强度、抗拉强度、断后伸长率、镀层重量、涂层厚度等项目。

14）金属面绝热夹芯板的贮运、保管应符合下列规定：

① 夹芯板应采取防雨、防潮、防火措施。

② 夹芯板之间应用衬垫隔离，并应分类堆放，应避免受压或机械损伤。

15）进场的金属面绝热夹芯板应检验剥离性能、抗弯承载力、防火性能等项目。

（9）玻璃采光顶施工

1）玻璃采光顶施工应在主体结构验收合格后进行；采光顶的支承构件与主体结构连接的预埋件应按设计要求埋设。

2）玻璃采光顶的施工测量应与主体结构测量相配合，测量偏差应及时调整，不得积累；施工过程中应定期对采光顶的安装定位基准点进行校核。

3）玻璃采光顶的支承构件、玻璃组件及附件，其材料的品种、规格、色泽和性能应符合设计要求和技术标准的规定。

4）玻璃采光顶施工完毕，应进行雨后观察、整体或局部淋水试验，檐沟、天沟应进行蓄水试验，并应填写淋水和蓄水试验记录。

5）框支承玻璃采光顶的安装施工应符合下列规定：

① 应根据采光顶分格测量，确定采光顶各分格点的空间定位。

② 支承结构应按顺序安装，采光顶框架组件安装就位、调整后应及时紧固；不同金属材料的接触面应采用隔离材料。

③ 采光顶的周边封堵收口、屋脊处压边收口、支座处封口处理，均应铺设平整且可靠固定。

④ 采光顶天沟、排水槽、通气槽及雨水排出口等细部构造应符合设计要求。

⑤ 装饰压板应顺流水方向设置，表面应平整，接缝应符合设计要求。

6）点支承玻璃采光顶的安装施工应符合下列规定：

① 应根据采光顶分格测量，确定采光顶各分格点的空间定位。

② 钢桁架及网架结构安装就位、调整后应及时紧固；钢索杆结构的拉索、拉杆预应力施加应符合设计要求。

③ 采光顶应采用不锈钢驳接组件装配，爪件安装前应精确定出其安装位置。

④ 玻璃宜采用机械吸盘安装，并应采取必要的安全措施。

⑤ 玻璃接缝应采用硅酮耐候密封胶。

⑥ 中空玻璃钻孔周边应采取多道密封措施。

7）明框玻璃组件组装应符合下列规定：

① 玻璃与构件槽口的配合应符合设计要求和技术标准的规定。

② 玻璃四周密封胶条的材质、型号应符合设计要求，镶嵌应平整、密实，胶条的长度宜大于边框内槽口长度 1.5%～2.0%，胶条在转角处应斜面断开，并应用粘结剂粘结牢固。

③ 组件中的导气孔及排水孔设置应符合设计要求，组装时应保持孔道通畅。

④ 明框玻璃组件应拼装严密，框缝密封应采用硅酮耐候密封胶。

8）隐框及半隐框玻璃组件组装应符合下列规定：

① 玻璃及框料粘结表面的尘埃、油渍和其他污物，应分别使用带溶剂的擦布和干擦布清除干净，并应在清洁 1h 内嵌填密封胶。

② 所用的结构粘结材料应采用硅酮结构密封胶，其性能应符合现行国家标准《建筑用硅酮结构密封胶》（GB16776—2005）的有关规定；硅酮结构密封胶应在有效期内使用。

③ 硅酮结构密封胶应嵌填饱满，并应在温度 15～30℃、相对湿度 50％以上、洁净的室内进行，不得在现场嵌填。

④ 硅酮结构密封胶的粘结宽度和厚度应符合设计要求，胶缝表面应平整光滑，不得出现气泡。

⑤ 硅酮结构密封胶固化期间，组件不得长期处于单独受力状态。

9）玻璃接缝密封胶的施工应符合下列规定：

① 玻璃接缝密封应采用硅酮耐候密封胶，其性能应符合现行行业标准《幕墙玻璃接缝用密封胶》（JC/T 882—2001）的有关规定，密封胶的级别和模量应符合设计要求。

② 密封胶的嵌填应密实、连续、饱满，胶缝应平整光滑、缝边顺直。

③ 玻璃间的接缝宽度和密封胶的嵌填深度应符合设计要求。

④ 不宜在夜晚、雨天嵌填密封胶，嵌填温度应符合产品说明书规定，嵌填密封胶的基面应清洁、干燥。

10）玻璃采光顶材料的贮运、保管应符合下列规定：

① 采光顶部件在搬运时应轻拿轻放，严禁发生互相碰撞。

② 采光玻璃在运输中应采用有足够承载力和刚度的专用货架；部件之间应用衬垫固定，并应相互隔开。

③ 采光顶部件应放在专用货架上，存放场地应平整、坚实、通风、干燥，并严禁与酸碱等类的物质接触。

2. 地下防水工程

（1）主体结构防水工程

1）防水混凝土

① 防水混凝土施工前应做好降排水工作，不得在有积水的环境中浇筑混凝土。

② 防水混凝土的配合比，应符合下列规定：

a. 胶凝材料用量应根据混凝土的抗渗等级和强度等级等选用，其总用量不宜小于 320kg/m³；当强度要求较高或地下水有腐蚀性时，胶凝材料用量可通过试验调整。

b. 在满足混凝土抗渗等级、强度等级和耐久性条件下，水泥用量不宜小于 260kg/m³。

c. 砂率宜为 35％～40％，泵送时可增至 45％。

d. 灰砂比宜为 1：1.5～1：2.5。

e. 水胶比不得大于 0.50，有侵蚀性介质时水胶比不宜大于 0.45。

f. 防水混凝土采用预拌混凝土时，入泵坍落度宜控制在 120～160mm，坍落度每小时损失值不应大于 20mm，坍落度总损失值不应大于 40mm。

g. 掺加引气剂或引气型减水剂时，混凝土含气量应控制在 3％～5％。

h. 预拌混凝土的初凝时间宜为 6～8h。

3.6 其他工程

③ 防水混凝土配料应按配合比准确称量，其计量允许偏差应符合表 3-60 的规定。

防水混凝土配料计量允许偏差　　　　表 3-60

混凝土组成材料	每盘计量（%）	累计计量（%）
水泥、掺合料	±2	±1
粗、细骨料	±3	±2
水、外加剂	±2	±1

注：累计计量仅适用于微机控制计量的搅拌站。

④ 使用减水剂时，减水剂宜配制成一定浓度的溶液。

⑤ 防水混凝土应分层连续浇筑，分层厚度不得大于 500mm。

⑥ 用于防水混凝土的模板应拼缝严密、支撑牢固。

⑦ 防水混凝土拌合物应采用机械搅拌，搅拌时间不宜小于 2min。掺外加剂时，搅拌时间应根据外加剂的技术要求确定。

⑧ 防水混凝土拌合物在运输后如出现离析，必须进行二次搅拌。当坍落度损失后不能满足施工要求时，应加入原水胶比的水泥浆或掺加同品种的减水剂进行搅拌，严禁直接加水。

⑨ 防水混凝土应采用机械振捣，避免漏振、欠振和超振。

⑩ 防水混凝土应连续浇筑，宜少留施工缝。当留设施工缝时，应符合下列规定：

a. 墙体水平施工缝不应留在剪力最大处或底板与侧墙的交接处，应留在高出底板表面不小于 300mm 的墙体上。拱（板）墙结合的水平施工缝，宜留在拱（板）墙接缝线以下 150～300mm 处。墙体有预留孔洞时，施工缝距孔洞边缘不应小于 300mm。

b. 垂直施工缝应避开地下水和裂隙水较多的地段，并宜与变形缝相结合。

⑪ 施工缝防水构造形式宜按图 3-70～图 3-73 选用，当采用两种以上构造措施时可进行有效组合。

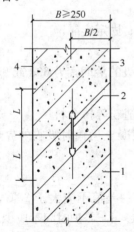
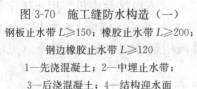

图 3-70　施工缝防水构造（一）
钢板止水带 L≥150；橡胶止水带 L≥200；
钢边橡胶止水带 L≥120
1—先浇混凝土；2—中埋止水带；
3—后浇混凝土；4—结构迎水面

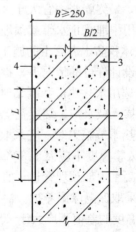

图 3-71　施工缝防水构造（二）
外贴止水带 L≥150；外涂防水涂料 L＝200；
外抹防水砂浆 L＝200
1—先浇混凝土；2—外贴止水带；
3—后浇混凝土；4—结构迎水面

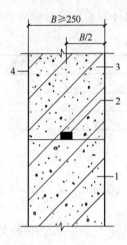
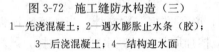
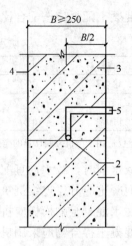

图 3-72　施工缝防水构造（三）　　　　图 3-73　施工缝防水构造（四）
1—先浇混凝土；2—遇水膨胀止水条（胶）；　1—先浇混凝土；2—预埋注浆管；3—后浇混凝土；
3—后浇混凝土；4—结构迎水面　　　　　4—结构迎水面；5—注浆导管

⑫ 施工缝的施工应符合下列规定：

a. 水平施工缝浇筑混凝土前，应将其表面浮浆和杂物清除，然后铺设净浆或涂刷混凝土界面处理剂、水泥基渗透结晶型防水涂料等材料，再铺 30～50mm 厚的 1∶1 水泥砂浆，并应及时浇筑混凝土。

b. 垂直施工缝浇筑混凝土前，应将其表面清理干净，再涂刷混凝土界面处理剂或水泥基渗透结晶型防水涂料，并应及时浇筑混凝土。

c. 遇水膨胀止水条（胶）应与接触表面密贴。

d. 选用的遇水膨胀止水条（胶）应具有缓胀性能，7d 的净膨胀率不宜大于最终膨胀率的 60%，最终膨胀率宜大于 220%。

e. 采用中埋式止水带或预埋式注浆管时，应定位准确、固定牢靠。

⑬ 大体积防水混凝土的施工，应符合下列规定：

a. 在设计许可的情况下，掺粉煤灰混凝土设计强度等级的龄期宜为 60d 或 90d。

b. 宜选用水化热低和凝结时间长的水泥。

c. 宜掺入减水剂、缓凝剂等外加剂和粉煤灰、磨细矿渣粉等掺合料。

d. 炎热季节施工时，应采取降低原材料温度、减少混凝土运输时吸收外界热量等降温措施，入模温度不应大于 30℃。

e. 混凝土内部预埋管道，宜进行水冷散热。

f. 应采取保温保湿养护。混凝土中心温度与表面温度的差值不应大于 25℃，表面温度与大气温度的差值不应大于 20℃，温降梯度不得大于 3℃/d，养护时间不应少于 14d。

⑭ 防水混凝土结构内部设置的各种钢筋或绑扎铁丝，不得接触模板。用于固定模板的螺栓必须穿过混凝土结构时，可采用工具式螺栓或螺栓加堵头，螺栓上应加焊方形止水环。拆模后应将留下的凹槽用密封材料封堵密实，并应用聚合物水泥砂浆抹平（见图 3-74）。

⑮ 防水混凝土终凝后应立即进行养护，养护时间不得少于 14d。

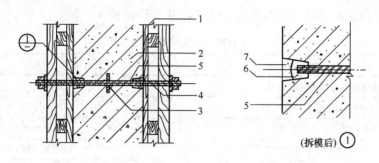

图 3-74 固定模板用螺栓的防水构造

1—模板；2—结构混凝土；3—止水环；4—工具式螺栓；
5—固定模板用螺栓；6—密封材料；7—聚合物水泥砂浆

⑯ 防水混凝土的冬期施工，应符合下列规定：

a. 混凝土入模温度不应低于 5℃。

b. 混凝土养护应采用综合蓄热法、蓄热法、暖棚法、掺化学外加剂等方法，不得采用电热法或蒸气直接加热法。

c. 应采取保湿保温措施。

2）水泥砂浆防水层

① 基层表面应平整、坚实、清洁，并应充分湿润、无明水。

② 基层表面的孔洞、缝隙，应采用与防水层相同的防水砂浆堵塞并抹平。

③ 施工前应将预埋件、穿墙管预留凹槽内嵌填密封材料后，再施工水泥砂浆防水层。

④ 防水砂浆的配合比和施工方法应符合所掺材料的规定，其中聚合物水泥防水砂浆的用水量应包括乳液中的含水量。

⑤ 水泥砂浆防水层应分层铺抹或喷射，铺抹时应压实、抹平，最后一层表面应提浆压光。

⑥ 聚合物水泥防水砂浆拌合后应在规定时间内用完，施工中不得任意加水。

⑦ 水泥砂浆防水层各层应紧密粘合，每层宜连续施工；必须留设施工缝时，应采用阶梯坡形槎，但离阴阳角处的距离不得小于 200mm。

⑧ 水泥砂浆防水层不得在雨天、五级及以上大风中施工。冬期施工时，气温不应低于 5℃。夏季不宜在 30℃ 以上的烈日照射下施工。

⑨ 水泥砂浆防水层终凝后，应及时进行养护，养护温度不宜低于 5℃，并应保持砂浆表面湿润，养护时间不得少于 14d。

聚合物水泥防水砂浆未达到硬化状态时，不得浇水养护或直接受雨水冲刷，硬化后应采用干湿交替的养护方法。潮湿环境中，可在自然条件下养护。

3）卷材防水层

① 卷材防水层的基面应坚实、平整、清洁，阴阳角处应做圆弧或折角，并应符合所用卷材的施工要求。

② 铺贴卷材严禁在雨天、雪天、五级及以上大风中施工；冷粘法、自粘法施工的环境气温不宜低于 5℃，热熔法、焊接法施工的环境气温不宜低于 −10℃。施工过程中下雨或下雪时，应做好已铺卷材的防护工作。

③ 不同品种防水卷材的搭接宽度，应符合表 3-61 的要求。

防水卷材搭接宽度 表 3-61

卷材品种	搭接宽度（mm）
弹性体改性沥青防水卷材	100
改性沥青聚乙烯胎防水卷材	100
自粘聚合物改性沥青防水卷材	80
三元乙丙橡胶防水卷材	100/60（胶粘剂/胶粘带）
聚氯乙烯防水卷材	60/80（单焊缝/双焊缝）
	100（胶粘剂）
聚乙烯丙纶复合防水卷材	100（粘结料）
高分子自粘胶膜防水卷材	70/80（自粘胶/胶粘带）

④ 防水卷材施工前，基面应干净、干燥，并应涂刷基层处理剂；当基面潮湿时，应涂刷湿固化型胶粘剂或潮湿界面隔离剂。基层处理剂的配制与施工应符合下列要求：

a. 基层处理剂应与卷材及其粘结材料的材性相容。

b. 基层处理剂喷涂或刷涂应均匀一致，不应露底，表面干燥后方可铺贴卷材。

⑤ 铺贴各类防水卷材应符合下列规定：

a. 应铺设卷材加强层。

b. 结构底板垫层混凝土部位的卷材可采用空铺法或点粘法施工，其粘结位置、点粘面积应按设计要求确定；侧墙采用外防外贴法的卷材及顶板部位的卷材应采用满粘法施工。

c. 卷材与基面、卷材与卷材间的粘结应紧密、牢固；铺贴完成的卷材应平整顺直，搭接尺寸应准确，不得产生扭曲和皱折。

d. 卷材搭接处的接头部位应粘结牢固，接缝口应封严或采用材性相容的密封材料封缝。

e. 铺贴立面卷材防水层时，应采取防止卷材下滑的措施。

f. 铺贴双层卷材时，上下两层和相邻两幅卷材的接缝应错开 1/3～1/2 幅宽，且两层卷材不得相互垂直铺贴。

⑥ 弹性体改性沥青防水卷材和改性沥青聚乙烯胎防水卷材采用热熔法施工应加热均匀，不得加热不足或烧穿卷材，搭接缝部位应溢出热熔的改性沥青。

⑦ 铺贴自粘聚合物改性沥青防水卷材应符合下列规定：

a. 基层表面应平整、干净、干燥、无尖锐突起物或孔隙。

b. 排除卷材下面的空气，应辊压粘贴牢固，卷材表面不得有扭曲、皱折和起泡现象。

c. 立面卷材铺贴完成后，应将卷材端头固定或嵌入墙体顶部的凹槽内，并应用密封材料封严。

d. 低温施工时，宜对卷材和基面适当加热，然后铺贴卷材。

⑧ 铺贴三元乙丙橡胶防水卷材应采用冷粘法施工，并应符合下列规定：

a. 基底胶粘剂应涂刷均匀，不应露底、堆积。

b. 胶粘剂涂刷与卷材铺贴的间隔时间应根据胶粘剂的性能控制。

c. 铺贴卷材时，应辊压粘贴牢固。

d. 搭接部位的粘合面应清理干净，并应采用接缝专用胶粘剂或胶粘带粘结。

⑨ 铺贴聚氯乙烯防水卷材，接缝采用焊接法施工时，应符合下列规定：

a. 卷材的搭接缝可采用单焊缝或双焊缝。单焊缝搭接宽度应为 60mm，有效焊接宽度不应小于 30mm；双焊缝搭接宽度应为 80mm，中间应留设 10～20mm 的空腔，有效焊接宽度不宜小于 10mm。

b. 焊接缝的结合面应清理干净，焊接应严密。

c. 应先焊长边搭接缝，后焊短边搭接缝。

⑩ 铺贴聚乙烯丙纶复合防水卷材应符合下列规定：

a. 应采用配套的聚合物水泥防水粘结材料。

b. 卷材与基层粘贴应采用满粘法，粘结面积不应小于 90%，刮涂粘结料应均匀，不应露底、堆积。

c. 固化后的粘结料厚度不应小于 1.3mm。

d. 施工完的防水层应及时做保护层。

⑪ 高分子自粘胶膜防水卷材宜采用预铺反粘法施工，并应符合下列规定：

a. 卷材宜单层铺设。

b. 在潮湿基面铺设时，基面应平整坚固、无明显积水。

c. 卷材长边应采用自粘边搭接，短边应采用胶粘带搭接，卷材端部搭接区应相互错开。

d. 立面施工时，在自粘边位置距离卷材边缘 10～20mm 内，应每隔 400～600mm 进行机械固定，并应保证固定位置被卷材完全覆盖。

e. 浇筑结构混凝土时不得损伤防水层。

采用外防外贴法铺贴卷材防水层时，应符合下列规定：

a. 应先铺平面，后铺立面，交接处应交叉搭接。

b. 临时性保护墙宜采用石灰砂浆砌筑，内表面宜做找平层。

c. 从底面折向立面的卷材与永久性保护墙的接触部位，应采用空铺法施工；卷材与临时性保护墙或围护结构模板的接触部位，应将卷材临时贴附在该墙上或模板上，并应将板端临时固定。

d. 当不设保护墙时，从底面折向立面的卷材接槎部位应采取可靠的保护措施。

e. 混凝土结构完成，铺贴立面卷材时，应先将接槎部位的各层卷材揭开，并应将其表面清理干净，如卷材有局部损伤，应及时进行修补；卷材接槎的搭接长度，高聚物改性沥青类卷材应为 150mm，合成高分子类卷材应为 100mm；当使用两层卷材时，卷材应错槎接缝，上层卷材应盖过下层卷材。

卷材防水层甩槎、接槎构造见图 3-75。

⑫ 采用外防内贴法铺贴卷材防水层时，应符合下列规定：

a. 混凝土结构的保护墙内表面应抹厚度为 20mm 的 1：3 水泥砂浆找平层，然后铺贴卷材。

b. 卷材宜先铺立面，后铺平面；铺贴立面时，应先铺转角，后铺大面。

⑬ 卷材防水层经检查合格后，应及时做保护层，保护层应符合下列规定：

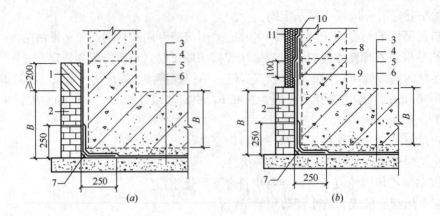

图 3-75　卷材防水层甩槎、接槎构造

(*a*) 甩槎；(*b*) 接槎

1—临时保护墙；2—永久保护墙；3—细石混凝土保护层；4—卷材防水层；5—水泥砂浆找平层；

6—混凝土垫层；7—卷材加强层；8—结构墙体；9—卷材加强层；10—卷材防水层；11—卷材保护层

a. 顶板卷材防水层上的细石混凝土保护层，应符合下列规定：

（a）采用机械碾压回填土时，保护层厚度不宜小于 70mm。

（b）采用人工回填土时，保护层厚度不宜小于 50mm。

（c）防水层与保护层之间宜设置隔离层。

b. 底板卷材防水层上的细石混凝土保护层厚度不应小于 50mm。

c. 侧墙卷材防水层宜和软质保护材料或铺抹 20mm 厚 1：2.5 水泥砂浆层。

4）涂料防水层

① 无机防水涂料基层表面应干净、平整、无浮浆和明显积水。

② 有机防水涂料基层表面应基本干燥，不应有气孔、凹凸不平、蜂窝麻面等缺陷。涂料施工前，基层阴阳角应做成圆弧形。

③ 涂料防水层严禁在雨天、雾天、5 级及以上大风时施工，不得在施工环境温度低于 5℃ 及高于 35℃ 或烈日暴晒时施工。涂膜固化前如有降雨可能时，应及时做好已完涂层的保护工作。

④ 防水涂料的配制应按涂料的技术要求进行。

⑤ 防水涂料应分层刷涂或喷涂，涂层应均匀，不得漏刷漏涂；接槎宽度不应小于 100mm。

⑥ 铺贴胎体增强材料时，应使胎体层充分浸透防水涂料，不得有露槎及褶皱。

⑦ 有机防水涂料施工完后应及时做保护层，保护层应符合下列规定：

a. 底板、顶板应采用 20mm 厚 1：2.5 水泥砂浆层和 40～50mm 厚的细石混凝土保护层，防水层与保护层之间宜设置隔离层。

b. 侧墙背水面保护层应采用 20mm 厚 1：2.5 水泥砂浆。

c. 侧墙迎水面保护层宜选用软质保护材料或 20mm 厚 1：2.5 水泥砂浆。

5）塑料防水板防水层

① 塑料防水板防水层的基面应平整、无尖锐突出物；基面平整度 D/L 不应大于 1/6。

注：D 为初期支护基面相邻两凸面间凹进去的深度；L 为初期支护基面相邻两凸面间的距离。

② 铺设塑料防水板前应先铺缓冲层，缓冲层应采用暗钉圈固定在基面上（见图 3-76）。钉距应符合《地下工程防水技术规范》（GB 50108—2008）第 4.5.6 条的规定。

③ 塑料防水板的铺设应符合下列规定：

a. 铺设塑料防水板时，宜由拱顶向两侧展铺，并应边铺边用压焊机将塑料板与暗钉圈焊接牢靠，不得有漏焊、假焊和焊穿现象。两幅塑料防水板的搭接宽度不应小于 100mm。搭接缝应为热熔双焊缝，每条焊缝的有效宽度不应小于 10mm。

b. 环向铺设时，应先拱后墙，下部防水板应压住上部防水板。

c. 塑料防水板铺设时宜设置分区预埋注浆系数。

d. 分段设置塑料防水板防水层时，两端应采取封闭措施。

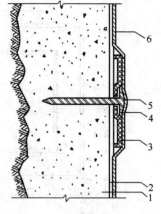

图 3-76　暗钉圈固定缓冲层
1—初期支护；2—缓冲层；3—热塑性暗钉圈；4—金属垫圈；5—射钉；6—塑料防水板

④ 接缝焊接时，塑料板的搭接层数不得超过三层。

⑤ 塑料防水板铺设时应少留或不留接头，当留设接头时，应对接头进行保护。再次焊接时应将接头处的塑料防水板擦拭干净。

⑥ 铺设塑料防水板时，不应绷得太紧，宜根据基面的平整度留有充分的余地。

⑦ 防水板的铺设应超前混凝土施工，超前距离宜为 5～20m，并应设临时挡板防止机械损伤和电火花灼伤防水板。

⑧ 二次衬砌混凝土施工时应符合下列规定：

a. 绑扎、焊接钢筋时应采取防刺穿、灼伤防水板的措施。

b. 混凝土出料口和振捣棒不得直接接触塑料防水板。

⑨ 塑料防水板防水层铺设完毕后，应进行质量检查，并应在验收合格后进行下道工序的施工。

6）金属防水层

① 金属防水层可用于长期浸水、水压较大的水工及过水隧道，所用的金属板和焊条的规格及材料性能，应符合设计要求。

② 金属板的拼接应采用焊接，拼接焊缝应严密。竖向金属板的垂直接缝，应相互错开。

③ 主体结构内侧设置金属防水层时，金属板应与结构内的钢筋焊牢，也可在金属防水层上焊接一定数量的锚固件（见图 3-77）。

④ 主体结构外侧设置金属防水层时，金属板应焊在混凝土结构的预埋件上。金属板经焊缝检查合格后，应将其与结构间的空隙用水泥砂浆灌实（见图 3-78）。

⑤ 金属板防水层应用临时支撑加固。金属板防水层底板上预留浇捣孔，并应保证混凝土浇筑密实，待底板混凝土浇筑完后应补焊严密。

⑥ 金属板防水层如先焊成箱体，再整体吊装应位时，应在其内部加设临时支撑。

⑦ 金属板防水层应采取防锈措施。

7）膨润土防水材料防水层

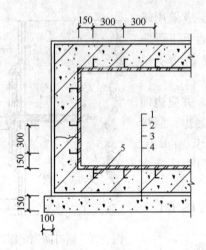

图 3-77 金属板防水层
1—金属板；2—主体结构；3—防水砂浆；
4—垫层；5—锚固筋

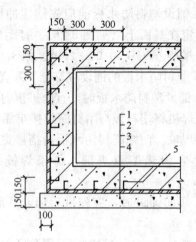

图 3-78 金属板防水层
1—防水砂浆；2—主体结构；3—金属板；
4—垫层；5—锚固筋

① 基层应坚实、清洁，不得有明水和积水。平整度应符合 5）中①的规定。

② 膨润土防水材料应采用水泥钉和垫片固定。立面和斜面上的固定间距宜为 400～500mm，平面上应在搭接缝处固定。

③ 膨润土防水毯的织布面应与结构外表面或底板垫层混凝土密贴；膨润土防水板的膨润土面应与结构外表面或底板垫层密贴。

④ 膨润土防水材料应采用搭接法连接，搭接宽度应大于 100mm。搭接部位的固定位置距搭接边缘的距离宜为 25～30mm，搭接处应涂膨润土密封膏。平面搭接缝可干撒膨润土颗粒，用量宜为 0.3～0.5kg/m。

⑤ 立面和斜面铺设膨润土防水材料时，应上层压着下层，卷材与基层、卷材与卷材之间应密贴，并应平整无褶皱。

⑥ 膨润土防水材料分段铺设时，应采取临时防护措施。

⑦ 甩槎与下幅防水材料连接时，应将收口压板、临时保护膜等去掉，并应将搭接部位清理干净，涂抹膨润土密封膏，然后搭接固定。

⑧ 膨润土防水材料的永久收口部位应用收口压条和水泥钉固定，并应用膨润土密封膏覆盖。

⑨ 膨润土防水材料与其他防水材料过渡时，过渡搭接宽度应大于 400mm，搭接范围内应涂抹膨润土密封膏或铺撒膨润土粉。

⑩ 破损部位应采用与防水层相同的材料进行修补，补丁边缘与破坏部位边缘的距离不应小于 100mm；膨润土防水板表面膨润土颗粒损失严重时应涂抹膨润土密封膏。

（2）特殊施工法结构防水工程

1）锚喷支护

① 喷射混凝土施工前，应根据围岩裂隙及渗漏水的情况，预先采用引排或注浆堵水。采用引排措施时，应采用耐侵蚀、耐久性好的塑料丝盲沟或弹塑性软式导水管等导水材料。

② 锚喷支护用作工程内衬墙时，应符合下列规定：

a. 宜用于防水等级为三级的工程。

b. 喷射混凝土宜掺入速凝剂、膨胀剂或复合型外加剂、钢纤维与合成纤维等材料，其品种及掺量应通过试验确定。

c. 喷射混凝土的厚度应大于 80mm，对地下工程变截面及轴线转折点的阳角部位，应增加 50mm 以上厚度的喷射混凝土。

d. 喷射混凝土设置预埋件时，应采取防水处理。

e. 喷射混凝土终凝 2h 后，应喷水养护，养护时间不得少于 14d。

③ 锚喷支护作为复合式衬砌的一部分时，应符合下列规定：

a. 宜用于防水等级为一、二级工程的初期支护。

b. 锚喷支护的施工应符合②中 b~e 的规定。

④ 锚喷支护、塑料防水板、防水混凝土内衬的复合式衬砌，应根据工程情况选用，也可将锚喷支护和离壁式衬砌、衬套结合使用。

2）地下连续墙

① 地下连续墙应根据工程要求和施工条件划分单元槽段，宜减少槽段数量。墙体幅间接缝应避开拐角部位。

② 地下连续墙用作主体结构时，应符合下列规定：

a. 单层地下连续墙不应直接用于防水等级为一级的地下工程墙体。单墙用于地下工程墙体时，应使用高分子聚合物泥浆护壁材料。

b. 墙的厚度宜大于 600mm。

c. 应根据地质条件选择护壁泥浆及配合比，遇有地下水含盐或受化学污染时，泥浆配合比应进行调整。

d. 单元槽段整修后墙面平整度的允许偏差不宜大于 50mm。

e. 浇筑混凝土前应清槽、置换泥浆和清除沉渣，沉渣厚度不应大于 100mm，并应将接缝面的泥皮、杂物清理干净。

f. 钢筋笼浸泡泥浆时间不应超过 10h，钢筋保护层厚度不应小于 70mm。

g. 幅间接缝应采用工字钢或十字钢板接头，锁口管应能承受混凝土浇筑时的侧压力，浇筑混凝土时不得发生位移和混凝土绕管。

h. 胶凝材料用量不应少于 400kg/m³，水胶比应小于 0.55，坍落度不得小于 180mm，石子粒径不宜大于导管直径的 1/8。浇筑导管埋入混凝土深度宜为 1.5~3m，在槽段端部的浇筑导管与端部的距离宜为 1~1.5m，混凝土浇筑应连续进行。冬期施工时应采取保温措施，墙顶混凝土未达到设计强度 50% 时，不得受冻。

i. 支撑的预埋件应设置止水片或遇水膨胀止水条（胶），支撑部位及墙体的裂缝、孔洞等缺陷应采用防水砂浆及时修补；墙体幅间接缝如有渗漏，应采用注浆、嵌填弹性密封材料等进行防水处理，并应采取引排措施。

j. 底板混凝土应达到设计强度后方可停止降水，并应将降水井封堵密实。

k. 墙体与工程顶板、底板、中楼板的连接处均应凿毛，并应清洗干净，同时应设置 1~2 道遇水膨胀止水条（胶），接驳器处宜喷涂水泥基渗透结晶型防水涂料或涂抹聚合物水泥防水砂浆。

③ 地下连续墙与内衬构成的复合式衬砌，应符合下列规定：

a. 应用作防水等级为一、二级的工程。

b. 应根据基坑基础形式、支撑方式内衬构造特点选择防水层。

c. 墙体施工应符合②中 c~j 的规定，并应按设计规定对墙面、墙缝渗漏水进行处理，并应在基面找平满足设计要求后施工防水层及浇筑内衬混凝土。

d. 内衬墙应采用防水混凝土浇筑，施工缝、变形缝和诱导缝的防水措施应按表 3-62 选用，并应与地下连续墙墙缝互相错开。施工要求应符合（1）中 1）和 2）的有关规定。

明挖法地下工程防水设防要求　　　　　　　　　表 3-62

工程部位		主体结构							施工缝							后浇带					变形缝（诱导缝）					
防水措施 防水等级		防水混凝土	防水卷材	防水涂料	塑料防水板	膨润土防水材料	防水砂浆	金属防水板	遇水膨胀止水条（胶）	外贴式止水带	中埋式止水带	外抹防水砂浆	外涂防水涂料	水泥基渗透结晶型防水涂料	预埋注浆管	补偿收缩混凝土	外贴式止水带	预埋注浆管	遇水膨胀止水条（胶）	防水密封材料	中埋式止水带	外贴式止水带	可卸式止水带	防水密封材料	外贴防水卷材	外涂防水涂料
防水等级	一级	应选	应选一种至二种						应选二种							应选	应选二种			应选	应选一种至二种					
	二级	应选	应选一种						应选一种至二种							应选	应选一种至二种			应选	应选一种至二种					
	三级	应选	宜选一种						宜选一种至二种							应选	宜选一种至二种			应选	宜选一种至二种					
	四级	宜选	—						宜选一种							应选	宜选一种			应选	宜选一种					

④ 地下连续墙作为围护并与内衬墙构成叠合结构时，其抗渗等级要求可比表 3-63 规定的抗渗等级降低一级；地下连续墙与内衬墙构成分离式结构时，可不要求地下连续墙的混凝土抗渗等级。

防水混凝土设计抗渗等级　　　　　　　　　表 3-63

工程埋置深度 H/m	设计抗渗等级
$H<10$	P6
$10{\leqslant}H<20$	P8
$20{\leqslant}H<30$	P10
$H{\geqslant}30$	P12

注：1. 本表适用于Ⅰ、Ⅱ、Ⅲ类围岩（土层及软弱围岩）。

　　2. 山岭隧道防水混凝土的抗渗等级可按国家现行有关标准执行。

3）盾构法隧道

① 盾构法施工的隧道，宜采用钢筋混凝土管片、复合管片等装配式衬砌或现浇混凝土衬砌。衬砌管片应采用防水混凝土制作。当隧道处于侵蚀性介质的地层时，应采取相应

的耐侵蚀混凝土或外涂耐侵蚀的外防水涂层的措施。当处于严重腐蚀地层时，可同时采取耐侵蚀混凝土和外涂耐侵蚀的外防水涂层措施。

② 不同防水等级盾构隧道衬砌防水措施应符合表 3-64 的要求。

不同防水等级盾构隧道的衬砌防水措施 表 3-64

措施选择 防水等级	高精度管片	接缝防水				混凝土内衬 或其他内衬	外防水涂料
		密封垫	嵌缝	注入密封剂	螺孔密封圈		
一级	必选	必选	全隧道或部分区段应选	可选	必选	宜选	对混凝土有中等以上腐蚀的地层应选，在非腐蚀地层宜选
二级	必选	必选	部分区段宜选	可选	必选	局部宜选	对混凝土有中等以上腐蚀的地层宜选
三级	应选	必选	部分区段宜选	—	应选	—	对混凝土有中等以上腐蚀的地层宜选
四级	可选	宜选	可选	—	—	—	—

③ 钢筋混凝土管片应采用高精度钢模制作，钢模宽度及弧、弦长偏差宜为 ±0.4mm。钢筋混凝土管片制作尺寸的允许偏差应符合下列规定：

a. 宽度应为 ±1mm。

b. 弧、弦长应为 ±1mm。

c. 厚度应为 +3mm，−1mm。

④ 管片防水混凝土的抗渗等级应符合表 6−4 的规定，且不得小于 P8。管片应进行混凝土氯离子扩散系数或混凝土渗透系数的检测，并宜进行管片的单块抗渗检漏。

⑤ 管片应至少设置一道密封垫沟槽。接缝密封垫宜选择具有合理构造形式、良好弹性或遇水膨胀性、耐久性、耐水性的橡胶类材料，其外形应与沟槽相匹配。弹性橡胶密封垫材料、遇水膨胀橡胶密封垫胶料的物理性能应符合表 3-65 和表 3-66 的规定。

弹性橡胶密封垫材料物理性能 表 3-65

项　目		指　标	
		氯丁橡胶	三元乙丙橡胶
硬度（邵尔 A，度）		45±5～60±5	55±5～70±5
伸长率（%）		≥350	≥330
拉伸强度/MPa		≥10.5	≥9.5
热空气老化 （70℃×96h）	硬度变化值（邵尔 A，度）	≤+8	≤+6
	拉伸强度变化率（%）	≥−20	≥−15
	扯断伸长率变化率（%）	≥−30	≥−30
压缩永久变形（70℃×24h，%）		≤35	≤28
防霉等级		达到与优于 2 级	达到与优于 2 级

注：以上指标均为成品切片测试的数据，若只能以胶料制成试样测试，则其伸长率、拉伸强度的性能数据应达到本规定的 120%。

遇水膨胀橡胶密封垫胶料的主要物理性能　　　　　　　　　　表 3-66

项　　目		指　　标		
		PZ-150	PZ-250	PZ-400
硬度（邵尔 A，度）		42±7	42±7	45±7
拉伸强度/MPa		≥3.5	≥3.5	≥3.0
扯断伸长率（%）		≥450	≥450	≥350
体积膨胀倍率（%）		≥150	≥250	≥400
反复浸水试验	拉伸强度/MPa	≥3	≥3	≥2
	扯断伸长率（%）	≥350	≥350	≥250
	体积膨胀倍率（%）	≥150	≥250	≥300
低温弯折（−20℃×2h）		无裂纹		
防霉等级		达到与优于 2 级		

注：1. 成品切片测试应达到本指标的 80%。
　　2. 接头部位的拉伸强度指标不得低于本指标的 50%。
　　3. 体积膨胀倍率是浸泡前后的试样质量的比率。

⑥ 管片接缝密封垫应被完全压入密封垫沟槽内，密封垫沟槽的截面积应大于或等于密封垫的截面积，其关系宜符合下式：

$$A = (1 \sim 1.15)A_0 \tag{3-25}$$

式中　A——密封垫沟槽截面积；

　　　A_0——密封垫截面积。

管片接缝密封垫应满足在计算的接缝最大张开量和估算的错位量下、埋深水头的 2～3 倍水压下不渗漏的技术要求；重要工程中选用的接缝密封垫，应进行一字缝或十字缝水密性的试验检测。

⑦ 螺孔防水应符合下列规定：

a. 管片肋腔的螺孔口应设置锥形倒角的螺孔密封圈沟槽。

b. 螺孔密封圈的外形应与沟槽相匹配，并应有利于压密止水或膨胀止水。在满足止水的要求下，螺孔密封圈的断面宜小。

螺孔密封圈应为合成橡胶或遇水膨胀橡胶制品，其技术指标要求应符合《地下工程防水技术规范》的规定。

⑧ 嵌缝防水应符合下列规定：

a. 在管片内侧环纵向边沿设置嵌缝槽，其深度比不应小于 2.5，槽深宜为 25～55mm，单面槽宽宜为 5～10mm；嵌缝槽断面构造形状应符合图 3-79 的规定。

b. 嵌缝材料应有良好的不透水性、潮湿基面粘结性、耐久性、弹性和抗下坠性。

c. 应根据隧道使用功能和表 3-64 中的防水等级要求，确定嵌缝作业区的范围与嵌填嵌缝槽的部位，并采取嵌缝堵水或引排水

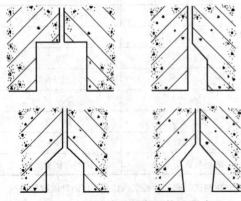

图 3-79　管片嵌缝槽断面构造形式

措施。

d. 嵌缝防水施工应在盾构千斤顶顶力影响范围外进行。同时，应根据盾构施工方法、隧道的稳定性确定嵌缝作业开始的时间。

e. 嵌缝作业应在接缝堵漏和无明显渗水后进行，嵌缝槽表面混凝土如有缺损，应采用聚合物水泥砂浆或特种水泥修补，强度应达到或超过混凝土本体的强度。嵌缝材料嵌填时，应先刷涂基层处理剂，嵌填应密实、平整。

⑨ 复合式衬砌的内层衬砌混凝土浇筑前，应将外层管片的渗漏水引排或封堵。采用塑料防水板等夹层防水层的复合式衬砌，应根据隧道排水情况选用相应的缓冲层和防水板材料，并应按《地下工程防水技术规范》（GB 50108—2008）第 4.5 节和第 6.4 节的有关规定执行。

⑩ 管片外防水涂料宜采用环氧或改性环氧涂料等封闭型材料、水泥基渗透结晶型或硅氧烷类等渗透自愈型材料，并应符合下列规定：

a. 耐化学腐蚀性、抗微生物侵蚀性、耐水性、耐磨性应良好，且应无毒或低毒。

b. 在管片外弧面混凝土裂缝宽度达到 0.3mm 时，应仍能在最大埋深处水压下不渗漏。

c. 应具有防杂散电流的功能，体积电阻率应高。

⑪ 竖井与隧道结合处，可用刚性接头，但接缝宜采用柔性材料密封处理，并宜加固竖井洞圈周围土体。在软土地层距竖井结合处一定范围内的衬砌段，宜增设变形缝。变形缝环面应贴设垫片，同时应采用适应变形量大的弹性密封垫。

⑫ 盾构隧道的连接通道及其与隧道接缝的防水应符合下列规定：

a. 采用双层衬砌的连接通道，内衬应采用防水混凝土。衬砌支护与内衬间宜设塑料防水板与土工织物组成的夹层防水层，并宜配以分区注浆系统加强防水。

b. 当采用内防水层时，内防水层宜为聚合物水泥砂浆等抗裂防渗材料。

c. 连接通道与盾构隧道接头应选用缓膨胀型遇水膨胀类止水条（胶）、预留注浆管以及接头密封材料。

4）沉井

① 沉井主体应采用防水混凝土浇筑，分别制作时，施工缝的防水措施应根据其防水等级按表 3-62 选用。

② 沉井施工缝的施工应符合（1）中 1）中⑪的规定。固定模板的螺栓穿过混凝土井壁时，螺栓部位的防水处理应符合（1）中 1）中⑭的规定。

③ 沉井的干封底应符合下列规定：

a. 下水位应降至底板底高程 500mm 以下，降水作业应在底板混凝土达到设计强度，且沉井内部结构完成并满足抗浮要求后，方可停止。

b. 封底前井壁与底板连接部位应凿毛或涂刷界面处理剂，并应清洗干净。

c. 待垫层混凝土达到 50% 设计强度后，浇筑混凝土底板，应一次浇筑，并应分格连续对称进行。

d. 降水用的集水井应采用微膨胀混凝土填筑密实。

④ 沉井水下封底应符合下列规定：

a. 水下封底宜采用水下不分散混凝土，其坍落度宜为 200±20mm。

b. 封底混凝土应在沉井全部底面积上连续均匀浇筑，浇筑时导管插入混凝土深度不宜小于 1.5m。

c. 封底混凝土应达到设计强度后，方可从井内抽水，并应检查封底质量，对渗漏水部位应进行堵漏处理。

d. 防水混凝土底板应连续浇筑，不得留设施工缝，底板与井壁接缝处的防水措施应按《地下工程防水技术规范》表 3.3.1-1 选用，施工要求应符合（1）中 1）中⑪的规定。

⑤ 当沉井与位于不透水层内的地下工程连接时，应先封住井壁外侧含水层的渗水通道。

5）逆筑结构

① 直接采用地下连续墙作围护的逆筑结构，应符合 2）中①和②的规定。

② 采用地下连续墙和防水混凝土内衬的复合逆筑结构，应符合下列规定：

a. 可用于防水等级为一、二级的工程。

b. 地下连续墙的施工应符合 2）中②中 c～h、j 的规定。

c. 顶板、楼板及下部 500mm 的墙体应同时浇筑，墙体的下部应做成斜坡形；斜坡形下部应预留 300～500mm 空间，并应待下部先浇混凝土施工 14d 后再行浇筑；浇筑前所有缝面应凿毛、清理干净，并应设置遇水膨胀止水条（胶）和预埋注浆管。上部施工缝设置遇水膨胀止水条时，应使用胶粘剂和射钉（或水泥钉）固定牢靠。浇筑混凝土应采用补偿收缩混凝土（见图 3-80）。

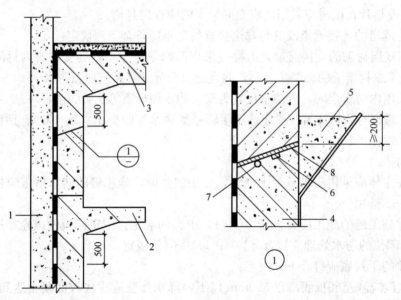

图 3-80　逆筑法施工接缝防水构造

1—地下连续墙；2—楼板；3—顶板；4—补偿收缩混凝土；5—应凿去的混凝土；

6—遇水膨胀止水条或预埋注浆管；7—遇水膨胀止水胶；8—粘结剂

d. 底板应连续浇筑，不宜留设施工缝，底板与桩头相交处的防水处理应符合《地下工程防水技术规范》（GB 50108—2008）第 5.6 节的有关规定。

③ 采用桩基支护逆筑法施工时，应符合下列规定：

a. 应用于各防水等级的工程。

b. 侧墙水平、垂直施工缝，应采取二道防水措施。

c. 逆筑施工缝、底板、底板与桩头的接触做法应符合②中 c、d 的规定。

（3）排水工程

1）纵向盲沟铺设前，应将基坑底铲平，并应按设计要求铺设碎砖（石）混凝土层。

2）集水管应放置在过滤层中间。

3）盲管应采用塑料（无纺布）带、水泥钉等固定在基层上，固定点拱部间距宜为 300～500mm，边墙宜为 1000～1200mm，在不平处应增加固定点。

4）环向盲管宜整条铺设，需要有接头时，宜采用与盲管相配套的标准接头及标准三通连接。

5）铺设于贴壁式衬砌、复合式衬砌隧道或坑道中的盲沟（管），在浇灌混凝土前，应采用无纺布包裹。

6）无砂混凝土管连接时，可采用套接或插接，连接应牢固，不得扭曲变形和错位。

7）隧道或坑道内的排水明沟及离壁式衬砌夹层内的排水沟断面，应符合设计要求，排水沟表面应平整、光滑。

8）不同沟、槽、管应连接牢固，必要时可外加无纺布包裹。

（4）注浆工程

1）注浆孔数量、布置间距、钻孔深度除应符合设计要求外，尚应符合下列规定：

① 注浆孔深小于 10m 时，孔位最大允许偏差应为 100mm，钻孔偏斜率最大允许偏差应为 1%。

② 注浆孔深大于 10m 时，孔位最大允许偏差应为 50mm，钻孔偏斜率最大允许偏差应为 0.5%。

2）岩石地层或衬砌内注浆前，应将钻孔冲洗干净。

3）注浆前，应进行测定注浆孔吸水率和地层吸浆速度等参数的压水试验。

4）回填注浆时，对岩石破碎、渗漏水量较大的地段，宜在衬砌与围岩间采用定量、重复注浆法分段设置隔水墙。

5）回填注浆、衬砌后围岩注浆施工顺序，应符合下列规定：

① 应沿工程轴线由低到高，由下往上，从少水处到多水处。

② 在多水地段，应先两头，后中间。

③ 对竖井应由上往下分段注浆，在本段内应从下往上注浆。

6）注浆过程中应加强监测，当发生围岩或衬砌变形、堵塞排水系统、窜浆、危及地面建筑物等异常情况时，可采取下列措施：

① 降低注浆压力或采用间歇注浆，直到停止注浆。

② 改变注浆材料或缩短浆液凝胶时间。

③ 调整注浆实施方案。

7）单孔注浆结束的条件，应符合下列规定：

① 预注浆各孔段均应达到设计要求并应稳定 10min，且进浆速度应为开始进浆速度的 1/4 或注浆量达到设计注浆量的 80%。

② 衬砌后回填注浆及围岩注浆应达到设计终压。

③ 其他各类注浆，应满足设计要求。

8）预注浆和衬砌后围岩注浆结束前，应在分析资料的基础上，采取钻孔取芯法对注浆效果进行检查，必要时应进行压（抽）水试验。当检查孔的吸水量大于 1.0L/min·m 时，应进行补充注浆。

9）注浆结束后，应将注浆孔及检查孔封填密实。

3.6.2 脚手架工程

1. 脚手架的种类

（1）按用途划分

1）操作脚手架：为施工操作提供作业条件的脚手架，包括"结构脚手架"、"装修脚手架"。

2）防护用脚手架：只用作安全防护的脚手架，包括各种护栏架和棚架。

3）承重、支撑用脚手架：用于材料的运转、存放、支撑以及其他承载用途的脚手架，如承料平台、模板支撑架和安装支撑架等。

（2）按构架方式划分

1）杆件组合式脚手架：俗称"多立杆式脚手架"，简称"杆组式脚手架"。

2）框架组合式脚手架：简称"框组式脚手架"，即由简单的平面框架（如门架）与连接、撑拉杆件组合而成的脚手架，如门式钢管脚手架、梯式钢管脚手架等。

3）格构件组合式脚手架：即由桁架梁和格构柱组合而成的脚手架，如桥式脚手架，有提升（降）式和沿齿条爬升（降）式两种。

4）台架：具有一定高度和操作平面的平台架，多为定型产品，其本身具有稳定的空间结构。它可单独使用或立拼增高与水平连接扩大，并常带有移动装置。

（3）按设置形式划分

1）单排脚手架：只钉 1 排立杆的脚手架，其横向水平杆的另一端搁置在墙体结构上。

2）双排脚手架：具有 2 排立杆的脚手架。

3）多排脚手架：具有 3 排及 3 排以上立杆的脚手架。

4）满堂脚手架：按施工作业范围满设的、两个方向各有 3 排以上立杆的脚手架。

5）满高脚手架：按墙体或施工作业最大高度，由地面起满高度设置的脚手架。

6）交圈（周边）脚手架：沿建筑物或作业范围周边设置并相互交圈连接的脚手架。

7）特形脚手架：具有特殊平面和空间造型的脚手架，如用于烟囱、水塔、冷却塔以及其他平面为圆形、环形、"外方内圆"形、多边形和上扩、上缩等特殊形式的建筑施工脚手架。

（4）按脚手架的设置方式划分

1）落地式脚手架：搭设（支座）在地面、楼面、屋面或其他平台结构之上的脚手架。

2）悬挑脚手架（简称"挑脚手架"）：采用悬挑方式设置的脚手架。

3）附墙悬挂脚于架（简称"挂脚手架"）：在上部或（和）中部挂设于墙体挑挂件上的定型脚手架。

4）悬吊脚手架（简称"吊脚手架"）：悬吊于悬挑梁或工程结构之下的脚手架。当采用篮式作业架时，称为"吊篮"。

5）附着升降脚手架（简称"爬架"）：附着于工程结构、依靠自身提升设备实现升降的悬空脚手架。

6）水平移动脚手架：带行走装置的脚手架（段）或操作平台架。

（5）按脚手架平、立杆的连接方式分类

1）承插式脚手架：在平杆与立杆之间采用承插连接的脚手架。常见的承插连接方式有插片和楔槽、插片和碗扣、套管和插头以及 U 形托挂等。

2）扣件式脚手架：使用扣件箍紧连接的脚手架，即靠拧紧扣件螺栓所产生的摩擦力承担连接作用的脚手架。

2. 脚手架的适用范围

（1）扣件式钢管脚手架适用范围

1）工业与民用建筑施工用落地式单、双排脚手架，以及底撑式分段悬挑脚手架。

2）水平混凝土结构工程施工中的模板支承架。

3）上料平台、满堂脚手架。

4）高耸构筑物，如烟囱、水塔等施工用脚手架。

5）栈桥、码头、高架路、高架桥等工程用脚手架。

6）为了确保脚手架的安全可靠，《建筑施工扣件式钢管脚手架安全技术规范》（JGJ 130—2011）规定单排脚手架不适用于情况：墙体厚度不大于 180mm；建筑物高度超过 24m；空斗砖墙、加气块墙等轻质墙体；砌筑砂浆强度等级不大于 M1.0 的砖墙。

（2）悬挑脚手架的应用

1）±0.000 以下结构工程回填土不能及时回填，而主体结构工程必须立即进行，否则将影响工期。

2）高层建筑主体结构四周为裙房，脚手架不能直接支承在地面上。

3）超高层建筑施工，脚手架搭设高度超过了架子的容许搭设高度，因此将整个脚手架按容许搭设高度分成若干段，每段脚手架支承在由建筑结构向外悬挑的结构上。

3. 脚手架工程的基本要求

（1）满足施工的需要。脚手架要有足够的作业面（比如适当的宽度、步架高度、离墙距离等），以保证施工人员操作、材料堆放和运输的需要。

（2）构架稳定、承载可靠、使用安全。脚手架要有足够的承载力、刚度和稳定性，施工期间在规定的天气条件和允许荷载的作用下，脚手架应稳定不倾斜、不摇晃、不倒塌，确保安全。

（3）尽量使用自备和可租赁到的脚手架材料，减少使用自制加工件。

（4）依工程结构情况解决脚手架设置中的穿墙、支撑和拉结要求。

（5）脚手架的构造要简单，便于搭设和拆除，脚手架材料能多次周转使用。

4. 落地扣件式钢管脚手架搭设的具体要求

（1）扣件式脚手架适宜的搭设高度

1）单管立杆扣件式双排脚手架的搭设高度不宜超过 50m。根据对国内脚手架的使用调查，立杆采用单根钢管的落地式脚手架一般均在 50m 以下，当需要搭设高度超过 50m时，一般都比较慎重地采用了加强措施，如采用双管立杆、分段卸荷、分段悬挑等。从经济方面考虑，搭设高度超过 50m 时，钢管、扣件等的周转使用率降低，脚手架的地基基础处理费用也会增加，导致脚手架成本上升。

2）分段悬挑脚手架。由于分段悬挑脚手架一般都支承在由建筑物挑出的悬臂梁或三脚架上，如果每段悬挑脚手架过高时，将过多增加建筑物的负担，或使挑出结构过于复杂，故分段悬挑脚手架每段高度不宜超过25m，高层建筑施工分段搭设的悬挑脚手架如图3-81所示，必须有设计计算书，悬挑梁或悬挑架应为型钢或定型杆架，应绘有经设计计算的施工图，设计计算书要经上级审批，悬挑梁应按施工图搭设。安装时必须按设计要求进行。悬挑梁搭设和挑梁的间距是悬挑式脚手架的关键问题之一。当脚手架上荷载较大时，间距小，反之则大，设计图纸应明确规定。挑梁架设的结构部位，应能承受较大的水平力和垂直力的作用。若根据施工需要只能设置在结构的薄弱部位时，应加固结构，采取可靠措施，将荷载传递给结构的坚固部位。

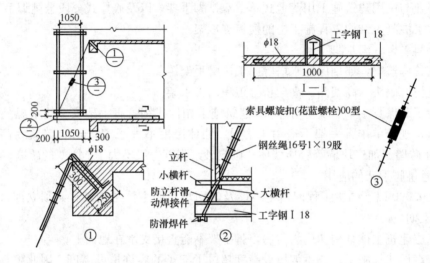

图 3-81　悬挑脚手架示意图

（2）搭设基本要求

落地式双排脚手架，其横向尺寸（横距）远小于其纵向长度和高度，这一高度与宽度很大、厚度很小的构架如不在横向（垂直于墙面方向）设置连墙件，它是不可能可靠地传递其自重、施工荷载和水平荷载的，对这一连墙的钢构架其结构体系可归属于在竖向、水平向具有多点支承的"空间框架"或"格构式平板"。为使扣件式脚手架在使用期间满足安全和使用要求，即脚手架既要有足够承载能力，又要具有良好的刚度（使用期间，脚手架的整体或局部不产生影响正常施工的变形或晃动），故其组成应满足以下要求：

1）必须设置纵、横向水平杆和立杆，三杆交汇处用直角扣件相互连接，并应尽量紧靠，此三杆紧靠的扣接点称为扣件式脚手架的主节点。

2）扣件螺栓拧紧扭力矩应在40～65N·m之间，以保证脚手架的节点具有必要的刚性和承受荷载的能力。

3）在脚手架和建筑物之间，必须按设计计算要求设置足够数量、分布均匀的连墙件，此连墙件应能起到约束脚手架在横向（垂直于建筑物墙面方向）产生变形的支承点，以防止脚手架横向失稳或倾覆，并可靠地传递风荷载。

4）脚手架立杆基础必须坚实，并具有足够承载能力，以防止不均匀或过大的沉降。

5）应设置纵向剪刀撑和横向斜撑，以使脚手架具有足够的纵向和横向整体刚度。

（3）扣件式钢管脚手架主要组成

扣件式脚手架的主要构配件及作用见表 3-67。

扣件式脚手架的主要构配件及作用　　　　　　　表 3-67

项次	名　称	作　用
1	立杆	平行于建筑物并垂直于地面的杆件，既是组成脚手架结构的主要杆件，又是传递脚手架结构自重、施工荷载与风荷载的主要受力杆件
2	纵向水平杆	平行于建筑物，在纵向连接各杆的通长水平杆，既是组成脚手架结构的主要杆件，又是传递施工荷载给立杆的主要受力杆件
3	横向水平杆	垂直于建筑物，横向连接脚手架内、外排立杆或一端连接脚手架立杆，另一端支于建筑物的水平杆是组成脚手架结构的主要杆件，也是传递施工荷载给立杆的主要受力杆件
4	扣件	是组成脚手架结构的连接件
	直角扣件	连接 2 根直角钢管的扣件，是依靠扣件与钢管表面间的摩擦力传递施工荷载，风荷载的受力连接件
	对接扣件	钢管对接接长用的扣件，也是传递荷载的受力连接件
	旋转扣件	连接 2 根任意角度相交的钢管扣件，用于连接支撑斜杆与立杆或横向水平杆的连接件

5. 落地碗扣式钢管脚手架搭设的具体要求

（1）施工准备

1）工程技术人员向施工人员、使用人员进行技术交底，明确脚手架的质量标准、要求、搭设形式及安全技术措施。

2）将建筑物周围的障碍物和杂物清理干净，平整好搭设场地，松土处要进行夯实，有可靠的排水措施。

3）把钢管、扣件、底座、脚手板及安全网等运到搭设现场，并按脚手架材料的质量要求进行检查验收，不符合要求的都不准使用。扣件式钢管脚手架应采用可锻铸铁制作的扣件，其质量可靠；钢板压制扣件现行规范不推荐使用。钢管脚手架的脚手板常用的类型有：冲压式钢脚手板、木脚手板、竹串片及竹笆板等，可根据施工地区的材源就地取材使用。

（2）搭设工艺顺序

按建筑物平面形式放线→铺垫板→按立杆间距排放底座→摆放纵向扫地杆→逐根竖立杆→与纵向扫地杆扣紧→安放横向扫地杆→与立杆或纵向扫地杆扣紧→绑扎第 1 步纵向水平杆和横向水平杆→绑扎第 2 步纵向水平杆和横向水平杆→加设临时抛撑（设置两道连墙件后可拆除）→绑扎第 3、4 步纵向水平杆和横向水平杆→设置连墙件→绑扎横向斜撑→接立杆→绑扎剪刀撑→铺脚手板→安装护身栏和挡脚板→绑扎封顶杆→立挂安全网。

（3）搭设要点和要求

1）按建筑物的平面形式放线、铺垫板。根据脚手架的构造要求放出立杆位置线，然后按线铺设垫板，垫板厚度不小于 50mm，再按立杆的间距要求放好底座。

2）摆放扫地杆、竖立杆。脚手架必须设置纵、横向扫地杆。纵向扫地杆应采用直角扣件固定在距底座上皮不大于200mm处的立杆内侧；横向扫地杆也应采用直角扣件固定在紧靠纵向扫地杆下方的立杆上，其摆放、构造如图3-82所示。

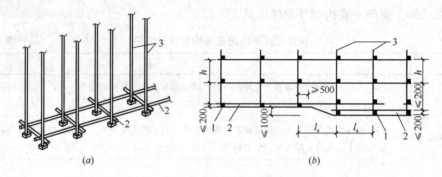

图 3-82　纵、横向扫地杆

(a) 摆放示意图；(b) 构造

1—横向扫地杆；2—纵向扫地杆；3—立杆

竖立杆时，将立杆插入底座中，并插到底。要先里排后外排，先两端后中间。在与纵向水平杆扣住后，按横向水平杆的间距要求，将横向水平杆与纵向水平杆连接扣住，然后绑上临时抛撑（斜撑）。开始搭设立杆时，应每隔6跨设置一根抛撑，直至连墙件安装稳定后，方可根据情况拆除。立杆必须用连墙件与建筑物可靠连接。严禁将$\phi 48$与$\phi 51$的钢管混合使用。

对于双排脚手架，在第1步架搭设时，最好有6～8人互相配合操作。立杆竖起时，最好有2人配合操作，一人拿起立杆，将一头顶在底座处；另一人用左脚将立杆底端踩住，用左手扶住立杆，右手帮助用力将立杆竖起，待立杆竖直后插入底座内。一人不松手继续扶立杆，另一人再拿起纵向水平杆与立杆绑扎。

3) 安装纵、横向水平杆的操作要求。应先安装纵向水平杆，再安装横向水平杆，结构如图3-83所示。纵向水平杆宜设置在立杆内侧，其长度不宜小于3跨。

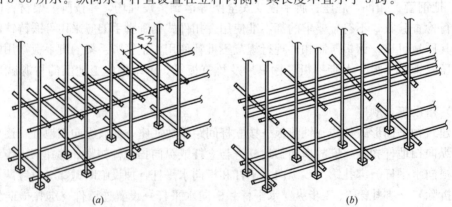

图 3-83　纵、横向水平杆安装

(a) 铺冲压钢脚手架；(b) 铺竹笆脚手架

进行各杆件连接时，必须有一人负责校正立杆的垂直度和纵向水平杆的水平度。立杆的直偏差控制在1/200以内。在端头的立杆校直后，以后所竖的立杆就以端头立杆为标志穿即可。

4）连墙件。连墙件中的连墙杆或拉筋宜呈水平设置，连墙件必须采用可承受拉力和压力的构造。连墙件设置数量应符合表3-68的规定。

连墙件布置最大间距   表3-68

脚手架高度 H/m		竖向间距	水平间距	每根连墙件覆盖面积/m^2
双排	$H \leqslant 50$	$3h$	$3l_a$	$\leqslant 40$
	$H \leqslant 50$	$3h$	$3l_a$	$\leqslant 27$
单排	$H \leqslant 24$	$3h$	$3l_a$	$\leqslant 40$

注：h—步距；l_a—纵距。

5）剪刀撑和横向斜撑。双排脚手架应设剪刀撑和横向斜撑，单排脚手架应设剪刀撑。高度在24m以下的单、双排脚手架，均必须在外侧立面的两端各设置一道剪刀撑，并应由底至顶连续设置。高度在24m以上的双排脚手架，应在外侧立面整个长度和高度上连续设置剪刀撑。横向斜撑应在同一节间、由底至顶层呈"之"字形连续布置。剪刀撑和横向斜撑搭设应随立杆、纵向水平杆、横向水平杆等同步进行。

6）脚手板的设置。作业层脚手板应铺满、铺稳，离开墙面120～150mm，端部脚手板探头长度应取150mm，其板长两端均应与支承杆可靠固定。

冲压钢脚手板、木脚手板、竹串片脚手板等，应设置在3根横向水平杆上。当脚手板长度小于2m，可采用2根横向水平杆支承。此3种脚手板的铺设可采用对接平铺或搭接铺设，其构造如图3-84所示。

竹笆脚手板应按其主竹筋垂直于纵向水平杆方向铺设，且采用对接平铺，4个角应用直径为1.2mm的镀锌钢丝固定在纵向水平杆上。

7）护身栏和挡脚板。护身栏和挡脚板应设在外立杆内侧；上栏杆上皮高度应为1.2m，中栏杆应居中设置；挡脚板高度应不小于180mm，构造如图3-85所示。

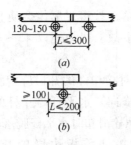

图3-84 脚手板对接、搭接构造
（a）脚手板对接平铺；（b）脚手板搭接铺设

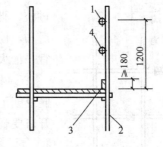

图3-85 栏杆和挡脚板构造
1—上栏杆；2—外立杆；3—挡脚板；4—中栏杆

8）搭设安全网。一般沿脚手架外侧满挂封闭式安全立网，底部搭设防护棚，立网应与立杆和纵向水平杆绑扎牢固，绑扎间距小于0.30m。在脚手架底部离地面3～5m和层间每隔3～4步处，设置水平安全网及支架一道，水平安全网的水平张角约20°，支护距离大于2m时，用调整拉杆夹角来调整张角和水平距离，并使安全网张紧。在安全网支架层位的上下两节点必须设连墙件各一个，水平距离4跨设1个连墙杆，构造如图3-86所示。

9）脚手架的封顶。脚手架封顶时，必须按安全技术操作规程进行。外排立杆顶端，

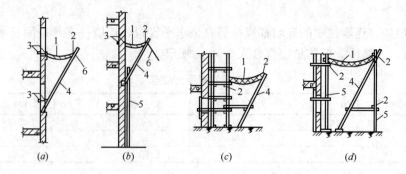

图 3-86 水平安全网设置

(a) 墙面有窗口；(b) 墙面无窗口；(c) 3m 宽平网；(d) 6m 宽平网
1—平网；2—纵向水平杆；3—拦墙杆；4—斜杆；5—立杆；6—麻绳

平屋顶的必须超过女儿墙顶面 1m；坡屋顶的必须超过檐口顶 1.5m。非立杆必须低于檐口底面 15～20cm，脚手架最上一排连墙件以上建筑物高度应不大于 4m。

在房屋挑檐部位搭设脚手架时，可用斜杆将脚手架挑出，如图 3-84（b）所示。要求挑出部分的高度不得超过两步，宽度不超过 1.5m；斜杆应在每根立杆上挑出，与水平面的夹角得小于 60°，斜杆两端均交于脚手架的主节点处；斜杆间距不得大于 1.5m；脚手架挑出部分最外排立杆与原脚手架的两排立杆，应至少设置 3 道平行的纵向水平杆。

脚手架顶面外排立杆要绑两道护身栏、一道挡脚板，并要立挂一道安全网，以确保安全外檐施工方便。

（4）搭设注意事项

1）扣件安装注意事项。

① 扣件规格必须与钢管规格相同。

② 扣件的螺栓拧紧度十分重要，扣件螺栓拧得太紧或太松都容易发生事故，如拧得

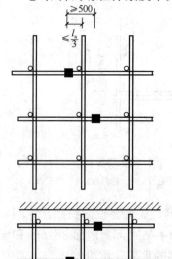

过松，脚手架容易向下滑落；拧得过紧，会使扣件崩裂和滑扣，使脚手架发生倒塌事故。扭力矩以 45～55N·m 为宜，最大不超过 65N·m。

③ 扣件开口的朝向。对接扣件的开口应朝脚手架的内侧或朝下。连接纵向（或横向）水平杆与立杆的直角扣件开口要朝上，以防止扣件螺栓滑扣时水平杆脱落。

④ 各杆件端头伸出扣件盖板边缘的长度应不小于 100mm。

2）各杆件搭接。

① 立杆。每根立杆底部应设置底座或垫板。要注意长短搭配使用，立杆接长除顶层顶步外，其余各层、各步接头必须采用对接扣件连接，相邻立杆的接头不得在同一高度内。

② 纵向水平杆。纵向水平杆的接长宜采用对接扣件连接，也可采用搭接。对接扣件要求上下错开布置，如图 3-87 所示，两根相邻纵向水平杆的接头不得在同一步架内或

图 3-87 纵向水平杆接头布置

同一跨间内；不同步或不同跨两个相邻接头在水平方向错开的距离应不小于 500mm，各接头中心至最近主节点的距离不宜大于纵距的 1/3。

搭接时，搭接长度应不小于 1m，应等间距设置 3 个旋转扣件固定，端部扣件盖板边缘至搭接纵向水平杆杆端的距离应不小于 100mm，如图 3-88 所示。

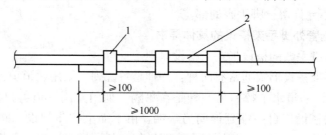

图 3-88　纵向水平杆的搭设要求
1—扣件；2—纵向水平杆

③ 横向水平杆。主节点处必须设置一根横向水平杆，用直角扣件连接且严禁拆除。

3）在递杆、拔杆时，下方人员必须将杆件往上送到脚手架上的上方人员接住杆件后方可松手，否则容易发生安全事故。在脚手架上的拔杆人员必须挂好安全带，双脚站好位置，一手抓住立杆，另一手向上拔杆，待杆件拔到中间时，用脚将下端杆件挑起，站在两端的操作人员立即接住，按要求绑扣件。

4）剪刀撑的安装。随着脚手架的搭高，每搭七步架时，要及时安装剪刀撑。剪刀撑两端的扣件距邻近连接点应不大于 20cm，最下一对剪刀撑与立杆的连接点距地面应不大于 50cm，每道剪刀撑宽度应不小于 4 跨，且应不小于 6m，斜杆与地面的倾角宜成 45°～60°。每道剪刀撑跨越立杆的根数应按表 3-69 的规定确定。

剪刀撑跨越立杆的最多根数　　　　　　　　　　　　　　　　表 3-69

剪刀撑斜杆与地面的倾角 a（°）	45	50	60
剪刀撑跨越立杆的最多根数 n/根	7	6	5

剪刀撑斜杆的接长宜采用搭接。剪刀撑斜杆用旋转扣件固定在与之相交的横向水平杆的伸出端或立杆上，旋转扣件中心线至主节点的距离应不大于 150mm。

5）连墙件的安装。当钢管脚手架搭设较高（三步架以上）、无法支撑斜撑时，为了不使钢管脚手架往外倾斜，应设连墙件与墙体拉结牢固。

连墙件应从底层第 1 步纵向水平杆处开始设置，宜靠近主节点设置，偏离主节点的距离应不大于 300mm；要求上下错开、拉结牢固；宜优先采用菱形布置，也可采用方形、矩形布置。

对高度在 24m 以下的单、双排脚手架，宜采用刚性连墙件与建筑物可靠连接，也可采用拉筋和顶撑配合使用的附墙连接方式。严禁使用仅有拉筋的柔性连墙件。对高度在 24m 以上的双排脚手架，必须采用刚性连墙件与建筑物可靠连接。

6）搭设单排扣件式钢管脚手架时，下列部位不应设置横向水平杆：

① 过梁上与过梁两端成 60°的三角形范围内及过梁净跨度一半的高度范围内。

② 宽度小于 48cm 的独立或附墙砖柱。

③ 宽度小于1m的窗间墙。

④ 梁或梁垫下及其左右各50cm的范围内。

⑤ 砖砌体的门窗洞口两侧20cm和转角处45cm的范围内；其他砌体的门窗洞口两侧30cm和转角处60cm的范围内。

⑥ 设计规定不允许留设脚手眼的部位。

6. 落地门式钢管外脚手架搭设的具体要求

（1）门式钢管脚手架的搭设形式与搭设原则

门式钢管脚手架搭设形式通常有两种：一种是每三列门架用两道剪刀撑相连，其间每隔3～4榀门架高设一道水平撑；另一种是在每隔一列门架用一道剪刀撑和水平撑相连。门式钢管脚手架的搭设应自一端延伸向另一端，由下而上按步架设，并逐层改变搭设方向，以减少架设误差。不得自两端同时向中间进行或相同搭设，以避免接合部位错位，难于连接。脚手架的搭设速度应与建筑结构施工进度相配合，一次搭设高度不应超过最上层连墙杆3步，或自由高度不大于6m，以保证脚手架的稳定。

（2）门式钢管脚手架的搭设顺序

铺设垫木（板）→托线、安放底座→自一端起立门架并随即装交叉支撑（底步架还需安装扫地杆、封口杆）→安装水平架（或脚手板）→安装钢梯→（需要时，安装水平加固杆）→装设连墙杆→重复上述步骤逐层向上安装→按规定位置安装剪刀撑→安装顶部栏杆，挂立杆安全网。

（3）门式钢管脚手架的搭设

1）铺设垫木（板）、安放底座。脚手架的基底必须平整坚实，并铺底座、作好排水，确保地基有足够的承载能力，在脚手架荷载作用下不发生塌陷和显著的不均匀沉降。回填土地面必须分层回填，逐层夯实。门架立杆下垫木的铺设方式：

① 当垫木长度为1.6～2.0m时，垫木宜垂直于墙面方向横铺。

② 当垫木长度为4.0m时，垫木宜平行于墙面方向顺铺。

2）立门架、安装交叉支撑、安装水平架或脚手板。在脚手架的一端将第一榀门和第二榀门架立在4个底座上后，纵向立即用交叉支撑连接两幅门架的立杆，门架的内外两侧安装交叉支撑，在顶部水平面上安装水平架或挂扣式脚手板，搭成门式钢管脚手架的一个基本结构。以后每安装一榀门架，及时安装交叉支撑、水平架或脚手板，依次按此步骤沿纵向逐榀安装搭设。在搭设第二层门架时，人就可以站在第一层脚手板上操作，直至最后完成。

3）搭设要求。

① 门架。不同规格的门架不得混用；同一脚手架工程，不配套的门架与配件也不得混合使用。门架立杆离墙面的净距不宜大于150mm，若大于150mm，应采取内挑架板或其他防护的安全措施。不用三脚架时，门架的里立杆边缘距墙面约50～60mm，如图3-89（a）所示；用三脚架时，门架的里立杆距墙面550～600mm，如图

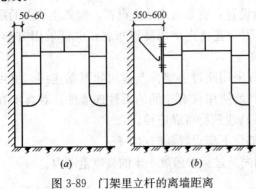

图3-89 门架里立杆的离墙距离

3-89（b）所示。底步门架的立杆下端应设置固定底座或可调底座。

② 交叉支撑。门架的内外两侧均应设置交叉支撑，其尺寸应与门架间距相匹配，并应与门架立杆上的锁销销牢。

③ 水平架。在脚手架的顶层门架上部、连墙件设置层、防护棚设置层必须连续设置水平架。脚手架高度 $H \leqslant 45\text{m}$ 时，水平架至少两步一设；$H > 45\text{m}$ 时，水平架应每步一设。不论脚手架高度，在脚手架的转角处，端部及间断处的一个跨距范围内，水平架均应每步一设。水平架可由挂扣式脚手板或门架两侧的水平加固杆代替。

④ 脚手板。第 1 层门架顶面应铺设一定数量的脚手板，以便在搭设第 2 层门架时，施工人员可站在脚手板上操作。

在脚手架的操作层上应连续满铺与门架配套的挂扣式脚手板，并扣紧挂扣，用滑动挡板锁牢，防止脚手板脱落或松动。采用一般脚手板时，应将脚手板与门架横杆用钢丝绑牢。严禁出现探头板，并沿脚手架高度每步设置一道水平加固杆或设置水平架，加强脚手架的稳定。

⑤ 安装封口杆、扫地杆。在脚手架的底步门架立杆下端应加封口杆、扫地杆。封口杆是连接底步门架立杆下端的横向水平杆件，扫地杆是连接底步门架立杆下端的纵向水平杆件。扫地杆应安装在封口杆下方。

⑥ 脚手架垂直度和水平度的调整。脚手架的垂直度（表现为门架竖管轴线的偏移）和水平度（架平面方向和水平方向）对于确保脚手架的承载性能至关重要（特别是对于高层脚手架）。门式脚手架搭设的垂直度和水平度允许偏差见表 3-70。

门式钢管脚手架搭设的垂直度和水平度允许偏差　　　　表 3-70

项　　　目		允许偏差/mm
垂直度	每步架	$h/1000$ 及 ± 2.0
	脚手架整体	$H/600 \pm 50$
水平度	一跨距内水平架两端高差	$\pm l/600$ 及 ± 3.0
	脚手架整体	$\pm H/600$ 及 ± 50

注：h—步距；H—脚手架高度；l—跨距。

其注意事项为：严格控制首层门型架的垂直度和水平度。在装上以后要逐片地、仔细地调整好，使门架立杆在两个方向的垂直偏差都控制在 2mm 以内，门架顶部的水平偏差控制在 3mm 以内。随后在门架的顶部和底部用大横杆和扫地杆加以固定。搭完一步架后应按规范要求检查并调整其水平度与垂直度。接门架时上下门架立杆之间要对齐，对中的

偏差不宜大于 3mm，同时注意调整门架的垂直度和水平度。另外，应及时装设连墙杆，以避免架子发生横向偏斜。

⑦ 转角处门架的连接。脚手架在转角之处必须作好连接和与墙拉结，以确保脚手架的整体性，处理方法为：在建筑物转角处的脚手架内、外两侧按步设置水平连接杆，将转角处的两门架连成一体如图 3-90 所示。水平连接杆必

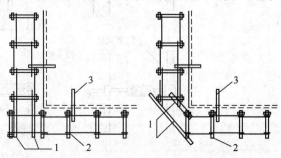

图 3-90　转角处脚手架连接示意图
1—连接钢管；2—门架；3—连墙件

须步步设置，以使脚手架在建筑物周围形成连续闭合结构。或者利用回转扣直接把两片门架的竖管扣结起来。水平连接杆钢管的规格应与水平面加固杆相同，以便于用扣件连接。水平连接杆应采用扣件与门架立杆及水平加固杆扣紧。另外，在转角处适当增加连墙件的布设密度。

4）斜梯安装。作业人员上下脚手架的斜梯应采用挂扣式钢梯，钢梯的规格应与门架规格配套，并与门架挂扣牢固。

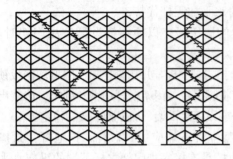

图 3-91　上人楼梯段的设置形式

脚手架的斜梯宜采用"之"字形式，一个梯段宜跨越 2 步或 3 步，每隔 4 步必须设置 1 个休息平台。斜梯的坡度应在 30°以内，如图 3-91 所示。斜梯应设置护栏和扶手。

5）安装水平加固杆。门式钢管脚手架中，上、下门架均采用连接棒连接，水平杆件采用搭扣连接，斜杆采用锁销连接，这些连接方法的紧固性较差，致使脚手架的整体刚度较差，在外力作用下，极易发生失稳。因此必须设置一些加固件，以增强脚手架刚度。门式脚手架的加固件主要有：剪刀撑、水平加固杆件、扫地杆、封口杆、连墙件，沿脚手架内外侧周围封闭设置。

水平加固杆是与墙面平行的纵向水平杆件。为确保脚手架搭设的安全，以及脚手架整体的稳定性，水平加固杆必须随脚手架同步搭设。

当脚手架高度超过 20m 时，为防止发生不均匀沉降，脚手架最下面 3 步可以每步设置一道水平加固杆（脚手架外侧），3 步以上每隔 4 步设置一道水平加固杆，并宜在有连墙件的水平层连续设置，以形成水平闭合圈，对脚手架起环箍作用，增强脚手架的稳定性。水平加固杆采用 $\phi48$ 钢管用扣件在门架立杆的内侧与立杆扣牢。

6）设置连墙件。为避免脚手架发生横向偏斜和外倾，加强脚手架的整体稳定性、安全可靠性，脚手架必须设置连墙件如图 3-92 所示。

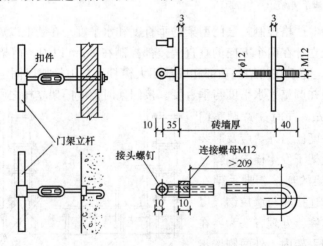

图 3-92　连墙件构造

连墙件的搭设按规定间距必须随脚手架搭设同步进行，不得漏设，且严禁滞后设置或搭设完毕后补做。

连墙件的最大间距，在垂直方向为 6m，在水平方向为 8m。一般情况下，连墙件竖向每隔 3 步，水平方向每隔 4 跨设置 1 个。高层脚手架应适当增加布设密度，低层脚手架可适当减少布设密度，连墙件间距规定应满足表 3-71 的要求。

连墙件竖向、水平间距 表 3-71

脚手架搭设高度 /m	基本风压 ω_0 / (kN/m³)	连墙件间距/m	
		竖向	水平方向
≤45	≤0.55	≤6.0	≤8.0
45~60	>0.55	≤4.0	≤6.0

连墙件应能承受拉力与压力，其承载力标准值不应小于 10kN；连墙件与门架、建筑物的连接也应具有相应的连接强度。

连墙件宜垂直于墙面，不得向上倾斜，连墙件埋入墙身的部分必须锚固可靠。

连墙件应连于上、下两榀门架的接头附近，靠近脚手架中门架的横杆设置，其距离不宜大于 200mm。

在脚手架外侧因设置防护棚或安全网而承受偏心荷载的部位应增设连墙件，且连墙件的水平间距不应大于 4.0m。

脚手架的转角处，不闭合（一字形、槽形）脚手架的两端应增设连墙件，且连墙件的竖向间距不应大于 4m，以加强这些部位与主体结构的连接，确保脚手架的安全工作。

当脚手架操作层高出相邻连墙件两步以上时，应采用确保脚手架稳定的临时拉结措施，直到连墙件搭设完毕后方可拆除。

加固件、连墙件等与门架采用扣件连接时，扣件规格应与所连钢管外径相匹配；扣件螺栓拧紧扭力矩宜为 50~60N·m，并不得小于 40N·m。各杆件端头伸出扣件盖板边缘长度不应小于 100mm。

7）搭设剪刀撑。为了确保脚手架搭设的安全，以及脚手架的整体稳定性，剪刀撑必须随脚手架的搭设同步搭设。

剪刀撑采用 $\phi48$ 钢管，用扣件在脚手架门架立杆的外侧与立杆扣牢，剪刀撑斜杆与地面倾角宜为 45°~60°，宽度一般为 4~8m，自架底至顶连续设置。剪刀撑之间净距不大于 15m，如图 3-93 所示。

剪刀撑斜杆若采用搭接接长，搭接长度不宜小于 600mm，且应采用两个扣件扣紧。脚手架的高度 $H>20m$ 时，剪刀撑应在脚手架外侧连续设置。

8）门架竖向组装。上、下榀门架的组装必须设置连接棒和锁臂，其他部件（如栈桥梁等）则按其所处部位相应及时安装。搭第二步脚手架时，门架的竖向组装、接高用连接棒。连接棒直径应比立杆内径小 1~2mm，安装时连接棒应居中插入上、下门架的立杆中，以使套环能均匀地传递荷载。连接棒采用表面油漆涂层时，表面应涂油，以防使用期间锈蚀，拆卸时难以拔出。门式脚手架高度超过 10m 时，应设置锁臂，如采用自锁式弹销式连接棒时，可不设锁臂。锁臂是上下门架组成接头处的拉结部件，用钢片制成，两端钻有销钉孔，安装时将交叉支撑和锁臂先后锁销，以限制门架及连接棒拔出。连接门架与

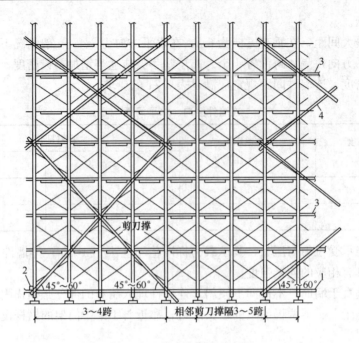

图 3-93　剪刀撑设置示意图

1—纵向扫地杆；2—横向扫地杆；3—水平加固杆；4—剪刀撑

配件的锁臂、搭钩必须处于锁住状态。

9）通道洞口的设置。通道洞口高度不宜大于 2 个门架高，宽度不宜大于 1 个门架跨距，通道洞口应采取加固措施。当洞口宽度为 1 个跨距时，应在脚手架洞口上方的内、外侧设置水平加固杆，在洞口两个上角加设斜撑杆如图 3-94 所示。当洞口宽为两个及两个以上跨距时，应在洞口上方设置水平加固杆及专门设计和制作的托架，并在洞口两侧加强门架立杆如图 3-95 所示。

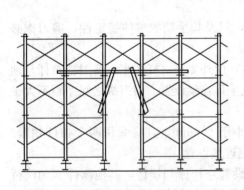

图 3-94　通道洞口加固示意图

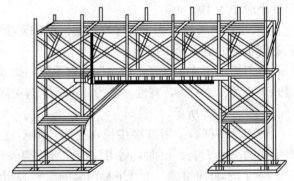

图 3-95　宽通道洞口加固示意图

7. 悬挑脚手架搭设的具体要求

（1）悬挑脚手架的搭设技术要求

外挑式扣件钢管脚手架与一般落地式钢管脚手架的搭设要求基本相同。高层建筑采用分段外挑脚手架时，脚手架的技术要求见表 3-72。

分段式外挑脚手架技术要求   表 3-72

允许荷载 /（N/m²）	立杆最大间距 /mm	纵向水平杆 最大间距 /mm	横向水平杆间距/mm		
			脚手板厚度/mm		
			30	43	50
1000	2700	1350	2000	2000	2000
2000	2400	1200	1400	1400	1750
3000	2000	1000	2000	2000	2200

（2）支撑杆式挑脚手架搭设

水平横杆→纵向水平杆→双斜杆→内立杆→加强短杆→外立杆→脚手板→栏杆→安全网→上一步架的横向水平杆→连墙杆→水平横杆与预埋环焊接。按上述搭设顺序一层一层搭设，每段搭设高度以 6 步为宜，并在下面支设安全网。

脚手架的搭设方法是预先拼装好一定的高度的双排脚手架，用塔吊吊至使用位置后，用下撑杆和上撑杆将其固定。

（3）挑梁式脚手架搭设

安置型钢挑梁（架）→安装斜撑压杆→斜拉吊杆（绳）→安放纵向钢梁→搭设脚手架或安放预先搭好的脚手架。每段搭设高度以 12 步为宜。

（4）施工要点

1）连墙杆的设置。根据建筑物的轴线尺寸。在水平方向应每隔 3 跨（隔 6m）设置一个，在垂直方向应每隔 3～4m 设置一个，并要求各点互相错开，形成梅花状布置。

2）连墙杆的做法。在钢筋混凝土结构中预埋铁件，然后用 L100mm×63mm×10mm 的角钢，一端与预埋件焊接，另一端与连接短管用螺栓连接如图 3-96 所示。

3）垂直控制。搭设时，要严格控制分段脚手架的垂直度，垂直度偏差规定如下：

① 第一段不得超过 1/400。

② 第二段、第三段不得超过 1/200。

③ 脚手架的垂直度要随搭随检查，发现超过允许偏差时，应及时纠正。

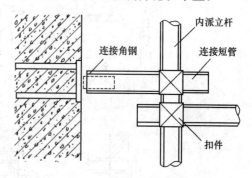

图 3-96 连墙杆的做法

4）脚手板铺设。脚手架的底层应满铺厚木脚手板，其上各层可满铺薄钢板冲压成的穿孔轻型脚手板。

5）安全防护措施。

① 脚手架中各层均应设置护栏、踢脚板和扶梯。

② 脚手架外侧和单个架子的底面用小眼安全网封闭，架子与建筑物要保持必要的通道。

6）挑梁式挑脚手架立杆与挑梁（或纵梁）的连接，应在挑梁（或纵梁）上焊 150～200mm 长钢管，其外径比脚手架立杆内径小 1.0～1.5mm，用接长扣件连接，同时在立杆下部设 1～2 道扫地杆，以确保架子的稳定。

7）悬挑梁与墙体结构的连接，应预先预埋铁件或留好孔洞，保证连接可靠，不得随便打凿孔洞，破坏墙体。各支点要与建筑物中的预埋件连接牢固。挑梁、拉杆与结构的连接可参考如图 3-97 和图 3-98 所示的方法。

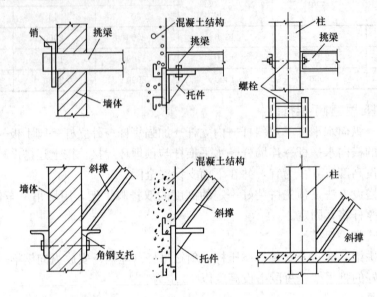

图 3-97　下撑式挑梁与结构的连接

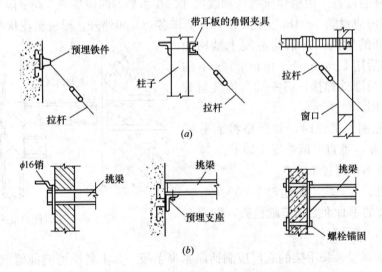

图 3-98　斜拉式挑梁与结构的连接
（a）斜拉杆与结构连接方式；（b）悬挑梁的连接方式

8）斜拉杆（绳）应装有收紧装置，以使拉杆收紧后能承担荷载。

8. 吊篮脚手架搭设的具体要求

（1）搭设顺序

确定支承系统的位置→安置支承系统→挂上吊篮绳及安全绳→组装吊篮→安装提升装置→穿插吊篮绳及安全绳→提升吊篮→固定保险绳。

（2）电动吊篮施工要点

1）电动吊篮在现场组装完毕，经检查合格后，运到指定位置，接上钢丝绳和电源试车，同时由上部将吊篮绳和安全绳分别插入提升机构及安全锁中，吊篮绳一定要在提升机运行中插入。

2）接通电源时，要注意电动机运转方向，使吊篮能按正确方向升降。

3）安全绳的直径不小于 12.5mm，不准使用有接头的钢丝绳，封头卡扣不少于 3 个。

4）支承系统的挑梁采用不小于 14 号的工字钢。挑梁的挑出端应略高于固定端。挑梁之间纵向应采用钢管或其他材料连接成一个整体。

5）吊索必须从吊篮的主横杆下穿过，连接夹角保持 45°，并用卡子将吊钩和吊索卡死。

6）承受挑梁拉力的预埋铁环，应采用直径不小于 16mm 的圆钢，埋入混凝土的长度大于 360mm，并与主筋焊接牢固。

9. 爬架搭设的具体要求

（1）选择安装起始点、安放提升滑轮组并搭设底部架子。脚手架安装的起始点一般选在爬架的爬升机构位置不需要调整的地方，如图 3-99 所示。

安装提升滑轮组，并和架子中与导轨位置相对应的立杆连接，并以此立杆为准（向一侧或两侧）依次搭设底部架。

脚手架的步距为 1.8m，最底一步架增设一道纵向水平杆，距底的距离为 600mm，跨距不大于 1.85m，宽度不大于 1.25m。

最底层应设置纵向水平剪刀撑以

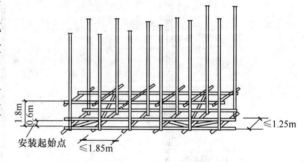

图 3-99 底部架子搭设

增强脚手架承载能力，与提升滑轮组相连（即与导轨位置）相对应的立杆一般为位于脚手架端部的第 2 根立杆，此处要设置从底到顶的横向斜杆。底部架搭设后，对架子应进行检查、调整。具体要求为：横杆的水平度偏差不大于 $L/400$（L 为脚手架纵向长度）；立杆的垂直度偏差小于 $H/500$（H 为脚手架高度）；脚手架的纵向直线度偏差小于 $L/200$。

（2）脚手架（架体）搭设。随着工程进度，以底部架子为基础，搭设上部脚手架。与导轨位置相对应的横向承力框架内沿全高设置横向斜杆，在脚手架外侧沿全高设置剪刀撑；在脚手架内侧安装爬升机械的两立杆之间设置剪刀撑。如图 3-100 所示。

脚手板、扶手杆除按常规要求铺放外，底层脚手板必须用木脚手板或者用无网眼的钢脚手板密铺，并要求横向铺至建筑物外墙，不留间隙。脚手架外侧满挂安全网，并要求从脚手架底部兜过来，将安全网固定在建筑物上。

（3）安装导轮组、导轨。在脚手架（架体）与导轨相对应的两根立杆上，各上、下安装两组导轮组，然后将导轨插进导轮和如图 3-101 所示提升滑轮组下的导孔中，导轨与架体连接如图 3-102 所示。在建筑物结构上安装连墙挂板、连墙支杆、连墙支座杆，再将导轨与连墙支座连接如图 3-103 所示。当脚手架（支架）搭设到两层楼高时即可安装导轨，导轨底部（下端）应低于支架 1.5m 左右，每根导轨上相同的数字应处于同一水平上。

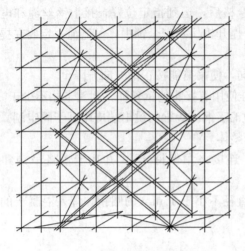

图 3-100 框架内横向斜杆设置

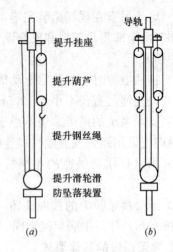

图 3-101 提升机构

图 3-102 导轨与架体连接

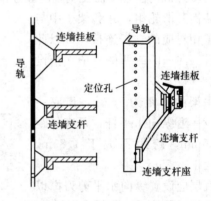

图 3-103 导轨与结构连接

两根连墙杆之间的夹角宜控制在 $45°\sim150°$ 内，用调整连墙杆的长短来调整导轨的垂直度，偏差控制在 $H/400$ 以内。

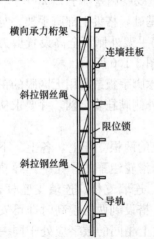

图 3-104 限位锁设置

（4）安装提升挂座、提升葫芦、斜拉钢丝绳、限位器。将提升挂座安装在导轨上（上面一组导轮组下的位置），再将提升葫芦挂在提升挂座上，钢丝绳下端固定在支架立杆的下碗扣底部，上部用在花篮螺栓挂在连墙挂板上，挂好后将钢丝绳拉紧如图 3-104 所示。

若采用电动葫芦则在脚手架上搭设电控柜操作台，并将电缆线布置到每个提升点，同电动葫芦连接好（注意留足电缆线长度）。限位锁固定在导轨上，并在支架立杆的主节点下碗扣底部安装限位锁夹。

4 施工现场管理

4.1 概述

施工现场管理是全部施工管理活动最主要的组成部分。现场施工管理的基本任务是依据生产管理的普遍规律和施工的特殊性，以某一工程项目和相应的施工现场为研究对象，正确处理好施工过程中的劳动力、劳动对象和劳动手段的相互关系及在空间布置上和时间安排上的各种矛盾，做到人尽其才、物尽其用，圆满完成施工任务。

1. 施工现场管理基本概念

（1）项目的概念

项目是指在一定约束条件（限定资源、时间、质量、预算等）下，具有特定目标的一次性活动和任务。项目具备特定的目标、一次性、具有限定条件和工作范围等特征。

施工项目是指建筑企业对一个建筑产品的施工过程。它可能是一个建设项目的施工，也可能是一个单位工程或单项工程的施工。

（2）施工项目管理的概念

项目管理是指在项目活动中运用专门的知识、技能、工具和方法，使项目能够在有限资源限定条件下，实现或超过设定的需求和期望。

施工项目管理是指从项目的投资决策开始到项目结束的全过程进行计划、组织、指挥、协调、控制和评价，以实现项目的目标。

施工项目管理的对象是施工项目各阶段的工作。施工项目管理过程主要包括投标、签约、施工准备、项目施工、竣工验收和工程保修等阶段。施工项目管理工作贯穿于各阶段之中。

（3）施工现场管理的概念

建筑施工现场是指从事建筑施工活动经批准占用的施工场地。它既包括建筑红线以内占用的建筑用地和施工用地，也包括建筑红线以外现场附近经批准占用的临时施工工地。施工现场管理有狭义的现场管理和广义的现场管理之分。

狭义的现场管理是指对施工现场内各作业之间的协调、临时设施建设和维护、施工现场与第三者协调以及现场清理等所进行的管理工作。

广义的现场管理是指项目施工管理。承包商对承包工程的管理，是从总部管理和现场管理两方面进行的。总部管理集中在对企业所有施工项目进行全面控制；现场管理则主要管理特定的在施施工项目。

2. 施工现场管理主要内容

现场管理的内容比较繁杂，它随着工程项目的内容、项目平面布置、现场地形、交通条件和工程建设进度的要求而发生变化。主要包括：

（1）编制施工计划并组织实施，全面完成计划目标。

（2）合理利用空间，做好施工现场平面布置和管理，创造良好的施工条件。

（3）做好合同管理工作。

（4）做好施工过程中协调工作，包括协调土建与专业工种之间、总包与分包之间的关系。

（5）认真做好质量检查和管理工作。

（6）做好安全管理、文明施工和环境保护工作。

（7）认真填写施工日志和各种施工记录，为竣工验收和技术档案积累资料。

（8）及时办理经济签证手续。

4.2 技术管理

4.2.1 施工项目技术管理概述

1. 技术管理的概念

施工项目技术管理，是指对所承包的（或者所负责的）工程的各项技术活动与构成施工技术的各项要素进行计划、组织、指挥、协调与控制的总称。它是项目管理的一个重要构成部分。即通过科学管理，正确地贯彻执行国家颁布的相关规范、规程及上级制定的各项管理制度，应用先进的施工技术与切实可行的管理措施，准确地将工程项目设计要求贯穿到施工生产的各个过程，多快好省地生产出合格的建筑产品。

2. 技术管理工作的内容

建筑企业技术管理工作的主要内容如图 4-1 所示。从图中看来，建筑企业技术管理的工作内容包括基础工作与基本工作两个部分。技术管理的基本工作是紧紧围绕技术管理的基本任务展开的，它与技术管理的基础工作之间是相辅相成、相互依赖的关系，技术管理

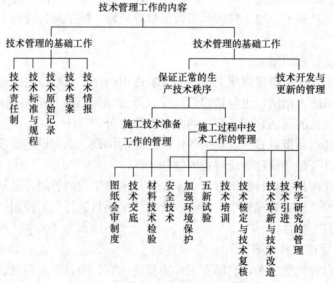

图 4-1 建筑企业技术管理工作内容

的基础工作是为有效地开展技术管理的基本工作开道。所以，建筑企业只有系统地做好上述技术管理工作，才能保证企业生产技术活动正常进行，生产技术装备水平、工程质量、劳动生产率与经济效益不断提高，从而增强企业的技术经济活动力量，使自身不断发展与壮大。

此外，技术管理工作还应该包括建立健全技术管理机构，编制企业技术发展未来规划，开展技术经济分析工作等相关内容。

应该指出，技术管理的一些工作是与其他有关职能部门协同完成的，如编制与贯彻施工组织设计与施工工艺文件、组织材料技术检验、加强安全技术措施、开展技术培训、质量管理等，应该分别与计划、施工、材料、劳动、设备与质量等职能部门协同进行，相互配合，各负其责。

3. 项目经理在技术管理中应注意的重点环节

项目的技术管理工作是在企业管理层与项目经理的组织领导下进行的，项目经理应该注意抓好以下重点环节：

（1）依据项目规模设置技术负责人，建立项目技术管理体系并且与企业技术管理体系相适应。执行技术政策、接受企业的技术领导和各种技术服务，组织建立并且实施技术管理制度；建立技术管理责任制，明确技术负责人、技术人员以及各岗位人员的技术责任。

（2）充分赞成与支持技术负责人开展技术管理工作，在制定生产计划、组织生产协调与重点生产部位管理等方面，要发挥技术管理职能的作用。

（3）认真组织图纸会审，主持领导制定施工组织设计，指导并且规范工程洽商的管理。根据工程特点与关键部位情况，考虑施工部署与方法、工序搭接与配合（包括水、电、设备安装以及分包单位的配合）、材料设备的调配，组织技术人员熟悉与审查图纸并且参与讨论，决定关键分项工程的施工方法与工艺措施，对于所出现的施工操作、材料设备或者与施工图纸本身有关的问题，要及时与建设单位以及设计部门进行沟通、办理洽商手续或者设计变更。重视工程洽商的管理工作，规范工程洽商的管理程序和要求。

（4）重视技术创新开发活动，决定重要的科学研究、技术改造、技术革新以及新技术试验项目等。

（5）定期主持召开生产技术协调会议，协调工序之间的技术矛盾、解决技术难题与布置任务。

（6）经常巡视施工现场与重点部位，检查各工序的施工操作、原材料使用、工序搭接、施工质量以及安全生产等各方面的情况。总结出优缺点、经验教训、薄弱环节等，及时提出注意事项与应采取的相关措施。

4. 技术管理的组织体系

目前，我国建筑企业一般实行以公司总工程师为首的三级技术管理组织体系，如图4-2所示。

总工程师是企业生产技术的总负责人，其在企业经理的领导下，对施工生产技术工作全面负责。技术职能机构则是同级领导人的工作助手，接受同级技术负责人的领导，并从技术上向同级技术领导人负责。

总工程师、项目工程师、技术队长或者主管技术人员组成了三级技术领导责任制。职能机构的技术责任，专职技术人员责任制及工人技术操作岗位责任制，共同构成施工企业

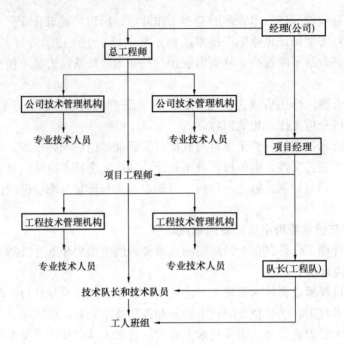

图 4-2　三级技术管理组织体系

的技术管理体制。

5. 技术责任制体系

（1）技术责任制的分类与原则

1）技术责任制的分类

① 技术领导责任制：规定总工程师、项目工程师及技术队长的职责范围。

② 技术管理机构责任制：规定公司、项目部及施工队各级技术管理机构的职责范围。

③ 技术管理人员责任制：规定各级技术管理机构的技术人员的职责范围。

④ 技术工人责任制。

2）技术责任制的原则。在这四种责任制体系中，按照顺序后一类是前一类的基础。上级技术负责人有权对下级技术人员发布指令，安排各项技术工作，部署研究技术问题，作出各项技术规定。下级技术负责人应该服从上级技术负责人的领导。

（2）总工程师的主要职责

1）组织贯彻国家颁发的有关技术政策与技术标准、规范、规程、规定及各项技术管理制度。

2）主持编制与执行企业的技术发展规划与技术组织措施。

3）领导大型建设项目与特殊工程的施工组织总设计，组织审批公司的与项目部上报的施工组织设计、技术文件等。

4）参加大型建设项目与特殊工程设计方案的制订和会审，参与引进项目的技术考察与谈判，处理重大的技术核定工作。

5）主持技术工作会议，发展技术民主，研究施工中的重大技术问题。

6）组织与指导有关工作质量、安全技术等检查与监督工作，负责处理重大质量、安全事故，并且在调查研究基础上提出技术鉴定与处理方案。

7) 组织与领导对技术革新和发明创造的审查与鉴定工作，组织领导新技术、新材料、新结构的试验、推广与使用工作。

8) 解决处理总分包交叉施工协作配合中的重大技术问题。

9) 组织与领导对职工的技术培训工作，负责对所属技术人员的了解、使用、培养工作，参加对技术人员的安排、晋级与奖惩的审议和决定工作。

10) 负责计划、组织与监督检查工作技术档案和资料情报的建设、管理与利用工作。

（3）项目工程师的主要职责（大型项目）

1) 领导组织技术人员学习贯彻执行各项技术政策、技术规范、技术规程、技术标准与各项技术管理制度。

2) 主持编制项目的施工组织设计，审批单位工程施工方案。

3) 主持图纸会审与重点工程的技术交底，审批技术文件。

4) 组织制订保证工程质量及安全施工的技术措施。

5) 主持重要工程的质量、安全检查，处理质量事故等。

6) 深入施工现场，指导施工，督促单位工程技术负责人遵守规范、规程与按图施工，发现问题及时解决。

（4）技术队长（或者小项目技术主管）的主要职责

1) 直接领导施工员、技术员等职能人员的技术工作；领导施工队的技术学习；组织施工队人员熟悉图纸，编制分项工程施工方案与简单工程的施工组织设计且上报审批，并贯彻执行上级下达与审批的施工组织设计和分项工程施工方案。

2) 参与会审图纸、单位工程技术交底，且向单位工程技术负责人以及有关人员进行技术交底；负责指导施工队按设计图纸、规范等进行施工；负责组织复查单位工程的测量定位、抄平放线、质量检查工作，参加隐蔽工程验收和分部分项工程的质量评定，发现问题及时处理或向上级报告请示解决。

3) 参与重大质量事故的处理。

4) 负责组织工程档案中各项技术资料的签证、收集、整理并汇总上报。

4.2.2 施工现场技术管理的基础工作

1. 建立技术管理工作体系

首先，项目经理部必须在企业总工程师和技术管理部门的指导参与下，建立以项目技术负责人为首的技术业务统一领导和分级管理的技术管理工作体系，并配备相应的职能人员。一般应根据项目规模设项目技术负责人（项目总工程师、主任工程师、工程师或技术员，其下设技术部门、工长和班组长），然后按技术职责和业务范围建立各级技术人员的责任制，明确技术管理岗位与职责，建立各项技术管理制度。

2. 建立健全施工项目技术管理制度

项目经理部的技术管理应执行国家技术政策和企业的技术管理制度，同时，项目经理部根据需要可自行制定特殊的技术管理制度，并报企业总工程师批准。施工项目的主要技术管理制度有：技术责任制度、图纸会审制度、施工组织设计管理制度、技术交底制度、材料设备检验制度、工程质量检查验收制度、技术组织措施计划制度、工程施工技术资料管理制度以及工程测量、计量管理办法、环境保护管理办法、工程质量奖罚办法、技术创新和合理化建议管理办法等。

建立健全施工项目技术管理的各项制度，首先，是要求各项制度互相配套协调、形成系统，既互不矛盾，也不留漏洞，还要有针对性和可操作性；其次，是要求项目经理部所属单位、各部门和人员，在施工活动中，都必须遵照所制定的有关技术管理制度的规定和程序，安排工作和生产，保证施工生产安全顺利地进行。

3. 贯彻落实技术责任制

项目经理部的各级技术人员应根据项目技术管理责任制度完成业务工作，履行职责。

4.2.3 施工现场技术管理的主要内容

1. 贯彻施工组织设计

施工组织设计是指导整个施工过程的纲领性文件，施工组织设计文件或施工设计文件的编制，为指导施工部署以及组织施工活动提供了计划和依据，其贯彻实施具有非常重大的意义。贯彻执行施工组织设计，必须做好以下几方面的工作：

（1）严格施工组织设计的编制和审批程序。

（2）熟悉施工组织设计内容，了解施工顺序、施工方法、平面布置和技术措施。

（3）做好施工组织设计交底。经过批准的施工组织设计文件，应由负责编制该文件的主要负责人，向参与施工的有关部门和有关人员进行交底，说明该施工组织设计的基本方针，分析决策过程、实施要点以及关键性技术问题和组织问题。

（4）做好施工现场准备工作。如房屋的定位放线，清除障碍物，四通一平，各种临时设施搭设等。

（5）对新技术、新工艺进行技术培训。

（6）督促班组按照施工组织设计确定的施工方案、技术措施和施工进度组织施工，并经常进行检查，及时解决问题。

2. 图纸会审

图纸会审的目的是为了使施工单位、监理单位、建设单位及其他相关单位（消防、环保）等进一步了解设计意图和设计要点，通过会审澄清疑点，消除设计缺陷，统一认识，使设计达到经济合理、安全可靠，美观适用。

（1）图纸会审主要有建设单位或其委托的监理单位、设计单位和施工单位各方代表参加。

（2）由建设单位主持，先由设计单位介绍设计意图和图纸、设计特点、对施工的要求。然后由施工及参与单位提出图纸中存在的问题和对设计单位的要求，通过各方讨论与协商解决存在的问题，写出会议纪要，交给设计人员，设计人员将纪要中提出的问题通过书面的形式进行解释或提交设计变更通知书。

（3）图纸会审的主要内容包括：

1）是否是无证设计或越级设计，图纸是否经设计单位正式签署。

2）地质勘探资料是否齐全。

3）设计图纸与说明是否齐全。

4）设计地震烈度是否符合当地要求。

5）几个单位共同设计的，相互之间有无矛盾；各专业之间，平、立、剖面图之间是否有矛盾；标高是否有遗漏。

6）总平面与施工图的几何尺寸、平面位置、标高等是否一致。

7）防火要求是否满足。

8）建筑结构与各专业图纸本身是否有差错及矛盾；结构图与建筑图的平面尺寸及标高是否一致；建筑图与结构图的表示方法是否清楚，是否符合制图标准；预埋件是否表示清楚；是否有钢筋明细表，钢筋锚固长度与抗震要求等。

9）施工图中所列各种标准图册施工单位是否具备，如没有，如何取得。

10）建筑材料来源是否有保证。

11）地基处理方法是否合理。建筑与结构构造是否存在不能施工，不便于施工，容易导致质量、安全或经费等方面的问题。

12）工艺管道、电气线路、运输道路与建筑物之间有无矛盾，管线之间的关系是否合理。

13）施工安全是否有保证。

14）图纸是否符合规划中提出的设计目标。

3. 技术交底

（1）技术交底必须满足施工规范、规程、工艺标准、质量验收标准和建设单位的合理要求，整个工程施工、各分部分项工程、特殊和隐蔽工程、易发生质量事故与工伤事故的工程部位均须认真进行技术交底。

（2）技术交底必须以书面形式进行，经过检查与审核，有签发人、审核人、接受人的签字，所有技术交底资料，都要列入工程技术档案。

（3）由工程项目设计人员向施工项目技术负责人交底的内容：

1）设计文件依据：上级批文、规划准备条件、人防要求、建设单位的具体要求及合同。

2）建设项目所处规划位置、地形、地貌、气象、水文地质、工程地质、地震烈度。

3）施工图设计依据：包括初步设计文件，市政部门要求，规划部门要求，公用部门要求，其他有关部门（如绿化、环卫、环保等）要求，主要设计规范，甲方供应及市场上供应的建筑材料情况等。

4）设计意图：包括设计思想，设计方案比较情况，建筑、结构和水、暖、电、卫、煤、气等的设计意图。

5）施工时应注意事项：包括建筑材料方面的特殊要求、建筑装饰施工要求、广播音响与声学要求、基础施工要求、主体结构设计采用新结构、新工艺对施工提出的要求。

（4）施工项目技术负责人向下级技术负责人交底的内容：

1）工程概况一般性交底。

2）工程特点及设计意图。

3）施工方案。

4）施工准备要求。

5）施工注意事项，包括地基处理、主体施工、装饰工程的注意事项及工期、质量、安全等。

（5）施工项目技术负责人向工长、班组长进行技术交底，应按工程分部、分项进行交底，内容包括：

    1）设计图纸具体要求。

    2）施工方案实施的具体技术措施及施工方法。

    3）土建与其他专业交叉作业的协作关系及注意事项。

    4）各工种之间协作与工序交接质量检查。

    5）设计要求，规范、规程、工艺标准。

    6）施工质量标准及检验方法。

    7）隐蔽工程记录、验收时间及标准。

    8）成品保护项目、办法与制度、施工安全技术措施。

    （6）工长向班组长交底，主要利用下达施工任务书的形式进行分项工程具体操作工艺和要求交底。

4. 技术措施计划

    （1）依据施工组织设计和施工方案，总公司编制年度技术措施纲要、分公司编制年度和季度技术措施计划，项目经理部编制月度技术措施作业计划，并计算其经济效果。

    （2）技术措施计划与施工计划同时下达至工长及有关班组执行。

    （3）项目技术负责人应汇总当月的技术措施计划执行情况上报。

    （4）技术措施计划的主要内容：

    1）加快施工进度方面的技术措施。

    2）保证和提高工程质量的技术措施。

    3）节约劳动力、原材料、动力、燃料的措施。

    4）推广新技术、新工艺、新结构、新材料的措施。

    5）提高机械化水平、改进机械设备的管理以提高完好率和利用率的措施。

    6）改进施工工艺和操作技术以提高劳动生产率的措施。

    7）保证安全施工的措施。

5. 监督班组按照施工图、规范和工艺标准施工

    施工员是施工现场的组织者，对参加施工作业班组负有监督责任。施工图纸、施工质量验收规范和施工工艺标准是确保施工质量的基本依据。

    （1）严格按照施工图纸施工。施工员或作业班组任何人员，无权更改原设计图纸。如果由于图纸差错造成与实际不符，或因施工条件、材料等原因造成施工不能完全符合原设计要求，需要修改设计时，应报上级技术负责人办理设计变更手续。

    （2）认真贯彻施工质量验收规范和工艺标准。施工质量验收规范和工艺标准是建设工程中必须遵循的技术法规，施工员必须熟练掌握规范要求和技术标准，以利于施工和工作的开展。

6. 隐蔽工程检查与验收

    （1）隐蔽工程是指完工后将被下一道施工作业所掩盖的工程。

    （2）隐蔽工程项目在隐蔽之前应进行严密检查，做好记录，签署意见，办理验收手续，不得后补。

    （3）有问题需复验的，须办理复验手续，并由复验人做出结论，填写复验日期。

    （4）建筑工程隐蔽工程验收项目如下：

1）地基验槽。包括土质情况、标高、地基处理。

2）基础、主体结构各部位的钢筋均须办理隐检。内容包括：钢筋的品种、规格、数量、位置、锚固或接头位置长度及除锈、代用变更情况，板缝及楼板胡子筋处理情况、保护层情况等。

3）现场结构焊接。钢筋焊接包括焊接形式及焊接种类，焊条、焊剂牌号（型号），焊接规格，焊缝长度、厚度及外观清渣等，外墙板的键槽钢筋焊接，大楼盖的连接筋焊接，阳台尾筋焊接。

钢结构焊接包括母材及焊条品种、规格，焊条烘焙记录，焊接工艺要求和必要的试验，焊缝质量检查等级要求，焊缝不合格率统计、分析及保证质量措施、返修措施、返修复查记录。

4）高强度螺栓施工检验记录。

5）屋面、厕浴间防水层下的各层细部做法。地下室施工缝、变形缝、止水带、过墙管做法等，外墙板空腔立缝、平缝、十字接头、阳台雨罩接头等。

7. 整理上报各项技术资料

工程技术资料是指在施工过程中形成的应当归档保存的各种图纸、表格、文字、音像材料的总称。它是工程施工及竣工验收的必要技术文件，也是对工程进行检查、维护、管理、使用、改建和扩建的依据。施工员在日常施工活动中，应严格按照国家有关法律法规要求，及时、真实、准确、完整地将工程技术资料记录、整理出来并及时上报，不得后补、涂改。

工程技术资料主要包括：设计资料、材料证明、试验报告、隐蔽检查记录、预检记录、质量评定记录、结构验收记录、电气工程资料和施工日志等。

4.3 进度管理

4.3.1 施工项目进度控制的概念

施工项目进度控制是指在编制施工进度计划的基础上，将该计划付诸实施，在实施的过程中经常检查实际进度是否按计划要求进行，如有偏差，则分析产生偏差的原因，采取补救措施或调整、修改原计划，直至工程竣工。进度控制的最终目的是确保项目施工目标的实现，施工进度控制的总目标是建设工期。

工程施工的进度，受许多因素的影响，需要事先对影响进度的各种因素进行调查，预测它们对进度可能产生的影响，编制科学合理的进度计划，指导建设工作按计划进行。然后根据动态控制原理，不断进行检查，将实际情况与计划安排进行对比，找出偏离计划的原因，特别是找出主要原因，采取相应的措施，对进度进行调整或修正，再按新的计划实施，这样不断地计划、执行、检查、分析、调整计划的动态循环过程，就是进度控制。进度控制的主要环节包括进度检查、进度分析和进度调整等。

4.3.2 项目进度管理的目标

进度管理总目标是依据施工总进度计划确定的。对进度管理总目标进行层层分解，形成实施进度管理、相互制约的目标体系。

工程项目进度目标是从总的方面对项目建设提出的工期要求，但在施工活动中，是通过对最基础的分部分项工程的施工进度管理来保证各单项（位）工程或阶段工程进度管理目标的完成，进而实现工程进度管理总目标。因而需要将总进度目标进行一系列的从总体到细部、从高层次到基础层次的层层分解，一直分解到在施工现场可以直接调度控制的分部分项工程或作业过程的施工为止。在分解中，每一层次的进度管理目标都限定了下一级层次的进度管理目标，而较低层次的进度管理目标又是较高一级层次进度管理目标得以实现的保证，于是就形成了一个自上而下层层约束，由下而上级级保证，上下一致的多层次的进度管理目标体系。

确定工程项目进度目标应考虑以下几个方面：

（1）对于大型建筑工程项目，应根据尽早提供可动用单元的原则，集中力量分期分批建筑，以便尽早投入使用，尽快发挥投资效益。这时，为保证每一动用单元能形成完整的生产能力，就要考虑这些动用单元交付使用时所必需的全部配套项目。因此，要处理好前期动用和后期建筑的关系、每期工程中主体工程与辅助及附属工程之间的关系等。

（2）结合工程的特点，参考同类建筑工程的经验来确定施工进度目标，避免只按主观愿望盲目确定进度目标，从而在实施过程中造成进度失控。

（3）考虑工程项目所在地区地形、地质、水文、气象等方面的限制条件。

（4）考虑外部协作条件的配合情况，包括施工过程中及项目竣工动用所需的水、电、气、通信、道路及其他社会服务项目的满足程度和满足时间。它们必须与有关项目的进度目标相协调。

（5）合理安排土建与设备的综合施工。要按照各自的特点，合理安排土建施工与设备基础、设备安装的先后顺序及搭接、交叉或平行作业，明确设备工程对土建工程的要求和土建工程为设备工程提供施工条件的内容及时间。

（6）做好资金供应时间、施工力量配备、物资（材料、构配件、设备）供应能力与施工进度的平衡工作，确保满足工程进度目标的要求。

4.3.3 项目进度管理的影响因素

建筑工程项目的施工特点，尤其是较大和复杂的施工项目基期较长，决定了影响进度的因素较多。编制计划和执行控制施工进度计划时必须充分认识和估计这些因素，才能克服其影响，使施工进度尽可能按计划进行。当出现偏差时，应考虑有关影响因素，分析产生的原因。其主要影响因素见表4-1。

影响项目进度的因素 表 4-1

种　　类	影响因素	相应对策
项目经理部内部因素	（1）施工组织不合理，人力、机械设备调配不当，解决问题不及时 （2）施工技术措施不当或发生事故 （3）质量不合格引起返工 （4）与相关单位关系协调不善等 （5）项目经理部管理水平低	项目经理部的活动对施工进度起决定性作用，因而要： （1）提高项目经理部的组织管理水平、技术水平 （2）提高施工作业层的素质 （3）重视与内外关系的协调

种　　类	影响因素	相应对策
相关单位因素	（1）设计图纸供应不及时或有误 （2）业主要求设计变更 （3）实际工程量增减变化 （4）材料供应、运输等不及时或质量、数量、规格不符合要求 （5）水电通信等部门、分包单位没有认真履行合同或违约 （6）资金没有按时拨付等	相关单位的密切配合与支持，是保证施工项目进度的必要条件，项目经理部应做好： （1）与有关单位以合同形式明确双方协作配合要求，严格履行合同，寻求法律保护，减少和避免损失 （2）编制进度计划时，要充分考虑向主管部门和职能部门进行申报、审批所需的时间，留有余地
不可预见因素	（1）施工现场水文地质状况比设计合同文件的预计要复杂得多 （2）严重自然灾害 （3）战争、社会动荡等政治因素等	（1）该类因素一旦发生就会造成较大影响，应做好调查分析和预测 （2）有些因素可通过参加保险，规避或减少风险

4.3.4　项目进度管理原理

工程项目进度管理是以现代科学管理原理作为其理论基础的，主要包括系统控制原理、动态控制原理、弹性原理与封闭循环原理、信息反馈原理等。

1. 系统控制原理

工程项目施工进度管理是一个系统工程，它包括项目施工进度计划系统与项目施工进度实施系统两部分内容。项目经理必须依据系统控制原理，强化其控制全过程。

（1）工程项目进度计划系统

为了做好项目施工进度管理工作，必须依据项目施工进度管理目标要求，制订出项目施工进度计划系统。依据需要，计划系统通常包括：施工项目总进度计划，单位工程进度计划，分部、分项工程进度计划与季、月、旬等作业计划。这些计划的编制对象由大至小，内容由粗至细，将进度管理目标逐层分解，保证计划控制目标的落实。在执行项目施工进度计划时，应该以局部计划保证整体计划，最终达到工程项目进度管理目标。

（2）工程项目进度实施组织系统

施工项目实施全过程的各专业队伍均是遵照计划规定的目标去努力完成一个个任务的。施工项目经理与有关劳动调配、材料设备、采购运输等各职能部门均按照施工进度规定的要求进行严格管理、落实与完成各自的任务。施工组织各级负责人，从项目经理、施工队长、班组长到所属全体成员组成了施工项目实施的完整组织系统。

（3）工程项目进度管理的组织系统

为保证施工项目进度实施，还需要一个项目进度的检查控制系统。自公司经理、项目经理，到作业班组均设有专门职能部门或者人员负责检查汇报，统计整理实际施工进度的资料，并且与计划进度比较分析与进行调整。当然不同层次人员承担不同进度管理职责，分工协作，形成一个纵横相连的施工项目控制组织系统。事实上，有的领导既是计划的实施者，又是计划的控制者。实施是计划控制的落实，而控制是计划按期实施的保证。

2. 动态控制原理

工程项目进度管理随着施工活动向前推进，依据各方面的变化情况，应该进行适时的动态控制，以保证计划符合变化的情况。同时，这种动态控制又是依照计划、实施、检查、调整这四个不断循环的过程进行控制的。在项目实施的过程中，可分别以整个施工项目、单位工程、分部工程或者分项工程为对象，建立不同层次的循环控制系统，并且使其循环下去。这样每循环一次，其项目管理水平便会提高一步。

3. 弹性原理

工程项目进度计划工期长、影响进度的原因很多，其中有的已被人们了解，因此要依据统计经验估计出影响的程度和出现的可能性，并在确定进度目标时，进行实现目标的风险分析。在计划编制者具备了这些知识与实践经验以后，编制施工项目进度计划时便会留有余地，使施工进度计划具有弹性。

4. 封闭循环原理

工程项目进度管理是从编制项目施工进度计划开始的，由于影响因素的复杂与不确定性，在计划实施的全过程中，要连续跟踪检查，若运行正常可继续执行原计划；若发生偏差，应该在分析其产生的原因后，采取相应的解决措施与办法，对原进度计划进行调整与修订，然后再进入一个新的计划执行过程。这个由计划、实施、检查、比较、分析、纠偏等环节构成的过程就形成了一个封闭循环回路，见图 4-3。

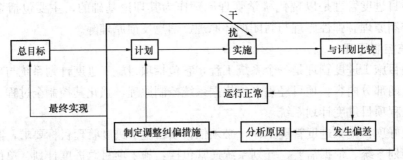

图 4-3　工程项目进度管理的封闭循环

5. 信息反馈原理

反馈是控制系统把信息输送出去，再把其作用结果返送回来，并且对信息的再输出施加影响，起到控制作用，以此达到预期目的。

工程项目进度管理的过程实质上就是对有关施工活动与进度的信息不断收集、加工、汇总、反馈的过程。施工项目信息管理中心要对搜集的施工进度与相关影响因素的资料进行加工分析，由领导作出决策以后，向下发出指令，指导施工或者对原计划作出新的调整、部署；基层作业组织依据计划与指令安排施工活动，并将实际进度与遇到的问题随时上报。每天均有大量的内外部信息、纵横向信息流进流出，因而必须建立健全工程项目进度管理信息网络，这样才能确保施工项目的顺利实施与如期完成。

4.3.5　项目进度管理的内容

项目进度管理包括两部分内容：项目进度计划的制订与项目进度计划的控制。

1. 项目进度计划的制订

（1）项目进度计划的作用

凡事预则立，不预则废。做任何事，均必须有计划，这样才能心中有数，按部就班地实现目标。在项目进度管理上也是如此。项目实施前须先制订出一个切实可行的进度计划，然后再按照计划逐步实施。项目进度计划的作用如图 4-4 所示。

（2）制订项目进度计划的步骤

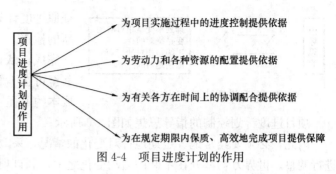

图 4-4　项目进度计划的作用

为了满足项目进度管理与各个实施阶段项目进度控制的需要，对于同一项目往往要编制各种项目进度计划。例如，建设项目便要分别编制工程项目前期工作计划、工程项目建设总进度计划、工程项目年度计划、工程设计进度计划、工程施工进度计划、工程监理进度计划等。这些进度计划的具体内容虽然不同，但是其制定步骤却大致相似。制订项目进度计划通常包括以下四个步骤，如图 4-5 所示。

图 4-5　制定项目进度计划的步骤

1）信息资料收集。为了保证项目进度计划的科学性与合理性，在编制进度计划之前，必须收集真实、可信的信息资料，作为编制进度计划的依据。这些信息资料具体包括项目背景、项目实施条件、项目实施单位、人员数量与技术水平、项目实施各个阶段的定额规定等。例如建设项目，在编制其工程建设总进度计划之前，一定要掌握项目开工以及投产的日期，项目建设的地点以及规模，设计单位各专业人员的数量、工作效率、对类似工程的设计经历以及质量，现有施工单位资质等级、技术装备、施工能力、对类似工程的施工状况以及国家有关部门颁发的各种有关定额等资料。

2）项目结构分解。即依据项目进度计划的种类、项目完成阶段的分工、项目进度控制精度的要求以及完成项目单位的组织形式等情况，把整个项目分解成为一系列相互关联的基本活动，这些基本活动在进度计划中一般也被称为工作。

3）项目活动时间估算。即在项目分解完毕以后，根据每个基本活动工作量的大小、投入资源的多少以及完成该基本活动的条件限制等因素，估算出完成每个基本活动所需要的时间。

4）项目进度计划编制。即在前面工作的基础上，依据项目各项工作完成的先后顺序要求与组织方式等条件，通过分析计算，把项目完成的时间、各项工作的先后顺序、期限等要素用图表的形式表示出来，这些图表就是项目进度计划。

2. 项目进度计划控制

项目进度计划控制，是指项目进度计划制订之后，在项目实施的过程中，对实施进展情况进行检查、对比、分析、调整，以保证项目进度计划总目标得以实现的活动。

在项目实施过程中，必须要经常检查项目的实际进展情况，并且与项目进度计划进行比较。如果实际进度与计划进度相符，则表明项目完成情况良好，进度计划总目标的实现有保证。若发现实际进度已经偏离了计划进度，则应该分析产生偏差的原因与对后续工作项目进度计划总目标的影响，找出解决问题的办法与避免进度计划总目标受影响的切实可行的措施，并且根据这些办法与措施，对原进度计划进行修改，使之符合实际情况并且保

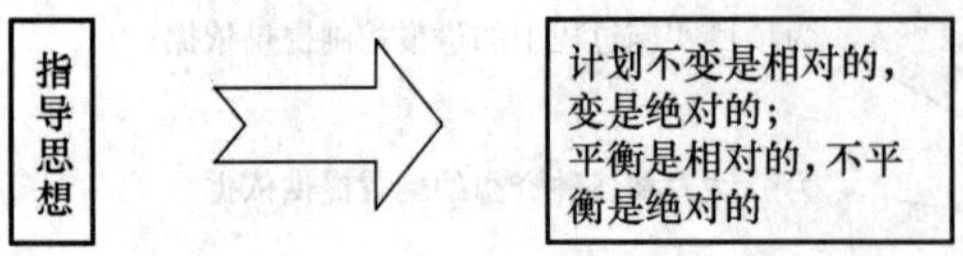

计划不变是相对的，变是绝对的；平衡是相对的，不平衡是绝对的

图 4-6 项目进度计划控制的指导思想

证原进度计划总目标得以实现。然后再进行新的检查、对比、分析、调整，直到项目最终完成，从而确保项目进度总目标的实现。甚至可在不影响项目完成质量与不增加施工成本的前提下，使项目提前完成。

项目进度计划控制的指导思想如图 4-6 所示。

因此，必须要经常地、定期地针对变化的情况，采取相应的对策，对原有的进度计划进行调整。世界万物都处在不断的运动变化之中，制订项目进度计划时所依据的条件也在不断变化。影响项目按原进度计划进行的因素很多，既有人为的因素，例如，实施单位组织不力、协作单位情况有变、实施的技术失误、人员操作不当等；亦有自然因素的影响和突发事件的发生，如地震、洪涝等自然灾害的出现与战争、动乱的发生等。因此，决不能认为制订了一个科学合理的进度计划后就可一劳永逸，便放弃对进度计划实施的控制。当然，也不能因进度计划肯定要变，便对进度计划的制订不重视，忽视进度计划的合理性与科学性。正确的态度应该是：一方面，在确定进度计划制订的条件时，要具有一定的预见性与前瞻性，使制订出的进度计划尽可能符合变化后的实施条件；另一方面，在项目实施过程中，要根据变化后的情况，在不影响进度计划总目标的前提下，对进度计划及时进行修正与调整，而不能完全拘泥于原进度计划，否则，便会适得其反，使实际进度计划总目标难以实现。总而言之，要有动态管理思想。

4.3.6 项目进度管理程序

工程项目经理部应该按照以下程序进行进度管理：

（1）依据施工合同的要求确定施工进度目标，明确计划开工日期、计划总工期与计划竣工日期，确定项目分期分批的开竣工日期。

（2）编制施工进度计划，具体安排实现计划目标的工艺关系、搭接关系、组织关系、起止时间、劳动力计划、材料计划、机械计划及其他保证性计划。分包人负责依据项目施工进度计划编制分包工程施工进度计划。

（3）进行计划交底，落实责任，并且向监理工程师提出开工申请报告，按照监理工程师开工令确定的日期开工。

（4）实施施工进度计划。项目经理要通过施工部署、组织协调、生产调度和指挥、改善施工程序与方法的决策等，应用技术、经济与管理手段实现有效的进度管理。项目经理部首先要建立进度实施、控制的科学组织系统与严密的工作制度，然后根据工程项目进度管理目标体系，对施工的全过程进行系统控制。正常情况下，进度实施系统要发挥监测、分析职能并循环运行，即随着施工活动的进行，信息管理系统会不断地把施工实际进度信息，按照信息流动程序反馈给进度管理者，经过统计整理、比较分析以后，确认进度无偏差，则系统继续运行；若发现实际进度与计划进度有偏差，系统将发挥调控职能，分析偏差产生的原因，及对后续施工与总工期的影响。必要时，可对原计划进度作出调整，提出纠正偏差方案与实施技术、经济、合同保证措施，以及取得相关单位支持和配合的协调措施，确认可行后，把调整后的新进度计划输入到进度实施系统，施工活动继续在新的控制下运行。当新的偏差出现以后，再重复上述过程，直至施工项目全部完成。进度管理系统也可处理由于合同变更而需要进行的进度调整。

（5）全部任务完成之后，进行进度管理总结并且编写进度管理报告。

项目进度管理的程序见图 4-7。

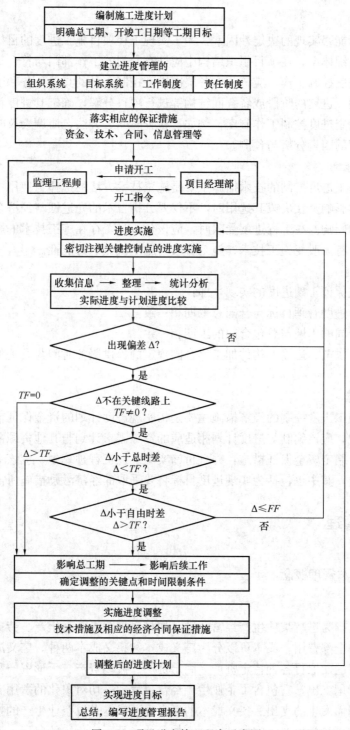

图 4-7 项目进度管理程序示意图

4.3.7 项目进度管理措施

工程项目施工进度控制采取的主要措施包括组织措施、技术措施、合同措施、经济措施与信息管理措施等。

1. 组织措施

组织是目标能否实现的决定性因素，为了实现工程项目施工进度的目标，必须建立健全项目管理的组织体系，在项目组织结构中应该有专门的工作部门与符合进度控制岗位资格的专人负责进度控制工作。应该落实各层次进度控制人员的具体任务和工作职责；按照施工项目的结构、进展的阶段或者合同结构等进行项目分解，确定其进度目标，建立控制目标的体系；确定进度控制工作制度，例如，检查时间、方法、协调会议时间、参加人员等；对影响进度的因素分析与预测。

2. 技术措施

工程项目施工进度控制的技术措施主要是施工技术方法的选择与使用。施工方案对工程进度有直接的影响，在决策其选用时，不仅要分析技术的先进性与经济合理性，还应该考虑其对进度的影响。在工程进度受阻时，应该分析是否存在施工技术的影响因素，为了实现进度目标，有无改变施工技术、施工方法与施工机械的可能性。

3. 合同措施

以合同形式保证工期进度的实现，即：

（1）保持总进度管理目标与合同总工期相一致。

（2）分包合同的工期与总包合同的工期相一致。

（3）供货、供电、运输、构件加工等合同规定的提供服务时间与有关的进度管理目标一致。

4. 经济措施

工程项目施工进度控制的经济措施主要是指实现进度计划的资金保证措施。为了确保进度目标的实现，应该编制与进度计划相适应的资金需求计划与其他资源需求计划，分析资金供应条件，制定资金保证措施，并且付诸实施。在工程预算中，应该考虑加快工程进度所需要的资金，其中也包括为实现进度目标将要采取的经济激励措施所需要的费用。

4.4 成本管理

4.4.1 施工成本管理概念

1. 成本

成本一般是指为进行某项生产经营活动（如材料采购、产品生产、劳务供应、工程建设等）所发生的全部费用。成本可以分为广义成本和狭义成本两种。广义成本是指企业为实现生产经营目的而取得各种特定资产（固定资产、流动资产、无形资产和制造产品）或劳务所发生的费用支出，它包含了企业生产经营过程中一切对象化的费用支出。狭义成本是指为制造产品而发生的支出。狭义成本的概念强调成本是以企业生产的特定产品为对象来归集和计算的，是为生产一定种类和一定数量的产品所应负担的费用。这里讨论狭义成本的概念，狭义成本即产品成本，它有多种表述形式：

（1）产品成本是以货币形式表现的、生产产品的全部耗费或花费在产品上的全部生产费用。

（2）产品成本是为生产产品所耗费的资金总和。其中，生产产品需要耗费占用在劳动对象上的资金，如原材料的耗费；需要耗费占用在劳动手段上的资金，如设备的折旧；需要耗费占用在劳动者身上的资金，如生产工人的工资及福利费。

（3）产品成本是企业在一定时期内为生产一定数量的合格产品所支出的生产费用。这个定义有时间条件约束和数量条件约束，比较严谨，不同时期发生的费用分属于不同时期的产品，只有在本期间内为生产本产品而发生的费用才能构成该产品成本（即符合配比原则）。企业在一定期间内的生产耗费称为生产费用，生产费用不等于产品成本，只有具体发生在一定数量产品上的生产费用，才能构成该产品的成本，生产费用是计算产品成本的基础。

2. 施工成本

施工成本是指建筑业企业以项目作为成本核算对象的施工过程中所耗费的生产资料转移价值和劳动者的必要劳动所创造的价值的货币形式。也是指，某项目在施工中所发生的全部生产费用的总和，包括所消耗的主、辅材料，构配件，周转材料的摊销费或租赁费，施工机械的台班费或租赁费，支付给生产工人的工资、奖金以及项目经理部（或分公司、工程处）以及为组织和管理工程施工所发生的全部费用支出。施工成本不包括劳动者为社会所创造的价值（如税金和计划利润），也不应包括不构成工程项目价值的一切非生产性支出。明确上述内容，对研究施工成本的构成和进行施工成本管理是非常重要的。

施工成本是建筑业企业的产品成本，一般以项目的单位工程作为成本核算对象，通过各单位工程成本核算的综合来反映工程施工成本。

3. 施工成本管理

施工成本管理是企业的一项重要的基础管理，是指施工企业结合本行业的特点，以施工过程中直接耗费为对象，以货币为主要计量单位，对项目从开工到竣工所发生的各项收、支进行全面系统的管理，以实现项目施工成本最优化目的的过程。它包括落实项目施工责任成本，制定成本计划、分解成本指标，进行成本控制、成本核算、成本考核和成本监督的全过程。

4.4.2 施工成本管理的特点

1. 事先能动性

施工成本管理不是通常意义上的会计成本核算，后者只是对实际发生成本的记录、归集与计算，表现为对成本结果的事后管理，并成为对下一循环的控制依据。由于施工项目管理具有一次性的特点，这就要求施工成本管理必须是事先的、能动性的、自为的管理。

2. 综合优化性

施工成本管理的综合优化是指避免把施工成本管理作为单独的工作加以对待，而是运用事物相互联系、相互作用的观点，把施工成本管理作为项目管理系统中一个有机的子系统来看待，此种特征是由施工成本管理在施工项目管理中的特殊地位决定的。

3. 动态跟踪性

所谓动态跟踪，就是指施工成本管理必须对事先所设定的成本目标以及相应措施的实施过程自始至终进行监督、控制与调整、修正。

4. 内容适应性

施工成本管理的内容是由施工项目管理对象范围决定的。它与企业成本管理的对象范围既有联系，又有差异。因此对施工成本管理的成本项目、核算台账、核算办法等须进行深入的研究，不能盲目地要求与企业成本核算对口。

4.4.3 施工成本管理的原则

工程施工成本控制是施工成本管理的主要工作，工程施工成本管理应遵循以下原则：

1. 领导者推动原则

企业的领导者是企业成本的责任人，必然是工程项目施工成本的责任人。领导者应该制定施工成本管理的方针和目标，组织施工成本管理体系的建立和保持，创造使企业全体员工能充分参与项目施工成本管理、实现企业成本目标的良好内部环境。

2. 以人为本，全员参与原则

施工成本管理的每一项工作、每一个内容都需要相应的人员来完善，抓住本质，全面提高人的积极性和创造性，是搞好施工成本管理的前提。施工成本管理工作是一项系统工程，项目的进度管理、质量管理、安全管理、施工技术管理、物资管理、劳务管理、计划统计、财务管理等一系列管理工作都关联到施工成本，施工成本管理是项目管理的中心工作，必须让企业全体人员共同参与。只有如此，才能保证施工成本管理工作顺利地进行。

3. 目标分解，责任明确原则

施工成本管理的工作业绩最终要转化为定量指标，而这些指标的完成是通过各级各岗位的工作实现的，为明确各级各岗位的成本目标和责任，就必须进行指标分解。企业确定工程项目责任成本指标和成本降低率指标，是对工程成本进行了一次目标分解。企业的责任是降低企业管理费用和经营费用，组织项目经理部完成施工项目责任成本指标。项目经理部还要对施工项目责任成本指标和成本降低率目标进行二次目标分解，根据岗位不同、管理内容不同，确定每个岗位的成本目标和所承担的责任。把总目标进行层层分解，落实到每一个人，通过每个指标的完成来保证总目标的实现。施工成本管理涉及到施工管理的方方面面，而它们之间又是相互联系、相互影响的。必须要发挥项目管理的集体优势，协同工作，才能完成施工成本管理这一系统工程。

4. 管理层次与管理内容的一致性原则

施工成本管理是企业各项专业管理的一个部分，从管理层次上讲，企业是决策中心、利润中心，项目是企业的生产场地，是企业的生产车间，行业的特点是大部分的成本耗费在此发生，因此它是成本中心，这就必须建立一套适合于企业的管理机制，以保证管理层次与管理内容的一致性，最终实现企业成本管理的目标。

5. 实事求是的原则

施工成本管理应遵循动态性、及时性、准确性原则，即实事求是原则。

施工成本管理是为了实现施工成本目标而进行的一系列管理活动，是对施工成本实际开支的动态管理过程。因而动态性是施工成本管理的属性之一。进行施工成本管理的过程是不断调整施工成本支出与计划目标的偏差，使施工成本支出基本与目标一致。这就需要进行施工成本的动态管理，它决定了施工成本管理不是一次性的工作，而是施工项目全过程每日每时都在进行的工作。施工成本管理需要及时、准确地提供成本核算信息，不断反馈，为上级部门或项目经理进行施工成本管理提供科学的决策依据。如果信息的提供严重滞后，就起不到及时纠偏、亡羊补牢的作用。施工成本管理所编制的各种施工计划、消耗量计划，统计的各项消耗、各项费用支出，必须是实事求是的、准确的。如果计划的编制不准确，各项成本管理就失去了基准；如果各项统计不实事求是、不准确，成本核算就不能真实反映，出现虚盈或虚亏，只能导致决策失误。因此，确保施工成本管理的动态性、及时性、准确性是施工成本管理的灵魂，否则，施工成本管理就只能是纸上谈兵，流于形式。

6. 过程控制与系统控制原则

施工成本是由施工过程的各个环节的资源消耗形成的。因此，施工成本的控制必须采用过程控制方法，分析每一个过程影响成本的因素，制订工作程序和控制程序，使之时时处于受控状态。施工成本形成的每一个过程又是与其他过程互相关联的，一个过程成本的降低，可能会引起关联过程成本的提高。因此，施工成本的管理必须遵循系统控制的原则，进行系统分析，制订过程的工作目标必须从全局利益出发，不能为了小团体的利益，损害了集体利益。

4.4.4 施工项目成本管理的内容

施工项目成本管理是一项牵涉施工管理各个方面的系统工作，这一系统的具体工作内容包括：成本预测、成本计划、成本控制、成本核算、成本分析和成本考核等。施工项目经理部在项目施工过程中对所发生的各种成本信息，通过有组织、有系统地进行预测、计划、控制、核算、分析和考核等工作，促使施工项目系统内各种要素按照一定的目标运行，使施工项目的实际成本能够控制在预定的计划成本范围内。

1. 成本预测

施工项目成本预测是在施工开始前，通过现有的成本信息和针对项目的具体情况，并运用一定的专门方法，对未来的成本水平及其可能发展趋势作出科学的估计，其实质就是在施工以前对成本进行估算。通过成本预测，可以使项目经理部在制定施工组织计划时，选择成本低、效益好的最佳成本方案，并能够在施工项目成本形成过程中，针对薄弱环节，加强成本控制，克服盲目性，提高预见性。因此，施工项目成本预测是施工项目成本决策与计划的依据。

2. 成本计划

施工项目成本计划是项目经理部在施工准备阶段编制的对项目施工成本进行计划管理的指导性文件，类似于工程图纸对项目质量的作用。它是以货币形式编制施工项目在计划期内的生产费用、成本水平、成本降低率以及为降低成本所采取的主要措施和规划的书面方案，是建立施工项目成本管理责任制、开展成本控制和核算的基础，也是设立目标成本的依据。一般来说，一个施工项目成本计划应包括从开工到竣工所必需的施工成本。可以说，成本计划是目标成本的一种形式。

3. 成本控制

施工项目成本控制是指在施工过程中，对影响施工项目成本的各种因素加强管理，并

221

采取各种有效措施，将施工中实际发生的各种消耗和支出严格控制在成本计划范围内，随时揭示并及时反馈，严格审查各项费用是否符合标准、计算实际成本和计划成本之间的差异并进行分析，消除施工中的损失浪费现象，发现和总结先进经验。通过成本控制，使之最终实现甚至超过预期的成本节约目标。

施工项目成本控制应贯穿在施工项目从招投标阶段开始直到项目竣工验收的全过程，它是企业全面成本管理的重要环节。因此，必须明确各级管理组织和各级人员的责任和权限，这是成本控制的基础之一，必须给予足够的重视。

4. 成本核算

施工项目成本核算是在施工过程中对所发生的各种费用所形成的项目成本的核算。它包括两个基本环节：一是按照规定的成本开支范围，分阶段地对施工费用进行归集，计算出施工费用的额定发生额和实际发生额，核算所提供的各种成本信息，是成本计划、成本控制的结果，同时又成为成本分析和成本考核等环节的依据，作为反馈信息以指导下一步成本控制；二是根据竣工的成本核算对象，采用适当的方法，计算出该项目的总成本和单位成本，为该项目的总成本分析和成本考核提供依据，同时为下一轮施工提供借鉴。因此，成本核算工作做得好，做得及时，成本管理就会成为一个动态管理系统，对降低施工项目成本、提高企业的经济效益有积极的作用。

5. 成本分析

施工项目成本分析是在成本形成过程中，分阶段地对施工项目成本进行的对比评价和剖析总结工作，它贯穿于施工项目成本管理的全过程，也就是说施工项目成本分析主要利用施工项目的成本核算资料（成本信息），与目标成本（计划成本）、预算成本以及类似的施工项目的实际成本等进行比较，了解成本的变动情况，同时也要分析主要技术经济指标对成本的影响，系统地研究成本变动的因素，检查成本计划的合理性，并通过成本分析，深入揭示成本变动的规律，寻找降低施工项目成本的途径，以便有效地进行成本控制，减少施工中的浪费，促使项目经理部遵守成本开支范围和财务纪律，更好地调动广大职工的积极性，加强施工项目的全员成本管理。

6. 成本考核

所谓成本考核，就是施工项目完成后，对施工项目成本形成中的各责任者，按施工项目成本目标责任制的有关规定，将成本的实际指标与计划、定额、预算进行对比和考核，评定施工项目成本计划的完成情况和各责任者的业绩，并以此给予相应的奖励和处罚。通过成本考核，做到有奖有惩，赏罚分明。

总之，施工项目成本管理系统中每一个环节都是相互联系和相互作用的。成本预测是项目决策的前提，成本计划是决策所确定目标的具体化。成本控制则是对成本计划的实施进行监督，保证决策的成本目标实现，而成本核算又是成本计划是否实现的检验，它所提供的成本信息又对下一个施工项目成本预测和决策提供基础资料。成本考核是实现成本目标责任制的保证和实现决策目标的重要手段。

4.4.5 施工成本管理的具体措施

为了取得施工成本管理的最佳效果，应当从多方面采取措施实施管理，通常可以将这些措施归纳为组织措施、技术措施、经济措施、合同措施四个方面。

1. 组织措施

组织措施是从施工成本管理的组织方面采取的措施。施工成本控制是全员的活动，如实行项目经理责任制，落实施工成本管理的组织机构和人员，明确各级施工成本管理人员的任务和职能分工、权力和责任。施工成本管理不仅是专业成本管理人员的工作，各级项目管理人员都担负成本控制的责任。

组织措施的另一方面是编制施工成本控制工作计划，确定合理详细的工作流程。要做好施工采购规划，通过生产要素的优化配置、合理使用、动态管理、有效控制实际成本；加强施工定额管理和任务单管理，控制活劳动和物化劳动的消耗；加强施工调度，避免因施工计划不周和盲目调度造成窝工损失、机械利用率降低、物料积压等而使施工成本增加；成本控制工作只有建立在科学管理的基础之上，具备合理的管理体制，完善的规章制度，稳定的作业秩序，完整准确的信息传递，才能取得成效。组织措施是其他各类措施的前提和保障，而且一般不需要增加什么费用，运用得当可以收到良好的效果。

2. 技术措施

技术措施不仅对解决施工成本管理过程中的技术问题是不可缺少的，而且对纠正施工成本管理目标偏差也有相当重要的作用。运用技术措施的关键，一是要能提出多个不同的技术方案，二是要对不同的技术方案进行技术经济分析。

施工过程中降低成本的技术措施，包括：进行技术经济分析，确定最佳的施工方案；结合施工方法，进行材料使用的比选，在满足功能要求的前提下，通过迭代、改变配合比、使用添加剂等方法降低材料消耗的费用；确定最合适的施工机械、设备的使用方案；结合项目的施工组织设计及自然地理条件，降低材料的库存成本和运输成本；先进的施工技术的应用，新材料的运用，新开发机械设备的使用等。在实践中，也要避免仅从技术角度选定方案而忽视对其经济效果的分析论证。

3. 经济措施

经济措施是最易为人们所接受和采取的措施。管理人员应编制资金使用计划，确定、分解施工成本管理目标。对施工成本管理目标进行风险分析，并制定防范性对策。对各项支出，应认真做好资金的使用计划，并在施工过程中严格控制各项开支。及时准确地记录、收集、整理、核算实际发生的成本。对各种变更，及时做好增减账，及时落实业主签证，及时结算工程和工资款。通过偏差分析和未完施工成本预测，可发现一些潜在问题将引起未完工程施工成本的增加，对这些问题应以主动控制为出发点，及时采取预防措施。由此可见，经济措施的运用绝不仅仅是财务人员的事情。

4. 合同措施

采取合同措施控制施工成本，应贯穿整个合同周期，包括从合同谈判开始到合同终止的全过程。首先是选用合适的合同结构，对各种合同结果模式进行分析、比较，在合同谈判时，要争取选用适合于工程规模、性质和特点的合同结构模式。其次，在合同条款中应仔细考虑一切影响成本和效益的因素，特别是潜在的风险因素。通过对引起成本变动的风险因素的识别和分析，采取必要的风险对策，如：通过合理的方式，增加承担风险的个体数量，降低损失发生的比例，并最终使这些策略反映在合同的具体条款中。在合同执行期间，合同管理的措施既要密切关注对方合同执行情况，与寻求合同索赔的机会；同时也要密切关注自身合同履行的情况，以避免被对方索赔。

4.5 质量管理

4.5.1 质量管理的基本概念

1. 质量管理

质量管理是指确定质量方针、目标和职责，并在质量体系中通过诸如质量策划、质量控制、质量保证和质量改进使其实施的全部管理职能的所有活动，是为使产品和服务质量能满足不断更新的质量要求而开展的策划、组织、计划、实施、检查、监督审核、改进等所有管理活动的总和。质量管理应由企业的最高管理者负责和推动，同时要求企业的全体人员参与并承担义务。只有每一位员工都参加有关的质量活动并承担义务，才能实现所期望的质量。质量管理包括质量策划、质量控制、质量保证、质量改进等活动。在质量管理活动中要考虑到经济性的因素，有效的质量管理活动可以为企业带来降低成本、提高市场占有率、增加利润等经济效益。

2. 质量方针和质量目标

（1）质量方针

质量方针是由组织的最高管理者正式发布的该组织总的质量宗旨和质量方向。质量方针是企业的质量政策，是企业全体职工必须遵守的准则和行动纲领。它是企业长期或较长时期内质量活动的指导原则，反映了企业领导的质量意识和质量决策。质量方针是企业总方针的组成部分，它由企业的最高管理者批准和正式颁布。

（2）质量目标

质量目标是指与质量有关的、企业所追求的或作为目的的事物。质量目标建立在企业质量方针的基础之上，其为质量目标提供了框架。质量目标需与质量方针以及质量改进的承诺相一致。质量目标由企业的最高管理者确保在企业的相关职能和各个层次上建立的。在作业层次，质量目标应是定量描述的并且应包括满足产品或服务要求所需的内容。

3. 质量体系

质量体系是指实现质量管理所需的组织结构、程序、过程和资源等组成的有机整体。

（1）组织结构是一个组织为行使其职能按某种方式建立的职责、权限及其相互关系，通常以组织结构图予以规定。一个组织的组织结构图应能显示其机构设置、岗位设置以及他们之间的相互关系。

（2）资源可包括人员、设备、设施、资金、技术和方法，质量体系应提供适宜的各项资源以确保过程和产品的质量。

（3）一个组织所建立的质量体系应既满足本组织管理的需要，又满足顾客对本组织的质量体系要求，但主要目的应是满足本组织管理的需要。顾客仅仅评价组织质量体系中与顾客订购产品有关的部分，而不是组织质量体系的全部。

（4）质量体系和质量管理的关系是，质量管理需通过质量体系来运作，即建立质量体系并使之有效运行是质量管理的主要任务。

4. 质量策划

质量策划是质量管理中致力于设定质量目标并规定必要的作业过程和相关资源以实现

其质量目标的部分。

最高管理者应对实现质量方针、目标和要求所需的各项活动和资源进行质量策划，并且策划的输出应文件化。质量策划是质量管理中的筹划活动，是组织领导和管理部门的质量职责之一。组织要在市场竞争中处于优胜地位，就必须根据市场信息、用户反馈意见、国内外发展动向等因素，对老产品改进和新产品开发进行筹划。就研制什么样的产品，应具有什么样的性能，达到什么样的水平，提出明确的目标和要求，并进一步为如何达到这样的目标和实现这些要求从技术、组织等方面进行策划。

5. 质量控制

质量控制是指为达到质量要求所采取的作业技术和活动。

（1）质量控制的对象是过程控制的结果应能使被控制对象达到规定的质量要求。

（2）为使控制对象达到规定的质量要求，就必须采取适宜有效的措施，包括作业技术和方法。

6. 质量保证

质量保证是指为了提供足够的信任，以表明企业能够满足质量要求，而在质量体系中实施并根据需要进行证实的全部有计划和有系统的活动。

（1）质量保证定义的关键是"信任"，对达到预期质量要求的能力提供足够的信任。质量保证并不是买到不合格产品以后的保修、保换、保退。

（2）信任的依据是质量体系的建立和运行。因为这样的质量体系将所有影响质量的因素，包括技术、管理和人员方面的，都采取了有效的方法进行控制，因而具有减少、消除、特别是预防不合格的机制。一言以蔽之，质量保证体系具有持续稳定地满足规定质量要求的能力。

（3）供方规定的质量要求，包括产品的、过程的和质量体系的要求，必须完全反映顾客的需求，才能给顾客以足够的信任。

（4）质量保证总是在有两方的情况下才存在，由一方向另一方提供信任。由于两方的具体情况不同，质量保证分为内部和外部两种。内部质量保证是为了使企业内部各级管理者确信本企业本部门能够达到并保持预定的质量要求而进行的质量活动；外部质量保证是使顾客确信企业提供的产品或服务能够达到预定的质量要求而进行的质量活动。

7. 质量改进

质量改进是指为了向本企业及其顾客提供满意的产品，在整个企业范围内所采取的旨在提高过程的效率和效益的各种措施。质量改进是通过改进产品或服务的形成过程来实现的。因为纠正过程输出的不良结果只能消除已经发生的质量缺陷，只有改进过程才能从根本上消除产生缺陷的原因，因而可以提高过程的效率和效益。质量改进不仅纠正偶发性事故，而且要改进长期存在的问题。为了有效地实施质量改进，必须对质量改进活动进行组织、策划和度量，并对所有的改进活动进行评审。通常质量改进活动由以下环节构成：组织质量改进小组，确定改进项目，调查可能的原因，确定因果关系，采取预防或纠正措施，确认改进效果，保持改进成果，持续改进。

8. 全面质量管理

全面质量管理是指一个组织以质量为中心，以全员参与为基础，目的在于通过让顾客满意和本组织所有成员及社会受益而达到长期成功的管理途径。

全面质量管理的特点是针对不同企业的生产条件、工作环境及工作状态等多方面因素的变化，把组织管理、数理统计方法以及现代科学技术、社会心理学、行为科学等综合运用于质量管理，建立适用和完善的质量工作体系，对每一个生产环节加以管理，做到全面运行和控制。通过改善和提高工作质量来保证产品质量；通过对产品的形成和使用全过程管理，全面保证产品质量；通过形成生产（服务）企业全员、全企业、全过程的质量工作系统，建立质量体系以保证产品质量始终满足用户需要，使企业用最少的投入获取最佳的效益。

4.5.2　建筑工程质量管理的特点

工程项目建设是一个系统的工程，由于其涉及面广，是一个极其复杂的综合过程，再加上项目位置固定、生产流动、结构类型不同、质量要求不同、施工方法不同、体型大、整体性强、建设周期长、易受自然条件影响等特点，因此，施工项目的质量比一般工业产品的质量难以控制，一般主要表现在以下五个方面：

1. 影响质量因素众多

工程项目质量的影响因素众多，如决策、设计、材料、机械、地质、地形、水文、气象、施工工序、施工工艺、操作方法、管理制度、技术措施、人员素质、自然条件、施工安全等，均直接或者间接地影响到工程项目的质量。

2. 容易产生质量变异

工程项目建设由于涉及面广、施工工期长、影响其质量的因素众多，因此，系统中任何环节、任何因素出现质量问题，均会导致系统质量因素的质量变异，造成工程质量事故。因此，要想在施工中严防出现系统性因素的质量变异，就要把质量变异控制在偶然性因素范围内。

3. 质量的波动性很大

由于工程项目施工不同于工业产品生产，有固定的自动线与流水线，有规范化的生产工艺与完善的检测技术，有成套的生产设备与稳定的生产环境，有相同系列规格与相同功能的产品。再加上建筑产品自身所具有的固定性、复杂性、多样性与单件性等特点，决定了工程项目质量的波动性大。

4. 容易产生虚假性

工程项目在施工过程中，由于其工序交接多，中间产品多，隐蔽工程多，如不及时检查发现存在的质量问题，事后再看其表面，就可能产生第二判断错误，将不合格产品认为是合格产品；也可能产生第一判断错误，将合格产品认为不合格产品。以上两种情况均是虚假性，在进行质量检查验收时，应该特别注意。

5. 产品终检的局限性

工程项目建成之后，不可能像某些工业产品那样，可以再拆卸或者解体检查其内在质量，或者重新更换部分零件。即使发现有质量问题，也只能进行维修与改造，不可能像工业产品那样实行"包换"或者"退款"。

4.5.3　影响施工质量的因素

影响施工质量的因素主要有五大方面：人、材料、设备、方法和环境。对这五方面因素的控制，是保证项目质量的关键。

1. 人的因素

人作为控制的对象，是要避免产生失误；人作为控制的动力，是要充分调动积极性，发挥人的主导作用。因此，应提高人的素质，健全岗位责任制，改善劳动条件，公平合理地激励劳动热情；应根据项目特点，从确保质量出发，在人的技术水平、人的生理缺陷、人的心理行为、人的错误行为等方面控制人的使用；更为重要的是提高人的质量意识，形成人人重视质量的项目环境。

2. 材料的因素

材料主要包括原材料、成品、半成品、构配件等。对材料的控制主要通过严格的检查验收，正确合理地使用，进行收、发、储、运的技术管理，杜绝使用不合格材料等环节来进行控制。

3. 设备的因素

设备包括项目使用的机械设备、工具等。对设备的控制，应根据项目的不同特点，合理选择、正确使用、管理和保养。

4. 方法的因素

方法包括项目实施方案、工艺、组织设计、技术措施等。对方法的控制，主要通过合理选择、动态管理等环节加以实现。合理选择就是根据项目特点选择技术可行、经济合理、有利于保证项目质量、加快项目进度、降低项目费用的实施方法。动态管理就是在项目进行过程中正确应用，并随着条件的变化不断进行调整。

5. 环境控制

影响项目质量的环境因素较多，包括项目技术环境，如地质、水文、气象等；项目管理环境，如质量保证体系、质量管理制度等；劳动环境，如劳动组合、作业场所等。根据项目特点和具体条件，采取有效措施对影响质量的环境因素进行控制。

4.5.4 项目质量管理的过程

任何建筑工程项目都是由分项工程、分部工程和单位工程所组成的，而工程项目的建设，则通过一道道工序来完成。因此，工程项目的质量管理是从工序质量到分项工程质量、分部工程质量、单位工程质量的系统控制过程，如图 4-8 所示；也是一个由对投入原材料的质量控制开始，直到完成工程质量检验为止的全过程的系统过程，如图 4-9 所示。

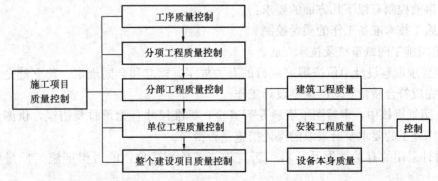

图 4-8　建设工程项目质量控制过程（一）

为了加强项目的质量管理，明确整个质量管理过程中的重点所在，可将建设工程项目质量管理的过程分为三个阶段，即：事前控制、事中控制和事后控制，如图 4-10 所示。

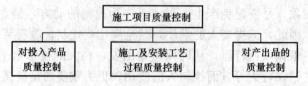

图 4-9　建设工程项目质量控制过程（二）

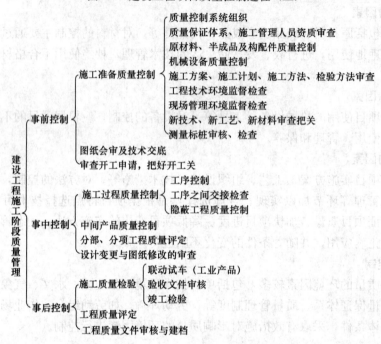

图 4-10　建设工程施工阶段的质量管理

1. 事前控制

施工前准备阶段的质量控制，是指在各工程对象正式施工活动前，对各项准备工作及影响质量的各因素和有关方面进行的质量控制，也就是对投入工程项目的资源和条件的控制。

质量事前控制有以下几方面的要求：

（1）施工技术准备工作的质量控制

1）组织施工图纸审核及技术交底。

① 应要求勘察设计单位按国家现行的有关规定、标准和合同规定，建立健全质量保证体系，完成符合质量要求的勘察设计工作。

② 在图纸审核中，审核图纸资料是否齐全，标准尺寸有无矛盾及错误，供图计划是否满足组织施工的要求及所采取的保证措施是否得当。

③ 设计采用的有关数据及资料是否与施工条件相适应，能否保证施工质量和施工安全。

④ 对施工中具体的技术要求及应达到的质量标准进一步明确。

2）核实资料。核实和补充对现场调查及收集的技术资料，应确保可靠性、准确性和完整程度。

3）审查施工组织设计或施工方案。应重点审查：施工方法与机械选择、施工顺序、进度安排及平面布置等是否能保证组织连续施工；所采取的质量保证措施。

4）建立试验设施。建立保证工程质量的必要试验设施。

（2）现场准备工作的质量控制

1）检查场地平整度和压实程度是否满足施工质量要求。

2）测量数据及水准点的埋设是否满足施工要求。

3）检查施工道路的布置及路况质量是否满足运输要求。

4）检查水、电、热及通信等的供应质量是否满足施工要求。

（3）材料设备供应工作的质量控制

1）检查材料设备供应程序与供应方式是否能保证施工顺利进行。

2）检查所供应的材料设备的质量是否符合国家有关法规、标准及合同规定的质量要求。设备应具有产品详细说明书及附图；进场的材料应检查验收，验规格、验数量、验品种、验质量，做到合格证、化验单与材料实际质量相符。

2. 事中控制

事中控制是对施工过程中进行的所有与施工有关方面的质量控制，也包括对施工过程中的中间产品（工序产品或分部、分项工程产品）的质量控制。

事中控制的策略是：全面控制施工过程，重点控制工序质量。其具体措施是：工序交接有检查；质量预控有对策；施工项目有方案；技术措施有交底；图纸会审有记录；配制材料有试验；隐蔽工程有验收；计量器具校正有复核；设计变更有手续；钢筋代换有制度；质量处理有复查；成品保护有措施；行使质控有否决；质量文件有档案（凡是与质量有关的技术文件，如水准、坐标位置，测量、放线记录，沉降、变形观测记录，图纸会审记录，材料合格证明、试验报告，施工记录，隐蔽工程记录，设计变更记录，调试、试压运行记录，试车运转记录，竣工图等都要编目建档）。

3. 事后控制

事后控制是指对通过施工过程所完成的具有独立功能和使用价值的最终产品（单位工程或整个建设项目）及其有关方面（如质量文档）的质量进行控制。其具体工作内容有：

（1）组织联动试车。

（2）准备竣工验收资料，组织自检和初步验收。

（3）按规定的质量评定标准和办法，对完成的分项、分部工程，单位工程进行质量评定。

（4）组织竣工验收，其标准是：

1）按设计文件规定的内容和合同规定的内容完成施工，质量达到国家质量标准，能满足生产和使用的要求。

2）主要生产工艺设备已安装配套，联动负荷试车合格，形成设计生产能力。

3）交工验收的建筑物要窗明、地净、水通、灯亮、气来、采暖通风设备运转正常。

4）交工验收的工程内净外洁，施工中的残余物料运离现场，灰坑填平，临时建（构）筑物拆除，2m 以内地坪整洁。

5）技术档案资料齐全。

4.5.5 施工准备和施工过程中质量控制的主要内容

1. 施工准备阶段的质量控制

（1）施工承包企业的分类

施工企业按照其承包工程能力，划分为施工总承包、专业承包和劳务分包3个系列。

1）施工总承包企业。施工总承包企业的资质按专业类别共分为12个资质类别，每一个资质类别又分为特级、一级、二级、三级，共4个等级。

2）专业承包企业。专业承包企业资质按专业类别共分为60个资质类别，每一个资质类别又分为一级、二级、三级。常用类别：地基与基础、建筑装饰装修、建筑幕墙、钢结构、机电设备安装、电梯安装、消防设施、建筑防水、防腐保温、园林古建筑、爆破与拆除、电信工程、管道工程等。

3）劳务分包企业（获得劳务分包资质的企业）。劳务分包企业有13个资质类别，如木工作业、砌筑作业、抹灰作业、油漆作业、钢筋作业、混凝土作业、脚手架作业、模板作业、焊接作业、水暖电安装作业等。如同时发生多类作业可划分为结构劳务作业、装修劳务作业、综合劳务作业。有的资质类别分成若干级，有的则不分级，如木工、砌筑、钢筋作业劳务分包企业资质分为一级、二级。油漆、架线等作业劳务分包企业则不分级。

（2）施工企业资质的主要核查内容

1）招投标阶段核查内容。

① 根据工程的类型、规模和特点，确定参与投标企业的资质等级，并取得招投标管理部门的认可。

② 核查"营业执照"、"建筑业企业资质证书"以及招标文件要求提供的相关证明文件，并了解其实际的建设业绩、人员素质、管理水平、资金情况、技术装备等。

2）施工单位进场时核查内容。重点核查项目经理部的质量管理体系的有关资料，包括组织机构各项制度、管理人员、专职质检员、特种作业人员的资格证、上岗证、工地实验室、分包单位资格。

（3）施工单位在施工准备阶段的质量控制

1）施工合同签订后，施工单位项目经理部应索取设计图纸和技术资料，指定专人管理并公布有效文件清单。

2）项目经理部应依据设计文件和设计技术交底的工程控制点进行复测，当发现问题时，应与设计人协商处理，并应形成记录。

3）施工单位项目技术负责人应主持对图纸审核，并应形成会审记录。

4）施工单位项目经理应按质量计划中工程分包和物资采购的规定，选择并评价分包人和供应人，并应保存评价记录。

5）施工企业应对全体施工人员进行质量知识培训，并应保存培训记录。

2. 施工阶段的质量控制

建设工程施工项目是由一系列相互关联、相互制约的作业过程（工序）所构成，施工项目的质量控制的过程是从工序质量到分项工程质量、分部工程质量、单位工程质量的系统控制过程；也是一个由投入原材料的质量控制开始，直到完成工程质量检验批为止的全过程的系统过程。控制工程项目施工过程的质量，必须控制全部作业过程，即各道工序的施工质量。

（1）施工阶段的质量控制内容

1）进行现场施工技术交底。

2）工程测量的控制和成果校核。

3）材料的质量控制。

4）机械设备的质量控制。

5）按规定控制计量器具的使用、保管、维修和检验。

6）施工工序质量的控制。

7）特殊过程的质量控制。

8）工程变更应严格执行工程变更程序，经有关批准后方可实施。

9）采取有效措施妥善保护建筑产品或半成品。

10）施工中发生的质量事故，必须按《建设工程质量管理条例》的有关规定处理。

（2）施工作业过程质量控制的内容

1）进行作业技术交底，包括作业技术要领、质量标准、施工依据、与前后工序的关系等。

2）检查施工工序、程序的合理性、科学性，防止工序流程错误导致工序质量失控。检查内容包括：施工总体流程和具体施工作业的先后顺序，在正常的情况下，要坚持先准备后施工、先深后浅、先土建后安装、先验收后交工等。

3）检查工序施工条件，即每道工序投入的材料，使用的工具、设备及操作工艺及环境条件等是否符合施工组织设计的要求。

4）检查工序施工中人员操作程序、操作质量是否符合质量规程要求。

5）检查工序施工中间产品的质量，即工序质量、分项工程质量。

6）对工序质量符合要求的中间产品（分项工程）及时进行工序验收或隐蔽工程验收。

7）质量合格的工序经验收后可进入下道工序施工。未经验收合格的工序，不得进入下道工序施工。

（3）施工工序质量控制的内容

工序质量是施工质量的基础，工序质量也是施工顺利进行的关键。为达到对工序质量控制的效果，在工序质量控制方面应做到以下五点：

1）贯彻预防为主的基本要求，设置工序质量检查点，对材料质量状况、工具设备状况、施工程序、关键操作、安全条件、新材料新工艺应用、常见质量通病，甚至包括操作者的行为等影响因素列为控制点作为重点检查项目进行预控。

2）落实工序操作质量巡查、抽查及重要部位跟踪检查等方法，及时掌握施工质量总体状况。

3）对工序产品、分项工程的检查应按标准要求进行目测、实测及抽样试验的程序，做好原始记录，经数据分析后，及时做出合格或不合格的判断。

4）对合格工序产品应及时提交监理进行隐蔽工程验收。

5）完善管理过程的各项检查记录、检测资料及验收资料，作为工程质量验收的依据，并为工程质量分析提供可追溯的依据。

3. 施工阶段质量控制的检查验证方法

施工阶段质量控制是否持续有效，应经检查验证予以评价。检查验证的方法，主要是核查有关工程技术资料、直接进行现场质量检查或必要的试验等。

（1）核查技术文件、资料

核查施工质量保证资料（包括施工全过程的技术质量管理资料）是否齐备、正确，是施工阶段对工程质量进行全面控制的重要手段，其中又以原材料、施工检测、测量复核及功能性试验资料为重点检查内容。其具体内容如下：

1）有关技术资质、资格证明文件及施工方案、施工组织设计和技术措施等。

2）开工报告，并经现场核实。

3）有关材料、半成品的质量检验报告及有关安全和功能的检测资料。

4）反映工序质量动态的统计资料或控制图表。

5）设计变更、修改图纸和技术核定书。

6）有关质量问题和质量事故的处理报告。

7）有关应用新工艺、新材料、新技术、新结构的技术鉴定书。

8）有关工序交接检查，分项、分部工程质量检查记录。

9）施工质量控制资料。

10）有效签署的现场有关技术签证、文件等。

（2）现场质量检查内容

1）分部分项工程内容的抽样检查。

2）工程外观质量的检查。

（3）现场质量检查时机

1）开工前检查：目的是检查是否具备开工条件，开工后能否连续正常施工，能否保证工程质量。

2）工序交接检查：对于重要的工序或对工程质量有重大影响的工序，在自检、互检的基础上，还要组织专职人员进行工序交接检查。

3）隐蔽工程检查：凡是隐蔽工程均应检查签证后方能掩盖。

4）巡视检查：应经常深入现场，对施工操作质量进行检查，必要时还应进行跟班或追踪检查。

5）停工后复工前的检查：因处理质量问题或某种原因停工后需复工时，应经检查认可后方能复工。

6）分项、分部工程完工后应经检查认可，签署验收记录后，才许可进行下一工程项目施工。

7）检查成品有无保护措施，或保护措施是否可靠。

（4）现场进行质量检查的方法

现场进行质量检查的方法有目测法、实测法和试验法三种。

1）目测法。凭借感官进行检查，也称观感质量检验。其手段可归纳为"看"、"摸"、"敲"、"照"四个字。看，就是根据质量标准要求进行外观检查，例如，清水墙面是否洁净，喷涂的密实度和颜色是否良好、均匀，工人的操作是否正常，混凝土外观是否符合要求等；摸，就是通过触摸手感进行检查、鉴别，例如油漆的光滑度等；敲，就是运用敲击工具进行音感检查，例如，对地面工程、装饰工程中的水磨石、面砖、石材料饰面等，均应进行敲击检查；照，就是通过人工光源或反射光照射，检查难以看到或光线较暗的部位，例如，管道井、电梯井内的管线、设备安装质量，装饰吊顶内连接及设备安装质量等。

2) 实测法。就是采用测量工具对完成的施工部位进行检测，通过实测数据与施工规范及质量标准所规定的允许偏差对照，来判别质量是否合格。实测检查法的手段，也可归纳为"靠"、"量"、"吊"、"套"四个字。靠，就是用直尺、塞尺检查诸如墙面、地面等的平整度；量，就是指用测量工具和计量仪表等检查断面尺寸、轴线、标高、湿度、温度等的偏差，例如，大理石板拼缝尺寸与超差数量，混凝土坍落度的检测等；吊，就是利用托线板以及线锤吊线检查垂直度，例如，砌体垂直度检查、门窗的安装等；套，是以方尺套方，辅以塞尺检查，例如，对阴阳角的方正、踢脚线的垂直度、预制构件的方正、门窗口及构件的对角线检查等。

3) 试验检查。指通过进行现场试验或试验室试验等理化试验手段，取得数据，分析判断质量情况。包括：力学性能试验，如各种力学指标的测定，测定抗拉强度、抗压强度、抗弯强度、抗折强度、冲击韧性、硬度、承载力等；物理性能试验，如测定相对密度、密度、含水量、凝结时间、安定性、抗渗性、耐磨性、耐热性、隔声等；化学性能试验，如材料的化学成分、耐酸性、耐碱性、抗腐蚀等；无损测试，探测结构物或材料、设备内部组织结构或损伤状态，如超声检测、回弹强度检测、电磁检测、射线检测等。它们一般可以在不损伤被探测物的情况下了解被探测物的质量情况。

此外，必要时还可在现场通过诸如对桩或地基的现场静载试验或打试桩，确定其承载力；对混凝土现场取样，通过试验室的抗压强度试验，确定混凝土达到的强度等级；以及通过管道压力试验判断其耐压及渗漏情况等。

(5) 工程质量不符合要求时，应按规定进行处理。具体处理方式如下：

1) 经返工或更换设备的工程，应该重新检查验收。

2) 经有资质的检测单位检测鉴定，能达到设计要求的工程，应予以验收。

3) 经返修或加固处理的工程，虽局部尺寸等不符合设计要求，但仍然能满足使用要求，可按技术处理方案和协商文件进行验收。

4) 经返修和加固后仍不能满足使用要求的工程严禁验收。

4. 见证取样送检

(1) 见证取样和送检是指在建设单位或工程监理单位人员的见证下，由施工单位的现场试验人员对工程中涉及结构安全的试块、试件和材料在现场取样，并送至经过省级以上建设行政主管部门对其资质认可和质量技术监督部门对其计量认证的质量检测单位（以下简称"检测单位"）进行检测。

(2) 下列试块、试件和材料必须实施见证取样和送检。

1) 用于承重结构的混凝土试块。

2) 用于承重墙体的砌筑砂浆试块。

3) 用于承重结构的钢筋及连接接头试件。

4) 用于承重墙的砖和混凝土小型砌块。

5) 用于拌制混凝土和砌筑砂浆的水泥。

6）用于承重结构的混凝土中使用的掺加剂。

7）地下、屋面、厕浴间使用的防水材料。

8）国家规定必须实行见证取样和送检的其他试块、试件和材料。

（3）见证人员应由建设单位或该工程的监理单位具备建筑施工试验知识的专业技术人员担任，并应由建设单位或该工程的监理单位书面通知施工单位、检测单位和负责该项工程的质量监督机构。

（4）在施工过程中，见证人员应按照见证取样和送检计划，对施工现场的取样和送检进行见证，取样人员应在试样或其包装上作出标识、封志，标识和封志应标明工程名称、取样部位、取样日期、样品名称和样品数量，并由见证人员和取样人员签字。见证人员应制作见证记录，并将见证记录归入施工技术档案。见证人员和取样人员应对试样的代表性和真实性负责。

（5）见证取样的试块、试件和材料送检时，应由送检单位填写委托单，委托单应有见证人员和送检人员签字。检测单位应检查委托单及试样上的标识和封志，确认无误后方可进行检测。

（6）检测单位应严格按照有关管理规定和技术标准进行检测，出具公正、真实、准确的检测报告。见证取样和送检的检测报告必须加盖见证取样检测的专用章。

4.5.6 建筑工程质量验收标准

1.《建筑工程施工质量验收统一标准》（GB 50300—2013）主要内容

（1）《建筑工程施工质量验收统一标准》（GB 50300—2013）（以下简称为"标准"）确定了编制统一标准和建筑工程质量验收规范系列标准的宗旨："加强建筑工程质量管理，统一建筑工程施工质量的验收，保证工程质量。"

（2）"标准"标准编制的内容有两部分，适用于建筑工程施工质量的验收，并作为建筑工程各专业验收规范编制的统一准则。

"标准"第一部分规定了建筑工程各专业验收规范编制的统一准则。为了统一建筑工程各专业验收规范的编制，对检验批、分项工程、分部工程、单位工程的划分、质量指标的设置和要求、验收的程序与组织都提出了原则的要求，以指导和协调本系列标准各专业验收规范的编制。

"标准"第二部分规定了单位工程的验收，从单位工程的划分和组成，质量指标的设置到验收程序都做了具体规定。

（3）建筑工程施工质量验收的有关标准还包括各专业验收规范、专业技术规程、施工技术标准、试验方法标准、检测技术标准、施工质量评价标准等。

（4）单位工程应按下列原则划分：

1）具备独立施工条件并能形成独立使用功能的建筑物及构筑物为一个单位工程。

2）对于规模较大的单位工程，可将其能形成独立使用功能的部分划分为一个子单位工程。

（5）分部工程应按下列原则划分：

1）可按专业性质、工程部位确定。

2）当分部工程较大或较复杂时，可按材料种类、施工特点、施工程序、专业系统及类别将分部工程划分为若干子分部工程。

(6) 分项工程可按主要工种、材料、施工工艺、设备类别进行划分。

(7) 检验批可根据施工、质量控制和专业验收的需要,按工程量、楼层、施工段、变形缝进行划分。

(8) 室外工程可根据专业类别和工程规模划分子单位工程、分部工程和分项工程。

(9) 检验批的质量检验,可根据检验项目的特点在下列抽样方案中选取。

1) 计量、计数或计量-计数的抽样方案。

2) 一次、二次或多次抽样方案。

3) 对重要的检验项目,当有简易快速的检验方法时,选用全数检验方案。

4) 根据生产连续性和生产控制稳定性情况,采用调整型抽样方案。

5) 经实践证明有效的抽样方案。

2. 《建筑工程施工质量验收统一标准》及相关主要施工质量验收标准

现行建筑工程相关施工验收标准如下:

(1)《建筑工程施工质量验收统一标准》(GB 50300—2013)

(2)《建筑地基基础工程施工质量验收规范》(GB 50202—2002)

(3)《砌体结构工程施工质量验收规范》(GB 50203—2011)

(4)《混凝土结构工程施工质量验收规范》(GB 50204—2015)

(5)《钢结构工程施工质量验收规范》(GB 50205—2001)

(6)《木结构工程施工质量验收规范》(GB 50206—2012)

(7)《屋面工程质量验收规范》(GB 50207—2012)

(8)《屋面工程技术规范》(GB 50345—2012)

(9)《地下防水工程质量验收规范》(GB 50208—2011)

(10)《地下工程防水技术规范》(GB 50108—2008)

(11)《建筑地面工程施工质量验收规范》(GB 50209—2010)

(12)《建筑装饰工程施工质量验收规范》(GB 50210—2001)

(13)《建筑给水排水及采暖工程施工质量验收规范》(GB 50242—2002)

(14)《通风与空调工程施工质量验收规范》(GB 50243—2002)

(15)《建筑电气工程施工质量验收规范(2012 版)》(GB 50303—2002)

(16)《电梯工程施工质量验收规范》(GB 50310—2002)

3. 工程质量不合格的处理

(1) 施工现场对工程质量不合格的处理。

1) 上道工序不合格,不准进入下一道工序施工。

2) 不合格的材料、构配件、半成品不准进入施工现场且不允许使用。

3) 已经进场的不合格品应及时作出标志、记录,指定专人看管,避免用错,并限期清除出现场。

4) 不合格的工序或工程产品,不予计价。

(2) 建筑工程验收时,当建筑工程质量出现不符合要求的情况,应按规定进行处理。

1) 返工重做或更换器具、设备的检验批,应重新进行验收。

2) 经有资质的检测单位检测鉴定能够达到设计要求的检验批,应予以验收。

3）经有资质的检测单位检测鉴定达不到设计要求，但经原设计单位核算认可能够满足结构安全和使用功能的检验批，可予以验收。

4）经返修或加同处理的分项、分部工程，虽然改变外形尺寸但仍然满足安全使用要求，可按技术处理方案和协商文件进行验收。

5）通过返修或加同处理仍不能满足安全使用要求的分部工程、单位（子单位）工程，严禁验收。

4.5.7 工程验收的程序

1. 工程质量验收的程序及组织

（1）建设工程施工质量验收是对已完工的工程实体的外观质量及内在质量按规定程序检查后，确认其是否符合设计及各项验收标准的要求，可交付使用的一个重要环节。正确地进行工程项目质量的检查评定和验收是保证工程质量的重要手段。

鉴于建设工程施工规模较大，专业分工较多，技术安全要求高等特点，国家相关行政管理部门对各类工程项目的质量验收标准制定了相应的规范，以保证工程验收的质量应严格执行规范的要求和标准。

（2）工程质量验收分为过程验收和竣工验收，其验收程序及组织包括5点。

1）施工过程中隐蔽工程在隐蔽前通知建设单位（或工程监理）进行验收，并形成验收文件。

2）分项分部工程完成后，应在施工单位自行验收合格后，通知建设单位（或工程监理）验收，重要的分项分部应请设计单位参加验收。

3）单位工程完工后，施工单位应自行组织检查、评定，符合验收标准后，向建设单位提交验收申请。

4）建设单位收到验收申请后，应组织施工、勘察、设计、监理等单位的相关人员进行单位工程验收，明确验收结果，并形成验收报告。

5）按国家现行管理制度，房屋建筑工程及市政基础设施工程验收合格后，尚需在规定时间内，将验收文件报政府管理部门备案。

2. 单位工程、分部工程、分项工程和检验批验收的要求及内容

（1）检验批质量验收合格应符合下列规定：

1）主控项目的质量经抽样检验均应合格。

2）一般项目的质量经抽样检验合格。当采用计数抽样时，合格点率应符合有关专业验收规范的规定，且不得存在严重缺陷。对于计数抽样的一般项目，正常检验一次、二次抽样可按《建筑工程施工质量验收统一标准》（GB 50300—2013）附录 D 判定。

3）具有完整的施工操作依据、质量验收记录。

（2）分项工程质量验收合格应符合下列规定：

1）所含检验批的质量均应验收合格。

2）所含检验批的质量验收记录应完整。

（3）分部工程质量验收合格应符合下列规定：

1）所含分项工程的质量均应验收合格。

2）质量控制资料应完整。

3）有关安全、节能、环境保护和主要使用功能的抽样检验结果应符合相应规定。

4）观感质量应符合要求。

（4）单位工程质量验收合格应符合下列规定：

1）所含分部工程的质量均应验收合格。

2）质量控制资料应完整。

3）所含分部工程中有关安全、节能、环境保护和主要使用功能的检验资料应完整。

4）主要使用功能的抽查结果应符合相关专业验收规范的规定。

5）观感质量应符合要求。

（5）建筑工程施工质量验收记录可按下列规定填写：

1）检验批质量验收记录可按《建筑工程施工质量验收统一标准》（GB 50300—2013）附录 E 填写，填写时应具有现场验收检查原始记录。

2）分项工程质量验收记录可按《建筑工程施工质量验收统一标准》（GB 50300—2013）附录 F 填写。

3）分部工程质量验收记录可按《建筑工程施工质量验收统一标准》（GB 50300—2013）附录 G 填写。

4）单位工程质量竣工验收记录、质量控制资料核查记录、安全和功能检验资料核查及主要功能抽查记录、观感质量检查记录应按《建筑工程施工质量验收统一标准》（GB 50300—2013）附录 H 填写。

3. 工程质量验收应具备的条件和基本要求

（1）施工现场应具有健全的质量管理体系、相应的施工技术标准、施工质量检验制度和综合施工质量水平评定考核制度。

（2）检验批及分项工程应由监理工程师（建设单位项目技术负责人）组织施工单位项目专业质量（技术）负责人等进行验收。验收前，施工单位先填好"检验批和分项工程的质量验收记录"，并由项目专业质量检验员和项目专业技术负责人分别在检验批和分项工程质量检验记录中的相关栏目签字，然后由监理工程师组织，严格按规定程序进行验收。

·（3）分部工程应由总监理工程（建设单位项目负责人）组织施工单位项目负责人和技术、质量负责人等进行验收；地基与基础、主体结构分部工程的勘察、设计单位工程项目负责人和施工单位技术、质量部门负责人也应参加相关分部工程验收。

（4）建筑工程施工质量应按下列要求进行验收：

1）工程质量验收均应在施工单位自检合格的基础上进行。

2）参加工程施工质量验收的各方人员应具备相应的资格。

3）检验批的质量应按主控项目和一般项目验收。

4）对涉及结构安全、节能、环境保护和主要使用功能的试块、试件及材料，应在进场时或施工中按规定进行见证检验。

5）隐蔽工程在隐蔽前应由施工单位通知监理单位进行验收，并应形成验收文件，验收合格后方可继续施工。

6）对涉及结构安全、节能、环境保护和使用功能的重要分部工程，应在验收前按规定进行抽样检验。

7）工程的观感质量应由验收人员现场检查，并应共同确认。

（5）工程符合下列要求方可进行竣工验收：

1）完成工程设计和合同约定的各项内容。

2）施工单位在工程完工后对工程质量进行了检查，确认工程质量符合有关法律、法规和工程建设强制性标准，符合设计文件及合同要求，并提出工程竣工报告。工程竣工报告应经项目经理和施工单位有关负责人审核签字。

3）对于委托监理的工程项目，监理单位对工程进行质量评估，具有完整的监理资料，并提出工程质量评估报告。工程质量评估报告应经总监理工程师和监理单位有关负责人审核签字。

4）勘察、设计单位对勘察、设计文件及施工过程中由设计单位签署的设计变更通知书进行检查，并提出质量检查报告。质量检查报告应经该项目勘察、设计负责人和勘察、设计单位有关负责人审核签字。

5）有完整的技术档案和施工管理资料。

6）有工程使用的主要建筑材料、建筑构配件和设备的进场试验报告。

7）建设单位已按合同约定支付工程款。

8）有施工单位签署的工程质量保修书。

9）城乡规划行政主管部门对工程是否符合规划设计要求进行检查，并出具认可文件。有公安、消防、环保等部门出具的认可文件或者准许使用文件。

10）建设行政主管部门及其委托的工程质量监督机构等有关部门责令整改的问题全部整改完毕。

4. 单位工程竣工验收的程序及要求

（1）单位工程竣工验收的要求

1）单位工程完工后，施工单位应自行组织有关人员进行检查评定，并向建设单位提交工程验收报告。验收前，施工单位首先要依据质量标准、设计图纸等组织有关人员进行自检，并对检查结果进行评定，符合要求后向建设单位提交工程验收报告和完整的质量资料，请建设单位组织验收。

2）建设单位收到工程验收报告后，应由建设（项目）负责人组织施工（含分包单位）、设计、监理等单位（项目）负责人进行单位工程验收。

3）单位工程有分包单位施工时，分包单位对所承包的工程按《建筑工程施工质量验收统一标准》（GB 50300—2013）规定的程度检查评定，总包单位应派人参加。分包工程完成后，应将工程有关资料交总包单位。建设单位组织单位工程质量验收时，分包单位负责人应参加验收。

4）当参加验收各方对工程质量验收意见不一致时，可请当地建设行政主管部门或工程质量监督机构协调处理。

（2）工程竣工验收的程序

1）工程完工后，施工单位向建设单位提交工程竣工报告，申请工程竣工验收。实行监理的工程，工程竣工报告须经总监理工程师签署意见。

2）建设单位收到工程竣工报告后，对符合竣工验收要求的工程，组织勘察、设计、施工、监理等单位和其他有关方面的专家组成验收组，制定验收方案。

3）建设单位应当在工程竣工验收 7 个工作日前将验收的时间、地点及验收组名单书面通知负责监督该工程的工程质量监督机构。

4）建设单位组织工程竣工验收。

① 建设、勘察、设计、施工、监理单位分别报告工程合同履约情况和在工程建设各个环节执行法律、法规和工程建设强制性标准的情况。

② 审查建设、勘察、设计、施工、监理单位的工程档案资料。

③ 实地查验工程质量。

④ 对工程勘察、设计、施工、设备安装质量和各管理环节等方面做出全面评价，形成经验收组人员签署的工程竣工验收意见。

⑤ 参与工程竣工验收的建设、勘察、设计、施工、监理等各方不能形成一致意见时，应当协商提出解决的方法，待意见一致后，重新组织工程竣工验收。

⑥ 工程竣工验收合格后，建设单位应当及时提出工程竣工验收报告。工程竣工验收报告主要包括工程概况，建设单位执行基本建设程序情况，对工程勘察、设计、施工、监理等方面的评价，工程竣工验收时间、程序、内容和组织形式，工程竣工验收意见等内容。

⑦ 负责监督该工程的工程质量监督机构应当对工程竣工验收的组织形式、验收程序、执行验收标准等情况进行现场监督，发现有违反建设工程质量管理规定行为的，责令改正，并将对工程竣工验收的监督情况作为工程质量监督报告的重要内容。

5）单位工程质量验收合格后，建设单位应在规定时间内将工程竣工验收报告和有关文件，向工程所在地的县级以上地方人民政府建设行政主管部门备案。否则，不允许投入使用。

5. 隐蔽工程验收

（1）隐蔽工程验收概念

1）施工工艺顺序过程中，前道工序已施工完成，将被后一道工序所掩盖、包裹而再无法检查其质量情况，前道工序通常被称为隐蔽工程。

2）凡涉及结构安全和主要使用功能的隐蔽工程，在其后一道工序施工之前（即隐蔽工程施工完成隐蔽之前），由有关单位和部门共同进行的质量检查验收，称隐蔽验收。

3）隐蔽工程验收是对一些已完成分项、分部工程质量的最后一道检查，把好隐蔽工程检查验收关，是保证工程质量、防止留有质量隐患的重要措施，它是质量控制的一个关键。

4）隐蔽工程验收主要内容分为：

① 外观质量检查。

② 核查有关工程技术资料是否齐备、正确。

（2）隐蔽工程验收程序

1）隐蔽工程施工完毕，承包单位按有关技术规程、规范、施工图纸先进行自检，自检合格后，填写"报验申请表"，附上相应的"隐蔽工程检查记录"及有关材料证明，试验报告，复试报告等，报送项目监理机构。

2）监理工程师收到报验申请后，首先对质量证明资料进行审查，并进行现场检查（检测或检查），承包单位的项目工程技术负责人、专职质检员及相关施工人员应随同一起到现场。重要或特殊部位（如地基验槽、验桩、地下室或首层钢筋检验等）应邀请建设单位、勘察单位、设计单位和质量监督单位派员参加，共同对隐蔽工程进行检查验收。

3）参加检查人员按隐蔽工程检查表的内容在检查验收后，提出检查意见，如符合质量要求，由施工承包单位质量检查员在"隐蔽单"上填写检查情况，然后交参加检查人员签字。若检查中存在问题需要进行整改时，施工承包单位应在整改后，再次邀请有关各方（或由检查意见中明确的某一方）进行复查，达到要求后，方可办理签证手续。对于隐蔽工程检查中提出的质量问题必须进行认真处理，经复验符合要求后，方可办理签证手续，准予承包单位隐蔽、覆盖，进行下一道工序施工。

4）为履行隐蔽工程检查验收的质量职责，应做好隐蔽工程检查验收记录。隐蔽工程检查验收后，应及时将隐蔽工程检查验收记录进行项目内业归档。

4.6 安全管理

4.6.1 施工项目安全管理的概念

施工项目安全管理，就是施工项目在施工过程中，组织安全生产的全部管理活动。通过对生产因素具体的状态控制，使生产因素不安全的行为和状态减少或消除，不引发为事故，尤其是不引发使人受到伤害的事故，最终充分保证施工项目效益目标的实现。

建筑施工企业是以施工生产经营为主业的经济实体。全部生产经营活动，是在特定空间进行人、财、物动态组合的过程，并通过这一过程向社会交付有商品性的建筑产品。在完成建筑产品过程中，人员的频繁流动、生产周期长和产品的一次性，是其显著的生产特点。生产的特点决定了组织安全生产的特殊性。

施工项目对建筑施工企业进行生产经营活动，赢得信誉，实现效益等方面占有重要的位置。每当施工项目的管理过程结束，应该交付一件建筑产品。施工企业的效益性目标，正是通过每个施工项目得以落实与实现的。

施工项目要实现以经济效益为中心的工期、成本、质量、安全等的综合目标管理。为此，则需对与实现效益相关的生产因素进行有效的控制。

安全生产是施工项目重要的控制目标之一，也是衡量施工项目管理水平的重要标志。因此，施工项目必须把实现安全生产当作组织施工活动时的重要任务。

4.6.2 施工项目安全管理原则

1. 管生产必须管安全的原则

"管生产必须管安全"原则是指项目各级领导和全体员工在生产过程中必须坚持在抓生产的同时抓好安全工作。

"管生产必须管安全"原则是施工项目必须坚持的基本原则。国家和企业就是要保护劳动者的安全与健康，保证国家财产和人民生命财产的安全，尽一切努力在生产和其他活动中避免一切可以避免的事故；其次，项目的最优化目标是高产、低耗、优质、安全。忽视安全，片面追求产量、产值，是无法达到最优化目标的。伤亡事故的发生，不仅会给企业，还可能给环境、社会，乃至在国际上造成恶劣影响，造成无法弥补的损失。

"管生产必须管安全"的原则体现了安全和生产的统一。生产和安全是一个有机的整体，两者不能分割更不能对立起来，应将安全寓于生产之中。生产组织者在生产技术实施过程中，应当承担安全生产的责任，把"管生产必须管安全"的原则落实到每个员工的岗位责任制上去，从组织上、制度上固定下来，以保证这一原则的实施。

2. "三同时"原则

"三同时"，指凡是在我国境内新建、改建、扩建的基本建设工程项目、技术改造项目和引进的建设项目，其劳动安全卫生设施必须符合国家规定的标准，必须与主体工程同时设计、同时施工、同时投入生产和使用。

3. "五同时"原则

"五同时"是指企业的领导和主管部门在策划、布置、检查、总结、评价生产经营的时候，应同时策划、布置、检查、总结、评价安全工作。把安全工作落实到每一个生产组织管理环节中去，促使企业在生产工作中把对生产的管理与对安全的管理结合起来，并坚持"管生产必须管安全"的原则。使得企业在管理生产的同时必须贯彻执行我国的安全生产方针及法律法规，建立健全企业的各种安全生产规章制度，包括根据企业自身特点和工作需要设置安全管理专门机构，配备专职人员。

4. "四不放过"原则

"四不放过"是指在调查处理工伤事故时，必须坚持事故原因分析不清不放过，员工及事故责任人受不到教育不放过，事故隐患不整改不放过，事故责任人不处理不放过。

"四不放过"原则的第一层含义是要求在调查处理工伤事故时，首先要把事故原因分析清楚，找出导致事故发生的真正原因，不能敷衍了事，不能在尚未找到事故主要原因时就轻易下结论，也不能把次要原因当成主要原因，未找到真正原因决不轻易放过，直至找到事故发生的真正原因，搞清楚各因素的因果关系才算达到事故分析的目的。

"四不放过"原则的第二层含义是要求在调查处理工伤事故时，不能简单认为分析清楚原因以及处理有关责任人员也就算完成任务了，还必须使事故责任者和企业员工了解事故发生的原因及所造成的危害，并深刻认识到搞好安全生产的重要性，大家从事故中吸取教训，在今后工作中更加重视安全工作。

"四不放过"原则的第三层含义是要求在对工伤事故进行调查处理时，必须针对事故发生的原因，制定防止类似事故重复发生的预防措施，并督促事故发生单位组织实施，只有这样，才算达到了事故调查和处理的最终目的。

4.6.3 建筑施工项目安全管理内容

1. 安全执法和守法

安全法规是安全管理的标准和依据。施工项目必须在学习国家行业和地区安全法规的基础上，制定贯彻上述法规的措施，以及符合自身特点和需要的安全规章制度与管理办法作为施工项目对安全生产进行经常的、动态的制度化和规范化的标准和依据。项目的管理人员及操作应该按照安全法规的规定去做，把安全法规落到实处，变为行动并产生效果。

2. 建立安全组织体系及相应的责任体系

安全生产必须有组织保证，因此必须建立各级安全组织机构，设置专职安全管理部门，配备安全人员，制定建立健全生产责任制，贯彻安全生产责任制，通过有效的组织工作，确保施工项目的安全和安全作业顺利地开展。

3. 进行安全教育，采取安全技术措施和组织措施

安全教育，主要包括安全生产思想、知识、技术三个方面的教育。安全生产思想教育，包括思想路线和方针政策、劳动纪律教育；安全知识教育包括每年的学时安全培训及安全基本知识教育、施工生产工艺方法等；安全技能教育包括各专业的特点、安全操作、安全防护的基本技术知识并且熟习本工种、岗位安全技能知识、特殊作业人员安全技术培训、考试合格、持证上岗。目的是提高职工的安全意识、安全知识水平和安全操作技能安全，安全技术措施、组织措施。既要科学合理，又要确保其实施改善劳动条件，消除生产中不安全因素进行防护，包括思想重视和措施得当，防患于未然，才能变有害作业为安全作业，确保安全生产。

4. 开展安全防护和安全生产的研究

安全防护是劳动保护，主要包括劳动管理、安全技术和劳动卫生技术。安全管理是一门学科，必须进行大量的研究，寻找危险源，确定分析重大危险源因素，制定对策，进行安全技术交底，也就是说项目生产过程发现有损职工身体健康和人身安全的各种因素，开发劳动保护和事故预防的途径，防止突发性事件，制定应急预案措施。使安全生产科学化，不断提高安全生产保障水平。

5. 安全检查和考核

安全检查的目的是通过检查，可以发现施工中不安全的因素，采取对策保障安全生产。检查的内容主要包括安全措施的实验情况，安全生产防护中的薄弱环节，安全纪律及规章制度的执行情况，工人劳动安全条件等。其目的是发现问题加以改进，总结经验加以推广，提高管理水平。同时，检查与考核评比相结合，有利于安全问题的整改和先进经验的推广。

4.6.4　安全生产责任制

1. 项目经理部安全生产职责

（1）项目经理部是安全生产工作的载体，具体组织和实施项目安全生产、文明施工、环境保护工作，对本项目工程的安全生产负全面责任。

（2）贯彻落实各项安全生产的法律、法规、规章、制度，组织实施各项安全管理工作，完成各项考核指标。

（3）建立并完善项目部安全生产责任制和安全考核评价体系，积极开展各项安全活动，监督、控制分包队伍执行安全规定，履行安全职责。

（4）发生伤亡事故及时上报，并保护好事故现场，积极抢救伤员，认真配合事故调查组开展伤亡事故的调查和分析，按照"四不放过"原则，落实整改防范措施，对责任人员进行处理。

2. 项目部各级人员安全生产责任

（1）工程项目经理

1）工程项目经理是项目工程安全生产的第一责任人，对项目工程经营生产全过程中的安全负全面领导责任。

2）工程项目经理必须经过专门的安全培训考核，取得项目管理人员安全生产资格证书，方可上岗。

3）贯彻落实各项安全生产规章制度，结合工程项目特点及施工性质，制订有针对性的安全生产管理办法和实施细则，并落实实施。

4）在组织项目施工、聘用业务人员时，要根据工程特点、施工人数、施工专业等情况，按规定配备一定数量和素质的专职安全员，确定安全管理体系；明确各级人员和分承包方的安全责任和考核指标，并制订考核办法。

5）健全和完善用工管理手续，录用外协施工队伍必须及时向人事劳务部门、安全部门申报，必须事先审核注册、持证等情况，对工人进行三级安全教育后，方准入场上岗。

6）负责施工组织设计、施工方案、安全技术措施的组织落实工作，组织并督促工程项目安全技术交底制度、设施设备验收制度的实施。

7）领导、组织施工现场每旬一次的定期安全生产检查，发现施工中的不安全问题，组织制订整改措施并及时解决；对上级提出的安全生产与管理方面的问题，要在限期内定时、定人、定措施予以解决；接到政府部门安全监察指令书和重大安全隐患通知单，应立即停止施工，组织力量进行整改。隐患消除后，必须报请上级部门验收合格，才能恢复施工。

8）在工程项目施工中，采用新设备、新技术、新工艺、新材料，必须编制科学的施工方案、配备安全可靠的劳动保护装置和劳动防护用品，否则不准施工。

9）发生因工伤亡事故时，必须做好事故现场保护与伤员的抢救工作，按规定及时上报，不得隐瞒、虚报和故意拖延不报。积极组织配合事故的调查，认真制订并落实防范措施，吸取事故教训，防止发生重复事故。

（2）工程项目生产副经理

1）工程项目生产副经理对工程项目的安全生产负直接领导责任，协助工程项目经理认真贯彻执行国家和企业安全生产各项法规和规章制度，落实工程项目的各项安全生产管理制度。工作质量对项目经理负责。

2）组织实施工程项目总体和施工各阶段安全生产工作规划以及各项安全技术措施、方案的组织实施工作，组织落实工程项目各级人员的安全生产责任制。

3）组织、领导工程项目安全生产的宣传教育工作，并制订工程项目安全培训实施办法，确定安全生产考核指标，制订实施措施和方案，并负责组织实施，负责外协施工队伍各类人员的安全生产教育、培训和考核的组织领导工作。

4）配合工程项目经理组织定期安全生产检查，负责工程项目各种形式的安全生产检查的组织、督促工作和安全生产隐患整改落实的实施工作，及时解决施工中的安全生产问题。

5）负责工程项目安全生产管理机构的领导工作，认真听取、采纳安全生产的合理化建议，支持安全生产管理人员的业务工作，保证工程项目安全生产保证体系的正常运转。

6）工地发生事故时，负责事故现场保护、员工教育、防范措施落实，并协助做好事故调查的具体组织工作。

（3）项目安全总监

1）项目安全总监在现场经理的直接领导下履行项目安全生产工作的监督管理职责。

2）宣传贯彻安全生产方针政策、规章制度，推动项目安全组织以保证体系的运行。

3）督促实施施工组织设计、安全技术措施；实现安全管理目标；对项目各项安全生产管理制度的贯彻与落实情况进行检查与具体指导。

4）组织分承包商安全专、兼职人员开展安全监督与检查工作。

5）查处违章指挥、违章操作、违反劳动纪律的行为和人员，对重大事故隐患采取有效的控制措施，必要时可采取局部甚至全部停产的非常措施。

6）督促开展周一安全活动和项目安全讲评活动。

7）负责办理与发放各级管理人员的安全资格证书和操作人员安全上岗证。

8）参与事故的调查与处理。

（4）工程项目技术负责人

1）工程项目技术负责人对工程项目生产经营中的安全生产负技术责任。

2）贯彻落实国家安全生产方针、政策，严格执行安全技术规程、规范、标准；结合工程特点，进行项目整体安全技术交底。

3）参加或组织编制施工组织设计，在编制、审查施工方案时，必须制订相应的安全技术措施，保证其可行性和针对性，并认真监督实施情况，发现问题及时解决。

4）主持制订技术措施计划和季节性施工方案的同时，必须制订相应的安全技术措施并监督执行，及时解决执行中出现的问题。

5）应用新材料、新技术、新工艺，要及时上报，经批准后方可实施，同时必须组织对上岗人员进行安全技术的培训、教育；认真执行相应的安全技术措施与安全操作工艺要求，预防施工中因化学药品引起的火灾、中毒或在新工艺实施中可能造成的事故。

6）主持安全防护设施和设备的验收。严格控制不符合标准要求的防护设备、实施投入使用；使用中的设施、设备，要组织定期检查，发现问题及时处理。

7）参加安全生产定期检查，对施工中存在的事故隐患和不安全因素，从技术上提出整改意见和消除办法。

8）参加或配合工伤及重大未遂事故的调查，从技术上分析事故发生的原因，提出防范措施和整改意见。

（5）工长、施工员

1）工长、施工员是所管辖区域范围内安全生产的第一责任人，对所管辖范围内的安全生产负直接领导责任。

2）贯彻落实上级有关规定，监督执行安全技术措施及安全操作规程，针对生产任务特点，向班组（外协施工队伍）进行书面安全技术交底，履行签字手续，并对规程、措施、交底要求的执行情况经常检查，随时纠正违章作业。

3）负责组织落实所管辖施工队伍的三级安全教育、常规安全教育、季节转换及针对施工各阶段特点进行的各种形式的安全教育，负责组织落实所管辖施工队伍特种作业人员的安全培训工作和持证上岗的管理工作。

4）经常检查所管辖区域的作业环境、设备和安全防护设施的安全状况，发现问题及时进行纠正解决。对重点特殊部位施工，必须检查作业人员及各种设备和安全防护设施的技术状况是否符合安全标准要求，认真做好书面安全技术交底，落实安全技术措施，并监督其执行，做到不违章指挥。

5）负责组织落实所管辖班组（外协施工队伍）开展各项安全活动，学习安全操作规程，接受安全管理机构或人员的安全监督检查，及时解决其提出的不安全问题。

6）对工程项目中应用的新材料、新工艺、新技术严格执行申报、审批制度，发现不安全问题，及时停止施工，并上报领导或有关部门。

7）发生因工伤亡及未遂事故必须停止施工，保护现场，立即上报，对重大事故隐患和重大未遂事故，必须查明事故发生原因，落实整改措施，经上级有关部门验收合格后方准恢复施工，不得擅自撤除现场保护设施，强行复工。

（6）外协施工队负责人

1）外协施工队负责人是本队安全生产的第一责任人，对本单位安全生产负全面领导责任。

2）认真执行安全生产的各项法规、规定、规章制度及安全操作规程，合理安排组织施工班组人员上岗作业，对本队人员在施工生产中的安全和健康负责。

3）严格履行各项劳务用工手续，做到证件齐全，特种作业持证上岗。做好本队人员的岗位安全培训、教育工作，经常组织学习安全操作规程，监督本队人员遵守劳动、安全纪律，做到不违章指挥，制止违章作业。

4）必须保持本队人员的相对稳定，人员变更须事先向用工单位有关部门报批，新进场人员必须按规定办理各种手续，并经入场和上岗安全教育后，方准上岗。

5）组织本队人员开展各项安全生产活动，根据上级的交底向本队各施工班组进行详细的书面安全技术交底，针对当天的施工任务、作业环境等情况，做好班前安全讲话，施工中发现安全问题，应及时解决。

6）定期和不定期组织检查本队施工的作业现场安全生产状况，发现不安全因素，及时整改，发现重大安全事故隐患应立即停止施工，并上报有关领导，严禁冒险蛮干。

7）发生因工伤亡或重大未遂事故，组织保护好事故现场，做好伤者抢救工作和防范措施，并立即上报，不准隐瞒、拖延不报。

（7）班组长

1）班组长是本班组的安全生产第一责任人，认真执行安全生产规章制度及安全技术操作规程，合理安排班组人员的工作，对班组人员在施工生产中的安全和健康负直接责任。

2）经常组织班组人员开展各项安全生产活动和学习安全技术操作规程，监督班组人员正确使用个人劳动防护用品和安全设施、设备，不断提高安全自保能力。

3）认真落实安全技术交底要求，做好班前交底，严格执行安全防护标准，不违章指挥，不冒险蛮干。

4）经常检查班组作业现场的安全生产状况和工人的安全意识、安全行为，发现问题及时解决，并上报有关领导。

5）发生因工伤亡及重大未遂事故，保护好事故现场，并立即上报有关领导。

（8）工人

1）工人是本岗位安全生产的第一责任人，在本岗位作业中对自己、对环境、对他人的安全负责。

2）认真学习，严格执行安全操作规程，模范遵守安全生产规章制度。

3）积极参加各项安全生产活动，认真执行安全技术交底要求，不违章作业，不违反劳动纪律，虚心服从安全生产管理人员的监督、指导。

4）发扬团结友爱精神，在安全生产方面做到互相帮助，互相监督，维护一切安全设施、设备，做到正确使用，不准随意拆改，对新工人有传、带、帮的责任。

5）对不安全的作业要求要提出意见，有权拒绝违章指令。

6）发生因工伤亡事故，要保护好事故现场并立即上报。

7）在作业时要严格做到"眼观六面、安全定位；措施得当、安全操作"。

3. 项目部各职能部门安全生产责任

（1）安全部

1）安全部是项目安全生产的责任部门，是项目安全生产领导小组的办公机构，行使项目安全工作的监督检查职权。

2）协助项目经理开展各项安全生产业务活动，监督项目安全生产保证体系的正常运转。

3）定期向项目安全生产领导小组汇报安全情况，通报安全信息，及时传达项目安全决策，并监督实施。

4）组织、指导项目分包安全机构和安全人员开展各项业务工作，定期进行项目安全性测评。

（2）工程管理部

1）在编制项目总工期控制进度计划及年、季、月计划时，必须树立"安全第一"的思想，综合平衡各生产要素，保证安全工程与生产任务协调一致。

2）对于改善劳动条件、预防伤亡事故项目，要视同生产项目优先安排；对于施工中重要的安全防护设施、设备的施工要纳入正式工序，予以时间保证。

3）在检查生产计划实施情况同时，检查安全措施项目的执行情况。

4）负责编制项目文明施工计划，并组织具体实施。

5）负责现场环境保护工作的具体组织和落实。

6）负责项目大、中、小型机械设备的日常维护、保养和安全管理。

（3）技术部

1）负责编制项目施工组织设计中安全技术措施方案，编制特殊、专项安全技术方案。

2）参加项目安全设备、设施的安全验收，从安全技术角度进行把关。

3）检查施工组织设计和施工方案实施情况的同时，检查安全技术措施的实施情况，对施工中涉及的安全技术问题，提出解决办法。

4）对项目使用的新技术、新工艺、新材料、新设备，制订相应的安全技术措施和安全操作规程，并负责工人的安全技术教育。

（4）物资部

1）重要劳动防护用品的采购和使用必须符合国家标准和有关规定，执行本系统重要劳动防护用品定点使用管理规定。同时，会同项目安全部门进行验收。

2）加强对在用机具和防护用品的管理，对自有及协力自备的机具和防护用品定期进行检验、鉴定，对不合格品及时报废、更新，确保使用安全。

3）负责施工现场材料堆放和物品储运的安全。

（5）机电部

1）选择机电分承包方时，要考核其安全资质和安全保证能力。

2）平衡施工进度，交叉作业时，确保各方安全。

3）负责机电安全技术培训和考核工作。

（6）合约部

1）在分包单位进场前签订总、分包安全管理合同或安全管理责任书。

2）在经济合同中应分清总、分包安全防护费用的划分范围。

3）在每月工程款结算单中扣除由于违章而被处罚的罚款。

（7）办公室

1）负责项目全体人员安全教育培训的组织工作。

2）负责现场 CI 管理的组织和落实。

3）负责项目安全责任目标的考核。

4）负责现场文明施工与各相关方的沟通。

4. 责任追究制度

（1）对因安全责任不落实、安全组织制度不健全、安全管理混乱、安全措施经费不到位、安全防护失控、违章指挥、缺乏对分承包方安全控制力度等主要原因导致因工伤亡事故发生，除对有关人员按照责任状进行经济处罚外，对主要领导责任者给予警告、记过处分；对重要领导责任者给予警告处分。

（2）对因上述主要原因导致重大伤亡事故发生，除对有关人员按照责任状进行经济处罚外，对主要领导责任者给予记过、记大过、降级、撤职处分；对重要领导责任者给予警告、记过、记大过处分。

（3）构成犯罪的，由司法机关依法追究刑事责任。

4.6.5 施工安全技术措施

建筑安全生产贯穿于工程项目自开工到竣工的施工生产的全过程，因此安全工作存在于每个分部分项工程、每道工序中，也就是说哪里的安全技术措施不落实，哪里就有发生伤亡事故的可能。安全管理人员不仅要监督检查各项安全管理制度的贯彻落实，还应了解建筑施工中主要的安全技术，才能有效地采取措施，预防各类伤亡事故，保证安全生产。

1. 土石方工程安全技术要求

建筑工程施工中土方工程量很大，特别是山区和城市大型、高层建筑深基础的施工。土方工程施工的对象和条件又比较复杂，如土质、地下水、气候、开挖深度、施工场地与设备等，对于不同的工程都不相同。因此，施工安全在土方工程施工中是一个很突出的问题。

（1）施工准备工作

1）勘查现场，清除地面及地上障碍物。摸清工程实地情况、开挖土层的地质、水文情况、运输道路、邻近建筑、地下埋设物、古墓、旧人防地道、电缆线路、上下水管道、煤气管道、地面障碍物、水电供应情况等，以便有针对性地采取安全措施，清除施工区域内的地面及地下障碍物。

2）做好施工场地防洪排水工作，全面规划场地，平整各部分的标高，保证施工场地排水通畅不积水，场地周围设置必要的截水沟、排水沟。

3）保护测量基准桩，以保证土方开挖标高位置与尺寸准确无误。

4）备好施工用电、用水、道路及其他设施。

5）需要做挡土桩的深基坑，要先做好挡土桩。

（2）土方开挖注意事项

1）根据土方工程开挖深度和工程量的大小，选择机械和人工挖土或机械挖土方案。

2）如开挖的基坑（槽）比邻近建筑物基础深时，开挖应保持一定的距离和坡度，以免施工时影响邻近建筑物的稳定，如不能满足要求，应采取边坡支撑加固措施，并在施工中进行沉降和位移观测。

3）弃土应及时运出，如需要临时堆土，或留作回填土，堆土坡脚至坑边距离应按挖海深度、边坡坡度和土的类别确定，在边坡支护设计时应考虑堆土附加侧压力。

4）为防止基坑底的土被扰动，基坑挖好后要尽量减少暴露时间，及时进行下一道工序的施工。如不能立即进行下一道工序，要预留15～30cm厚覆盖土层，待基础施工时再挖去。

5）基坑开挖要注意预防基坑被浸泡，引起坍塌和滑坡事故的发生。为此在制定土方施工方案时应注意采取排水措施。

（3）安全措施

1）在施工组织设计中，要有单项土方工程施工方案，对施工准备、开挖方法、放坡、排水、边坡支护应根据有关规范要求进行设计，边坡支护要有设计计算书。

2）人工挖基坑时，操作人员之间要保持安全距离，一般大于2.5m；多台机械开挖，挖土机间距应大于10m，挖土要自上而下，逐层进行，严禁先挖坡脚的危险作业。

3）挖土方前对周围环境要认真检查，不能在危险岩石或建筑物下面进行作业。

4）基坑开挖应严格按要求放坡，操作时应随时注意边坡的稳定情况，发现问题及时加固处理。

5）机械挖土，多台机械同时开挖土方时，应验算边坡的稳定。根据规定和验算确定挖土机离边坡的安全距离。

6）深基坑四周设防护栏杆，人员上下要有专用爬梯。

7）运土道路的坡度、转弯半径要符合有关安全规定。

8）爆破土方要遵守爆破作业安全有关规定。

2. 砌筑作业安全技术要求

（1）在施工操作前，必须检查操作环境是否符合安全要求，道路是否畅通，施工机具是否完好牢固，安全设施和防护用品是否齐全，符合要求后才能进行施工。

（2）在操作地点临时堆放材料时，当放在地面时，要放在平整坚实的地面上，不得放在湿润积水或泥土松软崩裂的地方。当放在楼板面或桥道时，不得超出其设计荷载能力，并应分散堆置，不能过分集中。

（3）起重机吊运砖要用砖笼，吊运砂浆时料斗不能装得过满，人不能在吊件回转范围内停留。

（4）水平运输车辆运砖、石、砂浆时应注意稳定，不得高速奔跑，前后车距不应少于2m，下坡行车，两车距不应少于10m。禁止超车，所载材料不许超出车厢之上。

（5）砌筑高度超过1.2m时，应搭设脚手架，在一层以上或高度超过4m时，采用脚手架砌筑，必须架设安全网。

（6）脚手架上材料堆放每平方米不得超过规定荷载，堆砖高度不得超过 3 皮侧砖，同一脚手架上不得超过两人作业。

（7）操作工具应放置在稳妥的地方。斩砖应面向墙面，工作完毕应将脚手架和砖墙上的碎砖、灰浆清理干净，防止掉落伤人。

（8）上下脚手架应走斜道。不准站在砖墙上做砌筑、画线、检查大角垂直度和清扫墙面等工作。

（9）人工垂直向上或向下传递砌块，不得向上或向下抛掷，架子上和站人板工作面不得小于 60cm。

（10）不准用不稳固的工具或在脚手架上垫高。

（11）已砌好的山墙，应临时用撑杆放置各跨山墙上，使其连接稳定，或采取其他有效的加固措施。

（12）已经就位的砌块，必须立即进行竖缝灌浆。

（13）大风、大雨、冻冰等气候之后，应对砌体进行检查，看是否有异常情况发生。

（14）台风季节应及时进行圈梁施工，加盖楼板，或采取其他稳定措施。

（15）冬期施工时，应先将脚手架上的霜雪等清理干净后，才能上架施工。

3. 脚手架工程安全技术要求

脚手架是建筑施工中必不可少的临时设施。砖墙的砌筑、墙面的抹灰、装饰和粉刷、结构构件的安装等，都需要在其近旁搭设脚手架，以便在其上进行施工操作、堆放施工用料和必要时的短距离水平运输。脚手架虽然是随着工程进度而搭设，工程完毕就拆除，但它对建筑施工速度，工作效率，工程质量以及工人的人身安全有着直接的影响。如果脚手架搭设不及时，势必会拖延工程进度；脚手架搭设不符合施工需要，工人操作就不方便，质量得不到保证，工效也无法提高；脚手架搭设不牢固，不稳定，就容易造成施工中的伤亡事故。因此，脚手架的选型、构造、搭设质量等决不可疏忽大意，轻率处理。

（1）脚手架的基本要求

脚手架是为高空作业创造施工操作条件，脚手架搭设得不牢固，不稳定就会造成施工中的伤亡事故，同时还须符合节约的原则，因此，一般应满足以下的要求：

1）要有足够的牢固性和稳定性，保证在施工期间对所规定的荷载或在气候条件的影响下不变形、不摇晃、不倾斜，能确保作业人员的人身安全。

2）要有足够的面积满足堆料、运输、操作和行走的要求。

3）构造要简单，搭设、拆除和搬运要方便，使用要安全，并能满足多次周转使用。

4）要因地制宜，就地取材，量材施用，尽量节约用料。

（2）脚手架的材质与规格

1）钢管材质一般使用 Q235 钢，外径 48.3mm，壁厚 3.6mm，无严重锈蚀、弯曲、压扁或裂纹的钢管。

2）扣件应采用可锻铸铁或铸钢制作，其质量和性能应符合《钢管脚手架扣件》（GB 15831—2006）规定。采用其他材料制作的扣件，应经试验证明其质量符合该标准的规定后方可使用。扣件在螺栓拧紧扭力矩达到 65N·m 时，不得发生破坏。

3）脚手架杆件不得钢木混搭。

4）作业层脚手板应采用钢、木、竹材料制作，单块脚手板质量不宜大于30kg。

4. 模板作业安全技术要求

目前，各大中城市大量应用的是组合式定型钢模板及钢木模板。由于高层和超高层建筑的蓬勃发展，现浇结构数量越来越大，相应模板工程所产生的事故也有逐渐增加的趋势，如胀凸、爆模、整体倒塌等事故时有发生，所以应根据这一趋势对模板工程加强安全管理。

（1）模板施工前的安全技术准备工作

1）模板施工前，要认真审查施工组织设计中关于模板的设计资料，要审查下列项目：

① 模板结构设计计算书的荷载取值，是否符合工程实际，计算方法是否正确，审核手续是否齐全。

② 模板设计主要应包括支撑系统自身及支撑模板的楼、地面承受能力的强度等。

③ 模板设计图包括结构构件大样及支撑体系，连接件等的设计是否安全合理，图纸是否齐全。

④ 模板设计中安全措施是否周全。

2）当模板构件进场后，要认真检查构件和材料是否符合设计要求，例如钢模板构件是否有严重锈蚀或变形，构件的焊缝或连接螺栓是否符合要求；木料的材质以及木构件拼接接头是否牢固等；自己加工的模板构件，特别是承重钢构件应检查验收手续是否齐全。

3）要排除模板工程施工中现场的不安全因素，要保证运输道路畅通，做到现场防护设施齐全。地面上的支模场地必须平整夯实。要做好夜间施工照明的准备工作，电动工具的电源线绝缘、漏电保护装置要齐全，并做好模板垂直运输的安全施工准备工作。

4）现场施工负责人在模板施工前要认真向有关人员作安全技术交底，特别是新的模板工艺，必须通过试验，并培训操作人员。

（2）模板安装的一般要求

1）模板安装必须按模板的施工设计进行，严禁任意变动。

2）整体式的多层房屋和构筑物安装上层模板及其支架时，应符合下列规定：

① 下层楼板结构的强度，当达到能承受上层模板、支撑和新浇混凝土的重量时方可在其上面进行支搭。否则下层楼板结构的支撑系统不能拆除，同时上下支柱应在同一垂直线上。

② 如采用悬吊模板、吊架支模方法，其支撑结构必须要有足够的强度和刚度。

3）当层间高度大于5m时，若采用多层支架支模，则在两层支架立柱间应铺设垫板，且应平整，上下层支件要垂直，并应在同一垂直线上。

4）模板及其支撑系统在安装过程中，必须设置临时固定设施，严防倾覆。

5）支柱全部安装完毕后，应及时沿横向和纵向加设水平撑和垂直剪刀撑，并与支柱固定牢靠。当支柱高度小于4m时，水平撑应设上下两道，两道水平撑之间，在纵、横向加设剪刀撑。然后支柱每增高2m再增加一道水平撑，水平撑之间还需增加剪刀撑一道。

6）采用分节脱模时，底模的支点应按设计要求设置。

7）承重焊接钢筋骨架和模板一起安装时应符合下列规定：

① 模板必须固定在承重焊接钢筋骨架的节点上。

② 安装钢筋模板组合体时，应按模板设计的吊点位置起吊。

8）组合钢模板采取预拼装用整体吊装方法时，应注意以下要点：

① 拼装完毕的大块模板或整体模板，吊装前应确定吊点位置，先进行试吊，确认无误后，方可正式吊运安装。

② 使用吊装机械安装大块整体模板时，必须在模板就位并连接牢固后方可脱钩。

③ 安装整块柱模板时，不得将其支在柱子钢筋上代替临时支撑。

（3）模板安装注意事项

1）单片柱模吊装时，应采用卸扣和柱模连接，严禁用钢筋钩代替，以避免柱模翻转时脱钩造成事故，待模板立稳后并拉好支撑，方可摘除吊钩。

2）支模应按工序进行，模板没有固定前，不得进行下道工序。

3）支设 4m 以上的立柱模板和梁模板时，应搭设工作台；不足 4m 的，可使用马凳操作，不准站在柱模板上操作和在梁底模上行走，更不允许利用拉杆、支撑攀登上下。

4）墙模板在未装对拉螺栓前，板面要向后倾斜一定角度并撑牢，以防倒塌。安装过程要随时拆换支撑或增加支撑，以保持墙模处于稳定状态。模板未支撑稳固前不得松动吊钩。

5）安装墙模板时，应从内、外墙角开始，向相互垂直的两个方向拼装，连接模板的 U 形卡要正反交替安装，同一道墙（梁）的两侧模板应同时组合，以便确保模板安装时的稳定。当墙模板采用分层支模时，第一层模板拼装后，应立即将内外钢楞、穿墙螺栓、斜撑等全部安设紧固稳定。当下层模板不能独立安设支承件时，必须采取可靠的临时固定措施，否则严禁进行上一层模板的安装。

6）用钢管和扣件搭设双拼立柱支架支承梁模时，扣件应拧紧，且应抽查扣件螺栓的扭力矩是否符合规定，不够时，可放两个扣件与原扣件挨紧。横杆步距按设计规定，严禁随意增大。

7）平板模板安装就位时，要在支架搭设稳固、板下横楞与支架连接牢固后进行。U 形卡要按设计规定安装，以增强整体性，确保模板结构安全。

8）5 级以上大风，应停止模板的吊运作业。

（4）模板拆除

1）拆除时应严格遵守"拆模作业"要点的规定。

2）高处、复杂结构模板的拆除，应有专人指挥和切实的安全措施，并在下面标出工作区，严禁非操作人员进入作业区。

3）工作前应事先检查所使用的工具是否牢固，扳手等工具必须用绳链系挂在身上，工作时思想要集中，防止钉子扎脚和从空中滑落。

4）遇 6 级以上大风时，应暂停室外的高处作业。有雨、雪、霜时应先清扫施工现场，不滑时再进行工作。

5）拆除模板一般应采用长撬杠，严禁操作人员站在正拆除的模板上。

6）已拆除的模板、拉杆、支撑等应及时运走或是妥善堆放，严防操作人员因扶空、踏空而坠落。

7）在混凝土墙体、平板上有预留洞时，应在模板拆除后。及时在墙洞上做好安全护栏，或将板的洞口盖严。

8）拆模间歇时，应将已活动的模板、拉杆、支撑等固定牢固，严防突然掉落、倒塌伤人。

5. 钢筋作业安全技术要求

（1）钢筋制作安装安全技术要求

1）钢筋加工机械应保证安全装置齐全有效。

2）钢筋加工场地应由专人看管，各种加工机械在作业人员下班后拉闸断电，非钢筋加工制作人员不得擅自进入钢筋加工场地。

3）冷拉钢筋时，卷扬机前应设置防护挡板，或将卷扬机与冷拉方向成 90℃，且应用封闭式的导向滑轮，冷拉场地禁止人员通行或停留，以防被伤害。

4）起吊钢筋骨架时，下方禁止站人，待骨架降落至距安装标高 1m 以内方准靠近，就位支撑好后，方可摘钩。

5）在高空、深坑绑扎钢筋和安装骨架应搭设脚手架和马道。绑扎 3m 以上的柱钢筋应搭设操作平台，已绑扎的柱骨架应采用临时支撑拉牢，以防倾倒。绑扎圈梁、挑檐、外墙、边柱钢筋时，应利用外脚手架或悬挑架，并按规定挂好安全网。

（2）钢筋焊接作业安全技术要求

1）焊机应接地，以保证操作人员安全；对于接焊导线及焊钳接导线处，都应有可靠地绝缘。

2）大量焊接时，焊接变压器不得超负荷，变压器升温不得超过 60℃，为此，要特别注意遵守焊机暂载率规定，以避免过分发热而损坏。

3）室内电弧焊时，应有排气通风装置。焊工操作地点相互之间应设挡板，以防弧光刺伤眼睛。

4）焊工应穿戴防护用具。电弧焊焊工要戴防护面罩。焊工应站立在干木垫或其他绝缘垫上。

5）焊接过程中，如焊机发生不正常响声，变压器绝缘电阻过小导线破裂、漏电等，均应立即进行检修。

（3）钢筋施工机械安全防护

1）钢筋机械

① 安装平稳固定，场地条件满足安全操作要求，切断机有上料架。

② 切断机应在机械运转正常后方可送料切断。

③ 弯曲钢筋时扶料人员应站在弯曲方向反侧。

2）电焊机

① 焊机摆放应平稳，不得靠近边坡或被土掩埋。

② 焊机一次侧首端必须使用漏电保护开关控制，一次电源线长不得超过 5m，焊机机壳做可靠接零保护。

③ 焊机一、二次侧接线应使用铜质鼻夹压紧，接线点有防护罩。

④ 焊机二次侧必须安装同长度焊把线和回路零线，长度不宜超过 30m。

⑤ 禁止利用建筑物钢筋或管道作焊机二次回路零线。

⑥ 焊钳必须完好绝缘。

⑦ 焊机二次侧应装防触电装置。

3）气焊用氧气瓶、乙炔瓶

① 气瓶储量应按有关规定加以限制，储存需有专用储存室，由专人管理。

② 搬运气瓶到高处作业时应专门制作笼具。

③ 现场使用压缩气瓶严禁曝晒或油渍污染。

④ 气焊操作人员应保证瓶距、火源之间距离在 10m 以上。

⑤ 为气焊人员提供乙炔瓶防止回火装置，防振胶圈应完整无缺。

⑥ 为冬季气焊作业提供预防气带子受冻设施，受冻气带子严禁用火烤。

4）机械加工设备

① 机械加工设备的传动部位的安全防护罩、盖、板应齐全有效。

② 机械加工设备的卡具应安装牢固。

③ 机械加工设备的操作人员的劳动防护用品按规定配备齐全，合理使用。

④ 机械加工设备不许超规定范围使用。

（4）其他安全技术要求

1）钢筋断料、配料、弯料等工作应在地面进行，不准在高空操作。

2）搬运钢筋要注意附近有无障碍物、架空电线和其他临时电气设备，防止钢筋在回转时碰撞电线或发生触电事故。

3）现场绑扎悬空大梁钢筋时，不得站在模板上操作，应在脚手板上操作；绑扎独立柱头钢筋时，不准站在钢箍上绑扎，也不准将木料、管子、钢模板穿在钢箍内作为立人板。

4）起吊钢筋骨架，下方禁止站人，待骨架降至距模板 1m 以下后才准靠近，就位支撑好，方可摘钩。

5）起吊钢筋时，规格应统一，不得长短参差不一，不准一点吊。

6）切割机使用前，应检查机械运转是否正常，是否漏电；电源线须进漏电开关，切割机后不准堆放易燃物品。

7）钢筋头应及时清理，成品堆放要整齐，工作台要稳，钢筋工作棚照明灯应加网罩。

8）高处作业时，不得将钢筋集中堆在模板和脚手板上，也不要把工具、钢箍、短钢筋随意放在脚手板上，以免滑下伤人。

9）在雷雨时应暂停露天操作，防雷击钢筋伤人。

10）钢筋骨架不论其固定与否，不得在上行走，禁止从柱子上的钢箍上下。

11）钢筋冷拉时，冷拉线两端必须装置防护设施。冷拉时严禁在冷拉线两端站立或跨越，触动正在冷拉的钢筋。

6. 混凝土现浇作业安全技术要求

（1）一般规定

混凝土浇筑施工，一般都涉及多工种、多机具的交叉配合作业。为实现安全施工和确保工程质量，施工负责人首先应对参与混凝土施工的人员进行合理的劳动组织安排，认真进行安全技术交底，做到统一指挥，落实责任。浇筑混凝土前，必须对施工的每个作业环节进行全面检查，如模板支撑是否牢固，钢筋埋件及隐蔽检验，施工机具、脚手架平台、运输车辆、水电及照明等状况是否良好，经确认后，填发"混凝土浇筑通知书"，才能开始浇筑施工。参加施工的各工种除应遵守有关安全技术规程外，必须坚守职责，随时检查混凝土浇筑过程中的模板、支撑、钢筋、架子平台、电线设备等的工作状态，发现有模板松动、变形、移动、钢筋埋件移位等情况，应立即整改。

（2）混凝土的拌制及操作安全

机械拌制混凝土时，为减少水泥粉尘飞散，保证搅拌质量，宜使用跌落式混凝土搅拌机，其下料程序是：搅拌筒内先加入 1/2 的用水量，再将全部石子及部分砂子倒入下料斗，然后在其上面倒入水泥，再倒入剩余砂子，将水泥覆盖后，卸入滚筒内搅拌，最后往滚筒内加入按规定计量所剩余的 1/2 用水量。混凝土搅拌的最短时间，自全部材料滚入搅拌筒内，到卸料止 2min 最宜。少量混凝土可采取人工拌合，但要注意避免铁锹伤人。

在各种特种混凝土成分的配料中，均掺有不同量的化工原料或外加剂，如早强剂、缓凝剂、减水剂、速凝剂、加气剂、起泡剂以及抗冻剂等，这些化工原料对人体皮肤有一定刺激和腐蚀性，有些在配制过程中伴随化学反应会产生一定量的有害气体。所以在使用这些材料时，必须注意其适用与禁用范围，限量及掺配工艺，否则有可能导致质量事故或造成人体伤害。对此应严格遵循施工技术规范和做好个人防护工作。

（3）混凝土的浇筑及操作安全

浇筑混凝土预制构件，场地要平整坚实，并应有排水措施。预制构件要用翻转架脱时，多人协同翻转架用力要一致。当翻至翻转架与地面垂直时，防止因倾翻力不足而导致模架回弹造成猛烈跳动而影响质量。采用平卧重叠法预制构件时，重叠高度一般不超过 3～4 层，且要待混凝土强度达到 4.9MPa 后，方可继续浇筑上层构件混凝土，并应有隔离措施。预制构件浇筑完毕后，应在其上标注型号及制作日期。对于上下两面难以分辨的构件，可在统一位置上注明"上"字，这一点尤为重要。

滑模施工浇筑混凝土，必须要有严密的施工方案，严格的材料计量，严格控制滑升速度，严密测量监视，从严管理和检查。操作平台上的荷载必须按设计规定布置，不得随意改动和增加。操作平台上铺板要密实防滑，操作平台和吊篮周围必须满挂拴牢安全网。平台护身栏杆高度不得低于 1.2m。操作平台应保持整洁，残留的混凝土、拆下的模板和其他材料工具应加强清理，施工人员上下应具有专门提升罐笼装置或专用行人坡道，不准用临时直梯。垂直提升装置必须设高度限位器，载人罐笼还必须有安全把闸。操作平台上，起重卷扬机房、信号控制点和测量观测点等之间的通信指挥信号必须明显可靠。滑模建筑物四周，必须根据建筑高度设定警戒区域并有工人看守。操作平台上要有接地保护，防雷设施不少于 3 处。滑模施工期间应注意了解气象情况，做好预防措施，遇有雷雨大风停止施工。

（4）混凝土机具操作安全

1）混凝土搅拌机。操作跌落式混凝土搅拌机，应先检查其传动离合器和制动器是否灵活可靠，钢丝绳有无损坏，轨道滑程是否良好，机器四周有无障碍以及各部件润滑状况，然后进行空载试转，确认可靠后才可正式搅拌。操作人员应站在垫土平台上操作，并佩戴防尘口罩。操作时，起落料斗要平稳。当料斗降至接近地面时，应稍停后放至机底。料斗升起后，严禁在料斗下方站人。搅拌机运转中，严禁将工具、硬物等伸入拌筒内。已搅拌好混凝土在未全部卸出之前，不得再向拌筒内投入生料。在机器转动时人员不得进入机体后面滑道从事清洗或挂钩，防止因操作不慎人体误触动离合器的操纵杆而导致料斗升起造成伤害。拌筒中装满料时不应停转。若遇突然停电，不宜空载满负荷强行再启动，以防启动电流过大烧坏电源，这种情况下应及时将搅拌筒内的混凝土清除。人员进入筒内作业时,外面必须要有人监护并看好电源。检修搅拌机时,必须将料斗用双挂钩固定牢靠并切断电源。每次搅拌完毕,操作人员应将料斗放至地面或挂牢,将全机里外清洗干净并断电锁闸。

2) 混凝土运输机具。混凝土的水平和垂直运输机具,有机动翻斗车、手推胶轮车、塔吊、提升架。除必须遵循有关车辆及起吊安全技术规程外,使用车辆运输混凝土前,还应加强对车辆的制动、转向机构、轮胎气压进行检查。车斗内的混凝土装入量,一般应低于车沿帮口 5~10cm,以免运输中散落。车辆驶上浇筑平台架子时,必须听从指挥。车辆重量不超过平台架子承重规定,以防架子塌垮。车辆倾倒混凝土时,严禁只图卸料省事、冒险高速前进或后退,造成驶进基坑或压伤操作人员。在车辆卸料处应铺设好钢板,加设车辆限位防护横挡。垂直运输混凝土时,胶轮手推车的手柄不得伸出吊笼或吊盘,车轮前后要挡塞牢固,稳起稳落、停妥后再上人推运。

目前,泵送混凝土施工工艺日益增多,泵车能一次同时完成垂直和水平送混凝土到浇筑点。泵送混凝土施工,要求混凝土配合比的设计、集料检验与泵管内径之比、砂率、最小水泥用量控制及外加剂的使用等,均应符合泵送工艺对混凝土和易性的要求,以保证泵送顺利,防止堵管、爆管等事故。泵送混凝土输送管的各节头连接必须紧固。泵送时,输送管下不得站人,防止因脱扣造成高压喷料伤人。输送管的布置宜直,转弯宜缓,垂直立管要固定牢靠。泵送前应先用水泥(砂)浆将输送管内壁润滑以减少输送阻力。操作人员应严格控制泵送压力,并与下料浇筑振捣人员保持密切联系。混凝土泵送应连续进行,保持受料斗内有足够的混凝土,防止吸入空气形成阻塞。若因停运或停泵时间超过规定时间而发生混凝土初凝、离析等现象时,应停止泵送。若进料的间隔时间较长时,应对泵管进行清洗。发生混凝土管堵时,可在被堵塞管段外侧用木棒敲击疏通,必要时停泵拆卸节头进行处理,但禁止用加大压力的办法来排除故障。泵送过程因故停机时间较长时,应采用人工将泵管内混凝土排除,以防凝结。冬期施工发生管道冻结时,只准用热水加热泵管,禁用火烘烤。

3) 混凝土振捣器。常用混凝土振捣器有插入式振动棒、表面平板式振动器等种类。

① 插入式振动棒。使用混凝土振动棒前,必须将棒轴与电机连接紧固,验证旋转方向与标记方向是否一致。进行试转时,不应将振动棒放在模板、脚手架以及未凝固的混凝土表面上振动。冬季因棒体冻结不易振动时,可用微火烘烤棒体,但不得使用烈火或沸水解冻。振捣操作人员应穿胶靴,戴绝缘手套,湿手不要接触电机开关。作业时应一人持棒振捣,专人配合控制开关并监护电线。振捣混凝土操作应快插慢拔,插入混凝土中应将棒体上下微微抽动以捣制均匀。一般振动棒的作用半径为 30~40cm,捣固混凝土时宜按"333"方法,采用行列式或交错式移棒操作。即每一振点的捣实延续时间约为 30s,至混凝土表面呈现浮浆不再沉落为止,移动振动点间的距离以 30cm 为宜,但不应大于振动棒作用半径的 1.5 倍(捣实轻集料混凝土时,间距不应大于作用半径的 1 倍),插入深度应保持振动棒外露长度为棒体全长的 1/3。不要将棒的软轴部分沉入混凝土中。振捣操作中软轴的弯曲半径不要小于 50cm。还应防止钢筋卡夹棒体,避免棒体碰触钢筋、模板、埋件、芯管或空心胶囊,一般棒体距离模板不应大于作用半径的 1 倍。连续分层浇筑混凝土时,为使上下层混凝土结合成一个整体,棒端应插入下层 5cm 深。振捣操作中如发现脱轴、漏电时,应停机检修。

② 表面平板式振动器。使用表面平板式振动器时，应先检查电机与振动板连接的螺栓是否紧固，导线是否固定可靠，要保持机壳表面清洁和牵引拉绳绝缘干燥。平板振动器的有效作用深度，在无筋或单层筋板构件中，一般为 20cm，在双层筋板件中约为 12cm。

因此，往模板中浇筑混凝土时必须控制一次浇筑厚度，两人操作应密切配合，在每一位置上连续振动时间一般为 25～40s，以混凝土表面均匀出现浆液为止。移动平板时，应成排顺序前进，前后位置和排间应互相挤压，压接长度应有 3～5cm，移动转向时，不要用脚蹬踩电机。振至构件边沿时，要防止坠机砸人。

7. 预应力工程安全技术要求

（1）张拉设备安全技术措施

1）张拉设备应由专人使用和管理，并且要求定期和准确地进行维护检验和测定。

2）张拉设备的测定期限不宜超过半年，当出现以下情况之一时，应对张拉设备重新测定：

① 千斤顶久置后重新使用。

② 千斤顶经过拆卸与修理。

③ 压力表更换。

④ 压力表受过碰撞或失灵。

⑤ 张拉过程中预应力筋伸长值误差较大或预应力筋被拉断等。

3）千斤顶与压力表面配套测定，以减少误差。

4）张拉设备的选用应根据预应力筋的种类及其张拉锚固工艺等情况确定。

5）严禁在张拉设备负荷时拆换压力表或油管。

6）张拉设备的使用应根据产品说明书的要求进行，预应力筋的张拉力不应大于张拉设备的额定张拉力，预应力筋的一次张拉伸长值不应超过张拉设备的最大张拉行程。若一次张拉不足时，可采用分段张拉的方法，并选用适应重复张拉的锚具和夹具。

7）张拉设备必须有可靠的接地保护，经检查绝缘可靠后，才可试运转。

8）测定张拉设备用的仪器设备的精度应满足以下要求：试验机或测力计不低于±2%，压力表不宜低于 1.5 级。此外，压力表的最大量程不宜小于张拉设备额定张拉力的 1.3 倍。

（2）锚具与夹具安全技术措施

1）除螺丝端杆锚具外，所有锚具的锚固能力不得低于预应力筋标准抗拉强度锚固时预应力筋的内缩量，不得超过锚具设计要求的数值。

2）锚具应有出厂质量合格证明书。锚具经过类型、外观尺寸、硬度和锚固能力检验合格后，方可使用。

3）夹具应有出厂质量合格证书。

（3）先张法施工安全技术措施

1）张拉时，张拉机具与预应力筋应在同一条直线上。

2）顶紧锚塞时，用力不要过猛，以防钢丝折断；拧紧螺母时，应注意压力表读数一定要保持所需的张拉力。

3）预应力筋放张前，应拆除侧模，使构件在放张时能自由伸缩。

4）预应力筋放张应分阶段、对称、交错和缓慢地进行。

5）对配筋多的结构件，所有的钢丝应同时放松，严禁采用逐根放松的方法。

6）构件混凝土达到设计要求或不低于设计强度的 70％后，预应力筋才能放张。

7）台座两端应设有防护设施。

8）张拉预应力筋时，沿台座方向每隔 4～5m 设置一个防护架。

9）轴心受压的构件（如拉杆等）所有预应力筋应同时放张。

10）偏心受压的构件（如梁等）应先同时放张预压力较小区域的预应力筋，然后同时放张预压力较大区域的预应力筋。

11）钢丝的回缩值为：冷拔低碳钢丝≤0.6mm，碳素钢丝≤1.2mm，实测数据不得超过以上数值的 20％。

（4）后张法施工安全技术措施

1）粗钢筋的孔道直径应比预应力筋直径、钢筋对焊接头处外径以及需穿过孔道的锚具或连接器外径大 10～15mm。

2）钢丝或钢绞线的孔道直径应比预应力钢丝束或钢绞线束外径以及锚具外径大 5～10mm，孔道面积应大于预应力筋面积的两倍。

3）孔道之间的净距不应小于 25mm。

4）孔道至构件边缘的净距不应小于 25mm，且不应小于孔道直径的一半。

5）凡需起拱的构件，预留孔道宜与构件同时起拱。

6）在构件两端及跨中应设置灌浆孔，其孔距不应大于 12m。

7）曲线预应力筋和长度大于 24m 的直线预应力筋，应在两端张拉。长度小于或等于 24m 的直线预应力筋，可在一端张拉，但张拉端宜分别设置在构件两端。

8）张拉平卧重叠构件时，应逐层增加张拉力。

9）预应力张拉完成后，应立即进行灌浆。

10）张拉预应力筋时，构件两端严禁站人，且在千斤顶的后面应设置防护装置。

11）张拉预应力筋前，构件强度应满足设计要求或不低于设计强度的 70％。

12）张拉千斤顶、孔道和锚环应对中，以便张拉工作顺利进行。

（5）无粘结预应力施工安全技术措施

1）预应力钢丝和钢绞线的力学性能经检验合格后，方可制作成无粘结预应力筋。

2）无粘结预应力筋的外观检查应逐盘进行，油脂应饱满均匀，无漏涂，护套应圆整光滑，松紧恰当。

3）无粘结预应力筋出厂时，每盘上都应挂有产品标牌，并附产品质量合格证明书。

4）无粘结预应力筋运输时，应采用麻袋片包装，吊点处采用尼龙绳扎牢，不得使用钢丝绳等坚硬物与无粘结预应力筋的护套直接接触。

5）无粘结预应力筋应轻装轻卸，严禁摔掷或拖拉。

6）无粘结预应力筋在露天堆放时，应采取覆盖措施，并不能与地面直接接触；堆放期间严禁受到碰撞挤压。

7）不同规格和品种的无粘结预应力筋应分别堆放并做好标识。

8）无粘结预应力筋铺束前，必须将无粘结束的破损处用塑料胶带妥善包缠，不得进水。

9）张拉端在张拉后切去多余外露钢丝束钢绞线（要留 25～30mm），用塑料封端罩填油脂后封盖锚具，再用细石混凝土或砂浆封端。

10）对于固定端锚具，若使用挤压锚，必须在挤压锚固头的根部用塑料胶带包缠；若使用夹片锚，则在锚具的前后部位均应用填油脂和加塑料罩的办法妥善处理，尚应注意夹片受力能继续楔紧的运动要求。

8. 井字架、龙门架安全技术要求

龙门架、井字架等升降机都是用作施工中的物料垂直运输。龙门架、井字架是随架体的外形结构而得名。龙门架由天梁及两立柱组成，形如门框；井字架由四边的杆件组成，形如"井"字的截面架体，提升货物的吊篮花架体中间上下运行。

（1）构造

升降机架体的主要构件有立柱、天梁，上料吊篮，导轨及底盘。架体的固定方法可采用在架体上拴缆风绳，其另一端固定在地锚处；或沿架体每隔一定高度，设一道附墙杆件，与建筑物的结构部位连接牢固，从而保持架体的稳定。

1）立柱。立柱制作材料中选用型钢或钢管焊成格构式标准节，其断面可组合呈三角形，其具体尺寸经计算选定。井架的架体也可制作成杆件，在施工现场进行组装，高度较低的井架，其架体也可参照钢管扣件脚手架的材料要求和搭设方法，在施工现场按规定进行选材搭设。

2）天梁。天梁是安装在架体顶部的横梁，是主要受力部件，以承受吊篮自承及其物料重量，断面经计算选定，载荷 1t 时，天梁可选用 2 根 14 号槽钢，背对背焊接，中间装有滑轮及固定钢丝绳尾端的销轴。

3）吊篮（吊笼）。吊篮是装载物料沿升降机导轨作上下运行的部件，由型钢及连接板焊成吊篮杠架，其底板铺 5cm 厚木板（当采用钢板时应焊防滑条），吊篮两侧应有高度不低于 1m 的安全挡板或挡网，上料口与卸料口应装防护门，防止上下运行中物料或小车落下，此防护门对卸料人员在高处作业时，是可靠的临边防护。高架升降机（高度 30m 以上）使用的吊篮应有防护顶板形成吊笼。

4）导轨。导轨可选用工字钢或钢管。龙门架的导轨可做成单滑道或双滑道与架体焊在一起，双滑道可减少吊篮运行中的晃动；井字架的导轨也可设在架体内的四角，在吊篮的四角装置滚轮沿导轨运行，有较好的稳定作用。

5）底盘。架体的最下部装有底盘，用于架体与基础连接。

6）滑轮。装在天梁上的滑轮习惯称天轮，装在架体最底部的滑轮称地轮，钢丝绳通过天轮、地轮及吊篮上的滑轮穿绕后，一端固定在天梁的销轴上，另一端与卷扬机卷筒锚固。滑轮应按钢丝绳的直径选用，钢丝绳直径与滑轮直径的比值越大，钢丝绳产生的弯曲应力也就越小，当其比值符合有关规定时，对钢丝绳的受力，基本上可不考虑弯曲的影响。

7）卷扬机。卷扬机宜选用正反转卷扬机，即吊篮的上下运行都依靠卷扬机的动力。当前，一些施工单位使用的卷扬机没有反转，吊篮上升时靠卷扬机动力，当吊篮下降时卷筒脱开离合器，靠吊篮自重和物料的重力作自由降落，虽然司机用手刹车控制，但往往因只图速度快使架体晃动，加大了吊篮与导轨的间隙，不但容易发生吊篮脱轨，同时也加大了钢丝绳的磨损。高架升降机不能使用这种卷扬机。

8）摇臂把杆。摇臂把杆为解决一些过长材料的运输，可在架体的一侧安装一根起重臂杆，用另一台卷扬机为动力，控制吊钩上下，臂杆的转向由人工拉缆风绳操作。臂杆可选用无缝管或用型钢焊成格构断面。增加摇臂把杆后，应对架体进行核算和加强。

（2）安全防护装置

1）安全停靠装置。必须在吊篮到位时有一种安全装置，使吊篮稳定停靠，人员进入吊篮内作业时有安全感。目前各地区停靠装置形式不一，有自动型和手动型，即吊篮到位后，由弹簧控制或人工搬动，使支承杠伸到架体的承托架上，其荷载全部由停靠装置承担，此时钢丝绳不受力，只起保险作用。

2）断绳保护装置。当钢丝绳突然断开时，此装置即弹出，两端将吊篮卡在架体上，使吊篮不坠落，保护吊篮内作业人员不受伤害。

3）吊篮安全门。安全门在吊篮运行中起防护作用，最好制成自动开启型，即当吊篮落地时，安全门自动开启，吊篮上升时，安全门自行关闭，这样可避免因操作人员忘记关闭，安全门失效。

4）楼层口停靠栏杆。升降机与各层进料口的结合处搭设了运料通道以运送材料，当吊篮上下运行时，各通道口处于危险的边缘，卸料人员在此等候运料应给予封闭，以防发生高处坠落事故。此护栏（或门）应呈封闭状，待吊篮运行到位停靠时，方可开启。

5）上料口防护棚。升降机地面进料口是运料人员经常出入和停留的地方，易发生落物伤人。为此要在距离地面一定高度处搭设防护棚，其材料需能承受一定的冲击荷载。尤其当建筑物较高时，其尺寸不能小于坠落半径的规定。

6）超高限位装置。当司机因误操作或机械电气故障而引起吊篮失控时，为防止吊篮上升与天梁碰撞事故的发生而安装超高限位装置，需按提升高度进行调试。

7）下限位装置。主要用于高架升降机，为防止吊篮下行时不停机，压迫缓冲装置造成事故。安装时将下限位调试到碰撞缓冲器之前，可自动切断电源保证安全运行。

8）超载限位器。为防止装料过多以及司机对散状各类重物难以估计重量，造成的超载运行而设置的。当吊笼内载荷达额定载荷 90％，即发出信号，达到 100％切断起升电源。

9）通信装置。它是在使用高架升降机时或利用建筑物内通道升降运行的升降机时，因司机视线障碍不能清楚地看到各楼层，而增加的设施。司机与各层运料人员靠通信装置及信号装置进行联系来确定吊篮实际运行的情况。

（3）安全技术要求

1）井字架、龙门架的支撑应符合规程要求。高度在 10～15m 的应设一组缆风绳，每增高 10m 加设一组，每组四根，缆风绳用直径不小于 12.5mm 的钢丝绳，并按规定埋设地锚，严禁捆绑在树木、电线杆等物体上，钢丝绳花篮螺栓调节松紧，严禁用别杠调节钢丝绳长度。缆风绳的固定应不少于 3 个卡扣，并且卡扣的弯曲部分一律在钢丝绳的短头部分。

2）钢管井字架立杆采用对接扣件连接，不得错开搭接，立杆、大横杆间距均不大于1m，四角应设双排立杆。天轮架必须绑两根天轮木，架顶打八字戗。

3）井字架、龙门架首层进料口一侧应搭设长度不小于 2m 的防护棚，另三个侧面必须采取封闭的措施，主体高度在 24m 以上的建筑物进出料防护棚应搭设双层防护棚。

4）井字架、龙门架首层进料口应采用联动防护门，吊盘定位采用自动联锁装置，应保证灵敏有效，安全可靠。

5）井字架、龙门架的导向滑轮应单独设置牢固地铺，不得捆绑在脚手架上，井字架、龙门架的导向滑轮至卷扬机卷筒的钢丝绳，凡经过通道处应予以遮护。

6）井字架、龙门架的天轮与最高一层上料平台的垂直距离应不小于6m，并设置超高限位装置，使吊笼上升最高位置与大轮间的垂直距离不小于2m。

7）工作完毕或暂停工作时，吊盘应落到地面，因故障吊盘暂停悬空时，司机不准离开卷扬机。

8）严禁施工人员乘坐吊盘上下。

9）井字架、龙门架吊笼出入口应设安全门，两侧应附安全防护措施。

10）井字架、龙门架楼层进出料口应设安全门，两侧应绑两道护身栏杆，并设挡脚板。

11）井字架、龙门架非工作状态的楼层进出料口安全门必须予以关闭。

12）井字架、龙门架应设上下联络信号。

9. 现场料具存放安全技术要求

（1）严格按有关安全规程进行操作，所有材料码放都要整齐稳固。

（2）大模板存放应将地脚螺栓拧上去，下部应垫通长木方，使自稳角成 $70°\sim80°$，面对面堆放。长期存放的大模板应用拉杆连续绑牢。没有支撑或自稳角不足的大模板，存放在专用的堆放架内。

（3）大外墙板、内墙板应存放在型钢制作或用钢管搭设的专用堆放架内。

（4）小钢模码放高度不超过1.5m，加气块码放高度不超过1.8m，脚手架上放砖的高度不准超过三层侧砖。

（5）存放水泥、砂石料等严禁靠墙堆放，易燃、易爆材料必须存放在专用库房内，不得与其他材料混存。

（6）化学危险物品必须储存在专用仓库、专用场地或专用储存室（柜）内，并由专人管理。

（7）各种气瓶在存放和使用时，应距离明火10m以上，并避免暴晒和碰撞。

10. 现场施工用电安全技术要求

2005年，建设部颁发了《施工现场临时用电安全技术规范》（JGJ 46—2005），自2005年7月1日起实施，原《施工现场临时用电安全技术规范》（JGJ 46—88）同时废止。按照新规范的规定临时用电应遵守的主要原则为：

（1）建筑施工现场临时用电工程中的中性点直接接地的220/380V三相四线制低压电力系统，必须符合下列规定：

1）采用三级配电系统；

2）采用 TN-S 接零保护系统；

3）采用二级漏电保护系统。

（2）施工现场的用电设备在5台及5台以上或设备总容量在50kW及50kW以上者，应编制临时用电施工组织设计，它是临时用电方面的基础性技术、安全资料。包括的内容有：

1）现场勘测。

2）确定电源进线、变电所或配电室、配电装置、用电设备位置及线路走向。

3）进行负荷计算。

4）选择变压器。

5）设计配电系统：

① 设计配电线路，选择导线或电缆。

② 设计配电装置，选择电器。

③ 设计接地装置。

④ 绘制临时用电工程图纸，主要包括用电工程总平面图、配电装置布置图、配电系统接线图、接地装置设计图。

⑤ 设计防雷装置。

⑥ 确定防护措施。

⑦ 制定安全用电措施和电气防火措施。

（3）临时用电工程图纸应单独绘制，临时用电工程应按图施工。

（4）临时用电组织设计变更时，必须履行"编制、审核、批准"程序，由电气工程技术人员组织编制，经相关部门审核及具有法人资格企业的技术负责人批准后实施。变更电组织设计时应补充有关图纸资料。

（5）临时用电工程必须经编制、审核、批准部门和使用单位共同验收，合格后方可投入使用。

（6）施工现场临时用电必须建立安全技术档案。安全技术档案应由主管该现场的电气技术人员负责建立与管理。临时用电工程应定期检查。定期检查时，应复查接地电阻值和绝缘电阻值。临时用电工程定期检查应按分部、分项工程进行，对安全隐患必须及时处理，并应履行复查验收手续。

（7）在建工程不得在外电架空线路正下方施工、搭设作业棚、建造生活设施或堆放构件、架具、材料及其他杂物等。在建工程（含脚手架）的周边与外电架空线路的边线之间的最小安全操作距离应符合表 4-2 规定。

（8）施工现场的机动车道与外电架空线路交叉时，架空线路的最低点与路面的最小垂直距离应符合表 4-3 规定。

（9）起重机严禁越过无防护设施的外电架空线路作业。

（10）施工现场开挖沟槽边缘与外电埋地电缆沟槽边缘之间的距离不得小于 0.5m。

在建工程（含脚手架）的周边与外电架空线路的边线之间的最小安全操作距离　表 4-2

外电线路电压	1kV 以下	1～10kV	35～110kV	154～220kV	330～500kV
最小安全操作距离（m）	4	6	8	10	15

注：上、下脚手架的斜道不宜设在有外电线路的一侧。

施工现场的机动车道与外电架空线路交叉时的最小垂直距离　表 4-3

外电线路电压	1kV 以下	1～10kV	35kV
最小垂直距离（m）	6	7	7

（11）当达不到规范规定时，必须采取绝缘隔离防护措施，并应悬挂醒目的警告标志。架设防护设施时，必须经有关部门批准，采用线路暂时停电或其他可靠的安全技术措施，并应有电气工程技术人员和专职安全人员监护。

（12）电气设备现场周围不得存放易燃易爆物、污染源和腐蚀介质，否则应予清除或做好防护处置，其防护等级必须与环境条件相适应。电气设备设置场所应能避免物体打击和机械损伤，否则应做好防护处置。

（13）在施工现场专用变压器供电的 TN-S 接零保护系统中，电气设备的金属外壳必须与保护零线连接。施工现场的临时用电电力系统严禁利用大地作相线或零线。

（14）配电系统应设置配电柜或总配电箱、分配电箱、开关箱，实行三级配电。

（15）施工现场临时用电工程应采用放射型与树干型相结合的分级配电形式。第一级为配电室的配电屏（盘）或总配电箱，第二级为分配电箱，第三级为开关箱，开关箱以下就是用电设备，并且实行"一机一闸"制。

（16）施工现场的漏电保护系统至少应按两级设置，并应具备分级分段漏电保护功能。

（17）在坑、洞、井内作业、夜间施工或厂房、道路、仓库、办公室、食堂、宿舍、料具堆放场及自然采光差等场所，应设一般照明、局部照明或混合照明。在一个工作场所内，不得只设局部照明。停电后，操作人员需及时撤离施工现场，必须装设自备电源的应急照明。无自然采光的地下大空间施工场所，应编制单项照明用电方案。

（18）照明器具和器材的质量应符合国家现行有关强制性标准的规定，不得使用绝缘老化或破损的器具和器材。灯具的安装高度既要符合施工现场实际，又要符合安装要求。

以上列举了施工现场临时用电的一些基本安全要求，各方面详细的内容及有关规定参见《施工现场临时用电安全技术规范》（JGJ 46—2005）。

11. 临边、洞口作业安全防护

（1）临边作业安全防护

1）尚未安装栏杆或栏板的阳台周边、无外架防护的屋面周边、框架结构楼层周边、雨篷与挑檐边、水箱与水塔周边、斜道两侧边、卸料平台外侧边，应设置 1.2m 高的两道护身栏杆，并设置固定的高度不低于 180mm 的挡脚板或搭设固定的立网防护。

2）护栏除经设计计算外，横杆长度大于 2m 时，必须加设栏杆柱，栏杆柱的固定及其与横杆的连接，其整体构造应在任何一处能经受任何方向 1000N 的外力。

3）当临边的外侧面临街道时，除防护栏杆外，敞口立面应采取满挂小眼安全网或其他可行措施作出全封闭处理。

4）分层施工的楼梯口、梯段边及休息平台处必须装临时护栏。顶层楼梯口应随工程结构进度安装正式防护栏杆。回转式楼梯口应支设首层水平安全网，每隔 4 层设一道水平安全网。

5）阳台栏板应随工程结构进度及时进行安装。

（2）洞口作业安全防护

1）尺寸边长（直径）为 5～25cm 的洞口，应设坚实盖板并能防止挪动移位。

2）25cm×25cm～50cm×50cm 的洞口，应设置固定盖板，保持四周搁置均衡，并有固定其位置的措施。

3）50cm×50cm～150cm×150cm 的洞口，应预埋通长钢筋网片，纵横钢筋间距不得大于 15cm；或满铺脚手板，脚手板应绑扎固定，未经许可不得随意移动。

4）1.5m×1.5m 以上的洞口，四周必须搭设围护架，并设双道防护栏杆，洞口中间支挂水平安全网，网的四周拴挂牢固、严密。

5）位于车辆行驶道路旁的洞口、深沟、管道、坑、槽等，所加盖板应能承受卡车后轮的有效承载力 2 倍的荷载。

6）墙面等处的竖向洞口，凡落地的洞口应设置防护门或绑防护栏杆，下设挡脚板。低于 80cm 的竖向洞口，应加设 1.2m 高的临时护栏。

7）电梯井口必须设不低于 1.2m 的金属防护门，井内首层和首层以上每隔 10m 设一道水平安全网，安全网应封闭严密。未经上级主管技术部门批准，电梯井内不得做垂直运输通道和垃圾通道。

8）洞口应按规定设置照明装置的安全标识。

12. 高处作业安全防护

（1）攀登作业

1）使用移动式梯子时，应对梯子进行质量检查，梯脚底部应坚实并有防滑措施，不能垫高使用。

2）梯子的角度不能过大，以 75° 为宜，踏板上下间距不大于 30cm，不能有缺档。如梯子要接长使用，应对连接处进行检查，强度不能低于原梯子的强度，且接头不能超过一处。

3）人字折梯使用时，其夹角不能过大，以 35°～45° 为宜，上部铰链要牢固，下部两单梯之间应有可行的拉撑措施。

4）使用直爬梯进行攀登作业时，攀登高度以 5m 为宜，超过 2m，宜加设护笼，超过 8m，必须设置梯间平台。

5）作业人员应从规定的通道上下，不得在阳台之间等非规定通道进行攀登，上下梯子时，必须面向梯子，且不得手持器物。

（2）悬空作业

1）悬空作业所用设备，均须经过技术鉴定或验证后方可使用。

2）吊装中的大模板、预制构件以及石棉水泥板等屋面板上，严禁站人和行走。

3）严禁在同一垂直面上装、拆模板。支设高度在 3m 以上的柱模板四周应设斜撑，并设立操作平台。

4）高处绑扎钢筋和安装钢筋骨架时，必须搭设平台和挂安全网。不得站在钢筋骨架上或攀登骨架上下。

5）浇筑离地 2m 以上框架、过梁、雨篷和小平台混凝土时，应搭设操作平台，不得直接站在模板或支撑件上操作。

6）悬空进行门窗作业时，严禁操作人员站在凳子、阳台栏板上操作，操作人员的重心应位于室内，不得在窗台上站立。

（3）操作平台

1）移动式操作平台的面积不应超过 10m²，高度不应超过 5m。

2）装设轮子的移动式操作平台，轮子与平台的结合处应牢固可靠，立柱底端离地面超出 80mm。

3）操作平台台面满铺脚手板，四周应设置防护栏杆，并设置上下扶梯。

4）悬挑式钢平台应按现行规范进行设计及安装，其方案应编入施工组织设计。

5）操作平台上应标明容许荷载值，严禁超过设计荷载。

（4）高处作业

1）无外脚手架或采用单排外脚手架和工具式脚手架时，凡高度在 4m 以上的建筑物首层四周必须支搭 3m 宽的水平安全网，网底距地不小于 3m。高层建筑支搭 6m 宽双层网，网底距地不小于 5m，高层建筑每隔 10m，还应固定一道 3m 宽的水平网，凡无法支搭水平网的，必须逐层设立安全网封闭。

2）建筑物出入口应搭设长 3～6m，且宽于出入通道两侧各 1m 的防护棚，棚顶满铺不小于 5cm 厚的脚手板，非出入口和通道两侧必须封严。

3）对人或物构成威胁的地方，必须支搭防护棚，保证人、物安全。

4）高处作业使用的铁凳、木凳应牢固，两凳距离不得大于 2m，且凳上脚手板至少铺两块以上，凳上只许一人操作。

5）高处作业人员必须穿戴好个人防护用品，严禁投掷物料。

13. 安全网的架设和拆除

（1）架设

1）选网。立网不能代替平网使用。根据负载高度选择平网的架设宽度。新网必须有产品检验合格证；旧网应在外观检查合格的情况下，进行抽样检验，符合要求时方准使用。

2）支撑。支撑物应有足够的强度和刚度，同时系网处无尖锐边缘。

3）平网架设：

① 平网架设：架设平网应外高里低，与平面成 15°角，网片不要绷紧（便于能量吸收），网片之间应将系绳连接牢固不留空隙。

② 首层网：当砌墙高度达 3.2m 时应架首层网。首层网架设的宽度，视建筑的防护高度而定。对高层建筑，首层网应采用双层网，首层网在建筑工程主体及装修和整修施工期间不能拆除。

③ 随层网：随施工作业逐层上升搭设的安全网称为随层网，外脚手架施工的作业层脚手板下必须再搭设一层脚手板作为防护层。当大型工具不足时，也可在脚手板下架设一道随层平网，作为防护层。

④ 层间网：在首层网及随层网之间搭设的固定安全网称为层间网。自首层开始，每隔四层建筑架设一道层间网。

4）立网架设。立网应架设在防护栏杆上，上部高出作业面不小于 1.2m。立网距作业面边缘处，最大间隙不得超过 10cm。立网的下部应封闭牢靠，扎结点间距不大于 50cm。小眼立网和密目安全网都属于立网，视不同要求采用。

（2）拆除

1）拆除安全网时，必须待所防护区域内无坠落可能的作业时，方可进行。

2）拆除安全网应自上而下依次进行。拆除过程中要由专人监护。作业人员系好安全带，同时应注意网内杂物的清理。

（3）检查与保管

1）施工过程中，对安全网及支撑系统，应定期进行检查、整理、维修。检查支撑系统杆件、间距、结点以及封挂安全网用的钢丝绳的松紧度，检查安全网片之间的连接、网内杂物、网绳磨损以及电焊作业等损伤情况。

2）对施工期较长的工程，安全网应每隔3个月按批号对其试验绳进行强力试验一次；每年抽检安全网，做一次冲击试验。

3）拆除下来的安全网，由专人作全面检查，确认合格的产品，签发合格使用证书方准入库。

4）安全网要存放在干燥通风无化学物品腐蚀的仓库中，存放应分类编号，定期检验。

14. 冬、雨期施工安全技术要求

（1）冬期施工

冬期施工主要应做好防火、防寒、防毒、防滑、防爆等安全工作。

1）冬期施工作业层和运输通道应加设防滑设施，及时清除冰，并按需要设置挡风设施。

2）易燃材料应注意经常清理，不得随意生火取暖，保证消防器材和水源的供应，并保证消防道路的畅通。

3）要防止一氧化碳中毒，亚硝酸钠和食盐混放误食中毒。保证蒸汽锅炉的使用安全。

（2）雨期施工

雨期施工时经常发生基础冲刷塌方、塔机刮倒等现象，特别是近年来箱形基础施工采用内包法油毡保护墙砌好后，尚未浇筑混凝土而被雨水冲倒现象时有发生。在机电设备方面接地装置不好，易发生漏电事故。

1）雨期施工基础放坡，除按规定要求外，必须做好补强护坡。

2）塔式超重机每天作业完毕，须将轨钳卡牢，防止遭大雨时滑走。

3）雨期施工应有相应的防滑措施。若遇大雨、雷电或6级以上强风时，应禁止高处、起重等内容的作业，且过后重新作业之前应先检查各项安全设施，确认安全后方可继续作业。

4）露天使用电气设备，要有可靠防漏电措施。做好机电设备的接地和接零保护。有关机具设备和设施按规定设置避雷装置。

5）箱形基础施工砌保护墙贴油毡后，墙体须加临时支撑，增加其稳定性，防止被大雨冲倒。

6）雷雨时，工人不要在高墙旁或大树下避雨，不要走近电杆、铁塔、架空电线和避雷针的接地导线周围10m以内地区。人若遭受雷击触电后，应立即采用人工呼吸急救并请医生采取抢救措施。

4.6.6 安全管理相关要求

1. 建筑行业"五大伤害"

（1）高处坠落。

（2）触电事故。

（3）物体打击。

（4）机械伤害。

（5）坍塌事故。

2. 安全施工要杜绝的"三违"

（1）违章指挥。

（2）违章作业。

（3）违反劳动纪律。

3. 安全生产"六大纪律"

（1）进入现场必须戴好安全帽，扣好帽带并正确使用个人劳动防护用品。

（2）2m 以上的高处、悬空作业，无安全设施的，必须戴好安全带、扣好保险钩。

（3）高处作业时，不准往下或向上乱抛掷材料和工具等物件。

（4）各种电动机械设备必须有可靠有效的安全接地和防雷装置等一系列施工安全措施，方能开动使用。

（5）不懂电气和机械的人员，严禁使用和玩弄机电设备。

（6）吊装区域非操作人员严禁入内，吊装机械必须完好，爬杆垂直下方不准站人。

4. 起重机械"十不吊"

（1）起重臂和吊起的重物下面有人停留或行走不准吊。

（2）起重指挥应由技术培训合格的专职人员担任，无指挥或信号不清不准吊。

（3）钢筋、型钢、管材等细长和多根物件应捆扎牢靠，支点起吊。捆扎不牢不准吊。

（4）多孔板、积灰斗、手推翻斗车不用四点吊或大模板外挂板不用卸甲不准吊。预制钢筋混凝土楼板不准双拼吊。

（5）吊砌块应使用安全可靠的砌块夹具，吊砖应使用砖笼，并堆放整齐。木砖、预埋件等零星物件要用盛器堆放稳妥，叠放不齐不准吊。

（6）楼板、大梁等吊物上站人不准吊。

（7）埋入地下的板桩、井点管等以及粘连、附着的物件不准吊。

（8）多机作业，应保证所吊重物距离不小于 3m，在同一轨道上多机作业，无安全措施不准吊。

（9）6 级以上强风不准吊。

（10）斜拉重物或超过机械允许荷载不准吊。

5. 登高作业"十不登"

（1）患有心脏病、高血压、深度近视眼等症的不登高。

（2）迷雾、大雪、雷雨或 6 级以上大风不登高。

（3）没有安全帽、安全带的不登高。

（4）夜间没有足够照明的不登高。

（5）饮酒精神不振或经医院证明不宜登高的不登高。

（6）脚手架、脚手板、梯子没有防滑或不牢固的不登高。

（7）穿了厚底皮鞋或携带笨重工具的不登高。

（8）高楼顶部没有固定防滑措施的不登高。

（9）设备和构筑件之间没有安全跳板、高压电线旁没有遮拦的不登高。

（10）石棉瓦、油毡屋面上无脚手架的不登高。

6. 现场施工"十不准"

（1）不戴安全帽，不准进入施工现场。

（2）酒后和带小孩不准进入施工现场。

（3）井架等垂直运输不准乘人。

（4）不准穿拖鞋、高跟鞋及硬底鞋上班。

（5）模板及易腐材料不准作脚手板使用，作业时不准打闹。

（6）电源开关不准一闸多用，未经训练的职工不准操作机械。

（7）无防护措施不准高空作业。

（8）吊装设备未经检查（或试吊）不准吊装，下面不准站人。

（9）木工场地和防火禁区不准吸烟。

（10）施工现场的各种材料应分类对方整齐，做到文明施工。

7. 安全生产"十项措施"

（1）按规定使用安全"三宝"。

（2）机械设备防护装置一定要齐全有效。

（3）塔吊等起重设备必须有限位保险装置，不准"带病"运转，不准超负荷作业，不准在运转中维修保养。

（4）架设电线线路必须符合当地电力局规定，电气设备必须全部接零接地。

（5）电动机械和电动手持工具要装置漏电掉闸装置。

（6）脚手架材料及脚手架的搭设必须符合规程要求。

（7）各种缆风绳及其设置必须符合规程要求。

（8）在建工程的楼梯口、电梯井口、预留洞口、通道口必须有防护措施。

（9）严禁赤脚或穿高跟鞋、拖鞋进入施工现场，高处作业不准穿硬底或带钉易滑的鞋靴。

（10）施工现场的悬崖、陡坡等危险地区应有警戒标志，夜间要设红灯示警。

8. 大型施工机械的装、拆的主要要求

（1）必须由具有装、拆资质的专业施工队员进行作业。

（2）装、拆前要制定方案，方案须经上级审批通过。

（3）对装、拆人员要进行方案和安全技术交底。

（4）装、拆人员持证上岗，并派监护人员和设置装、拆的警戒区域。

（5）安装完毕后，企业应进行验收。经行业指定的检测机构检测合格后方能投入使用。

9. 起重机械的主要安全装置

（1）塔机。

主要包括起重量限制器、起重力矩限制器、起升高度限制器、幅度限制器、行走限制器、吊钩保险装置、防钢丝绳跳槽装置。

（2）施工升降机。

主要包括安全器、限位开关、防松绳开关及门联锁装置等安全保险装置。

10. 施工用电中的开关箱的要求

开关箱应做到每台机械有专用的开关箱，即"一机、一闸、一漏、一箱"的要求。

（1）一机就是一个独立的用电设备，如塔吊、混凝土搅拌机、钢筋切断机等等。

（2）一闸就是有明显断开点的电器设备，如断路器。

（3）一漏就是漏电保护器，但是漏电电流不能大于 30mA，潮湿的地方和容器内漏电电流不能大于 15mA。

（4）一箱就是独立的配电箱。

11. 施工机具使用前的要求

各类施工机具使用前，必须做到进场机具都已经过维护、检测并通过安全防护装置验收合作以后才能使用。

12. 高层建筑施工安全防护规定

（1）高层建筑施工组织设计中必须针对工程特点，即施工方法、机械及动力设备配置、防护要求等现场情况，编制安全技术措施并经审批后执行。

（2）单位工程技术负责人必须熟悉本规定。施工前应逐级做好安全技术交底，检查安全防护措施并对所使用的现场脚手架、机械设备和电气设施等进行检查，确认其符合要求后方可使用。

（3）高层施工主体交叉作业时，不得在同一垂直方向上下操作，如必须上下同时进行工作时应设专用的防护援助或隔离措施。

（4）高层建筑施工时，迎街面的人行道和人员进出口通道等处，均应用竹篱笆搭设双层安全棚，两层间隔以 1m 为宜并悬挂明显标志，必要时应派专人监护。

（5）高处作业的走道、通道板和登高用具应随时清扫干净，废料与涂料应集中，并及时清除，不得随意乱放或向下丢弃。

（6）高层建筑施工中应设测风仪，遇有 6 级以上强风时应停止室外高处作业，必须进行高处作业时应采取可靠的安全技术措施消除异常。

（7）遇有冰雪及台风暴雨后，应及时清除冰雪和加设防滑条措施，并对安全设施逐一检查，发现异常情况时立即采取措施消除异常。

（8）高层建筑施工现场临时用电和"洞口"、"临边"的防护措施按有关规定执行。

4.7 环境保护

由于建筑施工工地的施工机械和车辆往来频繁，人员较多，施工时间长、材料种类多等，若不注重环境保护，对周围环境将造成很大的影响，因此必须引起高度重视。具体措施包括组织措施和技术措施。

1. 组织措施

（1）实行环保目标责任制

把环保指标以责任书的形式层层分解到有关单位和个人，列入承包合同和岗位责任制，建立一支懂行善管的环境保护自我监控体系。

项目经理是环保工作的第一责任人，是施工现场环境保护自我监控体系的领导者和责任者。要把环保政绩作为考核项目经理的一项重要内容。

（2）加强检查和监控工作

要加强检查，加强对施工现场粉尘、噪声、废气的监测和监控工作，要与文明施工现场管理一起检查、考核、奖罚。及时采取措施消除粉尘、废气和污水的污染。

（3）进行综合治理

保护和改善施工现场的环境。要进行综合治理。一方面施工单位要采取有效措施控制人为噪声、粉尘的污染和采取技术措施控制烟尘、污水、噪声污染。另一方面，建设单位应该负责协调外部关系，同当地居委会、村委会、办事处、派出所、居民、施工单位、环保部门加强联系。

要做好宣传教育工作，认真对待来信来访，凡能解决的问题，立即解决，一时不能解决的扰民问题，也要说明情况，求得谅解并限期解决。

2. 技术措施

在编制施工组织设计时，必须有环境保护的技术措施。在施工现场平面布置和组织施工过程中都要执行国家、地区、行业和企业有关防治空气污染、水源污染、噪声污染等环境保护的法律、法规和规章制度。

建筑工程施工由于受技术、经济条件限制，对环境的污染不能控制在规定范围内的，建设单位应当会同施工单位事先报请当地人民政府建设行政主管部门和环境行政主管部门批准。

下面分别简要介绍防止大气、水源和噪声污染的措施。

（1）防止大气污染的措施

1）施工现场垃圾渣土要及时清理出现场。高层建筑物和多层建筑物清理施工垃圾时，要搭设封闭式专用垃圾道，采用容器吊运或将永久性垃圾道随结构安装好以供施工使用，严禁随意抛撒。

2）施工现场道路采用焦渣、级配砂石、粉煤灰级配砂石、沥青混凝土或水泥混凝土等，有条件的可利用永久性道路，并指定专人定期洒水清扫，防止道路扬尘。

3）袋装水泥、白灰、粉煤灰等易飞扬的细颗散体材料，应库内存放。室外临时露天存放时，必须下垫上盖，严密遮盖防止扬尘。散装水泥、粉煤灰、白灰等细颗粉状材料，应存放在固定容器（散灰罐）内，没有固定容器时，应设封闭式专库存放，并具备可靠的防扬尘措施。运输水泥、粉煤灰、白灰等细颗粒粉状材料时，要采取遮盖措施，防止沿途遗撒、扬尘。卸运时，应采取措施，以减少扬尘。

4）防止车辆不带泥砂出现场，可在大门口铺一段石子，定期过筛清理；做一段水沟，冲刷车轮；人工拍土，清扫车轮、车帮；挖土装车不超装；车辆行驶不猛拐，不急刹车，防止撒土，卸上后注意关好车厢门；场区和场外安排人清扫洒水，基本做到不撒土、不扬尘，减少对周围环境污染。

5）除设有符合规定的装置外，禁止在施工现场焚烧油毡、橡胶、塑料、皮革、树叶、枯草以及其他会产生有毒、有害烟尘和恶臭气体的物质。

6）机动车都要安装 PVC 阀，对那些尾气排放超标的车辆要安装净化消声器，确保不冒黑烟。

7）工地茶炉、大灶、锅炉，尽量采用消烟除尘型茶炉、锅炉和消烟节能回风灶，烟尘降至允许排放量为止。

8）工地搅拌站除尘是治理的重点。有条件要修建集中搅拌站，由计算机控制进料、搅拌、输送全过程，在进料仓上方安装除尘器，可使水泥、砂、石中的粉尘降至99％以上。采用现代化先进设备是解决工地粉尘污染的根本途径。

工地采用普通搅拌站，先将搅拌站封闭严密，尽量不使粉尘外泄，扬尘污染环境。并在搅拌机拌筒出料口安装活动胶皮罩，通过高压静电除尘器或旋风滤尘器等除尘装置将风尘分开净化达到除尘目的。最简单易行的是将搅拌站封闭后，在拌筒进出料口上方和地上料斗侧面装几组喷雾器喷头，利用水雾除尘。

9）拆除旧有建筑物时，应适当洒水，防止扬尘。

10）油漆、涂料等装饰装修材料要严格检查，应符合《民用建筑工程室内环境污染控制规范》（GB 50325—2010）要求。

（2）防止水源污染的措施

1）禁止将有毒有害废弃物作土方回填。

2）施工现场废水、污水须经沉淀池沉淀后再排入城市污水管道或河流。最好将沉淀水用于工地洒水降尘或采取措施回收利用。上述污水未经处理不得直接排入城市污水管道或河流中去。

3）现场存放油料，必须对库房地面进行防渗处理。防止油料跑、冒、滴、漏，污染水体。

4）施工现场100人以上的临时食堂，可设置简易有效的隔油池，定期掏油和杂物，防止污染。

5）工地临时厕所、化粪池应采取防渗漏措施。中心城市施工现场的临时厕所可采取水冲式厕所，蹲坑上加盖，并有防蝇、灭蝇措施，防止污染水体环境。

6）化学药品、外加剂等要妥善保管，库内存放，防止污染环境。

（3）防止噪声污染措施

1）严格控制人为噪声，进入施工现场不得高声喊叫、无故甩打模板、乱吹哨，限制高声喇叭的使用，最大限度地减少噪声扰民。

2）凡在人口稠密区进行强噪声作业时，须严格控制作业时间，一般晚10点至次日早晨6点之间停止强噪声作业。确系特殊情况必须昼夜施工时，尽量采取降低噪声措施，并会同建设单位找当地居委会、村委会或当地居民协调，出安民告示，求得群众谅解。

3）从声源上降低噪声。这是防止噪声污染的最根本的措施，具体如下：

①尽量选用低噪声设备和工艺代替高噪声设备与加工工艺。如低噪声振捣、风机、电动空压机、电锯等。

②在声源处安装消声器消声。即在通风机、鼓风机、压缩机燃气轮机、内燃机及各类排气放空装置等进出风管的适当位置设置消声器。常用的消声器有阻性消声器、抗性消声器、阻抗复合消声器、穿微孔板消声器等。具体选用哪种消声器，应根据所需消声量，声源频率特性和消声器的声学性能及空气动力特性等因素而定。

③在传播途径上控制噪声。采取吸声、隔声、隔振和阻尼等声学处理的方法来降低噪声。

4.8 资料管理

4.8.1 工程资料管理基本要求

1. 工程施工资料管理的原则

施工资料是工程质量的一部分，是施工质量和施工过程管理情况的综合反映，也是建筑管理水平的反映，更为重要的是，施工资料是工程施工过程的原始记录，也是工程施工质量可追溯的依据。而施工资料管理，是一项复杂而又细致的工作，涉及专业项目和内外纵横相关部门很多，资料发生和收集整理的环节错综复杂，有一个环节错位，即可造成资料拖延或遗漏不全。因此。必须依照部门业务职责分工，建立严格的岗位责任制，并设专人依据各专业规范、规程和有关技术资料管理规定负责收集整理和管理工作；同时施工资料具有否决权，施工资料的验收应与工程竣工验收同步进行，施工资料不符合要求，不得进行工程竣工验收。

（1）施工资料的填写应以施工及验收规范、工程合同与设计文件、工程质量验收标准等为依据。

（2）施工资料应随工程进度及时收集、整理，并应按专业归类，认真书写，字迹清楚、项目齐全、准确、真实，无未了事项。

（3）工程资料进行分级管理，各单位技术负责人负责本单位工程资料的全过程管理工作，工程资料的收集、整理和审核工作由各单位专（兼）职资料管理人员负责。

（4）对工程资料进行涂改、伪造、随意抽撤或损毁、丢失等，应按有关规定予以处罚，情节严重的，应依法追究法律责任。

（5）施工资料的管理工作，实行技术负责人负责制，建立健全施工资料管理岗位责任制，并配备专职施工资料管理员，负责施工资料的管理工作。工程项目的施工资料应设专人负责收集和整理。

（6）总承包单位负责汇总归档各分承包单位编制的全部施工资料，分承包单位应各自负责对分承包范围内的施工资料的收集和整理，各分承包单位应对其施工资料的真实性和完整性负责。

（7）对于接受建设单位的委托进行工程档案的组织编制工作的单位，要求在竣工前将施工资料整理汇总完毕并移交建设单位进行工程竣工验收。

（8）负责编制的施工资料不得少于两套，其中移交建设单位一套，自行保存一套，保存期自竣工验收之日起 5 年。如建设单位对施工资料的编制套数有特殊要求的，可另行约定。

2. 施工资料收集整理的原则

（1）工程项目的资料管理人员要了解施工进度中应发生的文件资料，及时跟踪收集催办，不得造成资料拖延、不齐等现象。施工资料要随工程施工进度随发生、随整理，按分部、分项工程，分专业项目、类别及其发生的时间归类整理，按序排列，每一份资料都要有目录，从一开始就放入空白目录，并增加一份盒内总目录（当盒内有不同内容资料时），来一份材料，分目录增加一条，并标明页码（临时页码可用铅笔在页脚轻微标注）。资料目录应清晰，所附文件资料层次清楚有序，分类装订整洁，立卷存档保管，每填写完一页便打印一页替换手写目录，以便查阅。

（2）施工技术资料是工程施工全过程进行组织管理和质量控制及反映分部、分项工程质量状况的原始记录，是工程档案的重要资料，是可追溯的原始依据。因此，施工技术资料不仅按照有关档案资料管理要求做到文件资料齐全，更重要的是资料的来源和内容、数据必须真实、准确、可靠。

（3）为实现技术资料填写规范、及时、完整，收集、整理完善，项目必须在工程施工之初制订详尽的技术资料管理方案，明确各种表格的填写要求、各部门的职责分工、资料检查和收集整理责任人等。使工程档案的管理做到"凡事有人负责、凡事有人监督"，使规范化的管理自始至终贯穿于整个工程的施工管理全过程。

3. 施工资料流程时限性的把握

（1）为保证工程资料的时效性、准确性、完整性，工程相关各方宜在合同中约定资料（报审、报验资料等）的提交时间与提交格式以及审批时间；并应约定有关责任方应承担的责任。

（2）应明确时限的资料包括：物资选样送审、技术送审（包括方案送审和深化设计送审）、物资进场报验、分项工程报验、分部工程报验和竣工报验等。

（3）项目经理部设专职资料员负责施工资料的管理，并定期对所收集的施工资料进行整理、交卷。

（4）施工资料应随工程进度及时收集、整理，并应按专业归类，认真填写，字迹清楚，项目齐全、准确、真实，无未了事项。表格应统一采用规定表格。

（5）凡涉及施工资料的各部门及配属队伍均应提供一式三份原件资料，交资料员进行归档。施工资料必须使用原件，内容填写清晰准确、无涂改，如有特殊原因不能使用原件的，应在复印件上加盖公章并注明原件存放处。

4. 施工资料的编号原则

（1）分部工程划分及代号规定

1）分部工程代号规定是参考《建筑工程施工质量验收统一标准》（GB 50300—2013）的分部工程划分原则与国家质量验收推荐表格编码要求，并结合施工资料类别编号特点制定。

2）建筑工程共分为十个分部工程（地基与基础、主体结构、建筑装饰装修、屋面工程、建筑给水排水及供暖、通风与空调、建筑电气、建筑智能化、建筑节能、电梯）。

（2）施工资料编号的组成

1）施工资料编号应填入右上角的编号栏。

2）通常情况下，资料编号应为7位编号，由以下三部分组成：

① 分部工程代号（2位），应根据资料所属的分部工程规定的代号填写；

② 资料类别编号（2位），应根据资料所属类别规定的类别编号填写；

③ 顺序号（3位），应根据相同表格、相同检查项目，按时间自然形成的先后顺序号填写。

三部分每部之间用横线隔开。编号形式如下：

$$\underset{①}{\underline{××}}——\underset{②}{\underline{××}}——\underset{③}{\underline{××}}\longrightarrow 共7位编号$$

3）应单独组卷的子分部（分项）工程，资料编号应为 9 位编号，由以下四部分组成：

① 分部工程代号（2 位），应根据资料所属的分部工程规定的代号填写；

② 子分部（分项）工程代号（2 位），应根据资料所属的子分部（分项）工程规定的代号填写；

③ 资料的类别编号（2 位），应根据资料所属类别规定的类别编号填写；

④ 顺序号（3 位），应根据相同表格、相同检查项目，按时间自然形成的先后顺序号填写。

四部分每部之间用横线隔开。编号形式如下：

$$\underset{①}{\underline{××}}——\underset{②}{\underline{××}}——\underset{③}{\underline{××}}——\underset{④}{\underline{××}}\longrightarrow 共9位编号$$

（3）顺序号填写原则

对于施工专用表格，顺序号应按时间先后顺序，用阿拉伯数字 001 开始连续标注。

对于同一施工表格（如隐蔽工程检查记录、预检记录等）涉及多个（子）分部工程时，顺序号应根据（子）分部工程的不同，按（子）分部工程的各检查项目分别从 001 开始连续标注。

无统一表格或外部提供的施工资料，应在资料的右上角注明编号。

（4）监理资料编号

1）监理资料编号应填入右上角的编号栏。

2）对于相同的表格或相同的文件材料，应分别按时间自然形成的先后顺序从 001 开始，连续标注。

3）监理资料中的施工测量放线报验表（A2 监）、工程物资进场报验表（A4 监）应根据报验内容编号，对于同类报验内容的报验表，应分别按时间自然形成的先后顺序从 001 开始，连续标注。

5. 施工资料编目的原则

遵循自然形成的规律，按照时间先后和施工工序特性进行排列、编目，本着合理、完整、易察、易找的原则，每卷（盒）资料有总、分目录和封面，每卷（盒）资料的位置在分目录中标明，分目录在总目录中的位置也要标明，每卷（盒）资料的封面要标明其名称、资料代表的日期段、该卷的排列号等，做到易找、易查。施工资料总目录见表 4-4，卷内目录见表 4-5，单位工程技术资料分目录见表 4-6。

在施工过程中为便于资料的查找、交圈检查、分类汇总，钢筋原材、混凝土小票、混凝土试块试压报告应按分目录形式归档，见表 4-7～表 4-9。

6. 施工编目、组卷的要求

案卷采用统一规格尺寸的纸张和装具，装具采用硬壳卷（盒），保证资料在整个过程中保持平整，对于小于统一规格的资料要粘贴托纸。卷（盒）的封面和背脊应标明案卷编号、资料名称、资料分类名称等。

施工资料总目录

表 4-4

工程名称：

类别	类别名称	编号	名称	主要内容
C1	施工管理资料		工程概况表	工程概况表
		4	施工日志	施工日志
		8	见证记录	见证记录

4.8 资 料 管 理

卷内目录

表 4-5

序号	责任者	文件编号	文件材料题名	日期	页次	备注

单位工程技术资料分目录 表 4-6

单位工程名称： 分目录名称：

序号	编号	日期	部位	页数	备注

钢筋原材分目录

表 4-7

序号	施工部位	规格	牌号	产地	代表数量/t	试件编号	试验日期	试验编号	材质编号	抗震要求		含碳量差值（%）	含锰量差值（%）	页次	备注
										强屈比≥1.25	屈标比≥1.3				

混凝土小票分目录

表 4-8

混凝土小票现场统计						编号		
工程名称及浇筑部位						浇筑日期		
混凝土强度等级		设计坍落度/mm		混凝土搅拌站		浇筑方量/m³		
序号　车号	方量/m³	出站时刻	开浇时刻	浇完时刻	总用时间	验证初凝时间	实测坍落度	备注

混凝土试块试压报告分目录 表4-9

序号	试验编号	制作日期	施工部位	混凝土强度等级	配合比编号	水泥厂家、品种及强度	掺合料	外加剂	28d混凝土强度等级/（N/mm²）	达到设计强度（%）	页数	备注

7. 施工资料组成

（1）工程管理预验收资料。

（2）施工管理资料。

（3）施工技术资料。

（4）施工测量记录。

（5）施工物资资料。

（6）施工记录。

（7）施工试验记录。

（8）施工验收资料。

8. 工程管理预验收资料内容

（1）工程概况表

工程概况表是对工程基本情况的简要描述，应包括单位工程的一般情况、构造特征、机电系统等。

1）一般情况：工程名称、建筑用途、建筑地点、建设单位、监理单位、施工单位、建筑面积、结构类型和建筑层数等。

2）构造特征：地基与基础；柱、内外墙、梁、板、楼盖、内外墙装饰；楼地面装饰、屋面构造、防火设备等。

3）机电系统名称：工程所含的机电各系统名称。

4）其他：指特殊需要说明的内容。

（2）工程质量事故报告

凡工程发生重大质量事故均应进行记载。其中发生事故时间应记载年、月、日、时、分；估计造成损失，指因质量事故导致的返工、加固等费用，包括人工费、材料费和管理费；事故情况，包括倒塌情况（整体倒塌或局部倒塌的部位）、损失情况（伤亡人数、损失程度、倒塌面积等）；事故原因，包括设计原因（计算错误、构造不合理等）、施工原因（施工粗制滥造、材料、构配件或设备质量低劣等）、设计与施工的共同问题、不可抗力等；处理意见，包括现场处理情况、设计和施工的技术措施、主要责任者及处理结果。

（3）单位（子单位）工程质量竣工验收记录

1）单位工程完工，施工单位组织自检合格后，应报请监理单位进行工程预验收，通过后向建设单位提交工程竣工报告并填报《单位（子单位）工程质量竣工验收记录》。建设单位应组织设计单位、监理单位、施工单位等进行工程质量竣工验收并记录，验收记录上各单位必须签字并加盖公章。

2）凡列入报送城建档案馆的工程档案，应在单位工程验收前由城建档案馆对工程档案资料进行预验收，并由城建档案管理部门出具《建设工程竣工档案预验收意见》。

3）《单位（子单位）工程质量竣工验收记录》应由施工单位填写，验收结论由监理单位填写，综合验收结论应由参加验收各方共同商定，并由建设单位填写，主要对工程质量是否符合设计和规范要求及总体质量水平做出评价。

4）进行单位（子单位）工程质量竣工验收时，施工单位应同时填报《单位（子单位）工程质量控制资料核查记录》、《单位（子单位）工程安全和功能检查资料核查及主要功能抽查记录》、《单位（子单位）工程观感质量检查记录》，作为《单位（子单位）工程质量竣工验收记录》的附表。

（4）室内环境检测报告

1）民用建筑工程及室内装修工程应按照现行国家规范要求，在工程完工至少 7 天以后，工程交付使用前对室内环境进行质量验收。

2）室内环境检测应由建设单位委托经有关部门认可的检测机构进行，并出具室内环境污染物浓度检测报告。

（5）施工总结

施工总结是反映建筑工程施工的阶段性、综合性或专题性文字材料。应由项目经理负责，可包括以下方面：

1）管理方面：根据工程特点与难点，进行项目质量、现场、合同、成本和综合控制等方面的管理总结。

2）技术方面：工程采用的新技术、新产品、新工艺、新材料总结。

3）经验方面：施工过程中各种经验与教训总结。

（6）工程竣工报告

单位工程完工后，由施工单位编写工程竣工报告，内容包括：

1）工程概况及实际完成情况。

2）企业自评的工程实体质量情况。

3）企业自评施工资料完成情况。

4）主要建筑设备、系统调试情况。

5）安全和功能检测、主要功能抽查情况。

4.8.2 工程管理资料的主要内容

1. 施工管理资料内容

施工管理资料是在施工过程中形成的反映工程组织、协调和监督等情况的资料统称。

（1）施工现场质量管理检查记录

建筑工程项目经理部应建立质量责任制度及现场管理制度；健全质量管理体系；具备施工技术标准；审查资质证书、施工图、地质勘察资料和施工技术文件等。施工单位应按规定填写《施工现场质量管理检查记录》，报项目总监理工程师（或建设单位项目负责人）检查，并做出检查结论。

（2）企业资质证书及相关专业人员岗位证书

在正式施工前应审查分包单位资质及专业工种操作人员的岗位证书，填写《分包单位资质报审表》，报监理单位审核。

（3）有见证取样和送检管理资料

1）施工试验计划

① 单位工程施工前，施工单位应编制施工试验计划，报送监理单位。

② 施工试验计划的编制应科学、合理，保证取样的连续性和均匀性。计划的实施和落实应由项目技术负责人负责。

2）见证记录

① 施工过程中，应由施工单位取样人员在现场进行原材料取样和试件制作，并在《见证记录》上签字。见证记录应分类收集、汇总整理。

② 有见证取样和送检的各项目，凡未按规定送检或送检次数达不到要求的，其工程质量应由有相应资质等级的检测单位进行检测确定。

③ 有见证试验汇总表。有见证试验完成，各试验项目的试验报告齐全后，应填写《有见证试验汇总表》。

（4）施工日志

施工日志应以单位工程为记载对象，从工程开工起至工程竣工止，按专业指定专人负责逐日记载，并保证内容真实、连续和完整。

2. 施工技术资料内容

施工技术资料是在施工过程中形成的，用以指导正确、规范、科学施工的文件，以及反映工程变更情况的正式文件。

（1）工程技术文件报审表

1）根据合同约定或监理单位要求，施工单位应在正式施工前将需要监理单位审批的施工组织设计、施工方案等技术文件，填写《工程技术文件报审表》报监理单位审批。

2）工程技术文件报审应有时限规定，施工和监理单位均应按照施工合同或约定的时限要求完成各自的报送和审批工作。

3）当涉及主体和承重结构改动或增加荷载时，必须将有关设计文件报原结构设计单位或具备相应资质的设计单位核查确认，并取得认可文件后方可正式施工。

（2）施工组织设计、施工方案

1）工程施工组织设计应在正式施工前编制完成，并经施工企业单位的技术负责人审批。

2）规模较大、工艺复杂的工程、群体工程或分期出图工程，可分阶段编制、报批施工组织设计。

3）工程主要分部（分项）工程、工程重点部位、技术复杂或采用新技术的关键工序应编制专项施工方案。冬期、雨期施工应编制季节性施工方案。

4）施工组织设计及施工方案编制内容应齐全，施工单位应首先进行内部审核，并填写《工程技术文件报审表》报监理单位批复后实施。发生较大的施工措施和工艺变更时，应有变更审批手续，并进行交底。

（3）技术交底记录

1）技术交底记录应包括施工组织设计交底、专项施工方案技术交底、分项工程施工技术交底、"四新"（新材料、新产品、新技术、新工艺）技术交底和设计变更技术交底。各项交底应有文字记录，交底双方签认应齐全。

2）重点和大型工程施工组织设计交底应由施工企业的技术负责人把主要设计要求、施工措施以及重要事项对项目主要管理人员进行交底。其他工程施工组织设计交底应由项目技术负责人进行交底。

3）专项施工方案技术交底应由项目技术部门负责，根据专项施工方案对专业工长进行交底。

4）分项工程施工技术交底应由专业工长对专业施工班组（或专业分包）进行交底。

5）"四新"技术交底应由项目技术部门组织有关专业人员编制。

6）设计变更技术交底应由项目技术部门根据变更要求，并结合具体施工步骤、措施及注意事项等，对专业工长进行交底。

（4）设计变更文件

1）图纸会审记录

① 监理、施工单位应将各自提出的图纸问题及意见，按专业整理、汇总后报建设单位，由建设单位提交设计单位做交底准备。

② 图纸会审应由建设单位组织设计、监理和施工单位技术负责人及有关人员参加。设计单位对各专业问题进行交底，施工单位负责将设计交底内容按专业汇总、整理，形成

图纸会审记录。

③ 图纸会审记录应由建设、设计、监理和施工单位的项目相关负责人签认、形成正式图纸会审记录。不得擅自在会审记录上涂改或变更其内容。

2）设计变更通知单

设计单位应及时下达设计变更通知单，内容翔实，必要时应附图，并逐条注明应修改图纸的图号。设计变更通知单应由设计专业负责人以及建设（监理）和施工单位相关负责人签认。

3）工程洽商记录

① 工程洽商记录应分专业办理，内容翔实，必要时应附图，逐条注明应修改图纸的图号。工程洽商记录应由设计专业负责人及建设、监理和施工单位的相关负责人签认。

② 设计单位如委托建设（监理）单位办理签认，应办理委托手续。

3. 施工测量记录内容

施工测量记录是在施工过程中形成的，确保建筑工程定位、尺寸、标高、位置和沉降量等满足设计要求和规范规定的资料的统称。

（1）施工测量放线报验表

施工单位应在完成施工测量方案、红线桩校核成果、水准点引测成果及施工过程中各种测量记录后，填写《施工测量放线报验表》报监理单位审核。

（2）工程定位测量记录

1）测绘部门根据建设工程规划许可证（附件）批准的建筑工程位置及标高依据，测定出建筑的红线桩。

2）施工测量单位应依据测绘部门提供的放线成果、红线桩及场地控制网（或建筑物控制网），测定建筑物位置、主控轴线及尺寸、建筑物±0.000绝对高程，并填写《工程定位测量记录》报监理单位审核。

3）工程定位测量完成后，应由建设单位报请具有相应资质的测绘部门验线。

（3）基槽验线记录

施工测量单位应根据主控轴线和基底平面图，检验建筑物基底轮廓线、集水坑、电梯井坑、垫层标高（高程）、基槽断面尺寸和坡度等，填写《基槽验线记录》报监理单位审核。

（4）楼层平面放线记录

楼层平面放线内容包括轴线竖向投测控制线、各层墙柱轴线、柱边线、门窗洞口位置线、垂直度偏差等，施工单位应在完成楼层平面放线后，填写《楼层平面放线记录》报监理单位审核。

（5）楼层标高抄测记录

楼层标高抄测内容包括楼层+0.5m（或+1.0m）水平控制线、皮数杆等。施工单位应在完成楼层标高抄测后，填写《楼层标高抄测记录》报监理单位审核。

（6）建筑物垂直度、标高测量记录

1）施工单位应在结构工程完成和工程竣工时，对建筑物垂直度和全高进行实测并记录，填写《建筑物垂直度、标高测量记录》报监理单位审核。

2）超过允许偏差且影响结构性能的部位，应由施工单位提出技术处理方案，并经建设（监理）单位认可后进行处理。

（7）沉降观测记录

1）根据设计要求和规范规定，凡须进行沉降观测的工程，应由建设单位委托有资质的测量单位进行施工过程中及竣工后的沉降观测工作。

2）测量单位应按设计要求和规范规定，或监理单位批准的观测方案，设置沉降观测点，绘制沉降观测点布置图，定期进行沉降观测记录，并应附沉降观测点的沉降量与时间、荷载关系曲线图和沉降观测技术报告。

4. 施工物资资料内容

（1）施工物资资料的基本要求

施工物资资料是反映工程所用物资质量和性能指标等的各种证明文件和相关配套文件（如使用说明书、安装维修文件等的统称）。

1）工程物资主要包括建筑材料、成品、半成品、构配件、器具、设备等，建筑工程所使用的工程物资均应有出厂质量证明文件（包括产品合格证、质量合格证、检验报告、试验报告、产品生产许可证和质量保证书等）。质量证明文件应反映工程物资的品种、规格、数量、性能指标等，并与实际进场物资相符。

2）质量证明文件的复印件应与原件内容一致，加盖原件存放单位公章，注明原件存放处，并有经办人签字和时间。

3）建筑工程采用的主要材料、半成品、成品、构配件、器具、设备应进行现场验收，有进场检验记录；涉及安全、功能的有关物资应按工程施工质量验收规范及相关规定进行复试或有见证取样送检，有相应试（检）验报告。

4）涉及结构安全和使用功能的材料需要代换且改变了设计要求时，应有设计单位签署的认可文件。

5）涉及安全、卫生、环保的物资应出具有相应资质等级检测单位的检测报告，如压力容器、消防设备、生活供水设备、卫生洁具等。

6）凡使用的新材料、新产品，应由具备鉴定资格的单位或部门出具鉴定证书，同时具有产品质量标准和试验要求，使用前应按其质量标准和试验要求进行试验或检验。新材料、新产品还应提供安装、维修、使用和工艺标准等相关技术文件。

7）进口材料和设备等应有商检证明（国家认证委员会公布的强制性认证 C 产品除外）、中文版的质量证明文件、性能检测报告以及中文版的安装、维修、使用、试验要求等技术文件。

8）建筑电气产品中被列入《第一批实施强制性产品认证的产品目录》（2001 年第 33 号公告）的，必须经过"中国国家认证认可监督管理委员会"认证，认证标志为"中国强制认证（CCC）"，并在认证有效期内，符合认证要求方可使用。

（2）施工物资资料分级管理

工程物资资料应实行分级管理。供应单位或加工单位负责收集、整理和保存所供物资原材料的质量证明文件，施工单位则需收集、整理和保存供应单位或加工单位提供的质量证明文件和进场后的试（检）验报告。各单位应对各自范围内工程资料的汇集、整理结果负责，并保证工程资料的可追溯性。

1）钢筋资料的分级管理。钢筋采用场外委托加工形式时，加工单位应保存钢筋的原材出厂质量证明、复试报告、接头连接试验报告等资料，并保证资料的可追溯性；加工单位必须向施工单位提供《半成品钢筋出厂合格证》，半成品钢筋进场后施工单位还应进行外观质量检查，如对质量产生怀疑或有其他约定时，可进行力学性能和工艺性能的抽样复试。

2）混凝土资料的分级管理。

① 预拌混凝土供应单位必须向施工单位提供以下资料：配合比通知单；预拌混凝土运输单；预拌混凝土出厂合格证（32d 内提供）；混凝土氯化物和碱总量计算书。

② 预拌混凝土供应单位除向施工单位提供上述资料外，还应保证以下资料的可追溯性。试配记录、水泥出厂合格证和试（检）验报告、砂和碎（卵）石试验报告、轻骨料试（检）验报告、外加剂和掺合料产品合格证和试（检）验报告、开盘鉴定、混凝土抗压强度报告（出厂检验混凝土强度值应填入预拌混凝土出厂合格证）、抗渗试验报告（试验结果应填入预拌混凝土出厂合格证）、混凝土坍落度测试记录（搅拌站测试记录）和原材料有害物含量检测报告。

③ 施工单位应形成以下资料：混凝土浇灌申请书；混凝土抗压强度报告（现场检验）；抗渗试验报告（现场检验）；混凝土试块强度统计、评定记录（现场）。

④ 采用现场搅拌混凝土方式的，施工单位应收集、整理上述资料中除预拌混凝土出厂合格证、预拌混凝土运输单之外的所有资料。

3）预制构件资料的分级管理。施工单位使用预制构件时，预制构件加工单位应保存各种原材料（如钢筋、钢材、钢丝、预应力筋、木材、混凝土组成材料）的质量合格证明、复试报告等资料以及混凝土、钢构件、木构件的性能试验报告和有害物含量检测报告等资料，并应保证各种资料的可追溯性；施工单位必须保存加工单位提供的《预制混凝土构件出厂合格证》、《钢构件出厂合格证》、其他构件合格证和进场后的试（检）验报告。

（3）工程物资进场报验表

1）工程物资进场后，施工单位应进行检查（外观、数量及质量证明件等），自检合格后填写《工程物资进场报验表》，报请监理单位验收。

2）施工单位和监理单位应约定涉及结构安全、使用功能、建筑外观、环保要求的主要物资的进场报验范围和要求。

3）物资进场报验须附资料应根据具体情况（合同、规范、施工方案等要求）由施工单位和物资供应单位预先协商确定。

4）工程物资进场报验应有时限要求，施工单位和监理单位均须按照施工合同的约定完成各自的报送和审批工作。

（4）材料、构配件进场检验记录

1）材料、构配件进场后，应由建设、监理单位汇同施工单位对进场物资进行检查验收，填写《材料、构配件进场检验记录》。主要检验内容包括：

① 物资出厂质量证明文件及检测报告是否齐全。

② 实际进场物资数量、规格和型号等是否满足设计和施工计划要求。

③ 物资外观质量是否满足设计要求或规范规定。

④ 按规定须抽检的材料、构配件是否及时抽检等。

2）按规定应进场复试的工程物资，必须在进场检查验收合格后取样复试。

(5) 主要物资

1) 钢筋。材质证明上必须有原件存放处、经办人、进场日期、进场数量、注明所使用的炉批号，并要有钢筋料牌复印件，且与现场复试报告相吻合。每批钢材不得超过60t。混合批钢材，炉批号不受限制，混合批含碳量两炉之差不得超过0.02％，含锰量之差不得超过0.15％，这两项最高值不得超过规范要求（含碳量、含锰量如超过以上限值要多一组复试）。对一、二级抗震设防的框架结构检验所得的强度实测值应符合：钢筋的抗拉强度实测值与屈服强度实测值的比值不应小于1.25，钢筋的屈服强度实测值与强度标准值的比值不应大于1.3。

钢筋原材资料日常收集时应认真检查其炉批号与试验报告是否交圈；微量元素是否超标；强屈比、屈标比是否满足抗震要求；资料是否清晰；签字是否齐全等，并及时填写分目表，对其中的缺项漏项及时追补。

下列情况之一者，还必须做化学成分检验：

① 进口钢筋。

② 在加工过程中，发生脆断、焊接性能不良和力学性能显著不正常的。

③ 有特殊要求的，还应进行相应专项试验。

④ 工厂和施工现场集中加工的钢筋，应有由加工单位出具的出厂证明、钢筋出厂合格证和钢筋试验报告。

⑤ 不同等级、不同国家生产的钢筋进行焊接时，应有可焊性检测报告。

如工程所用的是半成品钢筋，那么有关资料应依次随每次现场进料由项目物资部钉成小本汇总。资料包括钢筋的部位、规格、产地、材质编号、原材复试编号、焊接试验编号、抗震等级、主要微量元素的数值，附注栏中注明是否为有见证试验。

现场钢筋焊接试验报告及上岗证（如焊工合格证）应放在一起，归到施工试验记录中。钢筋焊接资料应标明其部位、规格、日期、断裂部位及特征、闪光对焊的冷弯试验、焊工合格证编号、合格证级别、合格证有效期；附注栏中注明是否为有见证试验。这样就使焊接报告的主要试验指标与合格证的核对工作更加明确。钢筋焊接试验报告和焊工合格证日常收集时应随时填写分目表，对其中的缺项漏项及时追补。

冷挤压、直螺纹（机械连接）均有厂家提供的型式检验报告。进场后要做工艺试验，套筒要有合格证等。

2) 预拌混凝土。混凝土搅拌单位必须向施工单位提供质量合格的混凝土并随车提供预拌混凝土运输单，于45d之内提供预拌混凝土出厂合格证。

3) 防水材料。防水材料主要包括防水涂料、防水卷材、粘结剂、止水带、膨胀胶条、密封膏、密封胶、水泥基渗透结晶性防水材料等。防水材料必须有出厂质量合格证、有相应资质等级检测部门出具的检测报告、产品性能和使用说明书。新型防水材料，应有相关部门、单位的鉴定文件，并有专门的施工工艺操作规程和有代表性的抽样试验记录。按照《地下防水工程质量验收规范》（GB 50208—2011）和《屋面工程质量验收规范》（GB 50207—2012）的要求做防水材料的外观质量检验和物理性能检验。防水卷材出厂质量证明书内容包括品种、标号等各项技术指标，并应有抽样检验报告，必试项目内容为拉伸强度、不透水性、耐热度、断裂延伸率、低温柔性等。各种接缝密封，粘结材料，应具有质量证明文件，使用前应按规定作外观检查（见表4-10）和抽样复验，具有试验报告。使用沥青玛碲脂作为粘结材料，应有配合比通知单和试验报告。

防水卷材外观检查记录   表 4-10

防水卷材外观检查记录		编号	T5-1
			×-×× (检查卷数)
工程名称	××××	检查日期	年　月　日
卷材类型	SBS沥青防水卷材（3mm）	进场批量	500卷
生产厂家		进场时间	年　月　日
检查项目		检查结果	
孔洞、缺边、裂口			
胎体露白、未浸透			
撒布材料颗粒、颜色			
每卷卷材的接头			
随机抽取第×卷			

规格　　点数	厚度/mm	宽度/mm	每卷长度/m	边缘不整齐/mm
1				
2				
3				
4				
5				
6				
7				
8				
9				
10				
技术负责人		检验人	

防水材料进场后由项目的物资部和试验员组织复试，待复试合格资料齐全后按顺序装订成册，归至原材料、成品、半成品卷中。目录中注明卷材种类、进场卷数、试验编号、操作人、证件、证件有效期；附注栏中注明是否为有见证试验，日常收集时应随时填写分目表，对其中的缺项漏项在目录上作好临时标记，及时追补并消项，从而保证防水资料的完整性。

4）水泥。水泥必须有质量证明文件。水泥生产单位应在水泥出厂7d内提供28d强度以外的各项试验结果，28d强度结果应在水泥发出日起32d内补报。

① 用于承重结构的水泥，使用部位有强度等级要求的水泥，水泥出厂超过三个月（快硬硅酸盐水泥为一个月）和进口水泥在使用前必须进行复试，并有试验报告。混凝土和砌筑砂浆用水泥应实行有见证取样和送检。

② 用于钢筋混凝土结构、预应力混凝土结构中的水泥，检测报告应有有害物含量检测内容。

5）钢结构用钢材、连接件及涂料。

① 钢结构工程物资主要包括钢材、钢构件、焊接材料、连接用紧固件及配件、防火防腐涂料、焊接（螺栓）球、封板、锥头、套筒和金属板等。

② 主要物资应有质量证明文件，包括出厂合格证、检测报告和中文标志等。

③ 按规定应复试的钢材必须有复试报告，并按规定实行有见证取样和送检。

④ 重要钢结构采用的焊接材料应有复试报告，并按规定实行有见证取样和送检。

⑤ 高强度大六角头螺栓连接副和扭剪型高强度螺栓连接副应有扭矩系数和紧固轴力（预拉力）检验报告，并按规定做进场复试，实行有见证取样和送检。

⑥ 防火涂料应有有相应资质等级检测机构出具的检测报告。

6）焊条、焊剂和焊药。焊条、焊剂和焊药有出厂质量证明书，并应符合设计要求。按规定须进行烘焙的还应有烘焙记录。

7）砖和砌块。砖与砌块必须有质量证明文件。用于承重结构或出厂试验项目不齐全的砖与砌块应做取样复试，有复试报告。承重墙用砖和砌块应实行有见证取样和送检。

8）砂、石。砂、石使用前应按规定取样进行必试项目试验：

① 砂的试验项目有：颗粒级配、含泥量、泥块含量等。

② 石的试验项目有：颗粒级配、含泥量、泥块含量、针片状颗粒含量、压碎指标值等。

按规定应预防碱骨料反应的工程或结构部位所使用的砂、石，供应单位应提供砂、石的碱活性检验报告。

9）轻骨料。

① 轻骨料应按品种、密度等级分批取样，使用前应进行试验。

② 轻骨料的必试项目有：粗细骨料筛分析试验、堆集密度试验；粗骨料筒压强度试验、吸水率试验。

10）外加剂。外加剂主要包括减水剂、早强剂、缓凝剂、泵送剂、防水剂、防冻剂、膨胀剂、引气剂和速凝剂等。

外加剂必须有质量证明书或合格证、有相应资质等级检测部门出具的检测报告、产品性能和使用说明书等。内容包括厂名、品种、包装、质量（重量）、出厂日期、有关性能和使用说明。使用前，应进行性能试验并出具掺量配合比试配单。

外加剂应按规定取样复试，具有复试报告。承重结构混凝土使用的外加剂应实行有见证取样和送检。

钢筋混凝土结构所使用的外加剂应有有害物含量检测报告。当含有氯化物时，应做混凝土氯化物总含量检测，其总含量应符合国家现行标准要求。

用于结构工程的外加剂应符合地方准用规定；防冻剂还应进行钢筋的锈蚀试验和抗压强度比试验。

11）掺合料。掺合料主要包括粉煤灰、粒化高炉矿渣粉、沸石粉、硅灰和复合掺合料等。

掺合料必须有出厂质量证明文件。用于结构工程的掺合料应按规定取样复试，有复试报告。使用粉煤灰、蛭石粉、沸石粉等掺合料应有质量证明书和试验报告。

12）预应力工程物资。预应力工程物资主要包括预应力筋、锚（夹）具和连接器、水泥和预应力筋用螺旋管等。主要物资应有质量证明文件，包括出厂合格证、检测报告等。预应力筋、锚（夹）具和连接器等应有进场复试报告。涂包层和套管、孔道灌浆用水泥及外加剂应按照规定取样复试，有复试报告。预应力混凝土结构所使用的外加剂的检测报告应有氯化物含量检测内容，严禁使用含氯化物的外加剂。

5. 施工记录内容

（1）隐蔽工程检查记录

隐蔽工程检查记录为通用施工记录，适用于各专业。按规范规定须进行隐检的项目，施工单位应填报《隐蔽工程检查记录》。

1）地基验槽：内容包括土质情况、高程、地基处理。详细内容为说明土质与勘探报告是否一致，是何土层，写明地基持力层的绝对标高，地基处理应注明轴线位置、直径范围、深度。例如：土质是卵石、砂石、还是黏土，能否满足设计持力层要求；高程应写地基持力层的绝对标高。地基处理应写具体，假如有一枯井，在什么轴线部位、多深、直径范围等；地基验槽处理应填写地基处理记录内容，包含地基处理方式、处理前的状态，处理过程及结果，并应进行干土质量密度或贯入度试验。

2）基础和主体结构钢筋工程：内容包括钢筋的品种、规格、数量、位置、锚固和接头位置、搭接长度、保护层厚度和除锈除污情况、钢筋代用变更及胡子筋处理等。钢筋连接及焊接应填写在特殊工艺内，以数字形式注明连接位置、相互错开的比率和长度等。

3）预应力结构：内容包括预应力筋的下料长度、切断方法，锚具、夹具、连接点的组装，预留孔道尺寸、位置，端部的预埋钢板，预应力筋曲线的控制方式等。

4）施工现场结构构件、钢筋焊（连）接：内容包括焊（连）接形式、焊（连）接种类、接头位置、数量及焊条、焊剂、焊口形式、焊缝长度、厚度及表面清渣和连接质量等，大楼板的连接焊接，阳台尾筋和楼梯、阳台楼板等焊接。可能危及人身安全与结构连接的装饰件、连接节点。

5）屋面、厕浴间防水层及各层做法、构造节点、地下室施工缝、变形缝、止水带、过墙管（套管）做法等。

防水工程的找平、找坡、保温、防水附加层及防水各层均需要分别单独作隐蔽记录，而且填写内容要详细具体。例如，防水基层，填写平整顺直，不起砂，不裂缝，干燥程度为含水率不大于 9%。又如防水层：

① 有冷底子油（品名）刷均匀；

② 附加层的宽度；

③ 卷材长边搭接 100mm，短边搭接 150mm；

④ 如果有两层还应错开三分之一等。

建筑屋面隐检：检查基层、找平层、保温层、防水层、隔离层材料的品种、规格、厚度、铺贴方式、搭接宽度、接缝处理、粘结情况；附加层、天沟、檐沟、泛水和变形缝细部做法、隔离层设置、密封处理部位等。

6）外墙保温构造节点做法。

7）幕墙工程：预埋件安装；构件与主体结构的连接节点的安装；幕墙四周、幕墙表面与主体结构之间间隙节点的安装；幕墙伸缩缝、沉降缝、防震缝及墙面转角节点的安装；幕墙防雷接地节点的安装；幕墙防火构造等。

8）直埋于地下或结构中，暗敷设于沟槽管井、设备层及不能进入的吊顶内，以及有保温、隔热（冷）要求的管道和设备。隐蔽工程检查内容有：管道及附件安装的位置、高程、坡度；各种管道间的水平、垂直净距；管道安排和套管尺寸；管道与相邻电缆间距；接头做法及质量；管径和变径位置；附件使用、支架固定、基底处理；防腐做法；保温的质量以及试水方式、结果等。

9）埋在结构内的各种电线导管；利用结构钢筋做的避雷引下线；接地极埋设与接地带连接处的焊接；均压环、金属门窗与接地引下处的焊接或铝合金窗的连接；不能进入吊顶内的电线导管及线槽、桥架等的敷设；直埋电缆。隐蔽工程检查内容包括：品种、规格、位置、高程、弯度、连接、跨接地线、防腐、需焊接部位的焊接质量、管盒固定、管口处理、敷设情况、保护层及与其他管线的位置关系等。

10）敷设于暗井道和被其他工程（如设备外砌砖墙、管道及部件外保温隔热等）所掩盖的项目、空气洁净系统、制冷管道系统及部件等。隐蔽工程检查内容包括：接头（缝）有无开脱、风管及配件严密程度，附件设置是否正确；被掩盖项目的坡度情况；支、托、吊架的位置、固定情况；设备的位置、方向、节点处理、保温及防结露处理、防渗漏功能、互相连接情况、防腐处理的情况及效果等。

11）施工缝（地下部分施工缝按隐检）：要求写明留置方法、位置和接缝处理。

（2）施工检查记录

施工检查记录是对施工重要工序进行的质量控制检查记录，为通用施工记录，适用于各专业，检查项目及内容如下：

1）模板：内容包括几何尺寸、轴线、高程、预埋件及预留孔位置、模板牢固性、清扫口留置、模内清理、脱模剂涂刷、止水要求等。节点做法，放样检查。模板工程预检内容要变成具体数字化，例如要求起拱高度等。

2）预制构件吊装：内容包括构件型号、外观检查、楼板堵孔、清理、锚固、构件支点的搁置长度、高程、垂直偏差等。

3）设备基础：包括设备基础位置、高程、几何尺寸、预留孔、预埋件等。

4）混凝土工程结构施工缝留置方法、位置和接槎的处理等。

5）管道、设备：内容包括位置、高程、坡度、材质、防腐，支架形式、规格及安装方法，孔洞位置，预埋件规格、形式和尺寸、位置。

6）机电明配管线（包括能进人吊顶内管线）：内容包括品种、规格、位置、高程、固定、防腐、保温、外观处理等。

7）变配电装置：内容包括位置、高低压电源进出口方向、电缆位置、高程等。

8）机电表面器具（包括开关、插座、灯具、风口、卫生器具等）：内容包括位置、高程等。

9）工程测量定位：建筑物位置线，现场标准水准点，坐标点。要画平面详图，工程位置有两个坐标点就算定位了，坐标点要 X 坐标和 Y 坐标的具体数据（根据勘察设计给的坐标点导测过来的）。如果表格内详图画不下，用其他纸画也可以，但必须有编号，或在平面图上签字，有时间才有效。

10）楼层放线记录：包括各楼层墙柱轴线、边线、门窗洞口位置线等。

11）楼层 50 线：楼层 0.5m（或 1m）水平控制线。

12）钢筋：包括定位卡具、梯子筋、马凳、保护层垫块、顶模棍尺寸。

（3）交接检查记录

不同施工单位之间工程交接，应进行交接检查，填写《交接检查记录》。移交单位、接收单位和见证单位共同对移交工程进行验收，并对质量情况、遗留问题、工序要求、注意事项、成品保护等进行记录。

（4）地基验槽检查记录

建筑物应进行施工验槽，检查内容包括基坑位置、平面尺寸、持力层核查、基底绝对高程和相对标高、基坑土质及地下水位等，有桩支护或桩基的工程还应进行桩的检查。地基验槽检查记录应由建设、勘察、设计、监理、施工单位共同验收签认。地基需处理时，应由勘察、设计单位提出处理意见。

（5）地基处理记录

施工单位应依据勘察、设计单位提出的处理意见进行地基处理，完工后填写《地基处理记录》报请勘察、设计、监理单位复查。

（6）地基钎探记录

钎探记录用于检验浅层土（如基槽）的均匀性，确定地基的容许承载力及检验填土的质量。钎探前应绘制钎探点平面布置图，确定钎探点布置及顺序编号。相关人员按照钎探图及有关规定进行钎探并记录。

（7）混凝土浇灌申请书

正式浇筑混凝土前，施工单位应检查各项准备工作（如钢筋工程、模板工程检查；水电预埋检查；材料、设备及其他准备等），自检合格填写《混凝土浇灌申请书》报请监理单位确定后方可浇筑混凝土。

（8）预拌混凝土运输单

预拌混凝土供应单位应随车向施工单位提供预拌混凝土运输单，内容包括工程名称、使用部位、供应方量、配合比、坍落度、出站时间、到场时间和施工单位测定的现场实测坍落度等。

（9）混凝土开盘鉴定

1）采用预拌混凝土的，应对首次使用的混凝土配合比在混凝土出厂前，由混凝土供应单位自行组织相关人员进行开盘鉴定。

2）采用现场搅拌混凝土的，应由施工单位组织监理单位、搅拌机组、混凝土试配单位进行开盘鉴定工作，共同认定试验室签发的混凝土配合比确定的组成材料是否与现场施工所用材料相符，以及混凝土拌和物性能是否满足设计要求和施工需要。

（10）混凝土拆模申请单

在拆除现浇混凝土结构板、梁、悬臂构件等底模和柱墙侧模前，应填写混凝土拆模申请单，并附同条件混凝土强度报告，报项目技术负责人审批，通过后方可拆模。

（11）混凝土搅拌、养护测温记录

冬期混凝土施工时，应进行搅拌和养护测温记录。混凝土冬施搅拌测温记录应包括大气温度、原材料温度、出罐温度、入模温度等。混凝土冬施养护测温应先绘制测温点布置图，包括测温点的部位、深度等。测温记录应包括大气温度、各测温孔的实测温度、同一时间测得的各测温孔的平均温度和间隔时间等。

（12）大体积混凝土养护测温记录

大体积混凝土施工应对入模时大气温度、各测温孔温度、内外温差和裂缝进行检查和记录。大体积混凝土养护测温应附测温点布置图，包括测温点的布置、深度等。

（13）构件吊装记录

预制混凝土构件、大型钢构件、木构件吊装应有《构件吊装记录》，吊装记录内容包括构件名称、安装位置、搁置与搭接长度、接头处理、固定方法、标高等。

（14）焊接材料烘焙记录

按照规范和工艺文件等规定须烘焙的焊接材料应进行烘焙，并填写烘焙记录。烘焙记录内容包括烘焙方法、烘干温度、要求烘干时间、实际烘焙时间和保温要求等。

（15）地下工程防水效果检查记录

地下工程验收时，应对地下工程有无渗漏现象进行检查，填写《地下工程防水效果检查记录》，检查内容应包括裂缝、渗漏部位、大小、渗漏情况、处理意见等。发现渗漏现象应制作《背水内表面结构工程展开图》。

（16）防水工程试水检查记录

凡有防水要求的房间应有防水层及装修后的蓄水检查记录。检查内容包括蓄水方式、蓄水时间、蓄水深度、水落口及边缘的封堵情况和有无渗漏现象等。屋面工程完工后，应对细部构造（屋面天沟、檐沟、檐口、泛水、水落口、变形缝、伸出屋面管道等）、接缝处和保护层进行雨期观察或淋水、蓄水检查。淋水试验持续时间不得少于 2h；做蓄水检查的屋面，蓄水时间不得少于 24h。

（17）通风（烟）道、垃圾道检查记录

建筑通风道（烟道）应全数做通（抽）风和漏风、串风试验，并做检查记录。垃圾道应全数检查畅通情况，并做检查记录。

（18）支护与桩（地）基工程施工记录

桩基包括各种预制桩和现制桩，如钢筋混凝土预制桩、板桩、钢管桩、钢筋混凝土灌注桩、CFG 素混凝土桩（泥浆护壁成孔、干作业成孔、套管成孔、爆破成孔等）。

1）基坑支护变形监测记录：在基坑开挖和支护结构使用期间，应以设计指标及要求为依据进行过程监测，如设计无要求，应按规范规定对支护结构进行监测，并做变形监测记录。

2）桩施工记录：桩位测量放线记录，并应有放线依据；桩位平面图，图上注明方向、轴线、柱编号、位置、标高、深度，如在施工桩过程中出现了问题的桩要在记录中注明情况，标出具体位置，用箭头指出施工桩顺序，要有施工负责人签字，制图人、记录人签字。

试桩和试验记录：桩基打桩前应做试桩的动载、静载试验，试验时应有建设（监理）、设计、监督单位参加，做好试桩记录及桩的深度记录。预制桩、板桩、钢管桩还应记录打入各上层的锤击数、贯入度等。预制桩构件出厂证明、桩的节点处理记录。

补桩记录：打桩如出现断桩、偏位，应进行补桩的，要有补桩记录和补桩平面示意图。

桩的隐蔽检查验收记录：其中灌注桩钢筋笼隐蔽记录应写清楚桩编号、钢筋规格、灌注桩基底深度、土质情况等。

灌注桩、CFG 桩试验资料：桩所使用原材料质量证明书及复试报告；混凝土配合比、混凝土试块抗压强度报告（直径 800mm 以上大直径桩应每桩有一组报告）。

桩位竣工图：桩位竣工图要标注清楚桩施工完的准确位置、桩的试验位置、桩的编号、深度桩与各轴线的变更情况及处理方法等。

3）桩施工记录应由有相应资质的专业施工单位负责提供。

（19）预应力工程施工记录

1）预应力筋张拉记录。预应力筋张拉记录（一）包括预应力施工部位、预应力筋规格、平面示意图、张拉程序、应力记录、伸长量等。

预应力筋张拉记录（二）对每根预应力筋的张拉实测值进行记录。

后张法预应力张拉施工应实行见证管理，按规定做见证张拉记录。

2）有粘结预应力结构灌浆记录。后张法有粘结预应力筋张拉后应灌浆，并做灌浆记录，记录内容包括灌浆孔状况、水泥浆配比状况、灌浆压力、灌浆量，并有灌浆点简图和编号等。

3）预应力张拉原始施工记录应归档保存。

4）预应力工程施工记录应由有相应资质的专业施工单位负责提供。

（20）钢结构工程施工记录

1）构件吊装记录。钢结构吊装应有《构件吊装记录》，吊装记录内容包括构件名称、安装位置、搁置与搭接长度、接头处理、固定方法、标高等。

2）烘焙记录。焊接材料在使用前，应按规定进行烘焙，有烘焙记录。

3）钢结构安装施工记录。钢结构主要受力构件安装应检查垂直度、侧向弯曲等安装偏差，并做施工记录。

钢结构主体结构在形成空间刚度单元并连接固定后，应检查整体垂直度和整体平面弯曲度的安装偏差，并做施工记录。

4）钢网架结构总拼完成后及屋面工程完成后，应检查挠度值和其他安装偏差，并做施工记录。

5）钢结构安装施工记录应由有相应资质的专业施工单位负责提供。

（21）木结构工程施工记录

应检查木桁架、梁和柱等构件的制作、安装、屋架安装允许偏差和屋盖横向支撑的完整性等，并做施工记录。

木结构工程施工记录应由有相应资质的专业施工单位负责提供。

（22）幕墙工程施工记录

1）幕墙注胶检查记录。幕墙注胶应做施工检查记录，检查内容包括宽度、厚度、连续性、均匀性、密实度和饱满度等。

2）幕墙淋水检查记录。幕墙工程施工完成后，应在易渗漏部位进行淋水检查，并做淋水检查记录，填写《防水工程试水检查记录》。

幕墙工程施工记录应由有相应资质的专业施工单位负责提供。

（23）电梯工程施工记录

1）电梯机房、井道的土建施工应满足《电梯主参数及轿厢、井道、机房的型式与尺寸》（GB/T 7025—2008）的相关规定；自动扶梯、自动人行道的土建施工应满足机房尺寸、提升高度、倾斜角、名义宽度、支承及畅通区尺寸的要求，并应符合《自动扶梯和自动人行道的制造与安装安全规范》（GB 16899—2011）的有关规定。

2）施工记录应符合国家规范、标准的有关规定，并满足电梯生产厂家的要求。电梯工程中的安装样板放线、导轨安装、层门安装、驱动主机安装、轿厢组装、悬挂装置安装、对重（平衡重）及补偿装置安装、限速器及缓冲器安装、随行电缆安装等施工记录，应按照相应的国家规范、标准、行业标准及企业标准的有关规定填写相应的表格。

3）液压电梯安装工程应参照《液压电梯》（JG 5071—1996）和企业标准的相关要求填写。

6. 施工试验记录内容

施工试验记录是根据设计要求和规范规定进行试验，记录原始数据和计算结果，并得出试验结论的资料统称。

（1）施工试验记录（通用）

1）按照设计要求和规范规定应做施工试验，且规程无相应施工试验表格的，应填写《施工试验记录（通用）》。

2）采用新技术、新工艺及特殊工艺时，对施工试验方法和试验数据进行记录，应填写《施工试验记录（通用）》。

（2）回填土

1）土方工程应测定土的最大干密度和最优含水量，确定最小干密度控制值，由试验单位出具《土工击实试验报告》。

2）应按规范要求绘制回填土取点平面示意图，按时间段整理签发，标高连续、取样点连续，应有分层、分段、分步的干密度数据及取样平面布置图和剖面图，做《回填土试验报告》。

（3）钢筋连接

电渣压力焊接在施工开始前及施工过程中，进行焊接性能试验，并有焊条、焊剂和焊药的出厂合格证，焊药要做烘焙记录。钢筋滚压直螺纹连接应进行工艺检验，并要有厂家提供的型式检验报告和套筒的合格证等。施工过程中进行焊（连）接接头试验，应附有操作工人的上岗证，结构受力钢筋接头按规定实行有见证取样和送检的管理。

1）用于焊接、机械连接钢筋的力学性能和工艺性能应符合现行国家标准。

2）正式焊（连）接工程开始前及施工过程中，应对每批进场钢筋，在现场条件下进行工艺检验。工艺检验合格后方可进行焊接或机械连接的施工。

3）钢筋焊接接头或焊接制品、机械连接接头应按焊（连）接类型和验收批的划分进行质量验收并现场取样复试，钢筋连接验收批的划分及取样数量和必试项目符合规范规定。

4）承重结构工程中的钢筋连接接头应按规定实行有见证取样和送检的管理。

5）采用机械连接接头形式施工时，技术提供单位应提交由有相应资质等级的检测机构出具的型式检验报告。

6）焊（连）接工人必须具有有效的岗位证书。

（4）砌筑砂浆

应有配合比申请单和试验室签发的配合比通知单。应有按规定留置的龄期为 28d 标养试块的抗压强度试验报告。承重结构的砌筑砂浆试块应按规定实行有见证取样和送检。砂浆试块的留置数量及必试项目按规范进行。应有单位工程《砌筑砂浆试块抗压强度统计、评定记录》按同一类型、同一强度等级砂浆为一验收批统计，评定方法及合格标准具体为：

1）同一验收批砂浆试块抗压强度平均值必须大于或等于设计强度等级所对应的立方体抗压强度；

2）同一验收批砂浆试块抗压强度的最小一组平均值必须大于或等于设计强度等级所对应的立方体抗压强度的 0.75 倍。

（5）混凝土

1）现场搅拌混凝土应有配合比申请单和配合比通知单。预拌混凝土应有试验室签发的配合比通知单。

2）应有按规定留置龄期为 28d 标养试块和相应数量同条件养护试块的抗压强度试验报告。冬施还应有受冻临界强度试块和转常温试块的抗压强度试验报告。

混凝土抗压强度试块留置原则：

① 每拌制 100 盘且不超过 100m³ 的同配合比的混凝土，取样不得少于一次；

② 每工作班拌制的同一配合比的混凝土不足 100 盘时，取样不得少于一次；

③ 当一次连续浇筑超过 1000m³ 时，同一配合比混凝土每 200m³ 混凝土取样不得少于一次；

④ 每一楼层，同一配合比的混凝土，取样不得少于一次；

⑤ 冬期施工还应留置转常温试块和临界强度试块；

⑥ 对预拌混凝土，当连续供应相同配合比的混凝土量大于 1000m³ 时，其交货检验的试样，每 200m³ 混凝土取样不得少于一次；

⑦ 建筑地面的混凝土，以同一配合比，同一强度等级，每一层或每 1000m² 为一检验批，不足 1000m² 也按一批计，每批应至少留置一组试块。

取样方法及数量：

① 用于检查结构构件混凝土质量的试件，应在混凝土浇筑地点随机取样制作，每组试件所用的拌和物应从同一盘搅拌混凝土或同一车运送的混凝土中取出，对于预拌混凝土还应在卸料过程中卸料量的 1/4～3/4 之间取样，每个试样量应满足混凝土质量检验项目所需用量的 1.5 倍，但不少于 0.2m³。

② 每次取样应至少留置一组标准养护试件，同条件养护试件的留置组数应根据实际需要确定。

3）抗渗混凝土、特种混凝土除应具备上述资料外还应有专项试验报告。

试块留置要求如下：

① 同一混凝土强度等级、抗渗等级、同一配合比，生产工艺基本相同，每单位工程不得少于两组抗渗试块（每组 6 个试块）；

② 连续浇筑混凝土每 500m³ 应留置一组抗渗试件（一组为 6 个抗渗试件），且每项工程不得少于 2 组。采用预拌混凝土的抗渗试块留置组数应视结构的规模和要求而定。

③ 留置抗渗试件的同时需留置抗压强度试件并应取自同一盘混凝土拌和物中。

④ 试块应在浇筑地点制作。

4）应有单位工程《混凝土试块抗压强度统计、评定记录》。

5）抗压强度试块、抗渗性能试块的留置数量及必试项目按规范进行。

6）承重结构的混凝土抗压强度试块，应按规定实行有见证取样和送检。

7）结构由有不合格批混凝土组成的，或未按规定留置试块的，应有结构处理的相关资料；需要检测的，应有有相应资质的检测机构出具的检测报告，并有设计单位出具的认可文件。

8）潮湿环境、直接与水接触的混凝土工程和外部有供碱环境并处于潮湿环境的混凝土工程，应预防混凝土碱骨料反应，并按有关规定执行，有相关检测报告。

（6）建筑装饰装修工程施工试验记录

地面回填应有《土工击实试验报告》和《回填土试验报告》。装饰装修工程使用的砂浆和混凝土应有配合比通知单和强度试验报告；有抗渗要求的还应有《抗渗试验报告》。外墙饰面砖粘贴前和施工过程中，应在相同基层上做样板件，对样板件的饰面砖粘结强度进行检验，有《饰面砖粘结强度检验报告》，检验方法和结果判定应符合相关标准规定。后置埋件应有现场拉拔试验报告。

（7）支护工程施工试验记录

锚杆应按设计要求进行现场抽样试验，有锁定力（抗拔力）试验报告。支护工程使用的混凝土，应有混凝土配合比通知单和混凝土强度试验报告；有抗渗要求的还应有抗渗试验报告。支护工程使用的砂浆，应有砂浆配合比通知单和砂浆强度试验报告。

（8）桩基（地基）工程施工试验记录

地基应按设计要求进行承载力检验，有承载力检验报告。桩基应按照设计要求和相关规范、标准规定进行承载力和桩体质量检测，由有相应资质等级检测单位出具检测报告。桩基（地基）工程使用的混凝土，应有混凝土配合比通知单和混凝土强度试验报告；有抗渗要求的还应有抗渗试验报告。

（9）预应力工程施工试验记录

预应力工程用混凝土应按规范要求留置标养、同条件试块，有相应抗压强度试验报告。后张法有粘结预应力工程灌浆用水泥浆应有性能试验报告。

（10）钢结构工程施工试验记录

高强度螺栓连接应有摩擦面抗滑移系数检验报告及复试报告，并实行有见证取样和送检。施工首次使用的钢材、焊接材料、焊接方法、焊后热处理等应进行焊接工艺评定，有焊接工艺评定报告。设计要求的一、二级焊缝应做缺陷检验，由有相应资质等级检测单位出具超声波探伤报告、射线探伤检验报告或磁粉探伤报告。建筑安全等级为一级、跨度40m及以上的公共建筑钢网架结构，且设计有要求的，应对其焊接（螺栓）球节点进行节点承载力试验，并实行有见证取样和送检。钢结构工程所使用的防腐、防火涂料应做涂层厚度检测，其中防火涂层应有有相应资质的检测单位出具的检测报告。焊（连）接工人必须持有效的岗位证书。

（11）木结构工程施工试验记录

胶合木工程的层板胶缝应有脱胶试验报告、胶缝抗剪试验报告和层板接长弯曲强度试验报告。轻型木结构工程的木基结构板材应有力学性能试验报告。木构件防护剂应有保持量和透入度试验报告。

（12）幕墙工程施工试验记录

幕墙用双组分硅酮结构胶应有混匀性及拉断试验报告。后置埋件应有现场拉拔试验报告。

（13）设备单机试运转记录

给水系统设备、热水系统设备、机械排水系统设备、消防系统设备、采暖系统设备、水处理系统设备，以及通风与空调系统的各类水泵、风机、冷水机组、冷却塔、空调机组、新风机组等设备在安装完毕后，应进行单机试运转，并做记录。

（14）系统试运转调试记录

采暖系统、水处理系统、通风系统、制冷系统、净化空调系统等应进行系统试运转及调试，并做记录。

（15）灌（满）水试验记录

非承压管道系统和设备，包括开式水箱、卫生洁具、安装在室内的雨水管道等，在系统和设备安装完毕后，以及暗装、埋地、有绝热层的室内外排水管道进行隐蔽前，应进行灌（满）水试验，并做记录。

（16）强度严密性试验记录

室内外输送各种介质的承压管道、设备在安装完毕后，进行隐蔽之前，应进行强度严密性试验，并做记录。

（17）通水试验记录

室内外给水（冷、热）、中水及游泳池水系统、卫生洁具、地漏及地面清扫口、室内外排水系统，应分系统（区、段）进行通水试验，并做记录。

（18）吹（冲）洗（脱脂）试验记录

室内外给水（冷、热）、中水及游泳池水系统，采暖、空调、消防管道及设计有要求的管道，应在使用前做冲洗试验；介质为气体的管道系统，应按有关设计要求及规范规定做吹洗试验。设计有要求时还应做脱脂处理。

（19）通球试验记录

室内排水水平干管、主立管应按有关规定进行通球试验，并做记录。

（20）补偿器安装记录

各类补偿器安装时应按要求进行补偿器安装记录。

（21）消火栓试射记录

室内消火栓系统在安装完成后，应按设计要求及规范规定进行消火栓试射试验，并做记录。

（22）安全附件安装检查记录

锅炉的高、低水位报警器，超温、超压报警器及联锁保护装置，必须按设计要求安装齐全，并进行启动、联动试验，并做记录。

（23）锅炉封闭及烘炉（烘干）记录

锅炉安装完成后，在试运行前，应进行烘炉试验，并做记录。

（24）锅炉煮炉试验记录

锅炉安装完成后，在试运行前，应进行煮炉试验，并做记录。

（25）锅炉试运行记录

锅炉在烘炉、煮炉合格后，应进行 48 小时的带负荷连续试运行，同时应进行安全阀的热状态定压检验和调整，并做记录。

（26）安全阀调试记录

锅炉安全阀在投入运行前，应由有资质的试验单位按设计要求进行调试，并出具安全阀调试记录。表格由试验单位提供。

（27）电气接地电阻测试记录

接地电阻测试主要包括设备、系统的防雷接地、保护接地、工作接地、防静电接地以及设计有要求的接地电阻测试，并应附《电气防雷接地装置隐检与平面示意图》说明。电气接地电阻的检测仪器应在检定有效期内。

（28）电气绝缘电阻测试记录

绝缘电阻测试主要包括电气设备和动力、照明线路及其他必须摇测绝缘电阻的测试，配管及管内穿线分项质量验收前和单位工程质量竣工验收前，应分别按系统回路进行测试，不得遗漏。电气绝缘电阻的检测仪器应在检定有效期内。

（29）电气器具通电安全检查记录

电气器具安装完成后，按层、按部位（户）进行通电检查，并进行记录。内容包括接线情况、电气器具开关情况等。电气器具应全数进行通电安全检查，合格后在记录表中打钩（√）。

（30）电气设备空载试运行记录

成套配电（控制）柜、台、箱、盘的运行电压、电流应正常，各种仪表指示应正常。

电动机应试通电，检查转向和机械转动有无异常情况；可空载试运行的电动机，时间一般为 2h，记录空载电流，且检查机身和轴承的温升。

交流电动机空载试运行的可启动次数及间隔时间应符合产品技术条件的要求；无要求时，连续启动 2 次的时间间隔不应少于 5min，再次启动应在电动机冷却至常温下。空载状态运行，应记录电流、电压、温度、运行时间等有关数据，且应符合建筑设备或工艺装置的空载状态运行的要求。

电动执行机构的动作方向及指示应与工艺装置的设计要求保持一致。

（31）建筑物照明通电试运行记录

公用建筑照明系统通电连续试运行时间为 24h，民用住宅照明系统通电连续试运行时间为 8h。所有照明灯具均应开启，且每 2h 记录运行状态 1 次，连续试运行时间内无故障。

（32）大型照明灯具承载试验记录

大型灯具（设计要求做承载试验的）在预埋螺栓、吊钩、吊杆或吊顶上嵌入式安装专用骨架等物件上安装时，应全数按 2 倍于灯具的重量做承载试验。

（33）高压部分试验记录

应由有相应资格的单位进行试验并记录，表格自行设计。

（34）漏电开关模拟试验记录

动力和照明工程的漏电保护装置应全数做模拟动作试验，并符合设计要求的额定值。

（35）电度表检定记录

电度表在安装前应送有相应检定资格的单位全数检定，应有记录，表格由检定单位提供。

（36）大容量电气线路节点测温记录

大容量（630A 及以上）导线、母线连接处或开关，在设计计算负荷运行情况下，应做温度抽测记录，温升值稳定且不大于设计值。

（37）避雷带支架拉力测试记录

避雷带的每个支持件应做垂直拉力试验，支持件的承受垂直拉力应大于 49N（5kg）。

（38）风管漏光检测记录

风管系统安装完成后，应按设计要求及规范规定进行风管漏光测试，并做记录。

（39）风管漏风检测记录

风管系统安装完成后，应按设计要求及规范规定进行风管漏风测试，并做记录。

（40）现场组装除尘器、空调机漏风检测记录

现场组装的除尘器壳体、组合式空气调节机组应做漏风量的检测，并做记录。

（41）各房间室内风量、温度测量记录

通风与空调工程无生产负荷联合试运转时，应分系统的，将同一系统内的各房间内风量、室内房间温度进行测量调整，并做记录。

（42）管网风量平衡记录

通风与空调工程进行无生产负荷联合试运转时，应分系统的，将同一系统内的各测点的风压、风速、风量进行测试和调整，并做记录。

（43）空调系统试运转调试记录

通风与空调工程进行无生产负荷联合试运转及调试时，应对空调系统总风量进行测量调整，并做记录。

（44）空调水系统试运转调试记录

通风与空调工程进行无生产负荷联合试运转及调试时，应对空调冷（热）水、冷却水总流量、供回水温度进行测量、调整，并做记录。

（45）制冷系统气密性试验

应对制冷系统的工作性能进行试验，并做记录。

（46）净化空调系统测试记录

净化空调系统无生产负荷试运转时，应对系统中的高效过滤器进行泄漏测试，并对室内洁净度进行测定，并做记录。

（47）防排烟系统联合试运行记录

在防排烟系统联合试运行和调试过程中，应对测试楼层及其上下两层的排烟系统中的排烟风口、正压送风系统的送风口进行联动调试，并对各风口的风速、风量进行测量调整，对正压送风口的风压进行测量调整，并做记录。

（48）智能建筑工程测试记录

智能建筑工程中通信网络系统、办公自动化系统、建筑设备监控系统、火灾报警及消防联动系统、安全防范系统、综合布线系统、智能化集成系统、电源与接地、环境、住宅（小区）智能化系统等各子分部工程的施工试验记录，按现行相关国家、行业规范及标准执行；其表格由专业施工单位自行设计。

（49）建筑节能、保温测试记录

建筑工程应按照现行建筑节能标准，对建筑物所使用的材料、构配件、设备、采暖、

通风空调、照明等涉及节能、保温的项目进行检测，并做记录。

节能、保温测试应委托有相应资质的检测单位检测，并出具检测报告。

（50）电梯测试记录

1）电梯具备运行条件时，应对电梯轿厢的运行平层准确度进行测量，并填写《轿厢平层准确度测量记录》。

2）电梯层门安装完成后，应对每一扇层门的安全装置进行检查确认，并填写《电梯层门安全装置检验记录》。

3）电梯安装完毕，应进行电梯《电气接地电阻测试记录》和电梯《电气绝缘电阻测试记录》；调试运行时，由安装单位对电梯的电气安全装置进行检查确认，并填写《电梯电气安全装置检验记录》。

4）电梯调试结束后，在交付使用前，由安装单位对电梯的整机运行性能进行检查试验，并填写《电梯整机功能检验记录》。

5）电梯调试结束后，在交付使用前，由安装单位对电梯的主要功能进行检查确认，并填写《电梯主要功能检验记录》。

6）电梯调试时，由安装单位对电梯的运行负荷和试验曲线、平衡系数进行检查试验，并填写《电梯负荷运行试验记录》、《电梯负荷运行试验曲线图》。

7）电梯具备运行条件时，应对电梯轿厢内、机房、轿厢门、层站门的运行噪声进行测试，并填写《电梯噪声测试记录》。

8）自动扶梯、自动人行道安装完毕后，安装单位应对其安全装置、运行速度、噪声、制动器等功能进行测试，并填《自动扶梯、自动人行道安全装置检验记录》、《自动扶梯、自动人行道、整机性能、运行试验记录》。

7. 施工验收资料内容

施工质量验收记录是参与工程建设的有关单位根据相关标准、规范对工程质量是否达到合格做出的确认文件的统称。

（1）结构实体检验

涉及混凝土结构安全的重要部位应进行结构实体检验，并实行有见证取样和送检，结构实体检验的内容包括同条件混凝土强度、钢筋保护层厚度，以及工程合同约定的项目，必要时可检验其他项目。结构实体检验报告应由有相应资质等级的试验（检测）单位提供。

（2）质量验收记录

1）检验批施工完成，施工单位自检合格后，应由项目专业质量检查员填报《＿＿＿＿检验批质量验收记录表》。

2）检验批质量验收应由监理工程师（建设单位项目专业技术负责人）组织项目专业质量检查员等进行验收并签认。

3）分项工程质量验收记录。分项工程完成（即分项工程所包含的检验批均已完工），施工单位自检合格后，应填报《分项工程质量验收记录表》和《＿＿＿＿分项/分部工程施工报验表》。分项工程质量验收应由监理工程师（建设单位项目专业技术负责人）组织项目专业技术负责人等进行验收并签认。

4）分部（子分部）工程质量验收记录。分部（子分部）工程完成，施工单位自检合格后，应填报《＿＿＿＿＿分部（子分部）工程质量验收记录表》和《＿＿＿＿＿分项/分部工程施工报验表》。分部（子分部）工程应由总监理工程师（建设单位项目负责人）组织有关设计单位及施工单位项目负责人和技术、质量负责人等共同验收并签认。地基与基础、主体结构分部工程完工，施工项目部应先行组织自检，合格后填写《＿＿＿＿＿分部（子分部）工程质量验收记录表》，报请施工企业的技术、质量部门验收并签认后，由建设、监理、勘察、设计和施工单位进行分部工程验收，并报送建设工程质量监督机构。

5）单位（子单位）工程质量竣工验收记录表。单位（子单位）工程由建设单位（项目）负责人组织施工（含分包单位）、设计单位、监理等单位（项目）负责人进行验收。单位（子单位）工程验收表由参加验收单位盖公章，并由负责人签字。

4.8.3 工程管理资料填写要求

1. 施工现场质量管理检查记录表的填写

一般一个标段或一个单位（子单位）工程在开工前进行一次检查，由施工单位现场负责人填写，由监理单位的总监理工程师（建设单位项目负责人）验收。下面分三个部分来说明填表要求和填写方法。

（1）表头部分

1）填写参与工程建设各方责任主体的概况，由施工单位的现场负责人填写。

2）工程名称栏应填写工程名称的全称，与合同或招投标文件中的工程名称一致。

3）施工许可证（开工证），填写当地建设行政主管部门批准核发的施工许可证（开工证）的编号。

4）建设单位栏填写合同文件中的甲方单位名称，单位名称也应写全称，与合同签章上的单位名称相同。建设单位项目负责人栏，应填合同书上签字人或签字人以文字形式委托的代表工程的项目负责人。工程完工后竣工验收备案表中的单位项目负责人应与此一致。

5）设计单位栏填写设计合同中签章单位的名称，其全称应与印章上的名称一致。设计单位的项目负责人栏，应是设计合同书签字人或签字人以文字形式委托的项目负责人，工程完工后竣工验收备案表中的单位项目负责人也应与此一致。

6）监理单位栏填写单位全称，应与合同或协议书中的名称一致。总监理工程师栏应是合同或协议书中明确的项目监理负责人，也可以是监理单位以文件形式明确的项目监理负责人，必须有监理工程师任职资格证书，专业要对口。

7）施工单位栏填写施工合同中签章单位的全称，应与签章上的名称一致。项目经理栏、项目技术负责人栏与合同中明确的项目经理、项目技术负责人一致。

8）表头部分可统一填写，不需具体人员签名，只是明确了负责人的地位。

（2）检查项目部分

1）填写各项检查项目文件的名称或编号，并将文件（复印件或原件）附在表的后面供检查，检查后应将文件归还。

2）现场质量管理制度。主要是图纸会审、设计交底、技术交底、施工组织要求处罚办法，以及质量例会制度及质量问题处理制度等。

3）质量责任制栏。质量负责人的分工，各项质量责任的落实规定，定期检查及有关人员奖罚制度等。

4）专业工种操作上岗证书栏。测量工，起重、塔式起重机等垂直运输司机，钢筋工，混凝土工，机械工，焊接工，瓦工，防水工等建筑结构工种，电工、管道工等安装工种的上岗证，以当地建设行政主管部门的规定为准。

5）分包方资质与对分包单位的管理制度栏。专业承包单位的资质应在其承包业务的范围内承建工程，超出范围的应办理特许证书，否则不能承包工程。在有分包的情况下，总承包单位应有管理分包单位的制度，主要是质量、技术的管理制度等。

6）施工图审查情况栏。重点是看建设行政主管部门出具的施工图审查批准书及审查机构出具的审查报告。如果图纸是分批交出的话，施工图审查可分段进行。

7）地质勘察资料栏。有勘察资质的单位出具的正式地质勘察报告，地下部分施工方案制定和施工组织总平面图编制时参考等。

8）施工组织设计、施工方案及审批栏。检查编写内容、有针对性的具体措施，编制程序，内容，有编制单位、审核单位、批准单位，并有贯彻执行的措施。

9）施工技术标准栏。是操作的依据和保证工程质量的基础，承建企业应编制不低于国家质量验收规范的操作规程等企业标准。要有批准程序，由企业的总工程师、技术委员会负责人审查批准，有批准日期、执行日期、企业标准编号及标准名称。企业应建立技术标准档案。施工现场应有完备的施工技术标准。施工技术标准可作培训工人、技术交底和施工操作的主要依据，也是质量检查验收的标准。

10）工程质量检验制度栏。包括三个方面的检验：一是原材料、设备进场检验制度；二是施工过程的试验报告；三是竣工后的抽查检测，应专门制订抽测项目、抽测时间、抽测单位等计划，使监理、建设单位等都做到心中有数。可以单独搞一个计划，也可在施工组织设计中作为一项内容。

11）搅拌站及计量设置栏。主要是说明设置在工地搅拌站的计量设施的精确度、管理制度等内容。预拌混凝土或安装专业就没有这项内容。

12）现场材料、设备存放与管理栏。这是为保持材料、设备质量必须有的措施。要根据材料、设备性能制定管理制度，建立相应的库房等。

（3）检查项目填写内容

1）直接填写有关资料的名称，资料较多时，也可将有关资料进行编号，填写编号，注明份数。

2）填表时间应在开工之前，监理单位的总监理工程师（建设单位项目负责人）应对施工现场进行检查，这是保证开工后施工顺利和保证工程质量的基础，目的是做好施工前的准备。

3）填写由施工单位负责人填写，填写之后，将有关文件的原件或复印件附在后边，请总监理工程师（建设单位项目负责人）验收核查，验收核查后，返还施工单位，并签字认可。

通常情况下一个工程的一个标段或一个单位工程只查一次，如分段施工、人员更换，或管理工作不到位时，可再次检查。

如总监理工程师或建设单位项目负责人检查验收不合格，施工单位必须限期改正；否则不许开工。

2. 检验批质量验收记录表的填写

（1）表的名称及编号

1）检验批由监理工程师或建设单位项目技术负责人组织项目专业质量检查员等进行验收，表的名称应在制订专用表格时就印好，前边印上分项工程的名称。表的名称下边注上"质量验收规范的编号"。

2）检验批表的编号按全部施工质量验收规范系列的分部工程、子分部工程统一为9位数的数码编号，写在表的右上角，前6位数字均印在表上，后留三个□，检查验收时填写检验批的顺序号。其编号规则为：

前边两个数字是分部工程的代码，01～10。地基与基础为01，主体结构为02，建筑装饰装修为03，屋面工程为04，建筑给水排水及供暖为05，通风与空调为06，建筑电气为07，建筑智能化为08，建筑节能为09，电梯为10。

第3、4位数字是子分部工程的代码。

第5、6位数字是分项工程的代码。

第7、8、9位数字是各分项工程检验批验收的顺序号。由于在大体量高层或超高层建筑中，同一个分项工程的检验批的数量会多，故留了3位数的空位置。

如地基与基础分部工程，无支护土方子分部工程，土方开挖分项工程，其检验批表的编号为010101□□□，第一个检验批编号为：010101001。

还需说明的是，有些子分部工程中有些项目可能在两个分部工程中出现，这就要在同一个表上编2个分部工程及相应子分部工程的编号；如砖砌体分项工程在地基与基础和主体结构中都有，砖砌体分项工程检验批的表编号为：

010701□□□

020301□□□

有些分项工程可能在几个子分部工程中出现，这就应在同一个检验批表上编几个子分部工程及子分部工程的编号。如建筑电气的接地装置安装，在室外电气、变配电室、备用和不间断电源安装及防雷接地安装等子分部工程中都有，建筑电气接地装置安装检验批的编号为：

070109□□□

070206□□□

070608□□□

070701□□□

4行编号中的第5、6位数字分别是第一行09，是室外电气子分部工程的第9个分项工程，第二行的06是变配电室子分部工程的第6个分项工程，其余类推。

另外，有些规范的分项工程，在验收时也将其划分为几个不同的检验批来验收。如混凝土结构子分部工程的混凝土分项工程，分为原材料、配合比设计、混凝土施工3个检验批来验收。又如建筑装饰装修分部工程建筑地面子分部工程中的基层分项工程，其中有几种不同的检验批。故在其表名下加标罗马数字（Ⅰ）、（Ⅱ）、（Ⅲ）…。

（2）表头部分的填写

1）检验批表编号的填写，在3个方框内填写检验批序号。如为第11个检验批则填为011。

2）单位（子单位）工程名称，按合同文件上的单位工程名称填写，子单位工程标出该部分的位置。分部（子分部）工程名称，按验收规范划定的分部（子分部）名称填写。验收部位是指一个分项工程中验收的那个检验批的抽样范围，要标注清楚，如二层①～⑥轴线砖砌体。

3）施工单位、分包单位名称填写单位的全称，与合同上公章名称相一致。项目经理填写合同中指定的项目负责人。在装饰、安装分部工程施工中，有分包单位时，也应填写分包单位全称，分包单位的项目经理也应是合同指定的项目负责人。这些人员均由填表人填写，不要本人签字，只是标明他是项目负责人。

4）施工执行标准名称及编号，这是验收规范编制的一个基本思路，由于验收规范只列出验收的质量指标，其工艺等只提出一个原则要求，具体的操作工艺就依据企业标准。只有按照不低于国家质量验收规范的企业标准来操作，才能保证国家验收规范的实施。如果没有具体的操作工艺，保证工程质量就是一句空话。企业必须制订企业标准（操作工艺、工艺标准、工法等），用于培训工人，进行技术交底，规范工人班组的操作。为了能成为企业标准体系的重要组成部分，企业标准应有编制人、批准人、批准时间、执行时间、标准名称及编号。填写表时只要将标准名称及编号填写上，就能在企业的标准系列中查到其详细情况，并在施工现场要配备这项标准，工人要执行这项标准。

（3）主控项目、一般项目的质量验收规范的规定

质量验收规范的规定填写具体的质量要求，在制表时就已填写好验收规范中主控项目、一般项目的全部内容。但由于表格的地方小，多数指标不能将全部内容填写下，只将质量指标归纳、简化描述或题目及条文号填写上，作为检查内容提示，也便于查对验收规范的原文；对计数检验的项目，将数据直接写出来。这些项目的主要要求用注的形式放在表的背面。如果是将验收规范的主控、一般项目的内容全摘录在表的背面，这样方便查对验收条文的内容。根据以往的经验，这样做会引起只看表格，不看验收规范的后果。规范上还有基本规定、一般规定等内容，它们虽然不是主控项目和一般项目的条文，但这些内容也是验收主控项目和一般项目的依据。所以验收规范的质量指标不宜全抄过来，故只将其主要要求及如何判定注明，这些在制表时就印上去了。

（4）主控项目、一般项目施工单位检查评定记录

填写方法分以下几种情况，判定验收、不验收均按施工质量验收规定进行判定。

1）对定量项目直接填写检查的数据。

2）对定性项目，当符合规范规定时，采用打"√"的方法标注；当不符合规范规定时，采用打"×"的方法标注。

3）混凝土、砂浆强度等级的检验批，按规定制取试件后，可填写试件编号，待试件试验报告出来后，对检验批进行判定，并在分项工程验收时进一步进行强度评定验收。

4）对既有定性又有定量的项目，各个子项目质量均符合规范规定时，采用打"√"来标注；否则采用打"×"来标注。无此项内容的打"/"来标注。

5）对一般项目合格点有要求的项目，应是其中带有数据的定量项目、定性项目必须基本达到。定量项目中每个项目都必须有80%以上（混凝土保护层为90%以上）检测点的实测数值达到规范规定。其余20%检测点按各专业施工质量验收规范规定，不能大于150%（钢结构为120%）；就是说有数据的项目，除必须达到规定的数值外，其余可放宽

的，最大放宽到 150%。

6）"施工单位检查评定记录"栏的填写，有数据的项目，将实际测量的数值填入格内，超过企业标准的数字，而没有超过国家验收规范的用"○"将其圈住；对超过国家验收规范的用"△"圈住。

（5）监理（建设）单位验收记录

通常监理人员应进行平行、旁站或巡回的方法进行监理，在施工过程中，对施工质量进行察看和测量，并参加施工单位的重要项目的检测。对新开工程或首件产品进行全面检查，以了解质量水平和控制措施的有效性及执行情况，在整个过程中，随时可以测量等。在检验批验收时，对主控项目、一般项目应逐项进行验收，对符合验收规范规定的项目，填写"合格"或"符合要求"，对不符合验收规范规定的项目，暂不填写，待处理后再验收，但应做标记。

（6）施工单位检查评定结果

施工单位自行检查评定合格后，应注明"主控项目全部合格，一般项目满足规范规定要求"。

专业工长（施工员）和施工班、组长栏目由本人签字，以示承担责任。专业质量检查员代表企业逐项检查评定合格，将表填写并写清楚结果，签字后，交监理工程师或建设单位项目专业技术负责人验收。

（7）监理（建设）单位验收结论

主控项目、一般项目验收合格，混凝土、砂浆试件强度待试验报告出来后判定，其余项目已全部验收合格，注明"同意验收"。专业监理工程师（建设单位的专业技术负责人）签字。

3. 分项工程质量验收记录表的填写

（1）分项工程验收由监理工程师组织项目专业技术负责人等进行验收。分项工程是在检验批验收合格的基础上进行，通常起一个归纳整理的作用，是一个统计表，没有实质性验收内容。需要注意三点：一是检查检验批是否将整个工程覆盖了，有没有漏掉的部位；二是检查有混凝土、砂浆强度要求的检验批，到龄期后能否达到规范规定；三是将检验批的资料统一，依次进行登记整理，方便管理。

（2）表名填上所验收分项工程的名称；表头及检验批部位、区段，施工单位检查评定结果，由施工单位项目专业质量检查员填写；再由施工单位的项目专业技术负责人检查后给出评价并签字，交监理单位或建设单位验收。

（3）监理单位的专业监理工程师（或建设单位的专业负责人），应逐项审查，同意项填写"合格"或"符合要求"，不同意项暂不填写，待处理后再验收，但应做标记。注明验收和不验收的意见，如同意验收并签字确认，不同意验收请指出存在问题，明确处理意见和完成时间。

4. 分部（子分部）工程验收记录表的填写

分部（子分部）工程的验收是质量控制的一个重点。由于单位工程体量的增大，复杂程度的增加，专业施工单位的增多，为了分清责任，及时整修等，分部（子分部）工程的验收就显得较重要。以往一些到单位工程才验收的内容，移到分部（子分部）工程来验收。除了分项工程的核查外，还有质量控制资料核查，安全、功能项目的检测，观感质量的验收等。

分部（子分部）工程应由施工单位将自行检查评定合格的表填写好后，由项目经理交监理单位或建设单位验收。由总监理工程师组织项目经理及有关勘察（地基与基础部分）、设计（地基与基础及主体结构等）单位项目负责人进行验收，并按表的要求进行记录。

(1) 表名及表头部分

1) 表名填上分部（子分部）工程的名称，填写要具体，写在分部（子分部）工程的前边，并分别划掉分部或子分部。

2) 表头部分的工程名称填写工程全称，与检验批、分项工程、单位工程验收表的工程名称一致。

3) 结构类型填写按设计文件提供的结构类型，层数应分别注明地下和地上的层数。

4) 施工单位填写单位全称，与检验批、分项工程、单位工程验收表填写的名称一致。

5) 技术部门负责人及质量部门负责人多数情况下填写项目的技术及质量负责人，只有地基与基础、主体结构及重要安装分部（子分部）工程，应填写施工单位的技术部门及质量部门负责人签字。

6) 分包单位的填写，有分包单位时才填，没有时就不填写，主体结构不应进行分包。分包单位名称要写全称，与合同或图章上的名称一致。分包单位负责人及分包单位技术负责人，填写项目的项目负责人及项目技术负责人。

(2) 验收内容

按分项工程施工先后的顺序，将分项工程名称填写上，在第二格栏内分别填写各分项工程实际的检验批数量，即分项工程验收表上的检验批数量，并将各分项工程验收表按顺序附在表后。

1) 施工单位检查评定栏，填写施工单位自行检查评定的结果。核查各分项工程是否都通过验收；有关有龄期试件的合格评定是否达到要求；有全高垂直度或总标高的检验项目的应进行检查验收。自检符合要求的可打"√"标注，否则打"×"标注。有"×"的项目不能报监理单位或建设单位验收，应进行返修达到合格后再提交验收。监理单位或建设单位由总监理工程师或建设单位项目专业技术负责人组织审查，在符合要求后，在验收意见栏内签注"同意验收"意见。

2) 质量控制资料。应按单位（子单位）工程质量控制资料核查记录中的相关内容来确定所验收的分部（子分部）工程的质量控制资料项目，按资料核查的要求，逐项进行核查。能基本反映工程质量情况，达到保证结构安全和使用功能的要求，即可通过验收。全部项目都通过，即可在施工单位检查评定栏内打"√"标注检查合格。并送监理单位或建设单位验收，监理单位总监理工程师或建设单位项目技术负责人组织审查，在符合要求后，在验收意见栏内签注"同意验收"意见。

有些工程可按子分部工程进行资料验收，有些工程可按分部工程进行资料验收，由于工程不同，不强求统一。

3) 安全和功能检验（检测）报告。这个项目是指竣工抽样检测的项目，能在分部（子分部）工程中检测的，尽量放在分部（子分部）工程中检测。检测内容按单位（子单位）工程安全和功能检验资料核查及主要功能抽查记录中相关内容确定核查和抽查项目。在核查时则要注意，在开工之前确定的项目是否都进行了检测；逐一检查每个检测报告，核查每个检测项目的检测方法、程序是否符合有关标准规定；检测结果是否达到规范的要求；检测报告的审批程序签字是否完整。在每个报告上标注审查同意；每个检测项目都通过审查，即可在施工单位检查评定栏内打"√"标注检查合格。由项目经理送监理单位或建设单位验收，监理单位总监理工程师或建设单位项目专业负责人组织审查，在符合要求后，在验收意见栏内签注"同意验收"意见。

4）观感质量验收。实际不单单是外观质量，还有能启动或运转的要启动或试运转，能打开看的打开看。有代表性的房间、部位都应走到，并由施工单位项目经理组织进行现场检查，经检查合格后，将施工单位填写的内容填写好后，由项目经理签字后交监理单位或建设单位验收。由总监理工程师或建设单位项目专业负责人组织验收，在听取参加检查人员意见的基础上，以总监理工程师或建设单位项目专业负责人为主导共同确定质量评价，分为好、一般、差。由施工单位的项目经理和总监理工程师或建设单位项目专业负责人共同签认。如评价观感质量差的项目，能修理的尽量修理，如果确难修理时，只要不影响结构安全和使用功能的，可采用协商解决的方法进行验收，并在验收表上注明，然后将验收评价结论填写在分部（子分部）工程观感质量验收意见栏内。

（3）验收单位签字认可

按表列参与工程建设责任单位的有关人员应亲自签名，以示负责，以便追查质量责任。

1）勘察单位可只签认地基基础分部（子分部）工程，由项目负责人亲自签认；设计单位可只签认地基基础、主体结构及重要安装分部（子分部）工程，由项目负责人亲自签认。

2）施工单位的总承包单位必须签认，由项目经理亲自签认；有分包单位的分包单位也必须签认其分包的分部（子分部）工程，由分包项目经理亲自签认。

3）监理单位作为验收方，由总监理工程师亲自签认验收。如果按规定不委托监理单位的工程，可由建设单位项目专业负责人亲自签认验收。

5. 单位（子单位）工程质量竣工验收记录表的填写

单位（子单位）工程质量验收由五部分内容组成，每一项内容都有自己的专门验收记录表，而单位（子单位）工程质量竣工验收记录表是一个综合性的表，是各项目验收合格后填写的。

（1）表名及表头的填写

将单位工程或子单位工程的名称（项目批准的工程名称）填写在表名的前边，并将子单位或单位工程的名称划掉。

表头部分，按分部（子分部）表的表头要求填写。

（2）验收内容之一是"分部工程"，对所含分部工程逐项检查

1）首先由施工单位的项目经理组织有关人员逐个分部（子分部）进行检查评定。所含分部（子分部）工程检查合格后，由项目经理提交验收。

2）经验收组成员验收后，由施工单位填写"验收记录"栏。注明共验收几个分部，经验收符合标准及设计要求的几个分部。

3）审查验收的分部工程全部符合要求，由监理单位在验收结论栏内，写上"同意验收"的结论。

（3）验收内容之二是"质量控制资料核查"

1）这项内容有专门的验收表格，也是先由施工单位检查合格，再提交监理单位验收。其全部内容在分部（子分部）工程中已经审查。

2）通常单位（子单位）工程质量控制资料核查，也是按分部（子分部）工程逐项检查和审查，一个分部工程只有一个子分部工程时，子分部工程就是分部工程；有多个子分部工程时，可一个一个地检查和审查，也可按分部工程检查和审查。

3）每个子分部、分部工程检查审查后，也不必再整理分部工程的质量控制资料，只将其依次装订起来，前边的封面写上分部工程的名称，并将所含子分部工程的名称依次填写在下边就行了。然后将各子分部工程审查的资料逐项进行统计，填入验收记录栏内，通常共有多少项资料，经审查也都应符合要求。如果出现有核定的项目时，应查明情况，只要是协商验收的内容，填在验收结论栏内，通常严禁验收的事件，不会留在单位工程来处理。

4）这项也是先由施工单位自行检查评定合格后，提交验收，由总监理工程师或建设单位项目负责人组织审查符合要求后，在验收记录栏内填写项数。在验收结论栏内写上"同意验收"的意见。同时要在单位（子单位）工程质量竣工验收记录表中的序号 2 栏内的验收结论栏内填"同意验收"。

（4）验收内容之三是"安全和主要使用功能核查及抽查结果"

1）这个项目包括两个方面的内容：

一是在分部（子分部）进行了安全和功能检测的项目，要核查其检测报告结论是否符合设计要求；

二是在单位工程进行的安全和功能抽测项目，要核查其项目是否与设计内容一致，抽测的程序、方法是否符合有关规定，抽测报告的结论是否达到设计要求及规范规定。

2）这个项目也是由施工单位检查评定合格后，再提交验收，由总监理工程师或建设单位项目负责人组织审查，程序内容基本是一致的，按项目逐个进行核查验收。然后统计核查的项数和抽查的项数，填入验收记录栏，并分别统计符合要求的项数，也分别填入验收记录栏相应的空档内。

3）通常两个项数是一致的，如果个别项目的抽测结果达不到设计要求，则可以进行返工处理达到符合要求。然后由总监理工程师或建设单位项目负责人在验收结论栏内填写"同意验收"的结论。

4）如果返工处理后仍达不到设计要求，就要按不合格处理程序进行处理。

（5）验收内容之四是"观感质量验收"

1）观感质量检查的方法同分部（子分部）工程，单位工程观感质量检查验收不同的是项目比较多，是一个综合性验收。实际是复查各分部（子分部）工程验收后，到单位工程竣工的质量变化，成品保护以及分部（子分部）工程验收时，还没有形成部分的观感质量等。

2）这个项目也是先由施工单位检查评定合格后，再提交验收，由总监理工程师或建设单位项目负责人组织审查，程序和内容基本是一致的。按核查的项目数及符合要求的项目数填写在验收记录栏内，如果没有影响结构安全和使用功能的项目，由总监理工程师或建设单位项目负责人为主导意见，评价好、一般、差。不论评价为好、一般、差的项目，都可作为符合要求的项目。

3）由总监理工程师或建设单位项目负责人在验收结论栏内填写"同意验收"的结论。如果有不符合要求的项目，要按不合格处理程序进行处理。

（6）验收内容之五是"综合验收结论"

1）施工单位应在工程完工后，由项目经理组织有关人员对验收内容逐项进行查对，并将表格中应填写的内容进行填写，自检评定符合要求后，在验收记录栏内填写各有关项数，交建设单位组织验收。

2）综合验收是指在前五项内容均验收符合要求后进行的验收，即按单位（子单位）工程质量竣工验收记录表进行验收。验收时，在建设单位组织下，由建设单位相关专业人员及监理单位专业监理工程师和设计单位、施工单位相关人员分别核查验收有关项目，并由总监理工程师组织进行现场观感质量检查。

3）经各项目审查符合要求时，由监理单位或建设单位在"验收结论"栏内填写"同意验收"的意见。各栏均同意验收且经各参加检验方共同商定同意后，由建设单位填写"综合验收结论"。

（7）参加验收单位签名

勘察单位、设计单位、施工单位、监理单位、建设单位都同意验收时，各单位的单位项目负责人要亲自签字，以示对工程质量的负责，并加盖单位公章，注明签字验收的年、月、日。

参 考 文 献

[1] 国家标准.GB 50108—2008 地下工程防水技术规范[S].北京：中国计划出版社，2009.

[2] 国家标准.GB 50202—2002 建筑地基基础工程施工质量验收规范[S].北京：中国计划出版社，2002.

[3] 国家标准.GB 50203—2011 砌体结构工程施工质量验收规范[S].北京：中国建筑工业出版社，2012.

[4] 国家标准.GB 50207—2012 屋面工程质量验收规范[S].北京：中国建筑工业出版社，2012.

[5] 国家标准.GB 50208—2011 地下防水工程质量验收规范[S].北京：中国建筑工业出版社，2012.

[6] 国家标准.GB 50210—2001 建筑装饰装修工程质量验收规范[S].北京：中国建筑工业出版社，2001.

[7] 国家标准.GB 50345—2012 屋面工程技术规范[S].北京：中国建筑工业出版社，2012.

[8] 国家标准.GB 50666—2011 混凝土结构工程施工规范[S].北京：中国建筑工业出版社，2011.

[9] 国家标准.GB 50755—2012 钢结构工程施工规范[S].北京：中国建筑工业出版社，2012.

[10] 行业标准.JGJ 18—2012 钢筋焊接及验收规程[S].北京：中国建筑工业出版社，2012.

[11] 行业标准.JGJ 55—2011 普通混凝土配合比设计规程[S].北京：中国建筑工业出版社，2011.

[12] 行业标准.JGJ 94—2008 建筑桩基技术规范[S].北京：中国建筑工业出版社，2008.

[13] 行业标准.JGJ 107—2010 钢筋机械连接技术规程[S].北京：中国建筑工业出版社，2010.

[14] 行业标准.JGJ/T 250—2011 建筑与市政工程施工现场专业人员职业标准[S].北京：中国建筑工业出版社，2012.